线性代数轻松学

揭示数学问题的内在逻辑与方法选择的前因后果

王志超 / 编著

送给正在学习线性代数的大学新生和因为考研而要将它再次拾起的同学们

北京航空航天大学出版社
BEIHANG UNIVERSITY PRESS

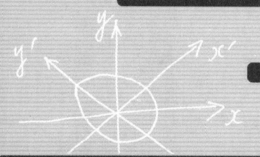

内容简介

本书是一本教人如何学习线性代数的书，它的关注点不是定义、定理、性质，以及后两者的证明，而是以一道道具体的题为切入点，揭示数学问题的内在逻辑和方法选择的前因后果。它既可以帮助初学线性代数的本科生学好数学，也可以作为考研数学的备考参考书。

本书共有行列式与矩阵、向量与线性方程组、相似矩阵与二次型三个内容，详细阐述了21个问题、93道例题，囊括了各类线性代数教材的主要内容，以及全国硕士研究生招生考试数学一、数学二、数学三的全部考点。

图书在版编目(CIP)数据

线性代数轻松学 / 王志超编著. -- 北京 ：北京航空航天大学出版社，2020.8

ISBN 978-7-5124-3324-3

Ⅰ. ①线… Ⅱ. ①王… Ⅲ. ①线性代数－高等学校－教材 Ⅳ. ①O151.2

中国版本图书馆CIP数据核字(2020)第144958号

线性代数轻松学

王志超　编著

策划编辑　沈　涛

责任编辑　杨　昕　张　乔

*

北京航空航天大学出版社出版发行

北京市海淀区学院路37号(邮编100191)　http://www.buaapress.com.cn

发行部电话：(010)82317024　传真：(010)82328026

读者信箱：shentao@buaa.edu.cn　邮购电话：(010)82316936

北京宏伟双华印刷有限公司印装　各地书店经销

*

开本：787×1 092　1/16　印张：14　字数：358千字

2020年9月第1版　2020年9月第1次印刷　印数：8 000册

ISBN 978-7-5124-3324-3　定价：29.90元

若本书有倒页、脱页、缺页等印装质量问题，请与本社发行部联系调换。联系电话：(010)82317024

前　　言

线性代数是大学理工类和经管类专业本科生的必修学科，并且在全国硕士研究生招生考试数学一、数学二和数学三中各约占20%的分值．那么，该学科究竟探讨了什么样的问题呢？

（一）

这还要从**线性方程组**

$$\begin{cases} x_1+x_2+x_3=3, \\ x_1+2x_2+2x_3=5, \\ x_1+2x_2+3x_3=6 \end{cases} \tag{1}$$

谈起．它是一个三元方程组，由于未知数 x_1，x_2，x_3 都是一次的，故名“线性”．根据中学阶段所学的方法，不难解得

$$\begin{cases} x_1=1, \\ x_2=1, \\ x_3=1. \end{cases}$$

事实上，线性方程组的解与未知数所用字母无关，而仅与未知数的系数和常数项有关．比如，方程组

$$\begin{cases} x+y+z=3, \\ x+2y+2z=5, \\ x+2y+3z=6 \end{cases}$$

和方程组

$$\begin{cases} a+b+c=3, \\ a+2b+2c=5, \\ a+2b+3c=6 \end{cases}$$

都与方程组（1）有着相同的解．甚至我们不妨把方程组（1）改写为

$$\begin{cases} 猪+牛+羊=3, \\ 猪+2牛+2羊=5, \\ 猪+2牛+3羊=6, \end{cases}$$

那么它的解也依然毫无影响．

既然线性方程组的解仅与未知数的系数和常数项有关，那么不妨在它们身上“做文章”．将方程组（1）未知数的系数按照原来的位置排列成一张数表，并且在左右两侧分别加一条竖线，便得到了它的**系数行列式**

$$|\boldsymbol{A}|=\begin{vmatrix}1&1&1\\1&2&2\\1&2&3\end{vmatrix}.$$

若在方程组（1）未知数的系数所排列成的数表两侧加一个括弧，则得到了它的**系数矩阵**

$$\boldsymbol{A}=\begin{pmatrix}1&1&1\\1&2&2\\1&2&3\end{pmatrix}.$$

而方程组（1）未知数的系数和常数项则又组成了它的**增广矩阵**

$$(\boldsymbol{A},\ \boldsymbol{\beta})=\begin{pmatrix}1&1&1&3\\1&2&2&5\\1&2&3&6\end{pmatrix}.$$

此外，方程组（1）的解

$$\begin{cases}x_1=1,\\x_2=1,\\x_3=1\end{cases}$$

可以用**向量**

$$\boldsymbol{x}=\begin{pmatrix}1\\1\\1\end{pmatrix}$$

来表示.

由此可见，围绕着线性方程组的问题，行列式、矩阵和向量的概念都应运而生了.

（二）

如果说方程组（1）的解仅用一个向量就能简单地表示出来，那么方程组

$$\begin{cases}x_1+\ x_2+\ x_3=0,\\2x_1+2x_2+2x_3=0,\\3x_1+3x_2+3x_3=0\end{cases}\tag{2}$$

的解又该如何表示呢？

不难发现，解方程组（2）无异于解方程

$$x_1+x_2+x_3=0.$$

令 $x_1=0$，$x_2=0$，则 $x_3=0$；

令 $x_1=0$，$x_2=1$，则 $x_3=-1$；

令 $x_1=1$，$x_2=0$，则 $x_3=-1$；

令 $x_1=1$，$x_2=1$，则 $x_3=-2$；

令 $x_1=1$，$x_2=-1$，则 $x_3=0$

…

这意味着向量

$$\begin{pmatrix}0\\0\\0\end{pmatrix},\begin{pmatrix}0\\1\\-1\end{pmatrix},\begin{pmatrix}1\\0\\-1\end{pmatrix},\begin{pmatrix}1\\1\\-2\end{pmatrix},\begin{pmatrix}1\\-1\\0\end{pmatrix},\cdots$$

都是方程组（2）的解．很显然，它有无穷多解．

虽然方程组（2）的解难以全部列出，但是却可以用向量

$$\begin{pmatrix}0\\1\\-1\end{pmatrix},\begin{pmatrix}1\\0\\-1\end{pmatrix}$$

来表示为

$$\begin{pmatrix}x_1\\x_2\\x_3\end{pmatrix}=k_1\begin{pmatrix}0\\1\\-1\end{pmatrix}+k_2\begin{pmatrix}1\\0\\-1\end{pmatrix}$$

（k_1，k_2 为任意常数）．而 $\begin{pmatrix}0\\1\\-1\end{pmatrix}$，$\begin{pmatrix}1\\0\\-1\end{pmatrix}$ 称为方程组（2）全部解所组成的向量组的一个**最大无关组**，亦可称为其全部解所组成的**向量空间**的一个**基**．话至此处，线性代数的研究对象终于浮出了水面，那就是向量空间．

线性代数的主线是研究向量空间和其上的线性变换．

虽然有些教材并没有涉及向量空间和基的概念，考研数学二和数学三对此也不作要求，但是在学习行列式、矩阵、向量和线性方程组的过程中所遇到的一些问题，其实都已经囊括了向量空间中的主要问题，只不过没有出现“向量空间”这个名词罢了．而这也是本书的第一章和第二章所探讨的内容．

关于线性变换的问题，恐怕不是三言两语就能阐明的，但是却能通过以下两个重要结论来高度概括，而它们所揭示的也是矩阵的两个重要关系——**相似**与**合同**的本质：

第一，两个相似的矩阵，代表了在同一向量空间内，两个不同基下的相同的线性变换；

第二，两个合同的实对称矩阵，代表了在同一向量空间内，两个不同基下的相同的**二次型**．

读完本书的第三章，便能理解这两个结论的深刻含义．

总而言之，向量空间理论往往以线性方程组为载体来研究，并且引申出行列式、矩阵和向量的概念，来解决其核心问题——**讨论线性方程组解的情况及**

求解；研究线性变换理论往往以矩阵的相似与合同关系为载体，其核心问题是**求与矩阵相似的对角矩阵**（又称为矩阵的相似对角化），而它的几何应用是化二次型为标准形（又称为二次型的标准化），于是便又引申出了二次型的概念.

正因如此，考研线性代数的解答题通常围绕着讨论线性方程组解的情况及求解，以及矩阵的相似对角化或者二次型的标准化. 这两大核心问题支撑起了线性代数的向量空间与线性变换这两条主线，同时也是不少高校线性代数考试的必考内容.

（三）

从高中进入大学，不少同学对于线性代数这门课程充满了迷茫和恐惧.

在学习线性代数的过程中，所遇到的困难可概括为以下两点：

一是抽象性. 与高等数学（或微积分）相比，线性代数中的行列式、矩阵等概念令人陌生，符号记法过去少有接触，n 和省略号更是随处可见. 这也是其题目在“面貌”上就使得一些同学望而却步的原因.

二是逻辑性. 线性代数中的概念、定理和公式非常多，如果不能理清其中的逻辑，弄明白它们之间的关系，那么就很难记住并且在做题中运用它们.

另外，仅仅对概念、定理公式和例题进行简单的罗列是国内不少线性代数教材的通病，并没有揭示其内在逻辑；而大多教辅书也只是就各题型进行简单的分类讲解，并没有说清楚方法选择的前因后果. 因此，不少同学在看教材时看不懂证明过程，虽然通过“套题型”或许能够暂时通过期末考试，但是却没有真正学懂这门课程. 这未尝不是一件遗憾的事情！

应该说，如果写一本书仅仅把线性代数的知识点和题型做一个全面完整的整理和归纳，那是没有太大意义的，做过这个工作的老师有很多，也不乏一些优秀的图书面市. 我给自己定了一个更有挑战性的目标：**在应试教育背景下，通过读这本书，不但能够在期末考试和考研中取得理想成绩，而且还能够真正理解线性代数这门课程.**

基于线性代数的抽象性，本书通过大量的例子来帮助读者理解概念、定理和公式，做到“具体讲”，而不“抽象讲”；基于线性代数的逻辑性，在本书的“深度聚焦”中，对各个概念进行了串联，使读者理解为什么行列式是否为零、向量组是否线性相关、齐次线性方程组是否有非零解、0 是否为方阵的特征值、方阵是否可逆与满秩其实都表达了相同的含义，以及为什么利用正交变换法化二次型为标准形只不过是实对称矩阵相似对角化的几何应用而已.

其实，攻克线性代数的抽象性和逻辑性的根本途径是掌握一些重要概念的几何意义. 从几何的角度来审视线性代数就能够发现，探讨线性表示是为了给向量组“找朋友”，探讨线性相关性是为了看向量组是否“堕落”；向量组的秩揭示了向量组的“等级”；两个相似的矩阵，在经历了“改朝换代”后仍然

“扮演着相同的角色”．这其中的奥秘都将在本书中为读者一一道来．

（四）

本书既可以帮助初学线性代数的本科生学好线性代数，也可以作为考研学生复习线性代数的参考书．

对于初学线性代数的本科生，本书囊括了各类线性代数教材的主要内容．同学们可以根据各高校各专业不同的教学情况，选择对自己有价值的章节阅读．

对于考研的考生，本书囊括了全国硕士研究生招生考试数学一、数学二、数学三的各考点．目前，三个卷种线性代数的考试要求没有显著差异，参加数学一考试的考生应阅读整本书，参加数学二和数学三考试的考生可以对第二章问题7、图2－9、图2－10、“实战演练”中的第3题和第9题，以及第三章例22和表3－3不作要求．本书例题中收录的所有考研真题均已注明考试的年份，可帮助考生了解考研试题的命题风格．

本书每章开始的“问题脉络”可帮助读者了解各章涉及的问题；每章后的“实战演练”可帮助读者检测各章的学习成果，并且在书后给出了每道习题的答案和详细解答．

此外，感谢北京航空航天大学出版社，尤其是策划编辑沈涛老师对本书的出版做出的辛勤努力．感谢我的家人和朋友在我写作过程中给予的支持与鼓励．

由于水平有限，对于书中的不当之处，在此先行道歉，并欢迎广大读者朋友批评指正．对此，我将不胜感激．

愿本书能为同学们的线性代数学习提供切实有效的帮助！

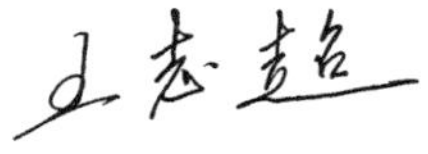

2020年9月

目　录

第一章　行列式与矩阵

问题 1　具体行列式的计算
问题 2　求(代数)余子式的和
问题 3　具体矩阵的运算
问题 4　逆矩阵的相关问题
问题 5　抽象行列式的计算
问题 6　伴随矩阵的相关问题
问题 7　初等矩阵的相关问题

第一章　行列式与矩阵

问题脉络

- 行列式与矩阵
  - 思维
    - 正向：计算行列式　(问题1、问题5)
    - 逆向：构造行列式　(问题2)
  - 能力
    - 基本：矩阵的加法、数乘和乘法　(问题3)
    - 综合：逆矩阵、伴随矩阵和初等矩阵 (问题4、问题6、问题7)

问题 1　具体行列式的计算

知识储备

1. 行列式的概念

n 阶行列式

$$|\mathbf{A}|=\begin{vmatrix} a_{11} & a_{12} & \cdots & a_{1n} \\ a_{21} & a_{22} & \cdots & a_{2n} \\ \vdots & \vdots & & \vdots \\ a_{n1} & a_{n2} & \cdots & a_{nn} \end{vmatrix}$$

可定义为

$$|\mathbf{A}|=\sum(-1)^{t}a_{1p_1}a_{2p_2}\cdots a_{np_n},$$

其中,t 为列标排列 $p_1p_2\cdots p_n$ 的逆序数.

【注】

(i) 行列式是一个值,表示数表中所有取自不同行不同列的元素乘积的代数和.

(ii) 对于 n 个不同的元素,先规定各个元素之间有一个标准次序(n 个不同的自然数可规定由小到大为标准次序),在这 n 个元素的任一排列中,当某两个元素的先后次序与标准次序不同时,就说有 1 个逆序. 一个排列中所有逆序的总数叫做这个排列的逆序数. 逆序数为奇数的排列叫做奇排列,逆序数为偶数的排列叫做偶排列.

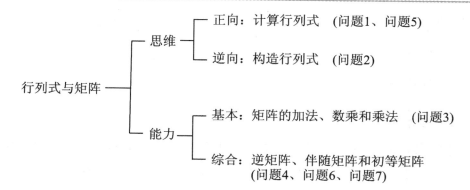

求逆序数只需观察排列中每个元素前有几个数比它大，然后求和. 例如，对于排列 3421，元素 3,4,2,1 前分别有 0,0,2,3 个比它们大的数，故该排列的逆序数为

$$t=0+0+2+3=5,$$

这是一个奇排列.

(iii) 根据行列式的定义，便能得到 2 阶与 3 阶行列式的计算公式：

$$\begin{vmatrix} a_{11} & a_{12} \\ a_{21} & a_{22} \end{vmatrix}=a_{11}a_{22}-a_{12}a_{21},$$

$$\begin{vmatrix} a_{11} & a_{12} & a_{13} \\ a_{21} & a_{22} & a_{23} \\ a_{31} & a_{32} & a_{33} \end{vmatrix}=a_{11}a_{22}a_{33}+a_{12}a_{23}a_{31}+a_{13}a_{21}a_{32}-a_{11}a_{23}a_{32}-a_{12}a_{21}a_{33}-a_{13}a_{22}a_{31}.$$

2. 行列式的展开

(1) 余子式与代数余子式

在 n 阶行列式中，把 a_{ij} 所在的第 i 行和第 j 列划去后，留下的 $n-1$ 阶行列式叫做 a_{ij} 的余子式，记作 M_{ij}. 记 $A_{ij}=(-1)^{i+j}M_{ij}$，则 A_{ij} 叫做 a_{ij} 的代数余子式.

【注】例如，对于行列式 $\begin{vmatrix} 1 & 2 & 3 \\ 4 & 5 & 6 \\ 7 & 8 & 9 \end{vmatrix}$，元素 2 的余子式为 $\begin{vmatrix} 4 & 6 \\ 7 & 9 \end{vmatrix}$，其代数余子式为

$$(-1)^{1+2}\begin{vmatrix} 4 & 6 \\ 7 & 9 \end{vmatrix}=-\begin{vmatrix} 4 & 6 \\ 7 & 9 \end{vmatrix}.$$

(2) 关于代数余子式的两个定理

① 行列式等于它的任一行(列)的各元素与其对应的代数余子式乘积之和；

② 行列式某一行(列)的元素与另一行(列)的对应元素的代数余子式乘积之和为零.

【注】例如，行列式 $\begin{vmatrix} 1 & 2 & 3 \\ 4 & 5 & 6 \\ 7 & 8 & 9 \end{vmatrix}$ 可以按第 1 行展开，也可以按第 2 列展开，即

$$\begin{vmatrix} 1 & 2 & 3 \\ 4 & 5 & 6 \\ 7 & 8 & 9 \end{vmatrix}=\begin{vmatrix} 5 & 6 \\ 8 & 9 \end{vmatrix}-2\begin{vmatrix} 4 & 6 \\ 7 & 9 \end{vmatrix}+3\begin{vmatrix} 4 & 5 \\ 7 & 8 \end{vmatrix}$$

$$=-2\begin{vmatrix} 4 & 6 \\ 7 & 9 \end{vmatrix}+5\begin{vmatrix} 1 & 3 \\ 7 & 9 \end{vmatrix}-8\begin{vmatrix} 1 & 3 \\ 4 & 6 \end{vmatrix}.$$

然而，若该行列式第 2 行各元素与第 1 行的对应元素的代数余子式相乘后求和，则结果为零，即

$$4\begin{vmatrix} 5 & 6 \\ 8 & 9 \end{vmatrix}-5\begin{vmatrix} 4 & 6 \\ 7 & 9 \end{vmatrix}+6\begin{vmatrix} 4 & 5 \\ 7 & 8 \end{vmatrix}=0.$$

由此可见，要想算出行列式的值，各元素和代数余子式必须是“原配”. 如若“乱配”，则结果必不美满，只能是零.

3. 行列式的性质

① 行列式与它的转置行列式相等.

【注】

(i) 例如,$\begin{vmatrix}1&2&3\\4&5&6\\7&8&9\end{vmatrix}=\begin{vmatrix}1&4&7\\2&5&8\\3&6&9\end{vmatrix}$.

(ii) 由此可知,以下所有对行成立的性质对列也成立,反之亦然.

② 互换行列式的两行(列),行列式变号.

推论 若行列式有两行(列)完全相同,则此行列式等于零.

【注】例如,$\begin{vmatrix}1&2&3\\1&2&3\\4&5&6\end{vmatrix}\xlongequal{r_1\leftrightarrow r_2}-\begin{vmatrix}1&2&3\\1&2&3\\4&5&6\end{vmatrix}$.

③ 行列式的某一行中所有元素都乘以同一数 k,等于用数 k 乘此行列式.

推论 1 行列式中某一行(列)所有元素的公因子可以提到行列式记号外面.

推论 2 行列式中若有两行(列)元素成比例,则此行列式等于零.

【注】

(i) 例如,$\begin{vmatrix}1&2&3\\4&5&6\\2&4&6\end{vmatrix}=2\begin{vmatrix}1&2&3\\4&5&6\\1&2&3\end{vmatrix}$.

(ii) 由此可知,如果用一个数乘一个行列式,那么这个数应该乘到这个行列式的某一行或者某一列的各元素上去,例如,

$$2\begin{vmatrix}a&b\\c&d\end{vmatrix}=\begin{vmatrix}2a&2b\\c&d\end{vmatrix}=\begin{vmatrix}a&b\\2c&2d\end{vmatrix}$$

$$=\begin{vmatrix}2a&b\\2c&d\end{vmatrix}=\begin{vmatrix}a&2b\\c&2d\end{vmatrix}.$$

这条性质切莫与矩阵的数乘相混淆,这也是 $|\lambda\boldsymbol{A}|=\lambda^n|\boldsymbol{A}|$($\boldsymbol{A}$ 为 n 阶方阵,λ 为常数)的原因(详见本章问题 3 和问题 4).

④ 若行列式的某一列(行)的元素都是两数之和,例如第 i 列的元素都是两数之和:

$$|\boldsymbol{A}|=\begin{vmatrix}a_{11}&a_{12}&\cdots&(a_{1i}+a'_{1i})&\cdots&a_{1n}\\a_{21}&a_{22}&\cdots&(a_{2i}+a'_{2i})&\cdots&a_{2n}\\\vdots&\vdots&&\vdots&&\vdots\\a_{n1}&a_{n2}&\cdots&(a_{ni}+a'_{ni})&\cdots&a_{nn}\end{vmatrix},$$

则 $|\boldsymbol{A}|$ 等于下列两个行列式之和:

$$|\boldsymbol{A}|=\begin{vmatrix}a_{11}&a_{12}&\cdots&a_{1i}&\cdots&a_{1n}\\a_{21}&a_{22}&\cdots&a_{2i}&\cdots&a_{2n}\\\vdots&\vdots&&\vdots&&\vdots\\a_{n1}&a_{n2}&\cdots&a_{ni}&\cdots&a_{nn}\end{vmatrix}+\begin{vmatrix}a_{11}&a_{12}&\cdots&a'_{1i}&\cdots&a_{1n}\\a_{21}&a_{22}&\cdots&a'_{2i}&\cdots&a_{2n}\\\vdots&\vdots&&\vdots&&\vdots\\a_{n1}&a_{n2}&\cdots&a'_{ni}&\cdots&a_{nn}\end{vmatrix}.$$

【注】

(i) 用这条性质把行列式拆分为两行列式之和，拆分方法不唯一，例如，

$$\begin{vmatrix} a_1+b_1 & a_2+b_2 \\ c_1 & c_2 \end{vmatrix} = \begin{vmatrix} a_1 & a_2 \\ c_1 & c_2 \end{vmatrix} + \begin{vmatrix} b_1 & b_2 \\ c_1 & c_2 \end{vmatrix}$$

$$= \begin{vmatrix} a_1 & b_2 \\ c_1 & c_2 \end{vmatrix} + \begin{vmatrix} b_1 & a_2 \\ c_1 & c_2 \end{vmatrix}.$$

(ii) 值得注意的是，

$$\begin{vmatrix} a_1+b_1 & a_2+b_2 \\ c_1+d_1 & c_2+d_2 \end{vmatrix} = \begin{vmatrix} a_1 & a_2 \\ c_1+d_1 & c_2+d_2 \end{vmatrix} + \begin{vmatrix} b_1 & b_2 \\ c_1+d_1 & c_2+d_2 \end{vmatrix}$$

$$= \begin{vmatrix} a_1 & a_2 \\ c_1 & c_2 \end{vmatrix} + \begin{vmatrix} a_1 & a_2 \\ d_1 & d_2 \end{vmatrix} + \begin{vmatrix} b_1 & b_2 \\ c_1 & c_2 \end{vmatrix} + \begin{vmatrix} b_1 & b_2 \\ d_1 & d_2 \end{vmatrix}.$$

由此可见，一般情况下，$|\boldsymbol{A}+\boldsymbol{B}| \neq |\boldsymbol{A}|+|\boldsymbol{B}|$（$\boldsymbol{A},\boldsymbol{B}$ 为方阵），故这条性质切莫与矩阵的加法相混淆（详见本章问题 3 和问题 4）.

⑤ 把行列式的某一行（列）的各元素乘以同一个数然后加到另一行（列）对应的元素上去，行列式的值不变.

【注】例如，

$$\begin{vmatrix} 1 & 2 & 3 \\ 4 & 5 & 6 \\ 7 & 8 & 9 \end{vmatrix} \xlongequal{r_2-4r_1} \begin{vmatrix} 1 & 2 & 3 \\ 4+(-4)\times 1 & 5+(-4)\times 2 & 6+(-4)\times 3 \\ 7 & 8 & 9 \end{vmatrix}$$

$$= \begin{vmatrix} 1 & 2 & 3 \\ 0 & -3 & -6 \\ 7 & 8 & 9 \end{vmatrix}.$$

在计算行列式时，常用这条性质来“造零”.

4. 特殊的行列式

(1) 三角行列式

① $$\begin{vmatrix} a_{11} & a_{12} & \cdots & a_{1n} \\ & a_{22} & \cdots & a_{2n} \\ & & \ddots & \vdots \\ & & & a_{nn} \end{vmatrix} = \begin{vmatrix} a_{11} & & & \\ a_{21} & a_{22} & & \\ \vdots & \vdots & \ddots & \\ a_{n1} & a_{n2} & \cdots & a_{nn} \end{vmatrix} = a_{11}a_{22}\cdots a_{nn}.$$

【注】其中未写出元素都是 0，下同.

② $$\begin{vmatrix} a_{11} & a_{12} & \cdots & a_{1,n-1} & a_{1n} \\ a_{21} & a_{22} & \cdots & a_{2,n-1} & 0 \\ \vdots & \vdots & & \vdots & \vdots \\ a_{n1} & 0 & \cdots & 0 & 0 \end{vmatrix} = \begin{vmatrix} 0 & \cdots & 0 & a_{1n} \\ 0 & \cdots & a_{2,n-1} & a_{2n} \\ \vdots & & \vdots & \vdots \\ a_{n1} & \cdots & a_{n,n-1} & a_{nn} \end{vmatrix} = (-1)^{\frac{n(n-1)}{2}} a_{1n}a_{2,n-1}\cdots a_{n1}.$$

(2) 两个特殊的拉普拉斯展开式

设 $\boldsymbol{A}$ 为 n 阶方阵，$\boldsymbol{B}$ 为 m 阶方阵，则

① $\begin{vmatrix} A & * \\ O & B \end{vmatrix} = \begin{vmatrix} A & O \\ * & B \end{vmatrix} = |A| \cdot |B|$；

② $\begin{vmatrix} O & A \\ B & * \end{vmatrix} = \begin{vmatrix} * & A \\ B & O \end{vmatrix} = (-1)^{mn} |A| \cdot |B|$.

(3) 范德蒙德行列式

$$\begin{vmatrix} 1 & 1 & \cdots & 1 \\ x_1 & x_2 & \cdots & x_n \\ x_1^2 & x_2^2 & \cdots & x_n^2 \\ \vdots & \vdots & & \vdots \\ x_1^{n-1} & x_2^{n-1} & \cdots & x_n^{n-1} \end{vmatrix} = \prod_{1 \leqslant j < i \leqslant n} (x_i - x_j).$$

【注】特别地，$\begin{vmatrix} 1 & 1 & 1 \\ x_1 & x_2 & x_3 \\ x_1^2 & x_2^2 & x_3^2 \end{vmatrix} = (x_3 - x_2)(x_3 - x_1)(x_2 - x_1)$.

问题研究

1. 性质法与展开法

题眼探索　行列式和矩阵是线性代数的“敲门砖”，是贯穿始终的工具. 要想走进线性代数的缤纷世界，摆在我们面前的第一个问题，就是如何计算一个具体的行列式.

计算行列式最常用的方法就是利用行列式的性质和通过代数余子式展开. 我们不妨把行列式分为两类：一般的行列式和特殊的行列式. 所谓特殊的行列式，就是行列式的元素有明显的分布特征(通常有较多的 0)，否则就为一般的行列式.

对于一般的行列式，计算时的基本策略是利用行列式的性质⑤来“造零”. 如何“造零”呢？有两个方向：

1°把行列式化为三角行列式，然后再利用三角行列式的公式进行计算；

2°使行列式的第 1 列中只有一个非零元，然后按第 1 列展开，把行列式降为低一阶的行列式.

(1) 一般的行列式

【例 1】　行列式 $\begin{vmatrix} 3 & 1 & 4 & -2 \\ 2 & 5 & 3 & 1 \\ 1 & 2 & 2 & -1 \\ -1 & 4 & -3 & 5 \end{vmatrix} =$ ________.

【解】法一：原式 $\xlongequal{r_1 \leftrightarrow r_3} - \begin{vmatrix} 1 & 2 & 2 & -1 \\ 2 & 5 & 3 & 1 \\ 3 & 1 & 4 & -2 \\ -1 & 4 & -3 & 5 \end{vmatrix} \xlongequal[r_4 + r_1]{r_2 - 2r_1 \\ r_3 - 3r_1} - \begin{vmatrix} 1 & 2 & 2 & -1 \\ 0 & 1 & -1 & 3 \\ 0 & -5 & -2 & 1 \\ 0 & 6 & -1 & 4 \end{vmatrix}$

$$\xrightarrow[r_4-6r_2]{r_3+5r_2}-\begin{vmatrix}1&2&2&-1\\0&1&-1&3\\0&0&-7&16\\0&0&5&-14\end{vmatrix}\xrightarrow{r_4\times 7}-\frac{1}{7}\begin{vmatrix}1&2&2&-1\\0&1&-1&3\\0&0&-7&16\\0&0&35&-98\end{vmatrix}$$

$$\xrightarrow{r_4+5r_3}-\frac{1}{7}\begin{vmatrix}1&2&2&-1\\0&1&-1&3\\0&0&-7&16\\0&0&0&-18\end{vmatrix}=-18.$$

法二：原式$\xrightarrow{r_1\leftrightarrow r_3}-\begin{vmatrix}1&2&2&-1\\2&5&3&1\\3&1&4&-2\\-1&4&-3&5\end{vmatrix}\xrightarrow[r_4+r_1]{\substack{r_2-2r_1\\r_3-3r_1}}-\begin{vmatrix}1&2&2&-1\\0&1&-1&3\\0&-5&-2&1\\0&6&-1&4\end{vmatrix}$

$$\xrightarrow{按\,c_1\,展开}-\begin{vmatrix}1&-1&3\\-5&-2&1\\6&-1&4\end{vmatrix}\xrightarrow[r_3-6r_1]{r_2+5r_1}-\begin{vmatrix}1&-1&3\\0&-7&16\\0&5&-14\end{vmatrix}$$

$$\xrightarrow{按\,c_1\,展开}-\begin{vmatrix}-7&16\\5&-14\end{vmatrix}=-18.$$

【题外话】计算一般的行列式时，在“造零”的过程中应注意以下三点：

(i) **先将第1行第1列的元素变为1**. 如本例一开始就通过互换第1行与第3行将第1行第1列的元素变为1，这样之后“造零”将更方便. 值得注意的是，互换两行后，行列式前要添负号，并且在后面的过程中勿要将此负号遗漏.

(ii) **依次“造零”**. 如本例的“法一”中，先根据第1列第1行的元素，将第1列第2,3,4行的元素变为0；再根据第2列第2行的元素，将第2列第3,4行的元素变为0；最后根据第3列第3行的元素，将第3列第4行的元素变为0. 如此一列一列依次“造零”，是为了保证造好的“零”都安然无恙，不至于使之前已经变为0的元素在之后的过程中又变回非零元.

(iii) **出现分数与扩大倍数**. 在本例的“法一”中，将第3列第4行的元素变为0时遇到了障碍，由于5不是−7的倍数，所以如果直接“造零”，则必然会出现分数：

$$-\begin{vmatrix}1&2&2&-1\\0&1&-1&3\\0&0&-7&16\\0&0&5&-14\end{vmatrix}\xrightarrow{r_4+\frac{5}{7}r_3}-\begin{vmatrix}1&2&2&-1\\0&1&-1&3\\0&0&-7&16\\0&0&0&-\frac{18}{7}\end{vmatrix}.$$

为了避免分数的出现，可用行列式的性质③，把第4行的元素都扩大7倍. 当然此举是有“代价”的，那就是要用$\frac{1}{7}$乘元素扩大倍数后的行列式，并且在后面的过程中不能将此$\frac{1}{7}$遗漏. 究竟是任由分数出现还是扩大元素的倍数，孰繁孰简，请读者在计算过程中细细体会并合理选择.

本例“法一”中“造零”的过程定要熟稔于心，因为这个过程与之后的通过矩阵的初等行变换来求逆矩阵、求矩阵的秩、解线性方程组以及求方阵的特征向量的过程都非常类似，还

要陪伴我们很久很久.

(2) 特殊的行列式

题眼探索 对于一般的行列式,只能计算阶数较低的(一般不超过5阶),并且行列式的元素还必须都是数字,否则将寸步难行.而对于特殊的行列式,不但可以计算低阶的,还可以计算 n 阶的,此外行列式的元素也不一定非得都是数字,即使出现字母也无妨.

在很多人看来,行列式可以分为低阶行列式和 n 阶行列式,又可以分为数字型行列式和字母型行列式,如此便理所应当地认为,低阶数字型行列式计算起来最容易,n 阶字母型行列式计算起来难度最高.

其实,面对特殊的行列式,它究竟是低阶的还是 n 阶的,以及是数字型还是字母型都无关紧要,选择计算的方法只有一个依据,那就是行列式元素的分布特征. 是这样吗?请看例2.

【例2】 行列式 $\begin{vmatrix} 1 & 2 & 0 & 0 \\ 0 & 1 & 2 & 0 \\ 0 & 0 & 1 & 2 \\ 2 & 0 & 0 & 1 \end{vmatrix}=$________.

【分析】行列式的第1行和第1列中都只有两个非零元,于是便想通过代数余子式展开来降阶.问题是该按第1行展开还是按第1列展开呢?如果按第1行展开,则

$$原式=\begin{vmatrix} 1 & 2 & 0 \\ 0 & 1 & 2 \\ 0 & 0 & 1 \end{vmatrix}-2\begin{vmatrix} 0 & 2 & 0 \\ 0 & 1 & 2 \\ 2 & 0 & 1 \end{vmatrix}.$$

可惜元素2的余子式并非特殊的行列式,计算它时还得再降一次阶.但是,若将原行列式按第1列展开,则

$$原式=\begin{vmatrix} 1 & 2 & 0 \\ 0 & 1 & 2 \\ 0 & 0 & 1 \end{vmatrix}-2\begin{vmatrix} 2 & 0 & 0 \\ 1 & 2 & 0 \\ 0 & 1 & 2 \end{vmatrix}.$$

此时,两个非零元的余子式皆为三角行列式,用公式便可直接计算,即

$$原式=1^3-2\times2^3=-15.$$

可见,这样的行列式按第1列展开来计算着实便捷.

【题外话】

(i) 请观察本例行列式元素的分布特征:左下角有一个非零元,其余非零元都集中在两条对角线上,这样的行列式不妨称其为**"双对角线+左下元"形行列式**.根据行列式的性质①,行列式经转置值不变,不妨称本例的转置行列式

$$\begin{vmatrix} 1 & 0 & 0 & 2 \\ 2 & 1 & 0 & 0 \\ 0 & 2 & 1 & 0 \\ 0 & 0 & 2 & 1 \end{vmatrix}$$

为**“双对角线十右上元”形行列式**，类似地，按第 1 行展开便能得到相同的值.

(ii) 本例为 4 阶数字型行列式. 请读者自行练习：

① (2012 年考研题)行列式 $\begin{vmatrix} 1 & a & 0 & 0 \\ 0 & 1 & a & 0 \\ 0 & 0 & 1 & a \\ a & 0 & 0 & 1 \end{vmatrix} =$________；

② (1991 年考研题)n 阶行列式 $\begin{vmatrix} a & b & 0 & \cdots & 0 & 0 \\ 0 & a & b & \cdots & 0 & 0 \\ 0 & 0 & a & \cdots & 0 & 0 \\ \vdots & \vdots & \vdots & & \vdots & \vdots \\ 0 & 0 & 0 & \cdots & a & b \\ b & 0 & 0 & \cdots & 0 & a \end{vmatrix} =$________.

(答案为 $1-a^4$，$a^n+(-1)^{n+1}b^n$)

这两个行列式虽分别为 4 阶字母型和 n 阶字母型行列式，看着挺唬人，但都是“纸老虎”. 由于它们与本例有完全相同的元素分布特征，所以计算的方法与本例全然一致，都只需按第 1 列展开即可. 因此，探讨特殊行列式的计算，关键就在于研究元素的分布特征. 而本例仅仅是一个开始.

【例 3】 行列式 $\begin{vmatrix} 1 & 1 & 1 & 1 \\ 1 & 2 & 0 & 0 \\ 1 & 0 & 3 & 0 \\ 1 & 0 & 0 & 4 \end{vmatrix} =$________.

【解】 原式 $\xlongequal{r_1-\frac{1}{2}r_2} \begin{vmatrix} \frac{1}{2} & 0 & 1 & 1 \\ 1 & 2 & 0 & 0 \\ 1 & 0 & 3 & 0 \\ 1 & 0 & 0 & 4 \end{vmatrix} \xlongequal{r_1-\frac{1}{3}r_3} \begin{vmatrix} \frac{1}{6} & 0 & 0 & 1 \\ 1 & 2 & 0 & 0 \\ 1 & 0 & 3 & 0 \\ 1 & 0 & 0 & 4 \end{vmatrix}$

$\xlongequal{r_1-\frac{1}{4}r_4} \begin{vmatrix} -\frac{1}{12} & 0 & 0 & 0 \\ 1 & 2 & 0 & 0 \\ 1 & 0 & 3 & 0 \\ 1 & 0 & 0 & 4 \end{vmatrix} = -2.$

【题外话】 本例行列式非零元的分布宛如一只爪子，不妨称这样的行列式为**爪形行列式**. 请看“爪形家族”的成员(图 1-1)：

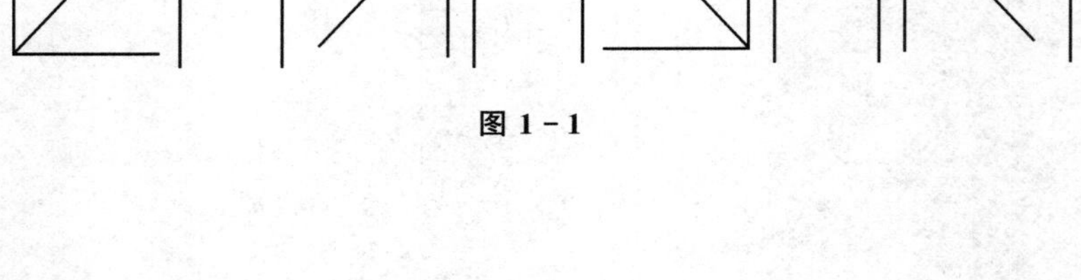

图 1-1

这 4 种爪形行列式都可以利用行列式的性质⑤来转化为三角行列式. 请读者自行练习：

$$n\text{ 阶行列式}\begin{vmatrix} b & & & & 1 \\ b & & & 1 & \\ \vdots & & \iddots & & \\ b & 1 & & & \\ a & a & \cdots & a & a \end{vmatrix}=\underline{\qquad\qquad}.$$

（答案为$(-1)^{\frac{n(n-1)}{2}}a[1-(n-1)b]$）

三角行列式是很多特殊的行列式最终的归宿，请再看例 4.

【例 4】 行列式$\begin{vmatrix} 5 & 2 & 2 & 2 \\ 2 & 5 & 2 & 2 \\ 2 & 2 & 5 & 2 \\ 2 & 2 & 2 & 5 \end{vmatrix}=\underline{\qquad\qquad}$.

【解】 原式$\xlongequal[r_1+r_4]{\substack{r_1+r_2\\ r_1+r_3}}\begin{vmatrix} 11 & 11 & 11 & 11 \\ 2 & 5 & 2 & 2 \\ 2 & 2 & 5 & 2 \\ 2 & 2 & 2 & 5 \end{vmatrix}\xlongequal{r_1\times\frac{1}{11}}11\begin{vmatrix} 1 & 1 & 1 & 1 \\ 2 & 5 & 2 & 2 \\ 2 & 2 & 5 & 2 \\ 2 & 2 & 2 & 5 \end{vmatrix}$

$$\xlongequal[r_4-2r_1]{\substack{r_2-2r_1\\ r_3-2r_1}}11\begin{vmatrix} 1 & 1 & 1 & 1 \\ 0 & 3 & 0 & 0 \\ 0 & 0 & 3 & 0 \\ 0 & 0 & 0 & 3 \end{vmatrix}=297.$$

【题外话】本例行列式每行(列)元素之和均为 11，不妨把这样的行列式叫做**“行(列)和相等”形行列式**. 同时，这个行列式的元素分布特征也是这类行列式中最特殊的一种：主对角线元素是相同的一个数，且其余元素是相同的另一个数. 本例是 4 阶数字型行列式，若不改变其分布特征，把它“升级”为 n 阶字母型行列式，你还会计算吗？请读者自行练习：

$$n\text{ 阶行列式}\begin{vmatrix} a & b & b & \cdots & b \\ b & a & b & \cdots & b \\ b & b & a & \cdots & b \\ \vdots & \vdots & \vdots & & \vdots \\ b & b & b & \cdots & a \end{vmatrix}=\underline{\qquad\qquad}.$$

（答案为$[a+(n-1)b](a-b)^{n-1}$）

【例 5】 行列式$\begin{vmatrix} 1 & -1 & 0 & 0 \\ 2 & x & -1 & 0 \\ 3 & 0 & x & -1 \\ 4 & 0 & 0 & x \end{vmatrix}=\underline{\qquad\qquad}$.

【分析】面对这个行列式，主对角线上的 x 显得很不和谐，于是便想把这些 x 全部“消灭”. 如何操作呢？可以从第 2 行起，每行依次加上上一行的 x 倍. 当然这样做是有“代价”的，那就是第 1 列的元素将变得“面目全非”. 而最终决定行列式值的，就是第 1 列的最后一个元素变成了什么.

【解】原式 $\xlongequal{r_2+xr_1}\begin{vmatrix}1&-1&0&0\\x+2&0&-1&0\\3&0&x&-1\\4&0&0&x\end{vmatrix}$

$$\xlongequal{r_3+xr_2}\begin{vmatrix}1&-1&0&0\\x+2&0&-1&0\\x^2+2x+3&0&0&-1\\4&0&0&x\end{vmatrix}$$

$$\xlongequal{r_4+xr_3}\begin{vmatrix}1&-1&0&0\\x+2&0&-1&0\\x^2+2x+3&0&0&-1\\x^3+2x^2+3x+4&0&0&0\end{vmatrix}$$

$$\xlongequal{\text{按 } r_4 \text{ 展开}}-(x^3+2x^2+3x+4)\begin{vmatrix}-1&0&0\\0&-1&0\\0&0&-1\end{vmatrix}$$

$$=x^3+2x^2+3x+4.$$

【例 6】 (2015 年考研题)n 阶行列式 $\begin{vmatrix}2&&&&&2\\-1&2&&&&2\\&-1&2&&&2\\&&\ddots&\ddots&&\vdots\\&&&-1&2&2\\&&&&-1&2\end{vmatrix}=$________.

【分析】这是一个 n 阶行列式，看见它难免很没有安全感.莫慌！我们可以不改变其元素的分布规律，写出它所对应的 4 阶行列式

$$\begin{vmatrix}2&0&0&2\\-1&2&0&2\\0&-1&2&2\\0&0&-1&2\end{vmatrix}.$$

面对熟悉的 4 阶行列式，便不难想到，只要"消灭"行列式中全部的"-1"，它最终的归宿就又是我们的"老朋友"——三角行列式：

$$\begin{vmatrix}2&0&0&2\\-1&2&0&2\\0&-1&2&2\\0&0&-1&2\end{vmatrix}\xlongequal{r_2+\frac{1}{2}r_1}\begin{vmatrix}2&0&0&2\\0&2&0&2+1\\0&-1&2&2\\0&0&-1&2\end{vmatrix}$$

$$\xlongequal{r_3+\frac{1}{2}r_2}\begin{vmatrix}2&0&0&2\\0&2&0&2+1\\0&0&2&2+1+\frac{1}{2}\\0&0&-1&2\end{vmatrix}$$

$$\xlongequal{r_4+\frac{1}{2}r_3}\begin{vmatrix} 2 & 0 & 0 & 2 \\ 0 & 2 & 0 & 2+1 \\ 0 & 0 & 2 & 2+1+\frac{1}{2} \\ 0 & 0 & 0 & 2+1+\frac{1}{2}+\frac{1}{4} \end{vmatrix}.$$

此时,要再计算本例的 n 阶行列式,便只需“依葫芦画瓢”罢了.

【解】原式 $\xlongequal{r_2+\frac{1}{2}r_1}\begin{vmatrix} 2 & & & & & 2 \\ 0 & 2 & & & & 2+1 \\ & -1 & 2 & & & 2 \\ & & \ddots & \ddots & & \vdots \\ & & & -1 & 2 & 2 \\ & & & & -1 & 2 \end{vmatrix}$

$$\xlongequal{r_3+\frac{1}{2}r_2}\begin{vmatrix} 2 & & & & & 2 \\ & 2 & & & & 2+1 \\ & 0 & 2 & & & 2+1+\frac{1}{2} \\ & & \ddots & \ddots & & \vdots \\ & & & -1 & 2 & 2 \\ & & & & -1 & 2 \end{vmatrix}$$

$=\cdots$

$$\xlongequal{r_n+\frac{1}{2}r_{n-1}}\begin{vmatrix} 2 & & & & & 2 \\ & 2 & & & & 2+1 \\ & & 2 & & & 2+1+\frac{1}{2} \\ & & & \ddots & & \vdots \\ & & & & 2 & 2+1+\frac{1}{2}+\cdots+\frac{1}{2^{n-3}} \\ & & & & & 2+1+\frac{1}{2}+\cdots+\frac{1}{2^{n-2}} \end{vmatrix}$$

$$=2^{n-1}\left[3+\frac{\frac{1}{2}\left(1-\frac{1}{2^{n-2}}\right)}{1-\frac{1}{2}}\right]=2^{n+1}-2.$$

2. 递推法

【例 7】 n 阶行列式 $\begin{vmatrix} 2 & -1 & & & & \\ 2 & 2 & -1 & & & \\ 2 & & 2 & -1 & & \\ \vdots & & & \ddots & \ddots & \\ 2 & & & & 2 & -1 \\ 2 & & & & & 2 \end{vmatrix}=$________.

【分析】本例与例 6 的两个行列式仿佛孪生兄弟. 那么,本例能像例 6 一样“消灭”行列式中的“-1”吗? 不妨试一试:

$$\text{原式}\xlongequal{r_1+\frac{1}{2}r_2}\begin{vmatrix} 2+1 & 0 & -\frac{1}{2} & & & \\ 2 & 2 & -1 & & & \\ 2 & & 2 & -1 & & \\ \vdots & & & \ddots & \ddots & \\ 2 & & & & 2 & -1 \\ 2 & & & & & 2 \end{vmatrix}.$$

这时行列式中又冒出了一个非零元$-\frac{1}{2}$. 若要把$-\frac{1}{2}$再变回 0,则行列式又“现了原形”:

$$\begin{vmatrix} 2+1 & 0 & -\frac{1}{2} & & & \\ 2 & 2 & -1 & & & \\ 2 & & 2 & -1 & & \\ \vdots & & & \ddots & \ddots & \\ 2 & & & & 2 & -1 \\ 2 & & & & & 2 \end{vmatrix}\xlongequal{r_1-\frac{1}{2}r_2}\begin{vmatrix} 2 & -1 & & & & \\ 2 & 2 & -1 & & & \\ 2 & & 2 & -1 & & \\ \vdots & & & \ddots & \ddots & \\ 2 & & & & 2 & -1 \\ 2 & & & & & 2 \end{vmatrix}.$$

这该如何是好呢?

请回看例 5,例 5 与本例的行列式的非零元都集中在两条对角线和第 1 列上,显然这两个行列式的元素有相同的分布特征,这意味着可用相同的方法来计算,只不过例 5 所要“消灭”的是“破坏和谐”的 x,而本例所要“消灭”的是主对角线上看起来“人畜无害”的“2”:

$$\text{原式}\xlongequal{r_2+2r_1}\begin{vmatrix} 2 & -1 & & & & \\ 2+2^2 & 0 & -1 & & & \\ 2 & & 2 & -1 & & \\ \vdots & & & \ddots & \ddots & \\ 2 & & & & 2 & -1 \\ 2 & & & & & 2 \end{vmatrix}$$

$$
\xlongequal{r_3+2r_2}\begin{vmatrix}
2 & -1 & & & & \\
2+2^2 & & -1 & & & \\
2+2^2+2^3 & & 0 & -1 & & \\
\vdots & & & \ddots & \ddots & \\
2 & & & & 2 & -1 \\
2 & & & & & 2
\end{vmatrix}
$$

$=\cdots$

$$
\xlongequal{r_n+2r_{n-1}}\begin{vmatrix}
2 & -1 & & & & \\
2+2^2 & & -1 & & & \\
2+2^2+2^3 & & & -1 & & \\
\vdots & & & & \ddots & \\
2+2^2+\cdots+2^{n-1} & & & & & -1 \\
2+2^2+\cdots+2^n & & & & &
\end{vmatrix}
$$

$$
\xlongequal{\text{按 } r_n \text{ 展开}}(2+2^2+\cdots+2^n)(-1)^{n+1}(-1)^{n-1}
$$

$$
=\frac{2(1-2^n)}{1-2}=2^{n+1}-2.
$$

那么，如果看不破本例与例 5 之间的联系，想不到去“消灭”主对角线上的“2”，就真的束手无策了吗？

不妨换个角度来看这个行列式. 若按第 1 行展开，则

$$
\text{原式}=2\begin{vmatrix}
2 & -1 & & & \\
 & 2 & -1 & & \\
 & & \ddots & \ddots & \\
 & & & 2 & -1 \\
 & & & & 2
\end{vmatrix}_{(n-1)\times(n-1)}+\begin{vmatrix}
2 & -1 & & & \\
2 & 2 & -1 & & \\
\vdots & & \ddots & \ddots & \\
2 & & & 2 & -1 \\
2 & & & & 2
\end{vmatrix}_{(n-1)\times(n-1)}.
$$

显然，元素 2 的余子式为三角行列式，而元素 -1 的余子式与原式有着完全一样的元素分布规律，只不过阶数为 $n-1$. 于是记原式为 D_n，则

$$
D_n=2^n+D_{n-1}.
$$

以此作为递推公式，即有

$$
\begin{aligned}
D_n&=2^n+2^{n-1}+D_{n-2}\\
&=2^n+2^{n-1}+2^{n-2}+D_{n-3}\\
&=\cdots=2^n+2^{n-1}+\cdots+2^2+D_1\\
&=2^n+2^{n-1}+\cdots+2^2+2\\
&=2^{n+1}-2.
\end{aligned}
$$

哈！看来本例并非“华山一条路”.

【题外话】

(i) 像本例与例 5 这样非零元都集中在两条对角线和第 1 列上的行列式，不妨称之为**“双对角线＋首列”形行列式**，其转置行列式为**“双对角线＋首行”形行列式**；像例 6 这样非零元都集中在两条对角线和最后一列上的行列式，不妨称之为**“双对角线＋末列”形行列式**，其

转置行列式为**“双对角线十末行”形行列式**. 请看它们的计算过程(图 1-2):

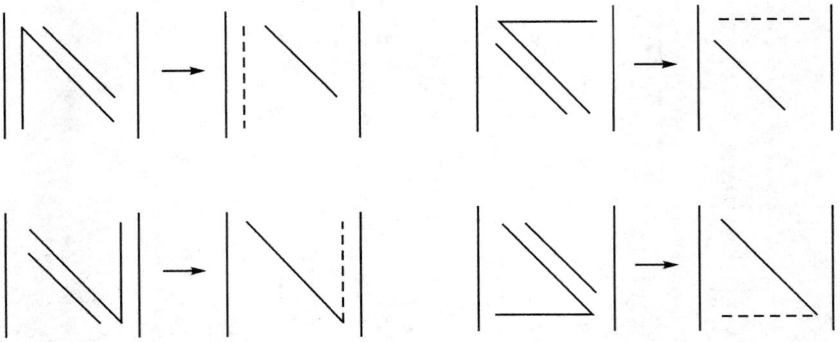

图 1-2

请读者自行练习:

(2016 年考研题)行列式 $\begin{vmatrix} \lambda & -1 & 0 & 0 \\ 0 & \lambda & -1 & 0 \\ 0 & 0 & \lambda & -1 \\ 4 & 3 & 2 & \lambda+1 \end{vmatrix} =$ ________.

(答案为 $\lambda^4+\lambda^3+2\lambda^2+3\lambda+4$)

显然,该行列式的转置行列式与例 6 的行列式有相同的元素分布特征.

(ii) 递推法是为 n 阶行列式 D_n 的计算量身定制的方法,**借助的是 D_n 与 D_{n-1} 之间的关系式**. 例 6 也可用递推法:记原式为 D_n,若按第 1 行展开,则

$$D_n = 2\begin{vmatrix} 2 & & & & 2 \\ -1 & 2 & & & 2 \\ & \ddots & \ddots & & \vdots \\ & & -1 & 2 & 2 \\ & & & -1 & 2 \end{vmatrix}_{(n-1)\times(n-1)} + 2(-1)^{n+1}\begin{vmatrix} -1 & 2 & & & \\ & -1 & 2 & & \\ & & \ddots & \ddots & \\ & & & -1 & 2 \\ & & & & -1 \end{vmatrix}_{(n-1)\times(n-1)}$$

$$=2D_{n-1}+2,$$

故 $D_n+2=2(D_{n-1}+2)$. 以此作为递推公式,即有

$$D_n+2=2^2(D_{n-2}+2)=2^3(D_{n-3}+2)=\cdots$$
$$=2^{n-1}(D_1+2)=2^{n-1}(2+2)=2^{n+1},$$

从而 $D_n=2^{n+1}-2$. 当然例 6 也可先按第 n 行展开得到递推公式,再用递推法,过程与本例类似,读者可自行练习.

然而,如果 n 阶行列式 D_n 既与 D_{n-1} 有关,又与 D_{n-2} 有关,那么此时若用递推法来计算,则不再方便. 这样的行列式又该如何计算呢? 无妨,n 阶行列式的计算还有第二种量身定制的方法.

3. 数学归纳法

题眼探索 数学归纳法是又一种为计算 n 阶行列式而量身定制的方法. 若 n 阶行列式 D_n 与 D_{n-1}, D_{n-2} 都有关,并且行列式的值已知(或已通过计算相应的阶数较低的行列式猜想出行列式的值),则要想证明结论正确,可分三步走:

1°验证当 $n=1$, $n=2$ 时,结论正确;

2°假设当 $n<k$ 时,结论正确;

3°证明当 $n=k$ 时,结论正确(须用到 2°中的假设).

与用递推法一样,用数学归纳法的关键是在此之前要先得到高阶与低阶行列式之间的关系式.

【例 8】 (2008 年考研题)证明 n 阶行列式 $\begin{vmatrix} 2a & 1 & & & & \\ a^2 & 2a & 1 & & & \\ & a^2 & 2a & 1 & & \\ & & \ddots & \ddots & \ddots & \\ & & & a^2 & 2a & 1 \\ & & & & a^2 & 2a \end{vmatrix}=(n+1)a^n$.

【分析】本例的行列式与其低阶行列式之间有什么样的关系呢?记原式为 D_n,若按第 1 行展开,则

$$D_n=2a\begin{vmatrix} 2a & 1 & & & & \\ a^2 & 2a & 1 & & & \\ & a^2 & 2a & 1 & & \\ & & \ddots & \ddots & \ddots & \\ & & & a^2 & 2a & 1 \\ & & & & a^2 & 2a \end{vmatrix}_{(n-1)\times(n-1)}-\begin{vmatrix} a^2 & 1 & & & & \\ & 2a & 1 & & & \\ & a^2 & 2a & 1 & & \\ & & \ddots & \ddots & \ddots & \\ & & & a^2 & 2a & 1 \\ & & & & a^2 & 2a \end{vmatrix}_{(n-1)\times(n-1)}$$

$$=2aD_{n-1}-a^2\begin{vmatrix} 2a & 1 & & & \\ a^2 & 2a & 1 & & \\ & \ddots & \ddots & \ddots & \\ & & a^2 & 2a & 1 \\ & & & a^2 & 2a \end{vmatrix}_{(n-2)\times(n-2)}=2aD_{n-1}-a^2D_{n-2}.$$

一旦得到了 D_n 与 D_{n-1}, D_{n-2} 之间的关系式,那么待证明进行到第 3°步时,便可"有恃无恐"了.

【证】当 $n=1$ 时, $D_1=2a$,结论正确;

当 $n=2$ 时, $D_2=\begin{vmatrix} 2a & 1 \\ a^2 & 2a \end{vmatrix}=3a^2$,结论正确.

假设当 $n<k$ 时,结论正确,则当 $n=k-1$ 时, $D_{k-1}=ka^{k-1}$;当 $n=k-2$ 时, $D_{k-2}=(k-$

$1)a^{k-2}$.

于是当 $n=k$ 时，

$$D_k=2aD_{k-1}-a^2D_{k-2}=2a\cdot ka^{k-1}-a^2\cdot(k-1)a^{k-2}=(k+1)a^k,$$

即 $D_n=(n+1)a^n$.

【题外话】本例行列式的非零元都集中在三条对角线上，不妨称其为**"三对角线"形行列式**. 对于 n 阶"三对角线"形行列式的计算问题，常用数学归纳法. 有时，这依然并非"华山一条路"，还可转化为三角行列式，比如本例也可按如下证法进行证明：

$$\text{原式}\xlongequal{r_2-\frac{1}{2}ar_1}\begin{vmatrix}2a & 1 & & & & \\ 0 & \frac{3}{2}a & 1 & & & \\ & a^2 & 2a & 1 & & \\ & & \ddots & \ddots & \ddots & \\ & & & a^2 & 2a & 1 \\ & & & & a^2 & 2a\end{vmatrix}$$

$$\xlongequal{r_3-\frac{2}{3}ar_2}\begin{vmatrix}2a & 1 & & & & \\ & \frac{3}{2}a & 1 & & & \\ & 0 & \frac{4}{3}a & 1 & & \\ & & \ddots & \ddots & \ddots & \\ & & & a^2 & 2a & 1 \\ & & & & a^2 & 2a\end{vmatrix}$$

$$=\cdots$$

$$\xlongequal{r_n-\frac{n-1}{n}ar_{n-1}}\begin{vmatrix}2a & 1 & & & & \\ & \frac{3}{2}a & 1 & & & \\ & & \frac{4}{3}a & 1 & & \\ & & & \ddots & \ddots & \\ & & & & \frac{n}{n-1}a & 1 \\ & & & & & \frac{(n+1)}{n}a\end{vmatrix}$$

$$=(n+1)a^n.$$

在计算具体的行列式时，我们总想去抱三角行列式的"大腿". 为什么呢？因为计算三角行列式可以直接用公式. 那么除了三角行列式之外，还有哪些"大腿"可以抱呢？拉普拉斯展开式和范德蒙德行列式.

4. 公式法

(1) 利用拉普拉斯展开式

【例 9】 (1996 年考研题)4 阶行列式

$$\begin{vmatrix} a_1 & 0 & 0 & b_1 \\ 0 & a_2 & b_2 & 0 \\ 0 & b_3 & a_3 & 0 \\ b_4 & 0 & 0 & a_4 \end{vmatrix}$$

的值等于(　　)

(A) $a_1a_2a_3a_4-b_1b_2b_3b_4$.　　(B) $a_1a_2a_3a_4+b_1b_2b_3b_4$.

(C) $(a_1a_2-b_1b_2)(a_3a_4-b_3b_4)$.　　(D) $(a_2a_3-b_2b_3)(a_1a_4-b_1b_4)$

【分析】对于本例的行列式,若想抱拉普拉斯展开式的"大腿",那么就要将行列式的非零元都"安放"在左上角和右下角.如何操作呢?只需互换行列式的行或列即可:

$$原式\xlongequal{r_2\leftrightarrow r_4}-\begin{vmatrix} a_1 & 0 & 0 & b_1 \\ b_4 & 0 & 0 & a_4 \\ 0 & b_3 & a_3 & 0 \\ 0 & a_2 & b_2 & 0 \end{vmatrix}\xlongequal{c_2\leftrightarrow c_4}\begin{vmatrix} a_1 & b_1 & 0 & 0 \\ b_4 & a_4 & 0 & 0 \\ 0 & 0 & a_3 & b_3 \\ 0 & 0 & b_2 & a_2 \end{vmatrix}$$

$$=\begin{vmatrix} a_1 & b_1 \\ b_4 & a_4 \end{vmatrix}\begin{vmatrix} a_3 & b_3 \\ b_2 & a_2 \end{vmatrix}=(a_1a_4-b_1b_4)(a_2a_3-b_2b_3).$$

故选(D).

【题外话】本例的行列式可称其为**叉形行列式**.哈!这又是一种特殊的行列式.话至此处,不妨总结一下之前打过交道的特殊行列式及其计算方法.

(i) **"行(列)和相等"形行列式**.计算这种行列式一般可遵循如下程序(可参看例 4):

① 把其余各列(行)都加到第 1 列(行),则第 1 列(行)各元素必相同;

② 把第 1 列(行)各元素的最大公因子提出行列式,使第 1 列(行)各元素均为 1;

③ 其余各列(行)都减去第 1 列(行)的相应倍数,从而化为三角行列式.

(ii) **爪形行列式**(4 种).所有元素都不为零的一行依次减去其余各行的相应倍数,使该行只有一个非零元,从而化为三角行列式(可参看例 3 及图 1-1).

(iii) **叉形行列式**.通过互换行列式的行或列,转化为能用拉普拉斯展开式的行列式(可参看本例).

(iv) **"双对角线+左下(右上)元"形行列式**.按第 1 列(行)展开,非零元的余子式必为三角行列式(可参看例 2).

(v) **"双对角线+首列(行)"形行列式**.计算这种行列式一般可遵循如下程序(可参看例 5,例 7 及图 1-2):

① 从第 2 行(列)起的各行(列)依次减去上一行(列)的相应倍数,使主对角线除第 1 行第 1 列的元素外的其余元素均为零;

② 按最后一行(列)展开,此时最后一行(列)只有一个非零元,且其余子式必为三角行列式.

当阶数为 n 时，也可用递推法.

(vi) **“双对角线＋末列(行)”形行列式**. 从第 2 行(列)起的各行(列)依次减去上一行(列)的相应倍数，使除主对角线外的另一条对角的所有元素均为零，从而化为三角行列式. 当阶数为 n 时，也可用递推法(可参看例 6 及图 1－2).

(vii) **“三对角线”形行列式**. 有时，可从第 2 行起的各行依次减去上一行的相应倍数，使主对角线下方的那条对角线的所有元素均为零，从而化为三角行列式. 当阶数为 n 时，常用数学归纳法(可参看例 8).

一旦根据行列式元素的分布特征将特殊的行列式分门别类并总结计算方法，那么之后若再与这些行列式相遇，计算起来便驾轻就熟. 然而，并不是所有特殊的行列式都能以此来“站队”的，比如例 10.

(2) 利用范德蒙德行列式

【例 10】 行列式 $\begin{vmatrix} 1 & 1 & 1 & 1 \\ 2 & 4 & 8 & 1 \\ 3 & 9 & 27 & 1 \\ 4 & 16 & 64 & 1 \end{vmatrix} =$______.

【分析】 乍一看，本例的行列式似乎就是一个一般的行列式，与例 1 并无二致. 但如果仔细观察，就能发现第 2 列元素是第 1 列元素的平方，第 3 列元素是第 1 列元素的立方，于是便想去抱范德蒙德行列式的“大腿”. 而要想向范德蒙德行列式“靠拢”，就得先将行列式转置，即

$$原式 = \begin{vmatrix} 1 & 2 & 3 & 4 \\ 1^2 & 2^2 & 3^2 & 4^2 \\ 1^3 & 2^3 & 3^3 & 4^3 \\ 1 & 1 & 1 & 1 \end{vmatrix}.$$

比较转置后的行列式与范德蒙德行列式元素的分布特征，便将第 4 行“转移”到第 1 行，并使第 2,3,4 行元素的次数“步步高升”：

$$\begin{vmatrix} 1 & 2 & 3 & 4 \\ 1^2 & 2^2 & 3^2 & 4^2 \\ 1^3 & 2^3 & 3^3 & 4^3 \\ 1 & 1 & 1 & 1 \end{vmatrix} \xlongequal[r_2 \leftrightarrow r_1]{\substack{r_4 \leftrightarrow r_3 \\ r_3 \leftrightarrow r_2}} - \begin{vmatrix} 1 & 1 & 1 & 1 \\ 1 & 2 & 3 & 4 \\ 1^2 & 2^2 & 3^2 & 4^2 \\ 1^3 & 2^3 & 3^3 & 4^3 \end{vmatrix}.$$

一旦抱上了范德蒙德行列式的“大腿”，那么只要关注第 2 行，并求所有右边元素减去左边元素的差的乘积，就能得到行列式的值，故

$$原式 = -\begin{vmatrix} 1 & 1 & 1 & 1 \\ 1 & 2 & 3 & 4 \\ 1^2 & 2^2 & 3^2 & 4^2 \\ 1^3 & 2^3 & 3^3 & 4^3 \end{vmatrix} = -(2-1)(3-1)(4-1)(3-2)(4-2)(4-3) = -12.$$

问题 2　求(代数)余子式的和

问题研究

题眼探索　我们往往很喜欢代数余子式，因为在计算行列式时可以通过它来降阶. 但是你爱它，你真的就了解它吗？

其实，**行列式某元素的余子式和代数余子式与该元素的数值无关，而仅与它的位置有关.** 例如，对于行列式 $\begin{vmatrix} 1 & 2 & 3 \\ 4 & 5 & 6 \\ 7 & 8 & 9 \end{vmatrix}$，第 1 行第 2 列的元素 2 的余子式和代数余子式分别为 $\begin{vmatrix} 4 & 6 \\ 7 & 9 \end{vmatrix}$、$(-1)^{1+2}\begin{vmatrix} 4 & 6 \\ 7 & 9 \end{vmatrix}$，若将该行列式第 1 行第 2 列的元素改为 10，其余元素不变，则对于行列式 $\begin{vmatrix} 1 & 10 & 3 \\ 4 & 5 & 6 \\ 7 & 8 & 9 \end{vmatrix}$，元素 10 的余子式和代数余子式都不变.

利用这个结论，便能求余子式或代数余子式的和了.

【例 11】　设矩阵 $\boldsymbol{A}=(a_{ij})_{4\times4}$ 的行列式 $|\boldsymbol{A}|=\begin{vmatrix} 10 & 13 & 20 & 22 \\ 10 & 13 & 20 & 22 \\ 10 & 11 & 22 & 22 \\ 10 & 11 & 20 & 24 \end{vmatrix}$，$M_{ij}$ 为 a_{ij} 的余子式 $(i,j=1,2,3,4)$，则 $12M_{11}-11M_{12}+20M_{13}-22M_{14}=$________.

【分析】 本例若先求出 4 个余子式的值再求和，那就要计算 4 个 3 阶行列式，着实工程浩大.

那么，有更简单的方法吗？

由于 $M_{ij}=(-1)^{i+j}A_{ij}$，所以本例无异于求

$$12A_{11}+11A_{12}+20A_{13}+22A_{14}. \tag{1-1}$$

不难发现，A_{11}，A_{12}，A_{13}，A_{14} 为 $|\boldsymbol{A}|$ 第 1 行各元素的代数余子式，故式(1－1)可看作某行列式按第 1 行展开，并且该行列式第 1 行的元素为 12，11，20，22，第 2，3，4 行的元素与 $|\boldsymbol{A}|$ 相同. 这意味着可将问题转化为计算行列式

$$\begin{vmatrix} 12 & 11 & 20 & 22 \\ 10 & 13 & 20 & 22 \\ 10 & 11 & 22 & 22 \\ 10 & 11 & 20 & 24 \end{vmatrix}.$$

相比计算 4 个 3 阶行列式，计算 1 个 4 阶行列式岂不更方便？而这个行列式各行元素之和均为 65，是熟悉的“行和相等”形行列式，计算时只需按部就班即可，计算完之后就会发

现它的结果"充满爱意".

【解】原式$=12A_{11}+11A_{12}+20A_{13}+22A_{14}$

$$
=\begin{vmatrix} 12 & 11 & 20 & 22 \\ 10 & 13 & 20 & 22 \\ 10 & 11 & 22 & 22 \\ 10 & 11 & 20 & 24 \end{vmatrix}=\begin{vmatrix} 65 & 11 & 20 & 22 \\ 65 & 13 & 20 & 22 \\ 65 & 11 & 22 & 22 \\ 65 & 11 & 20 & 24 \end{vmatrix}
$$

$$
=65\begin{vmatrix} 1 & 11 & 20 & 22 \\ 1 & 13 & 20 & 22 \\ 1 & 11 & 22 & 22 \\ 1 & 11 & 20 & 24 \end{vmatrix}=65\begin{vmatrix} 1 & 0 & 0 & 0 \\ 1 & 2 & 0 & 0 \\ 1 & 0 & 2 & 0 \\ 1 & 0 & 0 & 2 \end{vmatrix}=520.
$$

【题外话】

(i) 本例告诉我们,**通过构造等值行列式来求(代数)余子式的和会更方便.**

(ii) 本例中已知的行列式是 4 阶矩阵

$$
\boldsymbol{A}=\begin{pmatrix} 10 & 13 & 20 & 22 \\ 10 & 13 & 20 & 22 \\ 10 & 11 & 22 & 22 \\ 10 & 11 & 20 & 24 \end{pmatrix}
$$

的行列式.其实,任何一个行列式都可以看作是它所对应的矩阵的行列式.而关于矩阵的话题,就从它的运算谈起.

问题 3　具体矩阵的运算

知识储备

1. 矩阵的概念

由 $m\times n$ 个数排成的一张 m 行 n 列的矩形表格

$$
\boldsymbol{A}=\begin{pmatrix} a_{11} & a_{12} & \cdots & a_{1n} \\ a_{21} & a_{22} & \cdots & a_{2n} \\ \vdots & \vdots & & \vdots \\ a_{m1} & a_{m2} & \cdots & a_{mn} \end{pmatrix} \quad \text{或} \quad \boldsymbol{A}=\begin{bmatrix} a_{11} & a_{12} & \cdots & a_{1n} \\ a_{21} & a_{22} & \cdots & a_{2n} \\ \vdots & \vdots & & \vdots \\ a_{m1} & a_{m2} & \cdots & a_{mn} \end{bmatrix}
$$

称为 $m\times n$ 矩阵,记作 $\boldsymbol{A}=(a_{ij})_{m\times n}(i=1,2,\cdots,m;j=1,2,\cdots,n)$.

特别地,行数与列数都等于 n 的矩阵称为 n 阶矩阵或 n 阶方阵.

【注】

(i) 矩阵是一张用于展现系统信息的表格.例如,矩阵

$$
\begin{array}{cc} & \text{男}\quad\text{女} \\ \begin{matrix} 1\text{ 班} \\ 2\text{ 班} \end{matrix} & \begin{pmatrix} 5 & 15 \\ 12 & 8 \end{pmatrix} \end{array}
$$

第 1,2 行分别表示 1 班和 2 班的人数，第 1,2 列分别表示男生和女生的人数，那么可以大致推断出 1 班是一个文科班，而 2 班是一个理科班. 再例如，矩阵

$$\begin{matrix} \mathrm{C} \\ \mathrm{H} \\ \mathrm{O} \end{matrix}\begin{pmatrix} 1 & 0 & 0 & 1 & 1 & 0 & 2 \\ 4 & 2 & 2 & 0 & 0 & 0 & 6 \\ 0 & 1 & 0 & 1 & 2 & 2 & 0 \end{pmatrix}$$

第 1,2,3 行分别表示碳、氢、氧元素的个数，那么根据各列就可以看出相应物质的化学式.

(ii) 有如下特殊的矩阵：

① 主对角线元素全为 1，其余元素全为 0 的方阵叫做单位矩阵，例如 $\boldsymbol{E}=\begin{pmatrix} 1 & 0 & 0 \\ 0 & 1 & 0 \\ 0 & 0 & 1 \end{pmatrix}$；

② 所有元素都为 0 的矩阵叫做零矩阵，例如 $\boldsymbol{O}=\begin{pmatrix} 0 & 0 & 0 \\ 0 & 0 & 0 \end{pmatrix}$；

③ 非主对角线元素都是 0 的方阵叫做对角矩阵，例如 $\boldsymbol{\Lambda}=\begin{pmatrix} 1 & 0 & 0 \\ 0 & 2 & 0 \\ 0 & 0 & 3 \end{pmatrix}$.

(iii) 若两个矩阵的行数相等、列数也相等，则称它们是同型矩阵. 若两个同型矩阵的对应元素相等，则称它们相等，例如

$$\begin{pmatrix} 1 & 2 & 3 \\ 4 & 5 & 6 \\ 7 & 8 & 9 \end{pmatrix}=\begin{pmatrix} 1 & 2 & 3 \\ 4 & 5 & 6 \\ 7 & 8 & 9 \end{pmatrix}.$$

由此可见，**只有当两个矩阵"长得一模一样"时，才能用等号连接**.

2. 矩阵的运算

(1) 矩阵的加法

设矩阵 $\boldsymbol{A}=\begin{pmatrix} a_{11} & a_{12} & \cdots & a_{1n} \\ a_{21} & a_{22} & \cdots & a_{2n} \\ \vdots & \vdots & & \vdots \\ a_{m1} & a_{m2} & \cdots & a_{mn} \end{pmatrix}$，$\boldsymbol{B}=\begin{pmatrix} b_{11} & b_{12} & \cdots & b_{1n} \\ b_{21} & b_{22} & \cdots & b_{2n} \\ \vdots & \vdots & & \vdots \\ b_{m1} & b_{m2} & \cdots & b_{mn} \end{pmatrix}$，则

$$\boldsymbol{A}+\boldsymbol{B}=\begin{pmatrix} a_{11}+b_{11} & a_{12}+b_{12} & \cdots & a_{1n}+b_{1n} \\ a_{21}+b_{21} & a_{22}+b_{22} & \cdots & a_{2n}+b_{2n} \\ \vdots & \vdots & & \vdots \\ a_{m1}+b_{m1} & a_{m2}+b_{m2} & \cdots & a_{mn}+b_{mn} \end{pmatrix}.$$

【注】

(i) 例如，$\begin{pmatrix} 1 & 2 \\ 3 & 4 \end{pmatrix}+\begin{pmatrix} 5 & 6 \\ 7 & 8 \end{pmatrix}=\begin{pmatrix} 1+5 & 2+6 \\ 3+7 & 4+8 \end{pmatrix}=\begin{pmatrix} 6 & 8 \\ 10 & 12 \end{pmatrix}$.

(ii) 两个矩阵能做加法的前提是这两个矩阵为同型矩阵.

(iii) 矩阵的加法切莫与行列式的性质④相混淆.

(2) 矩阵的数乘

设矩阵 $\boldsymbol{A}=\begin{pmatrix} a_{11} & a_{12} & \cdots & a_{1n} \\ a_{21} & a_{22} & \cdots & a_{2n} \\ \vdots & \vdots & & \vdots \\ a_{m1} & a_{m2} & \cdots & a_{mn} \end{pmatrix}$，$\lambda$ 为常数，则

$$\lambda\boldsymbol{A}=\boldsymbol{A}\lambda=\begin{pmatrix} \lambda a_{11} & \lambda a_{12} & \cdots & \lambda a_{1n} \\ \lambda a_{21} & \lambda a_{22} & \cdots & \lambda a_{2n} \\ \vdots & \vdots & & \vdots \\ \lambda a_{m1} & \lambda a_{m2} & \cdots & \lambda a_{mn} \end{pmatrix}.$$

【注】

(i) 例如，$5\begin{pmatrix} 1 & 2 \\ 3 & 4 \end{pmatrix}=\begin{pmatrix} 1 & 2 \\ 3 & 4 \end{pmatrix}5=\begin{pmatrix} 5\times1 & 5\times2 \\ 5\times3 & 5\times4 \end{pmatrix}=\begin{pmatrix} 5 & 10 \\ 15 & 20 \end{pmatrix}$.

(ii) 矩阵的数乘切莫与行列式的性质③相混淆.

(3) 矩阵的乘法

设 $\boldsymbol{A}_{m\times s}=(a_{ij})$，$\boldsymbol{B}_{s\times n}=(b_{ij})$，则 $\boldsymbol{A}_{m\times s}\boldsymbol{B}_{s\times n}=\boldsymbol{C}_{m\times n}=(c_{ij})$（如图 1－3 所示），其中

$$c_{ij}=a_{i1}b_{1j}+a_{i2}b_{2j}+\cdots+a_{is}b_{sj}\quad(i=1,2,\cdots,m;j=1,2,\cdots,n).$$

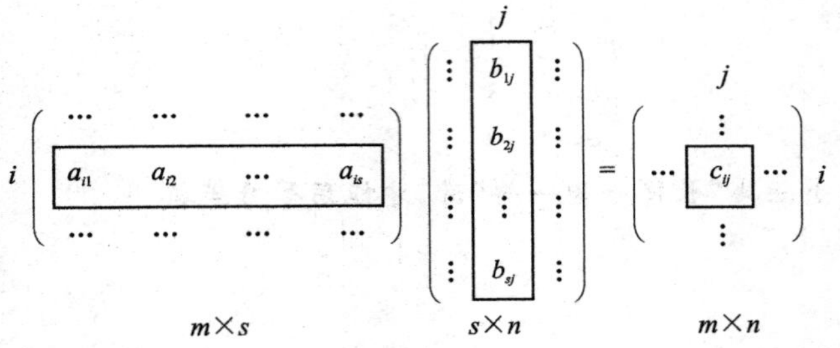

图 1－3

【注】

(i) 例如，

$$\begin{pmatrix} 1 & 2 & 3 \\ 4 & 5 & 6 \end{pmatrix}\begin{pmatrix} 7 & 8 \\ 9 & 10 \\ 11 & 12 \end{pmatrix}=\begin{pmatrix} 1\times7+2\times9+3\times11 & 1\times8+2\times10+3\times12 \\ 4\times7+5\times9+6\times11 & 4\times8+5\times10+6\times12 \end{pmatrix}$$

$$=\begin{pmatrix} 58 & 64 \\ 139 & 154 \end{pmatrix}.$$

(ii) 两个矩阵能做乘法的前提是左边矩阵的列数等于右边矩阵的行数.

(iii) 设 $\boldsymbol{A}$ 为 n 阶方阵，则称 $\boldsymbol{A}^m=\overbrace{\boldsymbol{A}\boldsymbol{A}\cdots\boldsymbol{A}}^{m\text{个}}$ 为 $\boldsymbol{A}$ 的 m 次幂.

(iv) 对应于数的运算，矩阵的运算也有如下结论（假设运算都是可行的，且 λ,μ 为常数，m,k 为正整数）：

① $\boldsymbol{A}+\boldsymbol{B}=\boldsymbol{B}+\boldsymbol{A}$；　② $(\boldsymbol{A}+\boldsymbol{B})+\boldsymbol{C}=\boldsymbol{A}+(\boldsymbol{B}+\boldsymbol{C})$；

③ $\boldsymbol{A}+(-\boldsymbol{A})=\boldsymbol{O}$；　④ $\boldsymbol{A}-\boldsymbol{B}=\boldsymbol{A}+(-\boldsymbol{B})$；

⑤ $(\lambda\mu)\boldsymbol{A}=\lambda(\mu\boldsymbol{A})$；　⑥ $(\lambda+\mu)\boldsymbol{A}=\lambda\boldsymbol{A}+\mu\boldsymbol{A}$；

⑦ $\lambda(\boldsymbol{A}+\boldsymbol{B})=\lambda\boldsymbol{A}+\lambda\boldsymbol{B}$；　⑧ $(\boldsymbol{AB})\boldsymbol{C}=\boldsymbol{A}(\boldsymbol{BC})$；

⑨ $\lambda(\boldsymbol{AB})=(\lambda\boldsymbol{A})\boldsymbol{B}=\boldsymbol{A}(\lambda\boldsymbol{B})$；　⑩ $(\boldsymbol{B}+\boldsymbol{C})\boldsymbol{A}=\boldsymbol{BA}+\boldsymbol{CA},\boldsymbol{A}(\boldsymbol{B}+\boldsymbol{C})=\boldsymbol{AB}+\boldsymbol{AC}$；

⑪ $\boldsymbol{AE}=\boldsymbol{EA}=\boldsymbol{A}$；　⑫ $\boldsymbol{AO}=\boldsymbol{OA}=\boldsymbol{O}$；

⑬ $\boldsymbol{A}^m\boldsymbol{A}^k=\boldsymbol{A}^{m+k}$；　⑭ $(\boldsymbol{A}^m)^k=\boldsymbol{A}^{mk}$.

(v) 对应于数的运算，在矩阵的运算中，有些结论在一般情况下不成立，请切莫混淆：

① $\boldsymbol{AB}\neq\boldsymbol{BA}$.

有时 $\boldsymbol{AB}$ 和 $\boldsymbol{BA}$ 中其中一个有意义，而另一个没有意义. 例如，$\boldsymbol{A}$ 为 2×3 矩阵，$\boldsymbol{B}$ 为 3×4 矩阵，则 $\boldsymbol{AB}$ 有意义，而 $\boldsymbol{BA}$ 没有意义. 即使 $\boldsymbol{AB}$ 和 $\boldsymbol{BA}$ 都有意义，两者也未必相等. 例如，

$$\begin{pmatrix}1&1\\0&2\end{pmatrix}\begin{pmatrix}0&0\\2&1\end{pmatrix}=\begin{pmatrix}2&1\\4&2\end{pmatrix},\begin{pmatrix}0&0\\2&1\end{pmatrix}\begin{pmatrix}1&1\\0&2\end{pmatrix}=\begin{pmatrix}0&0\\2&4\end{pmatrix}.$$

也正是因为一般情况下 $\boldsymbol{AB}\neq\boldsymbol{BA}$，故

$$(\boldsymbol{AB})^m=\overbrace{(\boldsymbol{AB})(\boldsymbol{AB})\cdots(\boldsymbol{AB})}^{m个}\neq\boldsymbol{A}^m\boldsymbol{B}^m,$$

$$(\boldsymbol{A}\pm\boldsymbol{B})^2=(\boldsymbol{A}\pm\boldsymbol{B})(\boldsymbol{A}\pm\boldsymbol{B})=\boldsymbol{A}^2\pm\boldsymbol{AB}\pm\boldsymbol{BA}+\boldsymbol{B}^2\neq\boldsymbol{A}^2\pm2\boldsymbol{AB}+\boldsymbol{B}^2,$$

$$(\boldsymbol{A}+\boldsymbol{B})(\boldsymbol{A}-\boldsymbol{B})=\boldsymbol{A}^2-\boldsymbol{AB}+\boldsymbol{BA}-\boldsymbol{B}^2\neq\boldsymbol{A}^2-\boldsymbol{B}^2,$$

切莫与数的运算相混淆.

② $\boldsymbol{AB}=\boldsymbol{O},\boldsymbol{A}\neq\boldsymbol{O}\not\Rightarrow\boldsymbol{B}=\boldsymbol{O}$.

例如，$\begin{pmatrix}1&0\\0&0\end{pmatrix}\begin{pmatrix}0&0\\0&1\end{pmatrix}=\begin{pmatrix}0&0\\0&0\end{pmatrix}$.

③ $\boldsymbol{AC}=\boldsymbol{BC},\boldsymbol{C}\neq\boldsymbol{O}\not\Rightarrow\boldsymbol{A}=\boldsymbol{B}$.

例如，$\begin{pmatrix}0&0\\0&0\end{pmatrix}\begin{pmatrix}1&0\\0&0\end{pmatrix}=\begin{pmatrix}0&0\\0&1\end{pmatrix}\begin{pmatrix}1&0\\0&0\end{pmatrix}=\begin{pmatrix}0&0\\0&0\end{pmatrix}$.

问题研究

题眼探索　矩阵和行列式是截然不同的概念，不同之处有三：1°行列式数表的两侧是两条竖线，而矩阵数表的两侧是括号；2°行列式的行数一定等于列数，而矩阵的行数不一定等于列数；3°行列式是一个值，而矩阵是一张表格. 正因为行列式和矩阵的第 3°点不同，所以行列式可以计算，而矩阵只能运算.

在这里，何为"计算"，又何为"运算"呢?

通俗地说，所谓计算，就是自己算出一个结果；所谓运算，就必须自己和别人一起算，比如两个矩阵一起算，或者一个矩阵和一个数一起算.

关于矩阵的运算，主要谈矩阵的乘法和它的"加强版"——方阵的幂. 矩阵的乘法和数的乘法大不相同，比如它一般情况下不满足交换律和消去律. 而当一个只有一行的矩阵和一个只有一列的矩阵(这样的矩阵可分别看作行向量和列向量)做乘法时，又有什么玄机呢? 请看例 12.

1. 矩阵的乘法

【例 12】 设 $\boldsymbol{\alpha},\boldsymbol{\beta}$ 为 3 维列向量，$\boldsymbol{\alpha}^{\mathrm{T}},\boldsymbol{\beta}^{\mathrm{T}}$ 分别是 $\boldsymbol{\alpha},\boldsymbol{\beta}$ 的转置. 若 $\boldsymbol{\alpha\beta}^{\mathrm{T}}=\begin{pmatrix}1&-1&2\\-2&2&-4\\3&-3&6\end{pmatrix}$，则 $\boldsymbol{\alpha}^{\mathrm{T}}\boldsymbol{\beta}=$________.

【分析】$\boldsymbol{\alpha\beta}^{\mathrm{T}}$ 和 $\boldsymbol{\alpha}^{\mathrm{T}}\boldsymbol{\beta}$ 之间有什么关系呢？

如果设 $\boldsymbol{\alpha}=\begin{pmatrix}a_1\\a_2\\a_3\end{pmatrix},\boldsymbol{\beta}=\begin{pmatrix}b_1\\b_2\\b_3\end{pmatrix}$，则

$$\boldsymbol{\alpha\beta}^{\mathrm{T}}=\begin{pmatrix}a_1\\a_2\\a_3\end{pmatrix}(b_1,b_2,b_3)=\begin{pmatrix}a_1b_1&a_1b_2&a_1b_3\\a_2b_1&a_2b_2&a_2b_3\\a_3b_1&a_3b_2&a_3b_3\end{pmatrix},$$

$$\boldsymbol{\alpha}^{\mathrm{T}}\boldsymbol{\beta}=(a_1,a_2,a_3)\begin{pmatrix}b_1\\b_2\\b_3\end{pmatrix}=a_1b_1+a_2b_2+a_3b_3.$$

哈！原来 $\boldsymbol{\alpha}^{\mathrm{T}}\boldsymbol{\beta}$ 竟然是 $\boldsymbol{\alpha\beta}^{\mathrm{T}}$ 的主对角线元素之和. 这样本例就成了一道口算题，答案为

$$1+2+6=9.$$

【题外话】本例揭示了 $\boldsymbol{\alpha\beta}^{\mathrm{T}}$ 与 $\boldsymbol{\alpha}^{\mathrm{T}}\boldsymbol{\beta}$ 之间的关系，那么 $\boldsymbol{\alpha\beta}^{\mathrm{T}}$ 与 $\boldsymbol{\beta\alpha}^{\mathrm{T}}$、$\boldsymbol{\alpha}^{\mathrm{T}}\boldsymbol{\beta}$ 与 $\boldsymbol{\beta}^{\mathrm{T}}\boldsymbol{\alpha}$，以及 $\boldsymbol{\alpha\beta}^{\mathrm{T}}$ 与 $\boldsymbol{\beta}^{\mathrm{T}}\boldsymbol{\alpha}$ 之间又有什么样的关系呢？

如果依然设 $\boldsymbol{\alpha}=\begin{pmatrix}a_1\\a_2\\a_3\end{pmatrix},\boldsymbol{\beta}=\begin{pmatrix}b_1\\b_2\\b_3\end{pmatrix}$，那么

$$\boldsymbol{\beta\alpha}^{\mathrm{T}}=\begin{pmatrix}b_1\\b_2\\b_3\end{pmatrix}(a_1,a_2,a_3)=\begin{pmatrix}a_1b_1&a_2b_1&a_3b_1\\a_1b_2&a_2b_2&a_3b_2\\a_1b_3&a_2b_3&a_3b_3\end{pmatrix},$$

$$\boldsymbol{\beta}^{\mathrm{T}}\boldsymbol{\alpha}=(b_1,b_2,b_3)\begin{pmatrix}a_1\\a_2\\a_3\end{pmatrix}=a_1b_1+a_2b_2+a_3b_3.$$

由此可见，对于同维数的列向量 $\boldsymbol{\alpha},\boldsymbol{\beta},\boldsymbol{\alpha\beta}^{\mathrm{T}},\boldsymbol{\beta\alpha}^{\mathrm{T}},\boldsymbol{\alpha}^{\mathrm{T}}\boldsymbol{\beta},\boldsymbol{\beta}^{\mathrm{T}}\boldsymbol{\alpha}$ **这四种抽象符号之间的关系如下**：

① $\boldsymbol{\beta\alpha}^{\mathrm{T}}$ 是 $\boldsymbol{\alpha\beta}^{\mathrm{T}}$ 的转置矩阵，它们都是各行成比例的方阵，秩为 0 或 1（关于矩阵的秩详见第二章问题 1）；

② $\boldsymbol{\alpha}^{\mathrm{T}}\boldsymbol{\beta}$ 与 $\boldsymbol{\beta}^{\mathrm{T}}\boldsymbol{\alpha}$ 是相同的数，都表示向量 $\boldsymbol{\alpha}$ 与 $\boldsymbol{\beta}$ 的内积（关于向量的内积详见第二章问题 1）；

③ 数 $\boldsymbol{\alpha}^{\mathrm{T}}\boldsymbol{\beta}$ 是方阵 $\boldsymbol{\alpha\beta}^{\mathrm{T}}$ 的迹（方阵的主对角线元素之和称为该方阵的迹）.

这意味着一个行向量右乘一个同维数的列向量，结果是一个数；而一个列向量右乘一个同维数的行向量，结果是一个各行成比例的方阵；同时，一个各行成比例的方阵也一定能写

成一个列向量右乘一个同维数的行向量.利用这些结论,便能求各行成比例的方阵的幂了.

2. 特殊方阵的幂

(1) 各行成比例的方阵

【例 13】 设矩阵 $\boldsymbol{A}=\begin{pmatrix}1&-1&2\\-2&2&-4\\3&-3&6\end{pmatrix}$,则 $\boldsymbol{A}^{2019}=$________.

【分析】 观察矩阵 $\boldsymbol{A}$ 各行和各列元素之比,就能把 $\boldsymbol{A}$ 拆成一个列向量右乘一个行向量:

$$\boldsymbol{A}=\begin{pmatrix}1\\-2\\3\end{pmatrix}(1,-1,2).$$

于是

$$\boldsymbol{A}^{2019}=\overbrace{\left(\begin{pmatrix}1\\-2\\3\end{pmatrix}(1,-1,2)\right)\left(\begin{pmatrix}1\\-2\\3\end{pmatrix}(1,-1,2)\right)\cdots\left(\begin{pmatrix}1\\-2\\3\end{pmatrix}(1,-1,2)\right)}^{2019\text{个}}.$$

由于

$$(1,-1,2)\begin{pmatrix}1\\-2\\3\end{pmatrix}=9,$$

所以不妨把行向量和列向量重新组合,并且"留头留尾算中间",即有

$$\boldsymbol{A}^{2019}=\begin{pmatrix}1\\-2\\3\end{pmatrix}\overbrace{\left((1,-1,2)\begin{pmatrix}1\\-2\\3\end{pmatrix}\right)\left((1,-1,2)\begin{pmatrix}1\\-2\\3\end{pmatrix}\right)\cdots\left((1,-1,2)\begin{pmatrix}1\\-2\\3\end{pmatrix}\right)}^{2018\text{个}}(1,-1,2)$$

$$=9^{2018}\begin{pmatrix}1\\-2\\3\end{pmatrix}(1,-1,2)=9^{2018}\begin{pmatrix}1&-1&2\\-2&2&-4\\3&-3&6\end{pmatrix}.$$

【题外话】 本例告诉我们,对于各行成比例的方阵 $\boldsymbol{A}$,

$$\boldsymbol{A}^{n}=l^{n-1}\boldsymbol{A},$$

其中,l 为 $\boldsymbol{A}$ 的迹.

(2) $\begin{pmatrix} & \triangledown \\ & \end{pmatrix}$ 型方阵

【例 14】 设矩阵 $\boldsymbol{A}=\begin{pmatrix}0&1&-2&1\\0&0&2&3\\0&0&0&-1\\0&0&0&0\end{pmatrix}$,则 $\boldsymbol{A}^{6}=$________.

【分析】 既然对求 $\boldsymbol{A}^6$ 束手无策,那么试乘一下 $\boldsymbol{A}^2,\boldsymbol{A}^3$ 又有何妨?

$$A^2=\begin{pmatrix}0&1&-2&1\\0&0&2&3\\0&0&0&-1\\0&0&0&0\end{pmatrix}\begin{pmatrix}0&1&-2&1\\0&0&2&3\\0&0&0&-1\\0&0&0&0\end{pmatrix}=\begin{pmatrix}0&0&2&5\\0&0&0&-2\\0&0&0&0\\0&0&0&0\end{pmatrix},$$

$$A^3=\begin{pmatrix}0&0&2&5\\0&0&0&-2\\0&0&0&0\\0&0&0&0\end{pmatrix}\begin{pmatrix}0&1&-2&1\\0&0&2&3\\0&0&0&-1\\0&0&0&0\end{pmatrix}=\begin{pmatrix}0&0&0&-2\\0&0&0&0\\0&0&0&0\\0&0&0&0\end{pmatrix}.$$

显然，A^2 比 A 少了三个非零元，而 A^3 就剩下了右上角的一个非零元，如此则 $A^4=O$，从而 $A^5=A^6=O$.

【题外话】

(i) **在求方阵的幂时，常通过试乘来发现规律**. 其实，$\begin{pmatrix} & & \triangledown \\ & & \end{pmatrix}$型方阵的幂有如下规律：

① 对于 $A=\begin{pmatrix}0&a&c\\0&0&b\\0&0&0\end{pmatrix}$，$A^2=\begin{pmatrix}0&0&ab\\0&0&0\\0&0&0\end{pmatrix}$，$A^3=O$；

② 对于 $A=\begin{pmatrix}0&0&0\\a&0&0\\c&b&0\end{pmatrix}$，$A^2=\begin{pmatrix}0&0&0\\0&0&0\\ab&0&0\end{pmatrix}$，$A^3=O$；

③ 对于 $A=\begin{pmatrix}0&a&d&f\\0&0&b&e\\0&0&0&c\\0&0&0&0\end{pmatrix}$，$A^3=\begin{pmatrix}0&0&0&abc\\0&0&0&0\\0&0&0&0\\0&0&0&0\end{pmatrix}$，$A^4=O$；

④ 对于 $A=\begin{pmatrix}0&0&0&0\\a&0&0&0\\d&b&0&0\\f&e&c&0\end{pmatrix}$，$A^3=\begin{pmatrix}0&0&0&0\\0&0&0&0\\0&0&0&0\\abc&0&0&0\end{pmatrix}$，$A^4=O$.

(ii) 关于一般方阵的幂，需要到第三章再做探讨(详见第三章例 16)，这里只探讨特殊方阵的幂. 那么，除了各行成比例的方阵和$\begin{pmatrix} & & \triangledown \\ & & \end{pmatrix}$型方阵的幂，还能求哪种特殊方阵的幂呢？

设 A，B 为方阵，则对于分块对角阵$\begin{pmatrix}A&O\\O&B\end{pmatrix}$，

$$\begin{pmatrix}A&O\\O&B\end{pmatrix}^n=\begin{pmatrix}A^n&O\\O&B^n\end{pmatrix}.$$

(3) $\begin{pmatrix} A & O \\ O & B \end{pmatrix}$型方阵

【例 15】 设矩阵 $A=\begin{pmatrix} 3 & -1 & 0 & 0 & 0 \\ -9 & 3 & 0 & 0 & 0 \\ 0 & 0 & 3 & 1 & 0 \\ 0 & 0 & 0 & 3 & 1 \\ 0 & 0 & 0 & 0 & 3 \end{pmatrix}$，则 $A^n=$________.

【解】记 $A_1=\begin{pmatrix} 3 & -1 \\ -9 & 3 \end{pmatrix}$，$A_2=\begin{pmatrix} 3 & 1 & 0 \\ 0 & 3 & 1 \\ 0 & 0 & 3 \end{pmatrix}$，则 $A=\begin{pmatrix} A_1 & O \\ O & A_2 \end{pmatrix}$.

$$A_1^n=\overbrace{\left(\begin{pmatrix} 1 \\ -3 \end{pmatrix}(3,-1)\right)\left(\begin{pmatrix} 1 \\ -3 \end{pmatrix}(3,-1)\right)\cdots\left(\begin{pmatrix} 1 \\ -3 \end{pmatrix}(3,-1)\right)}^{n\text{个}}$$

$$=\begin{pmatrix} 1 \\ -3 \end{pmatrix}\overbrace{\left((3,-1)\begin{pmatrix} 1 \\ -3 \end{pmatrix}\right)\left((3,-1)\begin{pmatrix} 1 \\ -3 \end{pmatrix}\right)\cdots\left((3,-1)\begin{pmatrix} 1 \\ -3 \end{pmatrix}\right)}^{n-1\text{个}}(3,-1)$$

$$=6^{n-1}\begin{pmatrix} 1 \\ -3 \end{pmatrix}(3,-1)=\begin{pmatrix} 3\cdot 6^{n-1} & -6^{n-1} \\ -9\cdot 6^{n-1} & 3\cdot 6^{n-1} \end{pmatrix}.$$

$$A_2=\begin{pmatrix} 0 & 1 & 0 \\ 0 & 0 & 1 \\ 0 & 0 & 0 \end{pmatrix}+3\begin{pmatrix} 1 & 0 & 0 \\ 0 & 1 & 0 \\ 0 & 0 & 1 \end{pmatrix}\xlongequal{\text{记}}B+3E，且 B^2=\begin{pmatrix} 0 & 0 & 1 \\ 0 & 0 & 0 \\ 0 & 0 & 0 \end{pmatrix}，B^3=B^4=\cdots=O.$$

于是

$$A_2^n=(B+3E)^n=C_n^0(3E)^n+C_n^1B(3E)^{n-1}+C_n^2B^2(3E)^{n-2}$$

$$=3^n\begin{pmatrix} 1 & 0 & 0 \\ 0 & 1 & 0 \\ 0 & 0 & 1 \end{pmatrix}+n3^{n-1}\begin{pmatrix} 0 & 1 & 0 \\ 0 & 0 & 1 \\ 0 & 0 & 0 \end{pmatrix}+\frac{1}{2}n(n-1)3^{n-2}\begin{pmatrix} 0 & 0 & 1 \\ 0 & 0 & 0 \\ 0 & 0 & 0 \end{pmatrix}$$

$$=\begin{pmatrix} 3^n & n3^{n-1} & \frac{1}{2}n(n-1)3^{n-2} \\ 0 & 3^n & n3^{n-1} \\ 0 & 0 & 3^n \end{pmatrix}.$$

故
$$A^n=\begin{pmatrix} A_1^n & O \\ O & A_2^n \end{pmatrix}=\begin{pmatrix} 3\cdot 6^{n-1} & -6^{n-1} & 0 & 0 & 0 \\ -9\cdot 6^{n-1} & 3\cdot 6^{n-1} & 0 & 0 & 0 \\ 0 & 0 & 3^n & n3^{n-1} & \frac{1}{2}n(n-1)3^{n-2} \\ 0 & 0 & 0 & 3^n & n3^{n-1} \\ 0 & 0 & 0 & 0 & 3^n \end{pmatrix}.$$

【题外话】

(i) 数的二项式定理可推广到矩阵，常用于求方阵的幂：对于方阵 A，B，若 $AB=BA$，则

$$(A+B)^n=C_n^0B^n+C_n^1AB^{n-1}+\cdots+C_n^kA^kB^{n-k}+\cdots+C_n^nA^n.$$

特别地，由于 $AE=EA$，故 $(A+E)^n=E+C_n^1A+\cdots+C_n^kA^k+\cdots+C_n^nA^n$.

(ii) 本例求了分块对角阵的幂，那么分块对角阵的逆矩阵又该如何求呢？

问题4 逆矩阵的相关问题

知识储备

1. 矩阵的初等变换

下面三种变换称为矩阵的初等行变换：

① 对调两行；

② 以数 $k\neq 0$ 乘某一行中所有元素；

③ 把某一行所有元素的 k 倍加到另一行对应的元素上去.

【注】

(i) 例如，

$$\begin{pmatrix}1&2&3\\4&5&6\\7&8&9\end{pmatrix}\xrightarrow{r_1\leftrightarrow r_3}\begin{pmatrix}7&8&9\\4&5&6\\1&2&3\end{pmatrix},$$

$$\begin{pmatrix}1&2&3\\4&5&6\\7&8&9\end{pmatrix}\xrightarrow{r_1\times 2}\begin{pmatrix}2&4&6\\4&5&6\\7&8&9\end{pmatrix},$$

$$\begin{pmatrix}1&2&3\\4&5&6\\7&8&9\end{pmatrix}\xrightarrow{r_2-4r_1}\begin{pmatrix}1&2&3\\0&-3&-6\\7&8&9\end{pmatrix}$$

都是左边的矩阵经一次初等变换变为右边的矩阵. 值得注意的是，**初等变换前后的两个矩阵一般情况下并不相等，不能用等号连接，切莫与行列式的性质以及矩阵的数乘相混淆**.

(ii) 把定义中的“行”换成“列”，就能得到矩阵的初等列变换的定义. 但是，为了防止混淆，不妨这样认为，**除了初等矩阵的问题，几乎不会涉及初等列变换，切莫将行变换与列变换混合使用**.

2. 转置矩阵、方阵的行列式、伴随矩阵与逆矩阵的定义及性质

转置矩阵 $\boldsymbol{A}^{\mathrm{T}}$、方阵的行列式 $|\boldsymbol{A}|$、伴随矩阵 $\boldsymbol{A}^*$ 与逆矩阵 $\boldsymbol{A}^{-1}$ 的定义及性质如表 1 - 1 所列(假设 $\boldsymbol{A},\boldsymbol{B}$ 为 n 阶方阵，且 λ 为常数，m 为正整数).

表 1 - 1

记　号	定　义	性　质
$\boldsymbol{A}^{\mathrm{T}}$	把矩阵 $\boldsymbol{A}$ 的行换成同序数的列得到一个新矩阵，叫做 $\boldsymbol{A}$ 的转置矩阵	① $(\boldsymbol{A}^{\mathrm{T}})^{\mathrm{T}}=\boldsymbol{A}$；　② $(\boldsymbol{A}+\boldsymbol{B})^{\mathrm{T}}=\boldsymbol{A}^{\mathrm{T}}+\boldsymbol{B}^{\mathrm{T}}$； ③ $(\lambda\boldsymbol{A})^{\mathrm{T}}=\lambda\boldsymbol{A}^{\mathrm{T}}$；　④ $(\boldsymbol{A}\boldsymbol{B})^{\mathrm{T}}=\boldsymbol{B}^{\mathrm{T}}\boldsymbol{A}^{\mathrm{T}}$； ⑤ $(\boldsymbol{A}^m)^{\mathrm{T}}=(\boldsymbol{A}^{\mathrm{T}})^m$

续表 1-1

记号	定义	性质
$\|\boldsymbol{A}\|$	由 n 阶方阵 $\boldsymbol{A}$ 的元素所构成的行列式(各元素的位置不变),称为方阵 $\boldsymbol{A}$ 的行列式	① $\|\boldsymbol{A}^{\mathrm{T}}\|=\|\boldsymbol{A}\|$; ② $\|\boldsymbol{AB}\|=\|\boldsymbol{A}\|\|\boldsymbol{B}\|$; ③ $\|\boldsymbol{A}^m\|=\|\boldsymbol{A}\|^m$; ④ $\|\lambda\boldsymbol{A}\|=\lambda^n\|\boldsymbol{A}\|$
$\boldsymbol{A}^*$	行列式$\|\boldsymbol{A}\|$的各个元素 a_{ij} 的代数余子式 A_{ij} 所构成的矩阵 $\boldsymbol{A}^*=\begin{pmatrix}A_{11}&A_{21}&\cdots&A_{n1}\\A_{12}&A_{22}&\cdots&A_{n2}\\\vdots&\vdots&&\vdots\\A_{1n}&A_{2n}&\cdots&A_{nn}\end{pmatrix}$ 称为方阵 $\boldsymbol{A}$ 的伴随矩阵	① $\boldsymbol{AA}^*=\boldsymbol{A}^*\boldsymbol{A}=\|\boldsymbol{A}\|\boldsymbol{E}$; ② $\boldsymbol{A}^*=\|\boldsymbol{A}\|\boldsymbol{A}^{-1}(\|\boldsymbol{A}\|\neq0)$; ③ $\|\boldsymbol{A}^*\|=\|\boldsymbol{A}\|^{n-1}(n\geqslant2)$; ④ $(\lambda\boldsymbol{A})^*=\lambda^{n-1}\boldsymbol{A}^*(n\geqslant2)$; ⑤ $(\boldsymbol{A}^{\mathrm{T}})^*=(\boldsymbol{A}^*)^{\mathrm{T}}$; ⑥ $(\boldsymbol{A}^*)^*=\|\boldsymbol{A}\|^{n-2}\boldsymbol{A}(n\geqslant3)$; ⑦ $(\boldsymbol{AB})^*=\boldsymbol{B}^*\boldsymbol{A}^*$; ⑧ $(\boldsymbol{A}^m)^*=(\boldsymbol{A}^*)^m$
$\boldsymbol{A}^{-1}$	对于 n 阶方阵 $\boldsymbol{A}$,若有一个 n 阶方阵 $\boldsymbol{B}$,使 $\boldsymbol{AB}=\boldsymbol{BA}=\boldsymbol{E}$, 则称 $\boldsymbol{A}$ 是可逆的,$\boldsymbol{B}$ 称为 $\boldsymbol{A}$ 的逆矩阵,简称逆阵	设 $\boldsymbol{A}$ 可逆,则 ① $\|\boldsymbol{A}^{-1}\|=\dfrac{1}{\|\boldsymbol{A}\|}$; ② $\boldsymbol{A}^{-1}=\dfrac{\boldsymbol{A}^*}{\|\boldsymbol{A}\|}$; ③ $(\boldsymbol{A}^{-1})^{-1}=\boldsymbol{A}$; ④ $(\lambda\boldsymbol{A})^{-1}=\dfrac{1}{\lambda}\boldsymbol{A}^{-1}(\lambda\neq0)$; ⑤ $(\boldsymbol{A}^{\mathrm{T}})^{-1}=(\boldsymbol{A}^{-1})^{\mathrm{T}}$; ⑥ $(\boldsymbol{A}^*)^{-1}=(\boldsymbol{A}^{-1})^*$; ⑦ $(\boldsymbol{AB})^{-1}=\boldsymbol{B}^{-1}\boldsymbol{A}^{-1}$; ⑧ $(\boldsymbol{A}^m)^{-1}=(\boldsymbol{A}^{-1})^m$

【注】

(i) 例如,设 $\boldsymbol{A}=\begin{pmatrix}1&2\\3&4\end{pmatrix}$,则

$$\boldsymbol{A}^{\mathrm{T}}=\begin{pmatrix}1&3\\2&4\end{pmatrix},|\boldsymbol{A}|=\begin{vmatrix}1&2\\3&4\end{vmatrix}=-2,\boldsymbol{A}^*=\begin{pmatrix}4&-2\\-3&1\end{pmatrix}.$$

求 $\boldsymbol{A}^*$ 时应注意将$|\boldsymbol{A}|$各行元素的代数余子式写在同序数的各列,并且求代数余子式时不要遗漏负号.

(ii) 只有当 $\boldsymbol{A}$ 为方阵时,$|\boldsymbol{A}|$,$\boldsymbol{A}^*$ 和 $\boldsymbol{A}^{-1}$ 才有意义.但不管 $\boldsymbol{A}$ 是否为方阵,$\boldsymbol{A}^{\mathrm{T}}$ 都有意义,故当 $\boldsymbol{A}$,$\boldsymbol{B}$ 不是方阵,且 $\boldsymbol{A}+\boldsymbol{B}$,$\boldsymbol{AB}$ 有意义时,表 1-1 中 $\boldsymbol{A}^{\mathrm{T}}$ 的性质①~④亦成立.

(iii) 若方阵 $\boldsymbol{A}$ 满足 $\boldsymbol{A}^{\mathrm{T}}=\boldsymbol{A}$,则称 $\boldsymbol{A}$ 为对称矩阵;若 $\boldsymbol{A}^{\mathrm{T}}=-\boldsymbol{A}$,则称 $\boldsymbol{A}$ 为反对称矩阵.因此,$\boldsymbol{A}$ 为对称矩阵的充分必要条件是 $a_{ij}=a_{ji}$,$\boldsymbol{A}$ 为反对称矩阵的充分必要条件是 $a_{ij}=-a_{ji}$ $(i\neq j)$且 $a_{ii}=0$.

此外,所有元素都是实数的对称矩阵叫做实对称矩阵,例如,

$$\boldsymbol{A}=\begin{pmatrix}1&4&5\\4&2&6\\5&6&3\end{pmatrix}$$

就是一个实对称矩阵.

(iv) 可逆矩阵又称为非奇异矩阵,不可逆的矩阵又称为奇异矩阵.

(v) 一般情况下,下列结论是不成立的,请解题者勿"发明公式":

$$|\boldsymbol{A}+\boldsymbol{B}|\neq|\boldsymbol{A}|+|\boldsymbol{B}|,(\boldsymbol{A}+\boldsymbol{B})^{-1}\neq\boldsymbol{A}^{-1}+\boldsymbol{B}^{-1},(\boldsymbol{A}+\boldsymbol{B})^*\neq\boldsymbol{A}^*+\boldsymbol{B}^*.$$

此外,$\boldsymbol{A}=\boldsymbol{B}\Rightarrow|\boldsymbol{A}|=|\boldsymbol{B}|$,但$|\boldsymbol{A}|=|\boldsymbol{B}|\not\Rightarrow\boldsymbol{A}=\boldsymbol{B}$.例如,

$$A=\begin{pmatrix}1&1\\1&2\end{pmatrix},B=\begin{pmatrix}2&-1\\-5&3\end{pmatrix}.$$

特别地，$|A|=0\nRightarrow A=O$. 例如，

$$A=\begin{pmatrix}1&-1\\-1&1\end{pmatrix}.$$

3. 关于逆矩阵的两条定理

① 矩阵 A 可逆的充分必要条件是$|A|\neq 0$.

【证】A 可逆$\Rightarrow AA^{-1}=E\Rightarrow |AA^{-1}|=|E|\Rightarrow |A||A^{-1}|=1\Rightarrow |A|\neq 0$.

由于 $AA^*=A^*A=|A|E$，故

$$|A|\neq 0\Rightarrow A\frac{A^*}{|A|}=\frac{A^*}{|A|}A=E\Rightarrow\begin{cases}A\text{ 可逆},\\ A^{-1}=\dfrac{A^*}{|A|}.\end{cases}$$

② 设 A,B 为 n 阶方阵，若 $AB=E$ 或 $BA=E$，则 $B=A^{-1}$.

【证】$AB=E\Rightarrow |AB|=|E|\Rightarrow |A||B|=1\Rightarrow |A|\neq 0\Rightarrow A$ 可逆.

$$AB=E\Rightarrow A^{-1}AB=A^{-1}E\Rightarrow B=A^{-1}.$$

类似可证若 $BA=E$，则 $B=A^{-1}$.

4. 分块矩阵的运算

假设下列运算都能进行，则

① $\begin{pmatrix}A_1&A_2\\A_3&A_4\end{pmatrix}+\begin{pmatrix}B_1&B_2\\B_3&B_4\end{pmatrix}=\begin{pmatrix}A_1+B_1&A_2+B_2\\A_3+B_3&A_4+B_4\end{pmatrix}$；

② $\lambda\begin{pmatrix}A&B\\C&D\end{pmatrix}=\begin{pmatrix}\lambda A&\lambda B\\\lambda C&\lambda D\end{pmatrix}$；

③ $\begin{pmatrix}A&B\\C&D\end{pmatrix}\begin{pmatrix}X&Y\\Z&W\end{pmatrix}=\begin{pmatrix}AX+BZ&AY+BW\\CX+DZ&CY+DW\end{pmatrix}$；

④ $\begin{pmatrix}A&B\\C&D\end{pmatrix}^{\mathrm{T}}=\begin{pmatrix}A^{\mathrm{T}}&C^{\mathrm{T}}\\B^{\mathrm{T}}&D^{\mathrm{T}}\end{pmatrix}$；

⑤ $\begin{pmatrix}A&O\\O&B\end{pmatrix}^n=\begin{pmatrix}A^n&O\\O&B^n\end{pmatrix}$；

⑥ $\begin{pmatrix}A&O\\O&B\end{pmatrix}^{-1}=\begin{pmatrix}A^{-1}&O\\O&B^{-1}\end{pmatrix},\begin{pmatrix}O&A\\B&O\end{pmatrix}^{-1}=\begin{pmatrix}O&B^{-1}\\A^{-1}&O\end{pmatrix}$.

5. 对角矩阵的幂与逆阵

① $\begin{bmatrix}\lambda_1&&&\\&\lambda_2&&\\&&\ddots&\\&&&\lambda_n\end{bmatrix}^m=\begin{bmatrix}\lambda_1^m&&&\\&\lambda_2^m&&\\&&\ddots&\\&&&\lambda_n^m\end{bmatrix}$；

② $\begin{pmatrix} \lambda_1 & & & \\ & \lambda_2 & & \\ & & \ddots & \\ & & & \lambda_n \end{pmatrix}^{-1} = \begin{pmatrix} \lambda_1^{-1} & & & \\ & \lambda_2^{-1} & & \\ & & \ddots & \\ & & & \lambda_n^{-1} \end{pmatrix}$ $(\lambda_1\lambda_2\cdots\lambda_n \neq 0)$.

问题研究

1. 求具体方阵的逆阵

题眼探索　逆矩阵问题在线性代数中有着举足轻重的地位.而求具体方阵的逆阵是逆矩阵问题的“敲门砖”,主要有如下三种方法:

1°**公式法**.分别求出方阵 $\boldsymbol{A}$ 的行列式 $|\boldsymbol{A}|$ 和伴随矩阵 $\boldsymbol{A}^*$,利用公式

$$\boldsymbol{A}^{-1} = \frac{\boldsymbol{A}^*}{|\boldsymbol{A}|}$$

便能求出 $\boldsymbol{A}^{-1}$.

2°**初等变换法**.对矩阵 $(\boldsymbol{A},\boldsymbol{E})$ 作初等行变换,当把 $\boldsymbol{A}$ 变为 $\boldsymbol{E}$ 时,$\boldsymbol{E}$ 就变为 $\boldsymbol{A}^{-1}$,即

$$(\boldsymbol{A},\boldsymbol{E}) \xrightarrow{r} (\boldsymbol{E},\boldsymbol{A}^{-1}).$$

3°**分块法**.若方阵 $\boldsymbol{A},\boldsymbol{B}$ 可逆,则

$$\begin{pmatrix} \boldsymbol{A} & \boldsymbol{O} \\ \boldsymbol{O} & \boldsymbol{B} \end{pmatrix}^{-1} = \begin{pmatrix} \boldsymbol{A}^{-1} & \boldsymbol{O} \\ \boldsymbol{O} & \boldsymbol{B}^{-1} \end{pmatrix},\begin{pmatrix} \boldsymbol{O} & \boldsymbol{A} \\ \boldsymbol{B} & \boldsymbol{O} \end{pmatrix}^{-1} = \begin{pmatrix} \boldsymbol{O} & \boldsymbol{B}^{-1} \\ \boldsymbol{A}^{-1} & \boldsymbol{O} \end{pmatrix}.$$

那么,这三种方法该如何选择呢?

【例 16】　设矩阵 $\boldsymbol{A} = \begin{pmatrix} 0 & 0 & 2 & 0 & 0 \\ 0 & 0 & 0 & -1 & 0 \\ 0 & 0 & 0 & 0 & 3 \\ 2 & -1 & 0 & 0 & 0 \\ -2 & 2 & 0 & 0 & 0 \end{pmatrix}$,则 $\boldsymbol{A}^{-1} =$ ________.

【解】 记 $\boldsymbol{A}_1 = \begin{pmatrix} 2 & 0 & 0 \\ 0 & -1 & 0 \\ 0 & 0 & 3 \end{pmatrix}$,$\boldsymbol{A}_2 = \begin{pmatrix} 2 & -1 \\ -2 & 2 \end{pmatrix}$,则 $\boldsymbol{A} = \begin{pmatrix} \boldsymbol{O} & \boldsymbol{A}_1 \\ \boldsymbol{A}_2 & \boldsymbol{O} \end{pmatrix}$.故

$$\boldsymbol{A}_1^{-1} = \begin{pmatrix} \frac{1}{2} & 0 & 0 \\ 0 & -1 & 0 \\ 0 & 0 & \frac{1}{3} \end{pmatrix}.$$

由于 $|\boldsymbol{A}_2| = \begin{vmatrix} 2 & -1 \\ -2 & 2 \end{vmatrix} = 2$,又 $\boldsymbol{A}_2^* = \begin{pmatrix} 2 & 1 \\ 2 & 2 \end{pmatrix}$,故

$$A_2^{-1}=\frac{A_2^*}{|A_2|}=\begin{pmatrix}1&\frac{1}{2}\\1&1\end{pmatrix}.$$

于是
$$A^{-1}=\begin{pmatrix}O&A_2^{-1}\\A_1^{-1}&O\end{pmatrix}=\begin{pmatrix}0&0&0&1&\frac{1}{2}\\0&0&0&1&1\\\frac{1}{2}&0&0&0&0\\0&-1&0&0&0\\0&0&\frac{1}{3}&0&0\end{pmatrix}.$$

【题外话】

(i) 若方阵阶数较高且有较多元素为 0,则求逆阵时可考虑将其分块,并转化为分块对角阵的逆阵.

(ii) 本例选择用公式法求 2 阶矩阵A_2的逆阵.可一旦矩阵的阶数高于 2 阶,若再用公式法,则求伴随矩阵将不再方便,这时初等变换法将"大显身手".请看例 17.

【例 17】 设矩阵 $A=\begin{pmatrix}1&2&-4\\2&3&-7\\-1&-1&2\end{pmatrix}$,则 $A^{-1}=$________.

【解】 $(A,E)=\begin{pmatrix}1&2&-4&1&0&0\\2&3&-7&0&1&0\\-1&-1&2&0&0&1\end{pmatrix}$

$$\xrightarrow[r_3+r_1]{r_2-2r_1}\begin{pmatrix}1&2&-4&1&0&0\\0&-1&1&-2&1&0\\0&1&-2&1&0&1\end{pmatrix}\xrightarrow[r_3+r_2]{r_1+2r_2}\begin{pmatrix}1&0&-2&-3&2&0\\0&-1&1&-2&1&0\\0&0&-1&-1&1&1\end{pmatrix}$$

$$\xrightarrow[r_2+r_3]{r_1-2r_3}\begin{pmatrix}1&0&0&-1&0&-2\\0&-1&0&-3&2&1\\0&0&-1&-1&1&1\end{pmatrix}\xrightarrow[r_3\times(-1)]{r_2\times(-1)}\begin{pmatrix}1&0&0&-1&0&-2\\0&1&0&3&-2&-1\\0&0&1&1&-1&-1\end{pmatrix},$$

故
$$A^{-1}=\begin{pmatrix}-1&0&-2\\3&-2&-1\\1&-1&-1\end{pmatrix}.$$

【题外话】

(i) **用初等变换法求逆阵时应依次"造零".** 如本例先根据第 1 列第 1 行的元素,将第 1 列第 2,3 行的元素变为 0;再根据第 2 列第 2 行的元素,将第 2 列第 1,3 行的元素变为 0;最后根据第 3 列第 3 行的元素,将第 3 列第 1,2 行的元素变为 0.等到把 A 变为对角阵后,再用相应的数乘各行,将其变为单位矩阵 E.如此便能保证造好的"零"都安然无恙,不再变回非零元.这个过程与用行列式的性质计算一般的行列式的过程非常类似(可参看例 1 的"法一"),但是**初等变换前后的矩阵并不相等,不能用等号连接,并且必须把行变换进行到底,不能将行变换与列变换混合使用,切莫与计算行列式相混淆**.

(ii) 我们之所以能用初等变换法来求逆阵,是因为方阵 $\boldsymbol{A}$ 可逆的充分必要条件是 $\boldsymbol{A}$ 能经有限次初等行变换变为单位矩阵 $\boldsymbol{E}$. 而**作为线性代数中最重要的方法,初等变换法在这里只是"初露锋芒",它将一路陪我们到最后**.

2. 解矩阵方程

题眼探索 既然会求具体方阵的逆阵了,那么就能初步探讨一下矩阵方程的解法了. 解矩阵方程主要有三种方法:

1°**分离法**. 对于形如 $\boldsymbol{AX}=\boldsymbol{B}$ 的矩阵方程(其中 $\boldsymbol{X}$ 为未知矩阵,下同),若 $\boldsymbol{A}$ 可逆,则 $\boldsymbol{X}=\boldsymbol{A}^{-1}\boldsymbol{B}$;对于 $\boldsymbol{XA}=\boldsymbol{B}$,若 $\boldsymbol{A}$ 可逆,则 $\boldsymbol{X}=\boldsymbol{BA}^{-1}$;对于 $\boldsymbol{AXB}=\boldsymbol{C}$,若 $\boldsymbol{A},\boldsymbol{B}$ 可逆,则 $\boldsymbol{X}=\boldsymbol{A}^{-1}\boldsymbol{CB}^{-1}$(可参看本章例 18).

2°**按列分块法**. 对于 $\boldsymbol{A}_{m\times n}\boldsymbol{X}_{n\times s}=\boldsymbol{B}_{m\times s}$,若 $\boldsymbol{A}$ 不可逆,则可将 $\boldsymbol{X}$ 与 $\boldsymbol{B}$ 按列分块:

$$\boldsymbol{A}(\boldsymbol{x}_1,\boldsymbol{x}_2,\cdots,\boldsymbol{x}_s)=(\boldsymbol{\beta}_1,\boldsymbol{\beta}_2,\cdots,\boldsymbol{\beta}_s),$$

从而转化为解线性方程组

$$\boldsymbol{Ax}_1=\boldsymbol{\beta}_1,\boldsymbol{Ax}_2=\boldsymbol{\beta}_2,\cdots,\boldsymbol{Ax}_s=\boldsymbol{\beta}_s$$

(可参看第二章例 10(1)和例 15).

3°**待定矩阵元素法**. 若无法将矩阵方程转化为形如 $\boldsymbol{AX}=\boldsymbol{B}$、$\boldsymbol{XA}=\boldsymbol{B}$ 或 $\boldsymbol{AXB}=\boldsymbol{C}$ 的方程,则可待定未知矩阵的各元素,并根据矩阵对应元素相等,转化为以未知矩阵的各元素为未知数的线性方程组(可参看第二章例 16).

【例 18】 设矩阵 $\boldsymbol{A}=\begin{pmatrix}2&2&-4\\2&4&-7\\-1&-1&3\end{pmatrix}$,$\boldsymbol{B}=\begin{pmatrix}0&3\\-1&5\\2&-19\end{pmatrix}$. 求满足 $\boldsymbol{AX}-\boldsymbol{B}=\boldsymbol{X}$ 的矩阵 $\boldsymbol{X}$.

【解】 由 $\boldsymbol{AX}-\boldsymbol{B}=\boldsymbol{X}$ 可知 $(\boldsymbol{A}-\boldsymbol{E})\boldsymbol{X}=\boldsymbol{B}$.

由于 $\boldsymbol{A}-\boldsymbol{E}=\begin{pmatrix}1&2&-4\\2&3&-7\\-1&-1&2\end{pmatrix}$,而 $|\boldsymbol{A}-\boldsymbol{E}|=\begin{vmatrix}1&2&-4\\2&3&-7\\-1&-1&2\end{vmatrix}=1\neq0$,故 $\boldsymbol{A}-\boldsymbol{E}$ 可逆.

对 $(\boldsymbol{A}-\boldsymbol{E})\boldsymbol{X}=\boldsymbol{B}$ 两边左乘 $(\boldsymbol{A}-\boldsymbol{E})^{-1}$,则 $(\boldsymbol{A}-\boldsymbol{E})^{-1}(\boldsymbol{A}-\boldsymbol{E})\boldsymbol{X}=(\boldsymbol{A}-\boldsymbol{E})^{-1}\boldsymbol{B}$,即

$$\boldsymbol{X}=(\boldsymbol{A}-\boldsymbol{E})^{-1}\boldsymbol{B}.$$

由例 17 可知 $(\boldsymbol{A}-\boldsymbol{E})^{-1}=\begin{pmatrix}-1&0&-2\\3&-2&-1\\1&-1&-1\end{pmatrix}$,故

$$\boldsymbol{X}=\begin{pmatrix}-1&0&-2\\3&-2&-1\\1&-1&-1\end{pmatrix}\begin{pmatrix}0&3\\-1&5\\2&-19\end{pmatrix}=\begin{pmatrix}-4&35\\0&18\\-1&17\end{pmatrix}.$$

【题外话】在用分离法解矩阵方程前,必须验证"搬家"到方程右边的矩阵可逆,若不可逆则不能分离,如本例就通过 $|\boldsymbol{A}-\boldsymbol{E}|\neq0$ 验证了 $\boldsymbol{A}-\boldsymbol{E}$ 可逆. 此外,由于矩阵乘法一般情况下不满足交换律,故**将可逆矩阵"搬家"时要注意左乘与右乘**,如本例中 $\boldsymbol{X}\neq\boldsymbol{B}(\boldsymbol{A}-\boldsymbol{E})^{-1}$,切

莫受数的运算的干扰.

对于矩阵方程的探讨,这只是一个开始,之后还要再多次与它相遇(详见第二章).

3. 证明抽象方阵可逆

题眼探索 证明抽象方阵可逆是这一路走来所遇到的第一个证明问题,主要利用关于逆矩阵的两条定理:

1°对于方阵 $\boldsymbol{A},\boldsymbol{B}$,$\boldsymbol{AB}=\boldsymbol{E}\Rightarrow\boldsymbol{A}$ 可逆,$\boldsymbol{A}^{-1}=\boldsymbol{B}$;

2°$|\boldsymbol{A}|\neq 0\Leftrightarrow\boldsymbol{A}$ 可逆.

【例 19】 设 $\boldsymbol{A}^2-\boldsymbol{A}-5\boldsymbol{E}=\boldsymbol{O}$,则 $(\boldsymbol{A}+\boldsymbol{E})^{-1}=$________.

【分析】 本例已知一个关于方阵 $\boldsymbol{A}$ 的等式,要求的是一个与 $\boldsymbol{A}$ 有关的方阵的逆阵. 如果能根据等式找到与 $\boldsymbol{A}$ 有关的方阵 $\boldsymbol{B}$,使

$$(\boldsymbol{A}+\boldsymbol{E})\boldsymbol{B}=\boldsymbol{E},$$

那么就能说明 $\boldsymbol{A}+\boldsymbol{E}$ 可逆,并且找到的 $\boldsymbol{B}$ 就是它的逆阵.

问题是这样的方阵 $\boldsymbol{B}$ 该如何去找呢?

如果难以根据已知等式直接凑出 $\boldsymbol{B}$,则不妨设

$$(\boldsymbol{A}+\boldsymbol{E})(\boldsymbol{A}+\lambda\boldsymbol{E})=\mu\boldsymbol{E},$$

其中 λ,μ 为常数,即有

$$\boldsymbol{A}^2+(\lambda+1)\boldsymbol{A}+(\lambda-\mu)\boldsymbol{E}=\boldsymbol{O}.$$

根据 $\boldsymbol{A}^2-\boldsymbol{A}-5\boldsymbol{E}=\boldsymbol{O}$,则可列方程组 $\begin{cases}\lambda+1=-1,\\ \lambda-\mu=-5,\end{cases}$ 解得 $\begin{cases}\lambda=-2,\\ \mu=3,\end{cases}$ 故

$$(\boldsymbol{A}+\boldsymbol{E})(\boldsymbol{A}-2\boldsymbol{E})=3\boldsymbol{E},$$

从而

$$(\boldsymbol{A}+\boldsymbol{E})\frac{1}{3}(\boldsymbol{A}-2\boldsymbol{E})=\boldsymbol{E}.$$

因此,$\boldsymbol{A}+\boldsymbol{E}$ 可逆,且 $(\boldsymbol{A}+\boldsymbol{E})^{-1}=\dfrac{1}{3}(\boldsymbol{A}-2\boldsymbol{E})$.

【例 20】 (1997 年考研题)设 $\boldsymbol{A}$ 为 n 阶非奇异矩阵,$\boldsymbol{\alpha}$ 为 n 维列向量,b 为常数. 记分块矩阵

$$\boldsymbol{P}=\begin{pmatrix}\boldsymbol{E} & \boldsymbol{O}\\ -\boldsymbol{\alpha}^{\mathrm{T}}\boldsymbol{A}^* & |\boldsymbol{A}|\end{pmatrix},\boldsymbol{Q}=\begin{pmatrix}\boldsymbol{A} & \boldsymbol{\alpha}\\ \boldsymbol{\alpha}^{\mathrm{T}} & b\end{pmatrix},$$

其中,$\boldsymbol{A}^*$ 是矩阵 $\boldsymbol{A}$ 的伴随矩阵,$\boldsymbol{E}$ 为 n 阶单位矩阵.

(1) 计算并化简 $\boldsymbol{PQ}$;

(2) 证明:矩阵 $\boldsymbol{Q}$ 可逆的充分必要条件是 $\boldsymbol{\alpha}^{\mathrm{T}}\boldsymbol{A}^{-1}\boldsymbol{\alpha}\neq b$.

【解】 (1) $\boldsymbol{PQ}=\begin{pmatrix}\boldsymbol{E} & \boldsymbol{O}\\ -\boldsymbol{\alpha}^{\mathrm{T}}\boldsymbol{A}^* & |\boldsymbol{A}|\end{pmatrix}\begin{pmatrix}\boldsymbol{A} & \boldsymbol{\alpha}\\ \boldsymbol{\alpha}^{\mathrm{T}} & b\end{pmatrix}=\begin{pmatrix}\boldsymbol{A} & \boldsymbol{\alpha}\\ -\boldsymbol{\alpha}^{\mathrm{T}}\boldsymbol{A}^*\boldsymbol{A}+|\boldsymbol{A}|\boldsymbol{\alpha}^{\mathrm{T}} & -\boldsymbol{\alpha}^{\mathrm{T}}\boldsymbol{A}^*\boldsymbol{\alpha}+|\boldsymbol{A}|b\end{pmatrix}$.

由于

$$-\boldsymbol{\alpha}^{\mathrm{T}}\boldsymbol{A}^*\boldsymbol{A}+|\boldsymbol{A}|\boldsymbol{\alpha}^{\mathrm{T}}=-\boldsymbol{\alpha}^{\mathrm{T}}|\boldsymbol{A}|\boldsymbol{E}+|\boldsymbol{A}|\boldsymbol{\alpha}^{\mathrm{T}}=\boldsymbol{0},$$

$$-\boldsymbol{\alpha}^{\mathrm{T}}\boldsymbol{A}^*\boldsymbol{\alpha}+|\boldsymbol{A}|b=-\boldsymbol{\alpha}^{\mathrm{T}}|\boldsymbol{A}|\boldsymbol{A}^{-1}\boldsymbol{\alpha}+|\boldsymbol{A}|b=-|\boldsymbol{A}|\boldsymbol{\alpha}^{\mathrm{T}}\boldsymbol{A}^{-1}\boldsymbol{\alpha}+|\boldsymbol{A}|b$$

$$=|\boldsymbol{A}|(b-\boldsymbol{\alpha}^{\mathrm{T}}\boldsymbol{A}^{-1}\boldsymbol{\alpha}),$$

故

$$\boldsymbol{PQ}=\begin{pmatrix}\boldsymbol{A} & \boldsymbol{\alpha}\\ \boldsymbol{0} & |\boldsymbol{A}|(b-\boldsymbol{\alpha}^{\mathrm{T}}\boldsymbol{A}^{-1}\boldsymbol{\alpha})\end{pmatrix}.$$

(2) 由于

$$|\boldsymbol{P}|=|\boldsymbol{E}|\cdot|\boldsymbol{A}|=|\boldsymbol{A}|\neq 0,$$
$$|\boldsymbol{P}|\cdot|\boldsymbol{Q}|=|\boldsymbol{PQ}|=|\boldsymbol{A}|^2(b-\boldsymbol{\alpha}^{\mathrm{T}}\boldsymbol{A}^{-1}\boldsymbol{\alpha}),$$

故

$$|\boldsymbol{Q}|=|\boldsymbol{A}|(b-\boldsymbol{\alpha}^{\mathrm{T}}\boldsymbol{A}^{-1}\boldsymbol{\alpha}).$$

因此,$\boldsymbol{Q}$ 可逆$\Leftrightarrow|\boldsymbol{Q}|\neq 0\Leftrightarrow\boldsymbol{\alpha}^{\mathrm{T}}\boldsymbol{A}^{-1}\boldsymbol{\alpha}\neq b$.

【题外话】本例是关于分块矩阵的一道好题,着实耐人回味.第(1)问在化简 $\boldsymbol{PQ}$ 时应注意$-\boldsymbol{\alpha}^{\mathrm{T}}\boldsymbol{A}^*\boldsymbol{A}+|\boldsymbol{A}|\boldsymbol{\alpha}^{\mathrm{T}}$ 是一个行向量,而$-\boldsymbol{\alpha}^{\mathrm{T}}\boldsymbol{A}^*\boldsymbol{\alpha}+|\boldsymbol{A}|b$ 是一个数,并用到了伴随矩阵的性质 $\boldsymbol{A}^*\boldsymbol{A}=|\boldsymbol{A}|\boldsymbol{E}$ 及 $\boldsymbol{A}^*=|\boldsymbol{A}|\boldsymbol{A}^{-1}(|\boldsymbol{A}|\neq 0)$.第(2)问由于$|\boldsymbol{Q}|$难以直接求出,故通过求$|\boldsymbol{P}|$和$|\boldsymbol{PQ}|$(可用拉普拉斯展开式),并利用方阵的行列式的性质$|\boldsymbol{PQ}|=|\boldsymbol{P}|\cdot|\boldsymbol{Q}|$,间接地将其求出,再利用定理"$\boldsymbol{Q}$ 可逆$\Leftrightarrow|\boldsymbol{Q}|\neq 0$"便可完成证明.

【例 21】 已知 $\boldsymbol{A},\boldsymbol{B}$ 为 n 阶方阵,$\boldsymbol{A},\boldsymbol{E}-\boldsymbol{AB}$ 可逆,证明 $\boldsymbol{E}-\boldsymbol{BA}$ 可逆.

【证】 $|\boldsymbol{E}-\boldsymbol{BA}|=|\boldsymbol{A}^{-1}\boldsymbol{A}-\boldsymbol{BA}|=|(\boldsymbol{A}^{-1}-\boldsymbol{B})\boldsymbol{A}|=|\boldsymbol{A}^{-1}-\boldsymbol{B}||\boldsymbol{A}|$

$$=|\boldsymbol{A}||\boldsymbol{A}^{-1}-\boldsymbol{B}|=|\boldsymbol{A}(\boldsymbol{A}^{-1}-\boldsymbol{B})|=|\boldsymbol{E}-\boldsymbol{AB}|.$$

由于 $\boldsymbol{E}-\boldsymbol{AB}$ 可逆,故$|\boldsymbol{E}-\boldsymbol{AB}|\neq 0$,即$|\boldsymbol{E}-\boldsymbol{BA}|\neq 0$,从而 $\boldsymbol{E}-\boldsymbol{BA}$ 可逆.

【题外话】由于一般情况下$|\boldsymbol{A}+\boldsymbol{B}|\neq|\boldsymbol{A}|+|\boldsymbol{B}|$,$(\boldsymbol{A}+\boldsymbol{B})^{-1}\neq\boldsymbol{A}^{-1}+\boldsymbol{B}^{-1}$,而$|\boldsymbol{AB}|=|\boldsymbol{A}||\boldsymbol{B}|$,$(\boldsymbol{AB})^{-1}=\boldsymbol{B}^{-1}\boldsymbol{A}^{-1}$,故**常通过单位矩阵 $\boldsymbol{E}$ 的代换将$|\boldsymbol{A}+\boldsymbol{B}|$型行列式转化为$|\boldsymbol{AB}|$型行列式,$(\boldsymbol{A}+\boldsymbol{B})^{-1}$ 型矩阵转化为$(\boldsymbol{AB})^{-1}$ 型矩阵**.而单位矩阵 $\boldsymbol{E}$ 的代换除了能用于证明抽象方阵可逆,还能用于计算抽象行列式,请看例 22.

问题 5　抽象行列式的计算

问题研究

1. $|\boldsymbol{A}+\boldsymbol{B}|$型行列式

【例 22】 (2010 年考研题)设 $\boldsymbol{A},\boldsymbol{B}$ 为 3 阶矩阵,且$|\boldsymbol{A}|=3$,$|\boldsymbol{B}|=2$,$|\boldsymbol{A}^{-1}+\boldsymbol{B}|=2$,则$|\boldsymbol{A}+\boldsymbol{B}^{-1}|=$________.

【分析】本例该如何通过单位矩阵 $\boldsymbol{E}$ 的代换,把$|\boldsymbol{A}+\boldsymbol{B}|$型行列式转化为$|\boldsymbol{AB}|$型行列式呢?对于$|\boldsymbol{A}+\boldsymbol{B}^{-1}|$,可使 $\boldsymbol{A}$ 左乘 $\boldsymbol{E}$,再用 $\boldsymbol{B}^{-1}\boldsymbol{B}$ 将其代换,如此则有

$$|\boldsymbol{A}+\boldsymbol{B}^{-1}|=|\boldsymbol{EA}+\boldsymbol{B}^{-1}|=|\boldsymbol{B}^{-1}\boldsymbol{BA}+\boldsymbol{B}^{-1}|=|\boldsymbol{B}^{-1}(\boldsymbol{BA}+\boldsymbol{E})|.$$

这时行列式中又冒出了一个 $\boldsymbol{E}$,若再用 $\boldsymbol{BB}^{-1}$ 代换,那么 $\boldsymbol{A}$ 恐怕要"生气了".不患寡而患不均,故用 $\boldsymbol{A}^{-1}\boldsymbol{A}$ 将 $\boldsymbol{E}$ 代换.

当然,一开始也可使$|\boldsymbol{A}+\boldsymbol{B}^{-1}|$中的 $\boldsymbol{B}^{-1}$ 左乘 $\boldsymbol{E}$,再用 $\boldsymbol{AA}^{-1}$ 将其代换.而对于之后出现的 $\boldsymbol{E}$,用 $\boldsymbol{BB}^{-1}$ 代换即可.这两种方法殊途同归.

【解】法一：$|A+B^{-1}|=|B^{-1}BA+B^{-1}|=|B^{-1}(BA+E)|=|B^{-1}(BA+A^{-1}A)|$

$=|B^{-1}(B+A^{-1})A|=|B^{-1}||B+A^{-1}||A|$

$=|B|^{-1}|B+A^{-1}||A|=3.$

法二：$|A+B^{-1}|=|A+AA^{-1}B^{-1}|=|A(E+A^{-1}B^{-1})|=|A(BB^{-1}+A^{-1}B^{-1})|$

$=|A(B+A^{-1})B^{-1}|=|A||B+A^{-1}||B^{-1}|$

$=|A||B+A^{-1}||B|^{-1}=3.$

【题外话】对于无公式可直接使用的$|A+B|$型行列式，除了能通过单位矩阵E的代换将其转化为$|AB|$型行列式，还能如何计算呢？还能用行列式的性质，以及伴随矩阵和逆矩阵的性质，比如例23和例24.

【例23】 设4阶矩阵$A=(\alpha,\gamma_2,\gamma_3,\gamma_4)$，$B=(2\beta,\gamma_2,\gamma_3,\gamma_4)$，其中$\alpha,\beta,\gamma_2,\gamma_3,\gamma_4$均为4维列向量，且已知行列式$|A|=-2$，$|B|=3$，则行列式$|A+B|=$________.

【解】$|A+B|=|\alpha+2\beta,2\gamma_2,2\gamma_3,2\gamma_4|=|\alpha,2\gamma_2,2\gamma_3,2\gamma_4|+|2\beta,2\gamma_2,2\gamma_3,2\gamma_4|$

$=2^3|\alpha,\gamma_2,\gamma_3,\gamma_4|+2^3|2\beta,\gamma_2,\gamma_3,\gamma_4|=2^3|A|+2^3|B|=8.$

【题外话】本例先利用行列式的性质④把$|A+B|$一分为二，再利用性质③便可转化为$|A|$和$|B|$.

【例24】 设A为3阶矩阵，A^*为A的伴随矩阵，且$|A|=\frac{1}{2}$，则$|(2A)^{-1}-5A^*|=$________.

【解】法一：$|(2A)^{-1}-5A^*|=\left|\frac{1}{2}A^{-1}-5|A|A^{-1}\right|=|-2A^{-1}|$

$=(-2)^3|A^{-1}|=(-2)^3|A|^{-1}=-16.$

法二：$|(2A)^{-1}-5A^*|=\left|\frac{1}{2}A^{-1}-5A^*\right|=\left|\frac{1}{2}\frac{A^*}{|A|}-5A^*\right|=|-4A^*|$

$=(-4)^3|A^*|=(-4)^3|A|^2=-16.$

【题外话】

(i) 本例的关键在于通过$A^*=|A|A^{-1}(|A|\neq0)$或$A^{-1}=\frac{A^*}{|A|}$把A^*与A^{-1}合二为一，再根据$|A^{-1}|=|A|^{-1}$或$|A^*|=|A|^{n-1}$(A为n阶方阵，且$n\geqslant2$)就能完成计算.

(ii) 值得注意的是，$|\lambda A|=\lambda^n|A|\neq\lambda|A|$($A$为$n$阶方阵)，故本例中$|-2A^{-1}|\neq-2|A^{-1}|$，$|-4A^*|\neq-4|A^*|$. 否则，就会得到典型错解“$-4$”或“$-1$”.

2. 由矩阵方程确定的方阵的行列式

【例25】 (2004年考研题)设矩阵

$$A=\begin{pmatrix}2&1&0\\1&2&0\\0&0&1\end{pmatrix},$$

矩阵B满足$ABA^*=2BA^*+E$，其中A^*为A的伴随矩阵，E是单位矩阵，则$|B|=$________.

【解】由$ABA^*=2BA^*+E$可知$(A-2E)BA^*=E$，故

$$|(\boldsymbol{A}-2\boldsymbol{E})\boldsymbol{B}\boldsymbol{A}^*|=|\boldsymbol{E}|,$$

从而

$$|\boldsymbol{A}-2\boldsymbol{E}|\cdot|\boldsymbol{B}|\cdot|\boldsymbol{A}^*|=1.$$

由于 $|\boldsymbol{A}|=\begin{vmatrix}2&1&0\\1&2&0\\0&0&1\end{vmatrix}=3$，$|\boldsymbol{A}-2\boldsymbol{E}|=\begin{vmatrix}0&1&0\\1&0&0\\0&0&-1\end{vmatrix}=1$，故

$$|\boldsymbol{B}|=\frac{1}{|\boldsymbol{A}-2\boldsymbol{E}|\cdot|\boldsymbol{A}^*|}=\frac{1}{|\boldsymbol{A}-2\boldsymbol{E}|\cdot|\boldsymbol{A}|^2}=\frac{1}{9}.$$

【题外话】

(i) **若要求由矩阵方程确定的方阵 X 的行列式，则先将方程转化为形如 $AX=B$，$XA=B$ 或 $AXB=C$ 的方程，再对方程两边同时取行列式，即可求出 $|X|$.**

(ii) 关于抽象行列式的计算，在谈到特征值时，又会出现一个新的角度（详见第三章）.

(iii) 本例和例 24 都涉及到了伴随矩阵 $\boldsymbol{A}^*$. 而伴随矩阵与行列式之间还有什么联系呢？

问题 6　伴随矩阵的相关问题

问题研究

1. $\boldsymbol{A}^*=\boldsymbol{A}^{\mathrm{T}}$ 的相关问题

题眼探索　$\boldsymbol{A}^*=\boldsymbol{A}^{\mathrm{T}}$ 意味着什么呢？对于 n 阶方阵

$$\boldsymbol{A}=\begin{pmatrix}a_{11}&a_{12}&\cdots&a_{1n}\\a_{21}&a_{22}&\cdots&a_{2n}\\\vdots&\vdots&&\vdots\\a_{n1}&a_{n2}&\cdots&a_{nn}\end{pmatrix},$$

由 $\boldsymbol{A}^*=\boldsymbol{A}^{\mathrm{T}}$ 可知

$$\begin{pmatrix}A_{11}&A_{21}&\cdots&A_{n1}\\A_{12}&A_{22}&\cdots&A_{n2}\\\vdots&\vdots&&\vdots\\A_{1n}&A_{2n}&\cdots&A_{nn}\end{pmatrix}=\begin{pmatrix}a_{11}&a_{21}&\cdots&a_{n1}\\a_{12}&a_{22}&\cdots&a_{n2}\\\vdots&\vdots&&\vdots\\a_{1n}&a_{2n}&\cdots&a_{nn}\end{pmatrix}.$$

可见，**$\boldsymbol{A}^*=\boldsymbol{A}^{\mathrm{T}}$ 的充分必要条件是 $A_{ij}=a_{ij}$，其中 A_{ij} 为 a_{ij} 的代数余子式**$(i,j=1,2,\cdots,n)$. 这样伴随矩阵就又与行列式产生了联系.

【例 26】（1994 年考研题）设 $\boldsymbol{A}$ 为 n 阶非零方阵，$\boldsymbol{A}^*$ 是 $\boldsymbol{A}$ 的伴随矩阵，$\boldsymbol{A}^{\mathrm{T}}$ 是 $\boldsymbol{A}$ 的转置矩阵，当 $\boldsymbol{A}^*=\boldsymbol{A}^{\mathrm{T}}$ 时，证明 $|\boldsymbol{A}|\neq 0$.

【证】由 $\boldsymbol{A}^*=\boldsymbol{A}^{\mathrm{T}}$ 可知 $A_{ij}=a_{ij}(i,j=1,2,\cdots,n)$，故

$$n|\boldsymbol{A}|=\sum_{i=1}^{n}(a_{i1}A_{i1}+a_{i2}A_{i2}+\cdots+a_{in}A_{in})$$

$$=\sum_{i=1}^{n}(a_{i1}^2+a_{i2}^2+\cdots+a_{in}^2)\neq 0,$$

从而$|\boldsymbol{A}|\neq 0$.

【题外话】

(i) 值得注意的是,如果仅仅把$|\boldsymbol{A}|$按第 i 行展开,即

$$|\boldsymbol{A}|=a_{i1}A_{i1}+a_{i2}A_{i2}+\cdots+a_{in}A_{in}=a_{i1}^2+a_{i2}^2+\cdots+a_{in}^2,$$

则不能说明$|\boldsymbol{A}|\neq 0$. 为什么呢? 因为已知条件"$\boldsymbol{A}$ 为非零矩阵"的含义是 $\boldsymbol{A}$ 的所有元素不全为零,并不能说明第 i 行的元素不全为零. 这意味着要用"$\boldsymbol{A}$ 为非零矩阵"这个条件,就要把 $\boldsymbol{A}$ 的所有元素写成平方和

$$\sum_{i=1}^{n}(a_{i1}^2+a_{i2}^2+\cdots+a_{in}^2).$$

此外,由 $A_{ij}=a_{ij}$ 可知

$$\sum_{i=1}^{n}(a_{i1}A_{i1}+a_{i2}A_{i2}+\cdots+a_{in}A_{in})=\sum_{i=1}^{n}(a_{i1}^2+a_{i2}^2+\cdots+a_{in}^2),$$

而 $\sum\limits_{i=1}^{n}(a_{i1}A_{i1}+a_{i2}A_{i2}+\cdots+a_{in}A_{in})$ 可看作$|\boldsymbol{A}|$按各行展开的结果之和,故等于 $n|\boldsymbol{A}|$. 最后由 $n|\boldsymbol{A}|\neq 0$ 证得$|\boldsymbol{A}|\neq 0$. 如此证明才严丝合缝,毫无破绽.

(ii) 在本例的条件下,除了$|\boldsymbol{A}|\neq 0$,还能得到更进一步的结论吗?

由 $\boldsymbol{A}^*=\boldsymbol{A}^{\mathrm{T}}\Rightarrow|\boldsymbol{A}^*|=|\boldsymbol{A}^{\mathrm{T}}|\Rightarrow|\boldsymbol{A}|^{n-1}=|\boldsymbol{A}|\Rightarrow|\boldsymbol{A}|(|\boldsymbol{A}|^{n-2}-1)=0$. 这意味着当 n 为大于 1 的奇数时,$|\boldsymbol{A}|=1$.

如果在本例的基础上再加两个条件:①$n=3$;②a_{11},a_{12},a_{13} 为三个相等的正数,那就是例 27. 有了本例做铺垫,解决例 27 这样原本难度较高的题,简直是"小菜一碟".

【例 27】 (2005 年考研题)设矩阵 $\boldsymbol{A}=(a_{ij})_{3\times 3}$ 满足 $\boldsymbol{A}^*=\boldsymbol{A}^{\mathrm{T}}$,其中 $\boldsymbol{A}^*$ 为 $\boldsymbol{A}$ 的伴随矩阵,$\boldsymbol{A}^{\mathrm{T}}$ 为 $\boldsymbol{A}$ 的转置矩阵. 若 a_{11},a_{12},a_{13} 为三个相等的正数,则 a_{11} 为(　　)

(A) $\dfrac{\sqrt{3}}{3}$.　　(B) 3.　　(C) $\dfrac{1}{3}$.　　(D) $\sqrt{3}$.

【解】 由 $\boldsymbol{A}^*=\boldsymbol{A}^{\mathrm{T}}$ 可知 $A_{ij}=a_{ij}(i,j=1,2,3)$,故

$$|\boldsymbol{A}|=a_{11}A_{11}+a_{12}A_{12}+a_{13}A_{13}=a_{11}^2+a_{12}^2+a_{13}^2=3a_{11}^2.$$

由$\boldsymbol{A}^*=\boldsymbol{A}^{\mathrm{T}}\Rightarrow|\boldsymbol{A}^*|=|\boldsymbol{A}^{\mathrm{T}}|\Rightarrow|\boldsymbol{A}|^2=|\boldsymbol{A}|\Rightarrow|\boldsymbol{A}|=1$,故 $a_{11}=\dfrac{\sqrt{3}}{3}$,选(A).

【题外话】 例 26 和本例告诉我们,当 $\boldsymbol{A}\neq\boldsymbol{O}$ 时,$\boldsymbol{A}^*=\boldsymbol{A}^{\mathrm{T}}$ 是方阵 $\boldsymbol{A}$ 可逆的充分条件. 而伴随矩阵和逆矩阵向来密不可分.

2. 伴随矩阵与逆矩阵的置换

题眼探索 伴随矩阵是逆矩阵的"随从",它们之间的联系仿佛"与生俱来". 从某种程度上说,伴随矩阵的产生就是为了求逆矩阵而"服务"的. 因此,**解决伴随矩阵的问题,用得最多的就是它与逆矩阵的置换公式**

$$A^*=|A|A^{-1}(|A|\neq 0),$$

它的作用在例 20 和例 24 已经初见端倪. 确实,置换公式在手,很多关于伴随矩阵的题都可以"秒杀".

【例 28】 设矩阵 $A=\begin{pmatrix}1 & -2 & 6\\ 0 & 2 & -4\\ 0 & 0 & -1\end{pmatrix}$, A^* 是矩阵 A 的伴随矩阵,则 $(A^*)^{-1}=$ ________.

【分析】本例若先求 A^* 再求它的逆阵,着实"工程浩大". 但若对 $(A^*)^{-1}$ 用置换公式 $A^*=|A|A^{-1}(|A|\neq 0)$,则

$$(A^*)^{-1}=(|A|A^{-1})^{-1}=\frac{1}{|A|}(A^{-1})^{-1}=\frac{A}{|A|}.$$

由于 $|A|$ 是三角行列式,故求 $(A^*)^{-1}$ 只需口算即可:

$$(A^*)^{-1}=-\frac{1}{2}\begin{pmatrix}1 & -2 & 6\\ 0 & 2 & -4\\ 0 & 0 & -1\end{pmatrix}=\begin{pmatrix}-\frac{1}{2} & 1 & -3\\ 0 & -1 & 2\\ 0 & 0 & \frac{1}{2}\end{pmatrix}.$$

【题外话】本例告诉我们,当方阵 A 可逆时, $(A^*)^{-1}=(A^{-1})^*=\frac{A}{|A|}$.

【例 29】 (2009 年考研题)设 A,B 均为 2 阶矩阵, A^*,B^* 分别为 A,B 的伴随矩阵,若 $|A|=2$, $|B|=3$,则分块矩阵 $\begin{pmatrix}O & A\\ B & O\end{pmatrix}$ 的伴随矩阵为(　　)

(A) $\begin{pmatrix}O & 3B^*\\ 2A^* & O\end{pmatrix}$.　　(B) $\begin{pmatrix}O & 2B^*\\ 3A^* & O\end{pmatrix}$.

(C) $\begin{pmatrix}O & 3A^*\\ 2B^* & O\end{pmatrix}$.　　(D) $\begin{pmatrix}O & 2A^*\\ 3B^* & O\end{pmatrix}$.

【解】由于 $\begin{vmatrix}O & A\\ B & O\end{vmatrix}=(-1)^{2\times 2}|A|\cdot|B|=6\neq 0$,故

$$\begin{pmatrix}O & A\\ B & O\end{pmatrix}^*=\begin{vmatrix}O & A\\ B & O\end{vmatrix}\begin{pmatrix}O & A\\ B & O\end{pmatrix}^{-1}=6\begin{pmatrix}O & B^{-1}\\ A^{-1} & O\end{pmatrix}$$

$$=6\begin{pmatrix}O & \frac{B^*}{|B|}\\ \frac{A^*}{|A|} & O\end{pmatrix}=\begin{pmatrix}O & 2B^*\\ 3A^* & O\end{pmatrix},$$

选(B).

【题外话】

(i) 本例用到了拉普拉斯展开式(A 为 n 阶方阵, B 为 m 阶方阵)

$$\begin{vmatrix}O & A\\ B & *\end{vmatrix}=\begin{vmatrix}* & A\\ B & O\end{vmatrix}=(-1)^{mn}|A|\cdot|B|$$

以及分块对角阵的逆阵公式(方阵 $\boldsymbol{A}$,$\boldsymbol{B}$ 可逆)

$$\begin{pmatrix} \boldsymbol{O} & \boldsymbol{A} \\ \boldsymbol{B} & \boldsymbol{O} \end{pmatrix}^{-1} = \begin{pmatrix} \boldsymbol{O} & \boldsymbol{B}^{-1} \\ \boldsymbol{A}^{-1} & \boldsymbol{O} \end{pmatrix}.$$

(ii) 一般地,设 $\boldsymbol{A}$ 为 n 阶方阵,$\boldsymbol{B}$ 为 m 阶方阵,则

$$\begin{pmatrix} \boldsymbol{A} & \boldsymbol{O} \\ \boldsymbol{O} & \boldsymbol{B} \end{pmatrix}^{*} = \begin{pmatrix} |\boldsymbol{B}|\boldsymbol{A}^{*} & \boldsymbol{O} \\ \boldsymbol{O} & |\boldsymbol{A}|\boldsymbol{B}^{*} \end{pmatrix}, \begin{pmatrix} \boldsymbol{O} & \boldsymbol{A} \\ \boldsymbol{B} & \boldsymbol{O} \end{pmatrix}^{*} = (-1)^{mn} \begin{pmatrix} \boldsymbol{O} & |\boldsymbol{A}|\boldsymbol{B}^{*} \\ |\boldsymbol{B}|\boldsymbol{A}^{*} & \boldsymbol{O} \end{pmatrix}.$$

(iii) 一旦把伴随矩阵用逆矩阵置换,很多问题都变得易如反掌. 其实,这一路走来,我们所探讨的问题大多都围绕着逆矩阵.

$|\boldsymbol{A}|\neq 0$ 是方阵 $\boldsymbol{A}$ 可逆的充分必要条件,也是证明 $\boldsymbol{A}$ 可逆的一个重要方法(如例 20(2) 和例 21),而**关于行列式,其实最关心的问题莫过于行列式是否为零**(后面还要再讲,详见第二章). 置换公式 $\boldsymbol{A}^{*}=|\boldsymbol{A}|\boldsymbol{A}^{-1}(|\boldsymbol{A}|\neq 0)$ 使伴随矩阵和逆矩阵变得密不可分,并且一旦转置矩阵"参与"其中,则"$\boldsymbol{A}^{*}=\boldsymbol{A}^{\mathrm{T}}(\boldsymbol{A}\neq\boldsymbol{O})$"又使得证明 $\boldsymbol{A}$ 可逆多了一条路可走(如例 26). 此外,方阵 $\boldsymbol{A}$ 可逆还有一个充分必要条件,那就是 $\boldsymbol{A}$ 能写成有限个初等矩阵 $\boldsymbol{P}_1,\boldsymbol{P}_2,\cdots,\boldsymbol{P}_s$ 相乘. 参看图 1-4 便会发现,**"方阵A 是否可逆"就像是一根线,串起了本章的主要问题.**

$$\boldsymbol{A}^{*}=\boldsymbol{A}^{\mathrm{T}}(\boldsymbol{A}\neq\boldsymbol{O})$$
$$\Downarrow$$
$$\boldsymbol{A}^{*}=|\boldsymbol{A}|\boldsymbol{A}^{-1} \Leftarrow \boldsymbol{A}\text{可逆} \Leftrightarrow |\boldsymbol{A}|\neq 0$$
$$\Updownarrow$$
$$\boldsymbol{A}=\boldsymbol{P}_1\boldsymbol{P}_2\cdots\boldsymbol{P}_s$$

图 1-4

那么,对于与可逆矩阵"沾亲带故"的初等矩阵,探讨它的意义又是什么呢?

问题 7　初等矩阵的相关问题

知识储备

1. 初等矩阵的概念

由单位矩阵经过一次初等变换得到的矩阵叫做初等矩阵.

【注】初等矩阵可分为三种类型:

(i) **倍乘初等矩阵**. 例如,

$$\begin{pmatrix} 1 & 0 & 0 \\ 0 & 1 & 0 \\ 0 & 0 & 2 \end{pmatrix}$$

可看作是用 2 乘单位矩阵的第 3 行得到的初等矩阵,也可看作是用 2 乘单位矩阵的第 3 列得到的初等矩阵.

(ii) **互换初等矩阵**. 例如,

$$\begin{pmatrix} 0 & 0 & 1 \\ 0 & 1 & 0 \\ 1 & 0 & 0 \end{pmatrix}$$

可看作是单位矩阵互换第 1 行和第 3 行得到的初等矩阵,也可看作是单位矩阵互换第 1 列和第 3 列得到的初等矩阵.

(iii) **倍加初等矩阵**. 例如,

$$\begin{pmatrix}1&0&0\\0&1&3\\0&0&1\end{pmatrix}$$

可看作是单位矩阵第 3 行的 3 倍加到第 2 行得到的初等矩阵,也可看作是单位矩阵第 2 列的 3 倍加到第 3 列得到的初等矩阵;再例如,

$$\begin{pmatrix}1&4&0\\0&1&0\\0&0&1\end{pmatrix}$$

可看作是单位矩阵第 2 行的 4 倍加到第 1 行得到的初等矩阵,也可看作是单位矩阵第 1 列的 4 倍加到第 2 列得到的初等矩阵.

由此可见,**任何一个初等矩阵都可以从两个角度去看待,一个角度是如何由单位矩阵经过初等行变换得到,另一个角度是如何由单位矩阵经过初等列变换得到**.

2. 关于初等矩阵的两条定理

① 某矩阵左乘初等矩阵,相当于该矩阵作相应的初等行变换;某矩阵右乘初等矩阵,相当于该矩阵作相应的初等列变换.

【注】 例如,

$$\begin{pmatrix}1&0&0\\0&1&0\\0&0&2\end{pmatrix}\begin{pmatrix}a_{11}&a_{12}&a_{13}\\a_{21}&a_{22}&a_{23}\\a_{31}&a_{32}&a_{33}\end{pmatrix}=\begin{pmatrix}a_{11}&a_{12}&a_{13}\\a_{21}&a_{22}&a_{23}\\2a_{31}&2a_{32}&2a_{33}\end{pmatrix},$$

$$\begin{pmatrix}a_{11}&a_{12}&a_{13}\\a_{21}&a_{22}&a_{23}\\a_{31}&a_{32}&a_{33}\end{pmatrix}\begin{pmatrix}1&0&0\\0&1&0\\0&0&2\end{pmatrix}=\begin{pmatrix}a_{11}&a_{12}&2a_{13}\\a_{21}&a_{22}&2a_{23}\\a_{31}&a_{32}&2a_{33}\end{pmatrix}.$$

② 初等矩阵可逆,其逆矩阵仍是同类型的初等矩阵.

【注】 初等矩阵的逆阵应提笔写答案,无需通过计算. 可参看下面的例子,并总结规律:

$$\begin{pmatrix}1&0&0\\0&1&0\\0&0&2\end{pmatrix}^{-1}=\begin{bmatrix}1&0&0\\0&1&0\\0&0&\frac{1}{2}\end{bmatrix},\begin{pmatrix}0&0&1\\0&1&0\\1&0&0\end{pmatrix}^{-1}=\begin{pmatrix}0&0&1\\0&1&0\\1&0&0\end{pmatrix},\begin{pmatrix}1&0&0\\0&1&3\\0&0&1\end{pmatrix}^{-1}=\begin{pmatrix}1&0&0\\0&1&-3\\0&0&1\end{pmatrix}.$$

3. 矩阵的等价

若矩阵 $\boldsymbol{A}$ 经过有限次初等变换变成矩阵 $\boldsymbol{B}$,则称 $\boldsymbol{A},\boldsymbol{B}$ 等价.

【注】

(i) **矩阵 $\boldsymbol{A},\boldsymbol{B}$ 等价的充分必要条件是存在可逆矩阵 $\boldsymbol{P},\boldsymbol{Q}$,使 $\boldsymbol{PAQ}=\boldsymbol{B}$.**

(ii) 若矩阵 $\boldsymbol{A},\boldsymbol{B}$ 等价,则 $\boldsymbol{A},\boldsymbol{B}$ 必为同型矩阵.

问题研究

题眼探索 我们知道，如果矩阵 $\boldsymbol{A}$ 经过一次初等变换变成矩阵 $\boldsymbol{B}$，那么一般情况下 $\boldsymbol{A}$ 和 $\boldsymbol{B}$ 并不相等. 而**初等矩阵是一个"好帮手"，它能够使初等变换前后的两个矩阵用等号连接，直观地刻画了这两个矩阵之间的等量关系**：若 $\boldsymbol{A}$ 经过一次初等行变换变成 $\boldsymbol{B}$，则存在相应的初等矩阵 $\boldsymbol{P}$，使

$$\boldsymbol{PA}=\boldsymbol{B};$$

若 $\boldsymbol{A}$ 经过一次初等列变换变成 $\boldsymbol{B}$，则存在相应的初等矩阵 $\boldsymbol{Q}$，使

$$\boldsymbol{AQ}=\boldsymbol{B}.$$

因此，**解决初等矩阵的相关问题，关键在于先根据所交代的初等变换，利用相应的初等矩阵写出初等变换前后的矩阵之间的等量关系**. 而交代初等变换，可以通过初等变换前后的两个具体矩阵的元素变化(如例 30)，可以通过文字(如例 31)，也可以通过初等变换前后的两个矩阵的列(行)向量之间的关系(如例 32).

【例 30】 设矩阵

$$\boldsymbol{A}=\begin{pmatrix}a_{11}&a_{12}&a_{13}\\a_{21}&a_{22}&a_{23}\\a_{31}&a_{32}&a_{33}\end{pmatrix},\boldsymbol{B}=\begin{pmatrix}a_{31}&a_{31}+a_{32}&a_{33}\\a_{21}&a_{21}+a_{22}&a_{23}\\a_{11}&a_{11}+a_{12}&a_{13}\end{pmatrix},$$

$$\boldsymbol{P}_1=\begin{pmatrix}1&1&0\\0&1&0\\0&0&1\end{pmatrix},\boldsymbol{P}_2=\begin{pmatrix}0&0&1\\0&1&0\\1&0&0\end{pmatrix},$$

其中 $\boldsymbol{A}$ 可逆，则 $\boldsymbol{B}^{-1}=$(　　)

(A) $\boldsymbol{P}_1^{-1}\boldsymbol{A}^{-1}\boldsymbol{P}_2$.　　(B) $\boldsymbol{P}_1\boldsymbol{A}^{-1}\boldsymbol{P}_2^{-1}$.　　(C) $\boldsymbol{P}_2^{-1}\boldsymbol{A}^{-1}\boldsymbol{P}_1$.　　(D) $\boldsymbol{P}_2\boldsymbol{A}^{-1}\boldsymbol{P}_1^{-1}$.

【分析】 矩阵 $\boldsymbol{A}$ 是如何经过初等变换变成矩阵 $\boldsymbol{B}$ 的呢？观察 $\boldsymbol{A}$，$\boldsymbol{B}$ 的元素变化就能发现，将 $\boldsymbol{A}$ 的第 1 列加到第 2 列，并互换第 1 行与第 3 行，就变成了 $\boldsymbol{B}$. 而 $\boldsymbol{P}_1$ 可看作是将单位矩阵的第 1 列加到第 2 列得到的初等矩阵，$\boldsymbol{P}_2$ 可看作是互换单位矩阵的第 1 行与第 3 行得到的初等矩阵，故

$$\boldsymbol{B}=\boldsymbol{P}_2\boldsymbol{A}\boldsymbol{P}_1,$$

从而 $\boldsymbol{B}^{-1}=\boldsymbol{P}_1^{-1}\boldsymbol{A}^{-1}\boldsymbol{P}_2^{-1}$. 又因为

$$\boldsymbol{P}_1^{-1}=\begin{pmatrix}1&-1&0\\0&1&0\\0&0&1\end{pmatrix},\boldsymbol{P}_2^{-1}=\boldsymbol{P}_2,$$

故 $\boldsymbol{B}^{-1}=\boldsymbol{P}_1^{-1}\boldsymbol{A}^{-1}\boldsymbol{P}_2$，选(A).

【例 31】 设 $\boldsymbol{A}$ 为 3 阶可逆矩阵，交换 $\boldsymbol{A}$ 的第 1 行与第 2 行得矩阵 $\boldsymbol{B}$，$\boldsymbol{A}^*$，$\boldsymbol{B}^*$ 分别为 $\boldsymbol{A}$，$\boldsymbol{B}$ 的伴随矩阵，则(　　)

(A) 交换 $\boldsymbol{A}^*$ 的第 1 列与第 2 列得 $\boldsymbol{B}^*$.　　(B) 交换 $\boldsymbol{A}^*$ 的第 1 行与第 2 行得 $\boldsymbol{B}^*$.

(C) 交换 $\boldsymbol{A}^*$ 的第 1 列与第 2 列得 $-\boldsymbol{B}^*$.　　(D) 交换 $\boldsymbol{A}^*$ 的第 1 行与第 2 行得 $-\boldsymbol{B}^*$.

【分析】 由于矩阵 $\boldsymbol{B}$ 是由矩阵 $\boldsymbol{A}$ 交换第 1 行与第 2 行得到的，所以能利用初等矩阵写出

$\boldsymbol{A},\boldsymbol{B}$ 之间的等量关系：

$$\boldsymbol{B}=\begin{pmatrix}0&1&0\\1&0&0\\0&0&1\end{pmatrix}\boldsymbol{A}.$$

那么，如何由关于 $\boldsymbol{A},\boldsymbol{B}$ 的结论得到关于 $\boldsymbol{A}^*,\boldsymbol{B}^*$ 的结论呢？因为

$$|\boldsymbol{B}|=\begin{vmatrix}0&1&0\\1&0&0\\0&0&1\end{vmatrix}|\boldsymbol{A}|=-|\boldsymbol{A}|\neq 0,$$

所以伴随矩阵与逆矩阵的置换公式又有了“用武之地”，即

$$\boldsymbol{B}^*=|\boldsymbol{B}|\boldsymbol{B}^{-1}=-|\boldsymbol{A}|\boldsymbol{A}^{-1}\begin{pmatrix}0&1&0\\1&0&0\\0&0&1\end{pmatrix}^{-1}=-\boldsymbol{A}^*\begin{pmatrix}0&1&0\\1&0&0\\0&0&1\end{pmatrix},$$

从而

$$-\boldsymbol{B}^*=\boldsymbol{A}^*\begin{pmatrix}0&1&0\\1&0&0\\0&0&1\end{pmatrix}.$$

原先初等矩阵乘在 $\boldsymbol{A}$ 的左边，现在同样的初等矩阵乘到了 $\boldsymbol{A}^*$ 的右边，这意味着 $\boldsymbol{A}^*$ 作相应的初等列变换得到 $-\boldsymbol{B}^*$，故选(C).

【例 32】 (2012 年考研题)设 $\boldsymbol{A}$ 为 3 阶矩阵，$\boldsymbol{P}$ 为 3 阶可逆矩阵，且 $\boldsymbol{P}^{-1}\boldsymbol{A}\boldsymbol{P}=\begin{pmatrix}1&0&0\\0&1&0\\0&0&2\end{pmatrix}$.

若 $\boldsymbol{P}=(\boldsymbol{\alpha}_1,\boldsymbol{\alpha}_2,\boldsymbol{\alpha}_3)$，$\boldsymbol{Q}=(\boldsymbol{\alpha}_1+\boldsymbol{\alpha}_2,\boldsymbol{\alpha}_2,\boldsymbol{\alpha}_3)$，则 $\boldsymbol{Q}^{-1}\boldsymbol{A}\boldsymbol{Q}=$(　　)

(A) $\begin{pmatrix}1&0&0\\0&2&0\\0&0&1\end{pmatrix}$.　(B) $\begin{pmatrix}1&0&0\\0&1&0\\0&0&2\end{pmatrix}$.　(C) $\begin{pmatrix}2&0&0\\0&1&0\\0&0&2\end{pmatrix}$.　(D) $\begin{pmatrix}2&0&0\\0&2&0\\0&0&1\end{pmatrix}$.

【解】 由题意，$\boldsymbol{Q}=\boldsymbol{P}\begin{pmatrix}1&0&0\\1&1&0\\0&0&1\end{pmatrix}$，于是

$$\boldsymbol{Q}^{-1}\boldsymbol{A}\boldsymbol{Q}=\begin{pmatrix}1&0&0\\1&1&0\\0&0&1\end{pmatrix}^{-1}\boldsymbol{P}^{-1}\boldsymbol{A}\boldsymbol{P}\begin{pmatrix}1&0&0\\1&1&0\\0&0&1\end{pmatrix}$$

$$=\begin{pmatrix}1&0&0\\-1&1&0\\0&0&1\end{pmatrix}\begin{pmatrix}1&0&0\\0&1&0\\0&0&2\end{pmatrix}\begin{pmatrix}1&0&0\\1&1&0\\0&0&1\end{pmatrix}$$

$$=\begin{pmatrix}1&0&0\\-1&1&0\\0&0&2\end{pmatrix}\begin{pmatrix}1&0&0\\1&1&0\\0&0&1\end{pmatrix}=\begin{pmatrix}1&0&0\\0&1&0\\0&0&2\end{pmatrix},$$

故选(B).

【题外话】

(i) 其实，在掌握了方阵的特征值、特征向量，以及相似对角化的相关知识以后(详见第

三章)，本例的答案将一目了然，无需通过任何计算.

(ii) 本例的矩阵 $\boldsymbol{P}$ 和 $\boldsymbol{Q}$ 是用向量来表示的. 其实，**任何一个$m\times n$ 矩阵$\boldsymbol{A}$ 都能按列分块为**

$$\boldsymbol{A}=(\boldsymbol{\alpha}_1,\boldsymbol{\alpha}_2,\cdots,\boldsymbol{\alpha}_n),$$

从而看作是由n 个m 维列向量$\boldsymbol{\alpha}_1,\boldsymbol{\alpha}_2,\cdots,\boldsymbol{\alpha}_n$ 所组成的矩阵. 此外，既然任何一个行列式都能看作是它所对应的矩阵的行列式，那么**任何一个n 阶行列式$|\boldsymbol{B}|$ 也都能看作是由n 个n 维列向量$\boldsymbol{\beta}_1,\boldsymbol{\beta}_2,\cdots,\boldsymbol{\beta}_n$ 所组成的行列式**，即

$$|\boldsymbol{B}|=|\boldsymbol{\beta}_1,\boldsymbol{\beta}_2,\cdots,\boldsymbol{\beta}_n|$$

(例 23 中的行列式就是用向量来表示的).

更进一步说，对于本例，若记 $\boldsymbol{Q}=(\boldsymbol{\beta}_1,\boldsymbol{\beta}_2,\boldsymbol{\beta}_3)$，则

$$\boldsymbol{\beta}_1=\boldsymbol{\alpha}_1+\boldsymbol{\alpha}_2,\boldsymbol{\beta}_2=\boldsymbol{\alpha}_2,\boldsymbol{\beta}_3=\boldsymbol{\alpha}_3.$$

这意味着矩阵 $\boldsymbol{Q}$ 的列向量组 $\boldsymbol{\beta}_1,\boldsymbol{\beta}_2,\boldsymbol{\beta}_3$ 能由矩阵 $\boldsymbol{P}$ 的列向量组 $\boldsymbol{\alpha}_1,\boldsymbol{\alpha}_2,\boldsymbol{\alpha}_3$ 线性表示.

从向量的角度来看行列式和矩阵，有些问题将变得更清晰和深刻.

那么，向量有哪些研究视角？探讨向量由向量组线性表示，以及向量组由向量组线性表示有什么意义？这与行列式是否为零，以及矩阵是否可逆之间又有什么联系呢？

前面风光旖旎，请读者拭目以待.

实战演练

一、选择题

1. 行列式 $\begin{vmatrix} 0 & a & b & 0 \\ a & 0 & 0 & b \\ 0 & c & d & 0 \\ c & 0 & 0 & d \end{vmatrix}=(\quad)$

(A) $(ad-bc)^2$.　(B) $-(ad-bc)^2$.　(C) $a^2d^2-b^2c^2$.　(D) $b^2c^2-a^2d^2$.

2. 设 $\boldsymbol{A}$ 为 3 阶矩阵，将 $\boldsymbol{A}$ 的第 2 列加到第 1 列得矩阵 $\boldsymbol{B}$，再交换 $\boldsymbol{B}$ 的第 2 行与第 3 行得单位矩阵. 记

$$\boldsymbol{P}_1=\begin{pmatrix} 1 & 0 & 0 \\ 1 & 1 & 0 \\ 0 & 0 & 1 \end{pmatrix},\boldsymbol{P}_2=\begin{pmatrix} 1 & 0 & 0 \\ 0 & 0 & 1 \\ 0 & 1 & 0 \end{pmatrix},$$

则 $\boldsymbol{A}=(\quad)$

(A) $\boldsymbol{P}_1\boldsymbol{P}_2$.　(B) $\boldsymbol{P}_1^{-1}\boldsymbol{P}_2$.　(C) $\boldsymbol{P}_2\boldsymbol{P}_1$.　(D) $\boldsymbol{P}_2\boldsymbol{P}_1^{-1}$.

二、填空题

3. 行列式 $\begin{vmatrix} 3 & 4 & 5 & 11 \\ 2 & 5 & 4 & 9 \\ 5 & 3 & 2 & 12 \\ 14 & -11 & 21 & 29 \end{vmatrix}=$________.

4. 行列式$\begin{vmatrix}1&0&0&1\\0&2&0&1\\0&0&3&1\\1&1&1&4\end{vmatrix}=$________.

5. 行列式$\begin{vmatrix}1&-1&1&x-1\\1&-1&x+1&-1\\1&x-1&1&-1\\x+1&-1&1&-1\end{vmatrix}=$________.

6. 行列式$\begin{vmatrix}1&2&3&4\\\lambda&-1&0&0\\0&\lambda&-1&0\\0&0&\lambda&-1\end{vmatrix}=$________.

7. 设$\boldsymbol{A}$为3阶矩阵,$|\boldsymbol{A}|=3$,$\boldsymbol{A}^*$为$\boldsymbol{A}$伴随矩阵,若交换$\boldsymbol{A}$的第1行与第2行得矩阵$\boldsymbol{B}$,则$|\boldsymbol{BA}^*|=$________.

8. 设矩阵$\boldsymbol{A}=\begin{pmatrix}2&1\\-1&2\end{pmatrix}$,$\boldsymbol{E}$为2阶单位矩阵,矩阵$\boldsymbol{B}$满足$\boldsymbol{BA}=\boldsymbol{B}+2\boldsymbol{E}$,则$|\boldsymbol{B}|=$________.

9. 设$\boldsymbol{\alpha}_1,\boldsymbol{\alpha}_2,\boldsymbol{\alpha}_3$均为3维列向量,记矩阵

$$\boldsymbol{A}=(\boldsymbol{\alpha}_1,\boldsymbol{\alpha}_2,\boldsymbol{\alpha}_3),\boldsymbol{B}=(\boldsymbol{\alpha}_1+\boldsymbol{\alpha}_2+\boldsymbol{\alpha}_3,\boldsymbol{\alpha}_1+2\boldsymbol{\alpha}_2+4\boldsymbol{\alpha}_3,\boldsymbol{\alpha}_1+3\boldsymbol{\alpha}_2+9\boldsymbol{\alpha}_3),$$

如果$|\boldsymbol{A}|=1$,那么$|\boldsymbol{B}|=$________.

10. 设$\boldsymbol{A}=(a_{ij})$是3阶非零矩阵,$|\boldsymbol{A}|$为$\boldsymbol{A}$的行列式,A_{ij}为a_{ij}的代数余子式.若$A_{ij}+a_{ij}=0(i,j=1,2,3)$,则$|\boldsymbol{A}|=$________.

11. 已知$\boldsymbol{\alpha}=(1,2,3)^{\mathrm{T}}$,$\boldsymbol{\beta}=\left(1,\frac{1}{2},\frac{1}{3}\right)^{\mathrm{T}}$,设$\boldsymbol{A}=\boldsymbol{\alpha\beta}^{\mathrm{T}}$,其中$\boldsymbol{\beta}^{\mathrm{T}}$是$\boldsymbol{\beta}$的转置,则$\boldsymbol{A}^n=$________.

12. 设$\boldsymbol{A}=\begin{pmatrix}2&-4&0&0\\-1&2&0&0\\0&0&1&1\\0&0&0&1\end{pmatrix}$,则$\boldsymbol{A}^n=$________.

13. 设$\boldsymbol{A}=\begin{pmatrix}5&2&0&0\\2&1&0&0\\0&0&1&-2\\0&0&1&1\end{pmatrix}$,则$\boldsymbol{A}^{-1}=$________.

14. 设3阶方程$\boldsymbol{A},\boldsymbol{B}$满足关系式$\boldsymbol{A}^{-1}\boldsymbol{BA}=6\boldsymbol{A}+\boldsymbol{BA}$,且

$$\boldsymbol{A}=\begin{pmatrix}\frac{1}{3}&0&0\\0&\frac{1}{4}&0\\0&0&\frac{1}{7}\end{pmatrix},$$

则 $\boldsymbol{B}=$________.

15. 设 $\boldsymbol{A}^2+\boldsymbol{A}-4\boldsymbol{E}=\boldsymbol{O}$，则 $(\boldsymbol{A}-2\boldsymbol{E})^{-1}=$________.

三、解答题

16. 设 n 阶矩阵

$$\boldsymbol{A}=\begin{pmatrix} 4 & 3 & & & & \\ 1 & 4 & 3 & & & \\ & 1 & 4 & 3 & & \\ & & \ddots & \ddots & \ddots & \\ & & & 1 & 4 & 3 \\ & & & & 1 & 4 \end{pmatrix},$$

证明 $|\boldsymbol{A}|=\dfrac{1}{2}(3^{n+1}-1)$.

17. 已知 $\boldsymbol{A},\boldsymbol{B}$ 为 n 阶可逆矩阵，$\boldsymbol{A}+\boldsymbol{B}$ 可逆，证明 $\boldsymbol{A}^{-1}+\boldsymbol{B}^{-1}$ 可逆，并求其逆阵.

18. 已知矩阵

$$\boldsymbol{A}=\begin{pmatrix} 1 & 0 & 0 \\ 1 & 1 & 0 \\ 1 & 1 & 1 \end{pmatrix},\boldsymbol{B}=\begin{pmatrix} 0 & 1 & 1 \\ 1 & 0 & 1 \\ 1 & 1 & 0 \end{pmatrix},$$

且满足 $\boldsymbol{AXA}+\boldsymbol{BXB}=\boldsymbol{AXB}+\boldsymbol{BXA}+\boldsymbol{E}$，求矩阵 $\boldsymbol{X}$.

第二章　向量与线性方程组

问题 1　向量组与矩阵的秩的相关问题
问题 2　解线性方程组
问题 3　讨论含参数的线性方程组的解的情况
问题 4　线性方程组的公共解与同解问题
问题 5　抽象线性方程组的基础解系与解的结构的相关问题
问题 6　抽象向量组的线性相关性、线性表示以及等价的相关问题
问题 7　向量空间的相关问题
问题 8　向量组的正交问题

第二章 向量与线性方程组

问题脉络

- 向量与线性方程组
  - 能力
    - 基本
      - 解方程组 (问题2)
      - 讨论方程组解的情况 (问题3)
    - 综合
      - 方程组的公共解与同解 (问题4)
      - 方程组的基础解系与解的结构 (问题5)
  - 内容
    - 核心：向量组的秩、线性相关性、线性表示，以及等价 (问题1、问题6)
    - 扩展：向量空间与正交向量组 (问题7、问题8)

问题 1 向量组与矩阵的秩的相关问题

知识储备

1. 向量与向量组

(1) 向量的概念

n 个有次序的数 $a_1, a_2, \cdots, a_n$ 所组成的数组称为 n 维向量，记作

$$(a_1, a_2, \cdots, a_n)^{\mathrm{T}} \text{或} (a_1, a_2, \cdots, a_n),$$

分别为 n 维列向量或 n 维行向量. 数 $a_i(i=1,2,\cdots,n)$称为向量的第 i 个分量或坐标.

【注】

(i) 所有分量都为 0 的向量叫做零向量，例如 $\mathbf{0}=(0,0,0)^{\mathrm{T}}$.

(ii) 若两个向量的对应分量相等，则称它们相等，例如$(1,2,3)^{\mathrm{T}}=(1,2,3)^{\mathrm{T}}$.

(iii) 设 $\boldsymbol{\alpha}=(a_1, a_2, \cdots, a_n)^{\mathrm{T}}$，$\boldsymbol{\beta}=(b_1, b_2, \cdots, b_n)^{\mathrm{T}}$，$x$ 为常数，则

$$\boldsymbol{\alpha}+\boldsymbol{\beta}=(a_1+b_1, a_2+b_2, \cdots, a_n+b_n)^{\mathrm{T}},$$

$$x\boldsymbol{\alpha}=(xa_1, xa_2, \cdots, xa_n)^{\mathrm{T}}.$$

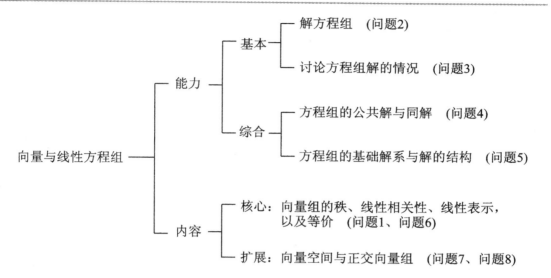

从几何上说，向量的加法满足平行四边形法则，向量的数乘是对向量的长度做伸缩（可参看图 2－1）.

（2）向量的内积

设 $\boldsymbol{\alpha}=(a_1,a_2,\cdots,a_n)^{\mathrm{T}}$，$\boldsymbol{\beta}=(b_1,b_2,\cdots,b_n)^{\mathrm{T}}$，令

$$(\boldsymbol{\alpha},\boldsymbol{\beta})=a_1b_1+a_2b_2+\cdots+a_nb_n,$$

则 $(\boldsymbol{\alpha},\boldsymbol{\beta})$ 称为向量 $\boldsymbol{\alpha}$ 与 $\boldsymbol{\beta}$ 的内积.

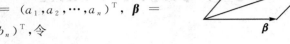

图 2－1

【注】

（i）向量的内积可以写成

$$(\boldsymbol{\alpha},\boldsymbol{\beta})=(a_1,a_2,\cdots,a_n)\begin{pmatrix}b_1\\b_2\\\vdots\\b_n\end{pmatrix}=\boldsymbol{\alpha}^{\mathrm{T}}\boldsymbol{\beta},$$

也可以写成

$$(\boldsymbol{\alpha},\boldsymbol{\beta})=(b_1,b_2,\cdots,b_n)\begin{pmatrix}a_1\\a_2\\\vdots\\a_n\end{pmatrix}=\boldsymbol{\beta}^{\mathrm{T}}\boldsymbol{\alpha}.$$

因此，$\boldsymbol{\alpha}^{\mathrm{T}}\boldsymbol{\beta}$ 与 $\boldsymbol{\beta}^{\mathrm{T}}\boldsymbol{\alpha}$ 是相同的数，都表示向量 $\boldsymbol{\alpha}$ 与 $\boldsymbol{\beta}$ 的内积.

（ii）$(\boldsymbol{\alpha},\boldsymbol{\beta})=0$ 的充分必要条件是 $\boldsymbol{\alpha}$ 与 $\boldsymbol{\beta}$ 正交（从几何上说，$\boldsymbol{\alpha}$ 与 $\boldsymbol{\beta}$ 正交就是 $\boldsymbol{\alpha}$ 与 $\boldsymbol{\beta}$ 相互垂直，内积的概念也是由两向量的数量积推广而来）.

（iii）特别地，

$$\boldsymbol{\alpha}^{\mathrm{T}}\boldsymbol{\alpha}=(\boldsymbol{\alpha},\boldsymbol{\alpha})=a_1^2+a_2^2+\cdots+a_n^2.$$

令

$$\|\boldsymbol{\alpha}\|=\sqrt{\boldsymbol{\alpha}^{\mathrm{T}}\boldsymbol{\alpha}}=\sqrt{a_1^2+a_2^2+\cdots+a_n^2},$$

则 $\|\boldsymbol{\alpha}\|$ 称为向量 $\boldsymbol{\alpha}$ 的长度. 长度为 1 的向量称为单位向量.

（3）向量组与矩阵的对应关系

① 列向量组 $\boldsymbol{\alpha}_1,\boldsymbol{\alpha}_2,\cdots,\boldsymbol{\alpha}_n$ 与矩阵 $\boldsymbol{A}=(\boldsymbol{\alpha}_1,\boldsymbol{\alpha}_2,\cdots,\boldsymbol{\alpha}_n)$ 一一对应；

② 行向量组 $\boldsymbol{\beta}_1^{\mathrm{T}},\boldsymbol{\beta}_2^{\mathrm{T}},\cdots,\boldsymbol{\beta}_m^{\mathrm{T}}$ 与矩阵 $\boldsymbol{B}=\begin{pmatrix}\boldsymbol{\beta}_1^{\mathrm{T}}\\\boldsymbol{\beta}_2^{\mathrm{T}}\\\vdots\\\boldsymbol{\beta}_m^{\mathrm{T}}\end{pmatrix}$ 一一对应.

【注】 例如，设向量 $\boldsymbol{\alpha}_1=(1,2,3)^{\mathrm{T}}$，$\boldsymbol{\alpha}_2=(4,5,6)^{\mathrm{T}}$，$\boldsymbol{\alpha}_3=(7,8,9)^{\mathrm{T}}$，则列向量组 $\boldsymbol{\alpha}_1,\boldsymbol{\alpha}_2,\boldsymbol{\alpha}_3$ 与矩阵

$$\boldsymbol{A}=(\boldsymbol{\alpha}_1,\boldsymbol{\alpha}_2,\boldsymbol{\alpha}_3)=\begin{pmatrix}1&4&7\\2&5&8\\3&6&9\end{pmatrix}$$

一一对应，行向量组 $\boldsymbol{\alpha}_1^{\mathrm{T}},\boldsymbol{\alpha}_2^{\mathrm{T}},\boldsymbol{\alpha}_3^{\mathrm{T}}$ 与矩阵

$$\boldsymbol{B}=\begin{pmatrix}\boldsymbol{\alpha}_1^{\mathrm{T}}\\\boldsymbol{\alpha}_2^{\mathrm{T}}\\\boldsymbol{\alpha}_3^{\mathrm{T}}\end{pmatrix}=\begin{pmatrix}1&2&3\\4&5&6\\7&8&9\end{pmatrix}$$

一一对应. 因此，**常通过把向量拼成矩阵，从而将向量组的问题转化为矩阵的问题来解决**.

2. 向量组的线性表示与线性相关性

(1) 向量由向量组线性表示

向量 $\boldsymbol{\beta}$ 能由向量组 $\boldsymbol{\alpha}_1,\boldsymbol{\alpha}_2,\cdots,\boldsymbol{\alpha}_n$ 线性表示(出)⇔存在一组数 $x_1,x_2,\cdots,x_n$，使

$$\boldsymbol{\beta}=x_1\boldsymbol{\alpha}_1+x_2\boldsymbol{\alpha}_2+\cdots+x_n\boldsymbol{\alpha}_n.$$

【注】

(i) 例如，

① 设向量 $\boldsymbol{\alpha}_1=(1,0)^{\mathrm{T}},\boldsymbol{\alpha}_2=(0,1)^{\mathrm{T}},\boldsymbol{\beta}=(2,1)^{\mathrm{T}}$，则向量 $\boldsymbol{\beta}$ 能由向量组 $\boldsymbol{\alpha}_1,\boldsymbol{\alpha}_2$ 线性表示，且表示式唯一：

$$\boldsymbol{\beta}=2\boldsymbol{\alpha}_1+\boldsymbol{\alpha}_2;$$

② 设向量 $\boldsymbol{\alpha}_1=(1,2)^{\mathrm{T}},\boldsymbol{\alpha}_2=(2,4)^{\mathrm{T}},\boldsymbol{\beta}=(3,6)^{\mathrm{T}}$，则向量 $\boldsymbol{\beta}$ 能由向量组 $\boldsymbol{\alpha}_1,\boldsymbol{\alpha}_2$ 线性表示，且表示式不唯一：

$$\boldsymbol{\beta}=3\boldsymbol{\alpha}_1+0\boldsymbol{\alpha}_2,\boldsymbol{\beta}=0\boldsymbol{\alpha}_1+\frac{3}{2}\boldsymbol{\alpha}_2,\boldsymbol{\beta}=\boldsymbol{\alpha}_1+\boldsymbol{\alpha}_2,\boldsymbol{\beta}=5\boldsymbol{\alpha}_1-\boldsymbol{\alpha}_2,\cdots;$$

③ 设向量 $\boldsymbol{\alpha}_1=(1,2)^{\mathrm{T}},\boldsymbol{\alpha}_2=(2,4)^{\mathrm{T}},\boldsymbol{\beta}=(3,5)^{\mathrm{T}}$，则向量 $\boldsymbol{\beta}$ 不能由向量组 $\boldsymbol{\alpha}_1,\boldsymbol{\alpha}_2$ 线性表示.

值得注意的是，**如果一个向量能由一个向量组线性表示，那么其表示式只可能唯一或有无穷多种，不可能只有 2 种，只有 3 种，等等**.

(ii) 若存在一组数 $x_1,x_2,\cdots,x_n$，使 $\boldsymbol{\beta}=x_1\boldsymbol{\alpha}_1+x_2\boldsymbol{\alpha}_2+\cdots+x_n\boldsymbol{\alpha}_n$，则也称向量 $\boldsymbol{\beta}$ 为向量组 $\boldsymbol{\alpha}_1,\boldsymbol{\alpha}_2,\cdots,\boldsymbol{\alpha}_n$ 的线性组合.

(2) 向量组由向量组线性表示

向量组 $\boldsymbol{\beta}_1,\boldsymbol{\beta}_2,\cdots,\boldsymbol{\beta}_m$ 能由向量组 $\boldsymbol{\alpha}_1,\boldsymbol{\alpha}_2,\cdots,\boldsymbol{\alpha}_n$ 线性表示(出)

$$\Leftrightarrow\begin{cases}\boldsymbol{\beta}_1\text{ 能由 }\boldsymbol{\alpha}_1,\boldsymbol{\alpha}_2,\cdots,\boldsymbol{\alpha}_n\text{ 线性表示},\\\boldsymbol{\beta}_2\text{ 能由 }\boldsymbol{\alpha}_1,\boldsymbol{\alpha}_2,\cdots,\boldsymbol{\alpha}_n\text{ 线性表示},\\\cdots\cdots\\\boldsymbol{\beta}_m\text{ 能由 }\boldsymbol{\alpha}_1,\boldsymbol{\alpha}_2,\cdots,\boldsymbol{\alpha}_n\text{ 线性表示}.\end{cases}$$

【注】 例如，

① 设向量 $\boldsymbol{\alpha}_1=(1,0)^{\mathrm{T}},\boldsymbol{\alpha}_2=(0,1)^{\mathrm{T}},\boldsymbol{\beta}_1=(2,1)^{\mathrm{T}},\boldsymbol{\beta}_2=(1,1)^{\mathrm{T}}$，则向量组 $\boldsymbol{\beta}_1,\boldsymbol{\beta}_2$ 能由向量组 $\boldsymbol{\alpha}_1,\boldsymbol{\alpha}_2$ 线性表示，且表示式唯一：

$$\boldsymbol{\beta}_1=2\boldsymbol{\alpha}_1+\boldsymbol{\alpha}_2,\boldsymbol{\beta}_2=\boldsymbol{\alpha}_1+\boldsymbol{\alpha}_2;$$

② 设向量 $\boldsymbol{\alpha}_1=(1,2)^{\mathrm{T}},\boldsymbol{\alpha}_2=(2,4)^{\mathrm{T}},\boldsymbol{\beta}_1=(3,6)^{\mathrm{T}},\boldsymbol{\beta}_2=(4,8)^{\mathrm{T}}$，则向量组 $\boldsymbol{\beta}_1,\boldsymbol{\beta}_2$ 能由向量组 $\boldsymbol{\alpha}_1,\boldsymbol{\alpha}_2$ 线性表示，且表示式不唯一：

$$\boldsymbol{\beta}_1=3\boldsymbol{\alpha}_1+0\boldsymbol{\alpha}_2,\boldsymbol{\beta}_2=4\boldsymbol{\alpha}_1+0\boldsymbol{\alpha}_2;$$
$$\boldsymbol{\beta}_1=\boldsymbol{\alpha}_1+\boldsymbol{\alpha}_2,\boldsymbol{\beta}_2=0\boldsymbol{\alpha}_1+2\boldsymbol{\alpha}_2;$$
$$\boldsymbol{\beta}_1=5\boldsymbol{\alpha}_1-\boldsymbol{\alpha}_2,\boldsymbol{\beta}_2=4\boldsymbol{\alpha}_1+0\boldsymbol{\alpha}_2;$$
$$\vdots$$

③ 设向量 $\boldsymbol{\alpha}_1=(1,2)^{\mathrm{T}},\boldsymbol{\alpha}_2=(2,4)^{\mathrm{T}},\boldsymbol{\beta}_1=(3,6)^{\mathrm{T}},\boldsymbol{\beta}_2=(4,7)^{\mathrm{T}}$，虽然向量 $\boldsymbol{\beta}_1$ 能由向量组 $\boldsymbol{\alpha}_1,\boldsymbol{\alpha}_2$ 线性表示，但是由于向量 $\boldsymbol{\beta}_2$ 不能由向量组 $\boldsymbol{\alpha}_1,\boldsymbol{\alpha}_2$ 线性表示，故向量组 $\boldsymbol{\beta}_1,\boldsymbol{\beta}_2$ 不能由向量组 $\boldsymbol{\alpha}_1,\boldsymbol{\alpha}_2$ 线性表示.

值得注意的是，**如果一个向量组能由另一个向量组线性表示，那么其表示式只可能唯一或有无穷多种，不可能只有2种，只有3种，等等.**

(3) 向量组的等价

向量组 $\boldsymbol{\beta}_1,\boldsymbol{\beta}_2,\cdots,\boldsymbol{\beta}_m$ 与向量组 $\boldsymbol{\alpha}_1,\boldsymbol{\alpha}_2,\cdots,\boldsymbol{\alpha}_n$ 等价

$$\Leftrightarrow\begin{cases}\boldsymbol{\beta}_1,\boldsymbol{\beta}_2,\cdots,\boldsymbol{\beta}_m \text{ 能由 } \boldsymbol{\alpha}_1,\boldsymbol{\alpha}_2,\cdots,\boldsymbol{\alpha}_n \text{ 线性表示,}\\ \boldsymbol{\alpha}_1,\boldsymbol{\alpha}_2,\cdots,\boldsymbol{\alpha}_n \text{ 能由 } \boldsymbol{\beta}_1,\boldsymbol{\beta}_2,\cdots,\boldsymbol{\beta}_m \text{ 线性表示.}\end{cases}$$

【注】

(i) 例如，

① 设向量 $\boldsymbol{\alpha}_1=(1,0)^{\mathrm{T}},\boldsymbol{\alpha}_2=(0,1)^{\mathrm{T}},\boldsymbol{\beta}_1=(2,1)^{\mathrm{T}},\boldsymbol{\beta}_2=(1,1)^{\mathrm{T}}$，则向量组 $\boldsymbol{\beta}_1,\boldsymbol{\beta}_2$ 能由向量组 $\boldsymbol{\alpha}_1,\boldsymbol{\alpha}_2$ 线性表示：

$$\boldsymbol{\beta}_1=2\boldsymbol{\alpha}_1+\boldsymbol{\alpha}_2,\boldsymbol{\beta}_2=\boldsymbol{\alpha}_1+\boldsymbol{\alpha}_2,$$

并且 $\boldsymbol{\alpha}_1,\boldsymbol{\alpha}_2$ 也能由 $\boldsymbol{\beta}_1,\boldsymbol{\beta}_2$ 线性表示：

$$\boldsymbol{\alpha}_1=\boldsymbol{\beta}_1-\boldsymbol{\beta}_2,\boldsymbol{\alpha}_2=-\boldsymbol{\beta}_1+2\boldsymbol{\beta}_2,$$

故 $\boldsymbol{\beta}_1,\boldsymbol{\beta}_2$ 与 $\boldsymbol{\alpha}_1,\boldsymbol{\alpha}_2$ 等价.

② 设向量 $\boldsymbol{\alpha}_1=(1,0)^{\mathrm{T}},\boldsymbol{\alpha}_2=(0,1)^{\mathrm{T}},\boldsymbol{\beta}_1=(2,1)^{\mathrm{T}},\boldsymbol{\beta}_2=(4,2)^{\mathrm{T}}$，则虽然向量组 $\boldsymbol{\beta}_1,\boldsymbol{\beta}_2$ 能由向量组 $\boldsymbol{\alpha}_1,\boldsymbol{\alpha}_2$ 线性表示，但是由于 $\boldsymbol{\alpha}_1,\boldsymbol{\alpha}_2$ 不能由 $\boldsymbol{\beta}_1,\boldsymbol{\beta}_2$ 线性表示，故 $\boldsymbol{\beta}_1,\boldsymbol{\beta}_2$ 与 $\boldsymbol{\alpha}_1,\boldsymbol{\alpha}_2$ 不等价.

(ii) 值得注意的是，**矩阵 $\boldsymbol{A},\boldsymbol{B}$ 等价是 $\boldsymbol{A},\boldsymbol{B}$ 的列向量组等价的既不充分也不必要条件**（关于矩阵的等价，可参看第一章问题7）. 例如，

① 设向量 $\boldsymbol{\alpha}_1=(1,0)^{\mathrm{T}},\boldsymbol{\alpha}_2=(0,1)^{\mathrm{T}},\boldsymbol{\beta}_1=(2,1)^{\mathrm{T}},\boldsymbol{\beta}_2=(1,1)^{\mathrm{T}},\boldsymbol{\beta}_3=(2,2)^{\mathrm{T}}$，则向量组 $\boldsymbol{\alpha}_1,\boldsymbol{\alpha}_2$ 与向量组 $\boldsymbol{\beta}_1,\boldsymbol{\beta}_2,\boldsymbol{\beta}_3$ 等价，但矩阵 $\boldsymbol{A}=(\boldsymbol{\alpha}_1,\boldsymbol{\alpha}_2)$ 与矩阵 $\boldsymbol{B}=(\boldsymbol{\beta}_1,\boldsymbol{\beta}_2,\boldsymbol{\beta}_3)$ 不等价.

② 设向量 $\boldsymbol{\alpha}_1=(1,0,0)^{\mathrm{T}},\boldsymbol{\alpha}_2=(0,1,0)^{\mathrm{T}},\boldsymbol{\beta}_1=(1,0,0)^{\mathrm{T}},\boldsymbol{\beta}_2=(0,0,1)^{\mathrm{T}}$，则矩阵 $\boldsymbol{A}=(\boldsymbol{\alpha}_1,\boldsymbol{\alpha}_2)$ 与矩阵 $\boldsymbol{B}=(\boldsymbol{\beta}_1,\boldsymbol{\beta}_2)$ 等价，但向量组 $\boldsymbol{\alpha}_1,\boldsymbol{\alpha}_2$ 与向量组 $\boldsymbol{\beta}_1,\boldsymbol{\beta}_2$ 不等价.

(4) 向量组的线性相关性

① 向量组 $\boldsymbol{\alpha}_1,\boldsymbol{\alpha}_2,\cdots,\boldsymbol{\alpha}_n$ 线性相关⇔存在不全为零的数 $x_1,x_2,\cdots,x_n$，使

$$x_1\boldsymbol{\alpha}_1+x_2\boldsymbol{\alpha}_2+\cdots+x_n\boldsymbol{\alpha}_n=\mathbf{0};$$

② 向量组 $\boldsymbol{\alpha}_1,\boldsymbol{\alpha}_2,\cdots,\boldsymbol{\alpha}_n$ 线性无关⇔当且仅当 $x_1,x_2,\cdots,x_n$ 全为零时，

$$x_1\boldsymbol{\alpha}_1+x_2\boldsymbol{\alpha}_2+\cdots+x_n\boldsymbol{\alpha}_n=\mathbf{0}.$$

【注】

(i) 当 $x_1,x_2,\cdots,x_n$ 全为零时，

$$x_1\boldsymbol{\alpha}_1+x_2\boldsymbol{\alpha}_2+\cdots+x_n\boldsymbol{\alpha}_n=\mathbf{0}$$

一定成立.例如,对于向量组 $\boldsymbol{\alpha}_1=(1,0)^{\mathrm{T}}$,$\boldsymbol{\alpha}_2=(0,1)^{\mathrm{T}}$,当 $x_1=x_2=0$ 时,

$$x_1\boldsymbol{\alpha}_1+x_2\boldsymbol{\alpha}_2=0\begin{pmatrix}1\\0\end{pmatrix}+0\begin{pmatrix}0\\1\end{pmatrix}=\mathbf{0}.$$

那么,是否存在不全为零的 x_1,x_2,使 $x_1\boldsymbol{\alpha}_1+x_2\boldsymbol{\alpha}_2=\mathbf{0}$ 呢?显然,要使

$$x_1\begin{pmatrix}1\\0\end{pmatrix}+x_2\begin{pmatrix}0\\1\end{pmatrix}=\begin{pmatrix}0\\0\end{pmatrix},$$

即

$$\begin{pmatrix}x_1\\x_2\end{pmatrix}=\begin{pmatrix}0\\0\end{pmatrix},$$

只能 x_1,x_2 全为零.因此,向量组 $\boldsymbol{\alpha}_1=(1,0)^{\mathrm{T}}$,$\boldsymbol{\alpha}_2=(0,1)^{\mathrm{T}}$ 线性无关.

再例如,

① 对于向量组 $\boldsymbol{\alpha}_1=(1,0)^{\mathrm{T}}$,$\boldsymbol{\alpha}_2=(0,1)^{\mathrm{T}}$,$\boldsymbol{\alpha}_3=(1,2)^{\mathrm{T}}$,由于

$$\begin{pmatrix}1\\0\end{pmatrix}+2\begin{pmatrix}0\\1\end{pmatrix}-\begin{pmatrix}1\\2\end{pmatrix}=\begin{pmatrix}0\\0\end{pmatrix},2\begin{pmatrix}1\\0\end{pmatrix}+4\begin{pmatrix}0\\1\end{pmatrix}-2\begin{pmatrix}1\\2\end{pmatrix}=\begin{pmatrix}0\\0\end{pmatrix},\cdots,$$

故 $\boldsymbol{\alpha}_1,\boldsymbol{\alpha}_2,\boldsymbol{\alpha}_3$ 线性相关;

② 对于向量组 $\boldsymbol{\alpha}_1=(1,2)^{\mathrm{T}}$,$\boldsymbol{\alpha}_2=(2,4)^{\mathrm{T}}$,由于

$$2\begin{pmatrix}1\\2\end{pmatrix}-\begin{pmatrix}2\\4\end{pmatrix}=\begin{pmatrix}0\\0\end{pmatrix},4\begin{pmatrix}1\\2\end{pmatrix}-2\begin{pmatrix}2\\4\end{pmatrix}=\begin{pmatrix}0\\0\end{pmatrix},\cdots,$$

故 $\boldsymbol{\alpha}_1,\boldsymbol{\alpha}_2$ 线性相关;

③ 对于向量组 $\boldsymbol{\alpha}_1=(0,0,0)^{\mathrm{T}}$,$\boldsymbol{\alpha}_2=(1,2,3)^{\mathrm{T}}$,$\boldsymbol{\alpha}_3=(4,5,6)^{\mathrm{T}}$,由于

$$\begin{pmatrix}0\\0\\0\end{pmatrix}+0\begin{pmatrix}1\\2\\3\end{pmatrix}+0\begin{pmatrix}4\\5\\6\end{pmatrix}=\begin{pmatrix}0\\0\\0\end{pmatrix},2\begin{pmatrix}0\\0\\0\end{pmatrix}+0\begin{pmatrix}1\\2\\3\end{pmatrix}+0\begin{pmatrix}4\\5\\6\end{pmatrix}=\begin{pmatrix}0\\0\\0\end{pmatrix},\cdots,$$

故 $\boldsymbol{\alpha}_1,\boldsymbol{\alpha}_2,\boldsymbol{\alpha}_3$ 线性相关;

④ 对于向量组 $\boldsymbol{\alpha}_1=(1,2,3)^{\mathrm{T}}$,$\boldsymbol{\alpha}_2=(2,4,6)^{\mathrm{T}}$,$\boldsymbol{\alpha}_3=(7,8,9)^{\mathrm{T}}$,由于

$$2\begin{pmatrix}1\\2\\3\end{pmatrix}-\begin{pmatrix}2\\4\\6\end{pmatrix}+0\begin{pmatrix}7\\8\\9\end{pmatrix}=\begin{pmatrix}0\\0\\0\end{pmatrix},4\begin{pmatrix}1\\2\\3\end{pmatrix}-2\begin{pmatrix}2\\4\\6\end{pmatrix}+0\begin{pmatrix}7\\8\\9\end{pmatrix}=\begin{pmatrix}0\\0\\0\end{pmatrix},\cdots,$$

故 $\boldsymbol{\alpha}_1,\boldsymbol{\alpha}_2,\boldsymbol{\alpha}_3$ 线性相关.

值得注意的是,**如果向量组$\boldsymbol{\alpha}_1,\boldsymbol{\alpha}_2,\cdots,\boldsymbol{\alpha}_n$ 线性相关,那么一定存在无穷多组不全为零的数$x_1,x_2,\cdots,x_n$,使$x_1\boldsymbol{\alpha}_1+x_2\boldsymbol{\alpha}_2+\cdots+x_n\boldsymbol{\alpha}_n=\mathbf{0}$.**

(ii) 由(i) 中的③和④可知,若某向量组中有零向量,则该向量组一定线性相关;若某向量组中有两个向量的分量对应成比例,则该向量组也一定线性相关.

3. 向量组的线性表示与线性相关性的性质

(1) 向量组的线性相关性的性质

① 向量组 $\boldsymbol{\alpha}_1,\boldsymbol{\alpha}_2,\cdots,\boldsymbol{\alpha}_n$ 线性相关$\Rightarrow$向量组 $\boldsymbol{\alpha}_1,\boldsymbol{\alpha}_2,\cdots,\boldsymbol{\alpha}_n,\boldsymbol{\alpha}_{n+1},\cdots,\boldsymbol{\alpha}_m(m>n)$线性相关;

向量组 $\boldsymbol{\alpha}_1,\boldsymbol{\alpha}_2,\cdots,\boldsymbol{\alpha}_n,\boldsymbol{\alpha}_{n+1},\cdots,\boldsymbol{\alpha}_m(m>n)$线性无关$\Rightarrow$向量组 $\boldsymbol{\alpha}_1,\boldsymbol{\alpha}_2,\cdots,\boldsymbol{\alpha}_n$ 线性无关.

【注】

(i) 例如，

① 向量组$(1,2,3)^T,(2,4,6)^T$线性相关，且向量组$(1,2,3)^T,(2,4,6)^T,(7,8,9)^T$，向量组$(1,2,3)^T,(2,4,6)^T,(7,8,9)^T,(10,11,12)^T$，等等也都线性相关；

② 向量组$(1,0,0)^T,(0,1,0)^T,(0,0,1)^T$线性无关，且向量组$(1,0,0)^T,(0,1,0)^T$，向量组$(1,0,0)^T,(0,0,1)^T$，向量组$(1,0,0)^T$，等等也都线性无关.

(ii) 向量组$\boldsymbol{\alpha}_1,\boldsymbol{\alpha}_2,\cdots,\boldsymbol{\alpha}_n$称为向量组$\boldsymbol{\alpha}_1,\boldsymbol{\alpha}_2,\cdots,\boldsymbol{\alpha}_n,\boldsymbol{\alpha}_{n+1},\cdots,\boldsymbol{\alpha}_m(m>n)$的部分组. 因此，这两条性质不妨理解为**“部分相关，整体相关”“整体无关，部分无关”**.

【证】 由于向量组$\boldsymbol{\alpha}_1,\boldsymbol{\alpha}_2,\cdots,\boldsymbol{\alpha}_n$线性相关，故存在不全为零的数$x_1,x_2,\cdots,x_n$，使

$$x_1\boldsymbol{\alpha}_1+x_2\boldsymbol{\alpha}_2+\cdots+x_n\boldsymbol{\alpha}_n=\mathbf{0},$$

从而存在不全为零的数$x_1,x_2,\cdots,x_n,\overbrace{0,\cdots,0}^{m-n\text{个}}$，使

$$x_1\boldsymbol{\alpha}_1+x_2\boldsymbol{\alpha}_2+\cdots+x_n\boldsymbol{\alpha}_n+0\boldsymbol{\alpha}_{n+1}+\cdots+0\boldsymbol{\alpha}_m=\mathbf{0},$$

即向量组$\boldsymbol{\alpha}_1,\boldsymbol{\alpha}_2,\cdots,\boldsymbol{\alpha}_n,\boldsymbol{\alpha}_{n+1},\cdots,\boldsymbol{\alpha}_m(m>n)$线性相关.

其逆否命题仍然成立.

② 向量组$\boldsymbol{\alpha}_1,\boldsymbol{\alpha}_2,\cdots,\boldsymbol{\alpha}_n$线性无关⇒向量组$\begin{pmatrix}\boldsymbol{\alpha}_1\\\boldsymbol{\beta}_1\end{pmatrix},\begin{pmatrix}\boldsymbol{\alpha}_2\\\boldsymbol{\beta}_2\end{pmatrix},\cdots,\begin{pmatrix}\boldsymbol{\alpha}_n\\\boldsymbol{\beta}_n\end{pmatrix}$线性无关；

向量组$\begin{pmatrix}\boldsymbol{\alpha}_1\\\boldsymbol{\beta}_1\end{pmatrix},\begin{pmatrix}\boldsymbol{\alpha}_2\\\boldsymbol{\beta}_2\end{pmatrix},\cdots,\begin{pmatrix}\boldsymbol{\alpha}_n\\\boldsymbol{\beta}_n\end{pmatrix}$线性相关⇒向量组$\boldsymbol{\alpha}_1,\boldsymbol{\alpha}_2,\cdots,\boldsymbol{\alpha}_n$线性相关.

【注】

(i) 例如，

① 向量组$(1,0)^T,(0,1)^T$线性无关，且向量组$(1,0,2)^T,(0,1,3)^T$，向量组$(2,1,0)^T,(3,0,1)^T$，向量组$(1,2,0)^T,(0,3,1)^T$，向量组$(1,0,2,3)^T,(0,1,4,6)^T$，等等也都线性无关；

② 向量组$(1,2,3,4)^T,(2,4,6,8)^T$线性相关，且向量组$(1,2,3)^T,(2,4,6)^T$，向量组$(2,3,4)^T,(4,6,8)^T$，向量组$(1,3,4)^T,(2,6,8)^T$，向量组$(1,2)^T,(2,4)^T$，等等也都线性相关.

(ii) 向量组$\begin{pmatrix}\boldsymbol{\alpha}_1\\\boldsymbol{\beta}_1\end{pmatrix},\begin{pmatrix}\boldsymbol{\alpha}_2\\\boldsymbol{\beta}_2\end{pmatrix},\cdots,\begin{pmatrix}\boldsymbol{\alpha}_n\\\boldsymbol{\beta}_n\end{pmatrix}$称为向量组$\boldsymbol{\alpha}_1,\boldsymbol{\alpha}_2,\cdots,\boldsymbol{\alpha}_n$的延长组. 因此，这两条性质不妨理解为**“缩短无关，延长无关”“延长相关，缩短相关”**，切莫与性质①相混淆.

③ 当$n<m$时，m个n维向量组成的向量组一定线性相关.

【注】

(i) 例如，向量组$(1,0)^T,(0,1)^T,(1,2)^T$为3个2维向量组成的向量组，由于向量的个数大于向量的维数，故一定线性相关.

(ii) 这条性质不妨理解为**“向量多，维数低，必相关”**.

(2) 向量组的线性表示的性质

① 向量组$\boldsymbol{\alpha}_1,\boldsymbol{\alpha}_2,\cdots,\boldsymbol{\alpha}_n$线性相关$(n\geqslant 2)$⇔至少有一个向量$\boldsymbol{\alpha}_i(i=1,2,\cdots,n)$能由其余$n-1$个向量线性表示.

【注】例如，

① 向量组$\boldsymbol{\alpha}_1=(1,0)^T,\boldsymbol{\alpha}_2=(0,1)^T,\boldsymbol{\alpha}_3=(1,2)^T$线性相关，并且每个向量都能由其余2个向量线性表示：

$$\boldsymbol{\alpha}_1=\boldsymbol{\alpha}_3-2\boldsymbol{\alpha}_2,\boldsymbol{\alpha}_2=\frac{1}{2}\boldsymbol{\alpha}_3-\frac{1}{2}\boldsymbol{\alpha}_1,\boldsymbol{\alpha}_3=\boldsymbol{\alpha}_1+2\boldsymbol{\alpha}_2;$$

② 向量组 $\boldsymbol{\alpha}_1=(1,2,3)^{\mathrm{T}},\boldsymbol{\alpha}_2=(2,4,6)^{\mathrm{T}},\boldsymbol{\alpha}_3=(7,8,9)^{\mathrm{T}}$ 线性相关，并且虽然向量 $\boldsymbol{\alpha}_3$ 不能由其余 2 个向量线性表示，但是向量 $\boldsymbol{\alpha}_1,\boldsymbol{\alpha}_2$ 都能由其余 2 个向量线性表示：

$$\boldsymbol{\alpha}_1=\frac{1}{2}\boldsymbol{\alpha}_2+0\boldsymbol{\alpha}_3,\boldsymbol{\alpha}_2=2\boldsymbol{\alpha}_1+0\boldsymbol{\alpha}_3;$$

③ 向量组 $\boldsymbol{\alpha}_1=(0,0,0)^{\mathrm{T}},\boldsymbol{\alpha}_2=(1,2,3)^{\mathrm{T}},\boldsymbol{\alpha}_3=(4,5,6)^{\mathrm{T}}$ 线性相关，并且虽然向量 $\boldsymbol{\alpha}_2$，$\boldsymbol{\alpha}_3$ 都不能由其余 2 个向量线性表示，但是向量 $\boldsymbol{\alpha}_1$ 能由其余 2 个向量线性表示：

$$\boldsymbol{\alpha}_1=0\boldsymbol{\alpha}_2+0\boldsymbol{\alpha}_3.$$

② $\begin{cases}\text{向量组 }\boldsymbol{\alpha}_1,\boldsymbol{\alpha}_2,\cdots,\boldsymbol{\alpha}_n\text{ 线性无关,}\\ \text{向量组 }\boldsymbol{\alpha}_1,\boldsymbol{\alpha}_2,\cdots,\boldsymbol{\alpha}_n,\boldsymbol{\alpha}_{n+1}\text{ 线性相关}\end{cases}$ $\Rightarrow$ 向量 $\boldsymbol{\alpha}_{n+1}$ 能由向量组 $\boldsymbol{\alpha}_1,\boldsymbol{\alpha}_2,\cdots,\boldsymbol{\alpha}_n$ 线性表示.

【注】 例如，向量组 $\boldsymbol{\alpha}_1=(1,0)^{\mathrm{T}},\boldsymbol{\alpha}_2=(0,1)^{\mathrm{T}}$ 线性无关，且向量组 $\boldsymbol{\alpha}_1=(1,0)^{\mathrm{T}},\boldsymbol{\alpha}_2=(0,1)^{\mathrm{T}},\boldsymbol{\alpha}_3=(1,2)^{\mathrm{T}}$ 线性相关，而向量 $\boldsymbol{\alpha}_3$ 能由向量组 $\boldsymbol{\alpha}_1,\boldsymbol{\alpha}_2$ 线性表示：

$$\boldsymbol{\alpha}_3=\boldsymbol{\alpha}_1+2\boldsymbol{\alpha}_2.$$

【证】 由于向量组 $\boldsymbol{\alpha}_1,\boldsymbol{\alpha}_2,\cdots,\boldsymbol{\alpha}_n,\boldsymbol{\alpha}_{n+1}$ 线性相关，故存在不全为零的数 $x_1,x_2,\cdots,x_n$，x_{n+1}，使

$$x_1\boldsymbol{\alpha}_1+x_2\boldsymbol{\alpha}_2+\cdots+x_n\boldsymbol{\alpha}_n+x_{n+1}\boldsymbol{\alpha}_{n+1}=\mathbf{0}.$$

当 $x_{n+1}=0$ 时，

$$x_1\boldsymbol{\alpha}_1+x_2\boldsymbol{\alpha}_2+\cdots+x_n\boldsymbol{\alpha}_n=\mathbf{0},$$

且 $x_1,x_2,\cdots,x_n$ 不全为零，故向量组 $\boldsymbol{\alpha}_1,\boldsymbol{\alpha}_2,\cdots,\boldsymbol{\alpha}_n$ 线性相关，与已知矛盾. 因此，$x_{n+1}\neq 0$.

当 $x_{n+1}\neq 0$ 时，

$$\boldsymbol{\alpha}_{n+1}=-\frac{x_1}{x_{n+1}}\boldsymbol{\alpha}_1-\frac{x_2}{x_{n+1}}\boldsymbol{\alpha}_2-\cdots-\frac{x_n}{x_{n+1}}\boldsymbol{\alpha}_n,$$

故向量 $\boldsymbol{\alpha}_{n+1}$ 能由向量组 $\boldsymbol{\alpha}_1,\boldsymbol{\alpha}_2,\cdots,\boldsymbol{\alpha}_n$ 线性表示.

③ 设向量组 $\boldsymbol{\alpha}_1,\boldsymbol{\alpha}_2,\cdots,\boldsymbol{\alpha}_n$ 能由向量组 $\boldsymbol{\beta}_1,\boldsymbol{\beta}_2,\cdots,\boldsymbol{\beta}_m$ 线性表示，则

$n>m\Rightarrow\boldsymbol{\alpha}_1,\boldsymbol{\alpha}_2,\cdots,\boldsymbol{\alpha}_n$ 线性相关；

$\boldsymbol{\alpha}_1,\boldsymbol{\alpha}_2,\cdots,\boldsymbol{\alpha}_n$ 线性无关$\Rightarrow m\geqslant n$.

【注】

(i) 例如，设向量 $\boldsymbol{\alpha}_1=(1,0)^{\mathrm{T}},\boldsymbol{\alpha}_2=(0,1)^{\mathrm{T}},\boldsymbol{\beta}_1=(2,1)^{\mathrm{T}},\boldsymbol{\beta}_2=(1,1)^{\mathrm{T}},\boldsymbol{\beta}_3=(2,2)^{\mathrm{T}}$.

① 向量组 $\boldsymbol{\beta}_1,\boldsymbol{\beta}_2,\boldsymbol{\beta}_3$ 能由向量组 $\boldsymbol{\alpha}_1,\boldsymbol{\alpha}_2$ 线性表示，且向量组 $\boldsymbol{\beta}_1,\boldsymbol{\beta}_2,\boldsymbol{\beta}_3$ 中向量的个数大于向量组 $\boldsymbol{\alpha}_1,\boldsymbol{\alpha}_2$ 中向量的个数，而向量组 $\boldsymbol{\beta}_1,\boldsymbol{\beta}_2,\boldsymbol{\beta}_3$ 线性相关；

② 向量组 $\boldsymbol{\alpha}_1,\boldsymbol{\alpha}_2$ 能由向量组 $\boldsymbol{\beta}_1,\boldsymbol{\beta}_2,\boldsymbol{\beta}_3$ 线性表示，且向量组 $\boldsymbol{\alpha}_1,\boldsymbol{\alpha}_2$ 线性无关，而向量组 $\boldsymbol{\beta}_1,\boldsymbol{\beta}_2,\boldsymbol{\beta}_3$ 中向量的个数不小于向量组 $\boldsymbol{\alpha}_1,\boldsymbol{\alpha}_2$ 中向量的个数.

(ii) 这两条性质不妨理解为**“以少表多，多的相关”“能表无关，不比它少”**.

4. 向量组与矩阵的秩

(1) 向量组的秩与最大无关组

在向量组 A 中，

$$\begin{cases}①有 r 个向量组成的部分组 A_r 线性无关,\\②所有 r+1 个向量组成的部分组(若存在)都线性相关\\\quad(A 中任意向量都能由 A_r 线性表示)\end{cases}$$

$$\Leftrightarrow\begin{cases}①A 的秩为 r,\\②向量组 A_r 为 A 的一个最大线性无关部分组\\\quad(简称最大无关组或极大无关组).\end{cases}$$

【注】

(i) 例如,对于向量组

$$A:\boldsymbol{\alpha}_1=(1,0,0)^{\mathrm{T}},\boldsymbol{\alpha}_2=(0,1,0)^{\mathrm{T}},\boldsymbol{\alpha}_3=(0,2,0)^{\mathrm{T}},\boldsymbol{\alpha}_4=(1,2,0)^{\mathrm{T}},$$

所有 3 个向量组成的部分组

$$A_1:\boldsymbol{\alpha}_1,\boldsymbol{\alpha}_2,\boldsymbol{\alpha}_3;\ A_2:\boldsymbol{\alpha}_1,\boldsymbol{\alpha}_2,\boldsymbol{\alpha}_4;\ A_3:\boldsymbol{\alpha}_1,\boldsymbol{\alpha}_3,\boldsymbol{\alpha}_4;\ A_4:\boldsymbol{\alpha}_2,\boldsymbol{\alpha}_3,\boldsymbol{\alpha}_4$$

都线性相关(根据向量组的线性相关性的性质①,“部分相关,整体相关”,则向量组 A 也一定线性相关),并且有 2 个向量组成的部分组 $\boldsymbol{\alpha}_1,\boldsymbol{\alpha}_2$ 线性无关(虽然也有 2 个向量组成的部分组 $\boldsymbol{\alpha}_2,\boldsymbol{\alpha}_3$ 线性相关),故向量组 A 的秩为 2,向量组 $\boldsymbol{\alpha}_1,\boldsymbol{\alpha}_2$ 是它的一个最大无关组(根据向量组的线性相关性的性质①,“整体无关,部分无关”,则向量组 $\boldsymbol{\alpha}_1$ 和向量组 $\boldsymbol{\alpha}_2$ 也一定线性无关,故“最大”二字该当如是解).

由此可见,**向量组的秩为其最大无关组中向量的个数**.

特别地,零向量组成的向量组秩为 0,且没有最大无关组;一个线性无关的向量组的秩为其向量的个数,且其最大无关组就是它本身.

(ii) 对于(i) 中的向量组 A,在“有 2 个向量组成的部分组 $\boldsymbol{\alpha}_1,\boldsymbol{\alpha}_2$ 线性无关”的条件下,

① 如果所有 3 个向量组成的部分组 A_1,A_2,A_3,A_4 都线性相关,那么根据向量组的线性表示的性质②,由于部分组 A_1 线性相关,故向量 $\boldsymbol{\alpha}_3$ 能由向量组 $\boldsymbol{\alpha}_1,\boldsymbol{\alpha}_2$ 线性表示;由于部分组 A_2 线性相关,故向量 $\boldsymbol{\alpha}_4$ 也能由向量组 $\boldsymbol{\alpha}_1,\boldsymbol{\alpha}_2$ 线性表示.而向量 $\boldsymbol{\alpha}_1$ 和向量 $\boldsymbol{\alpha}_2$ 显然都能由向量组 $\boldsymbol{\alpha}_1,\boldsymbol{\alpha}_2$ 线性表示.因此,向量组 A 中任意向量都能由其部分组 $\boldsymbol{\alpha}_1,\boldsymbol{\alpha}_2$ 线性表示;

② 如果向量组 A 中任意向量都能由其部分组 $\boldsymbol{\alpha}_1,\boldsymbol{\alpha}_2$ 线性表示,那么根据向量组的线性表示的性质①,由于向量 $\boldsymbol{\alpha}_3$ 能由向量组 $\boldsymbol{\alpha}_1,\boldsymbol{\alpha}_2$ 线性表示,故部分组 A_1 线性相关;由于向量 $\boldsymbol{\alpha}_4$ 能由向量组 $\boldsymbol{\alpha}_1,\boldsymbol{\alpha}_2$ 线性表示,故部分组 A_2 也线性相关.不妨设存在数 x_1,x_2 及 y_1,y_2,使

$$\boldsymbol{\alpha}_3=x_1\boldsymbol{\alpha}_1+x_2\boldsymbol{\alpha}_2,\boldsymbol{\alpha}_4=y_1\boldsymbol{\alpha}_1+y_2\boldsymbol{\alpha}_2,$$

则

$$\begin{aligned}&y_2\boldsymbol{\alpha}_3-x_2\boldsymbol{\alpha}_4+(x_2y_1-x_1y_2)\boldsymbol{\alpha}_1=\\&y_2(x_1\boldsymbol{\alpha}_1+x_2\boldsymbol{\alpha}_2)-x_2(y_1\boldsymbol{\alpha}_1+y_2\boldsymbol{\alpha}_2)+(x_2y_1-x_1y_2)\boldsymbol{\alpha}_1=\mathbf{0}.\end{aligned}$$

若 x_2,y_2 为不全为零的数,则 $y_2,-x_2,x_2y_1-x_1y_2$ 为不全为零的数,从而部分组 A_3 线性相关;

若 $x_2=y_2=0$,则 $\boldsymbol{\alpha}_3=x_1\boldsymbol{\alpha}_1,\boldsymbol{\alpha}_4=y_1\boldsymbol{\alpha}_1$,从而部分组 A_3 也线性相关.

同理可知,部分组 A_4 也线性相关.因此,所有 3 个向量组成的部分组 A_1,A_2,A_3,A_4 都线性相关.

由此可见,在“有 2 个向量组成的部分组 $\boldsymbol{\alpha}_1,\boldsymbol{\alpha}_2$ 线性无关”的条件下,“所有 3 个向量组成的部分组都线性相关”的充分必要条件是“向量组 A 中任意向量都能由其部分组 $\boldsymbol{\alpha}_1,\boldsymbol{\alpha}_2$ 线性表示”.

(iii) **向量组与其最大无关组等价**. 例如,对于(i)中的向量组 A,由(ii)可知 A 中任意向量都能由其最大无关组 $\boldsymbol{\alpha}_1,\boldsymbol{\alpha}_2$ 线性表示,故向量组 A 能由向量组 $\boldsymbol{\alpha}_1,\boldsymbol{\alpha}_2$ 线性表示. 而向量组 $\boldsymbol{\alpha}_1,\boldsymbol{\alpha}_2$ 也能由向量组 A 线性表示:

$$\boldsymbol{\alpha}_1=\boldsymbol{\alpha}_1+0\boldsymbol{\alpha}_2+0\boldsymbol{\alpha}_3+0\boldsymbol{\alpha}_4,\boldsymbol{\alpha}_2=0\boldsymbol{\alpha}_1+\boldsymbol{\alpha}_2+0\boldsymbol{\alpha}_3+0\boldsymbol{\alpha}_4.$$

因此,向量组 A 与其最大无关组 $\boldsymbol{\alpha}_1,\boldsymbol{\alpha}_2$ 等价.

(iv) **向量组的最大无关组可能唯一,也可能不唯一,但其中向量的个数不变**. 例如,对于(i)中的向量组 A,向量组 $\boldsymbol{\alpha}_1,\boldsymbol{\alpha}_3$、向量组 $\boldsymbol{\alpha}_1,\boldsymbol{\alpha}_4$、向量组 $\boldsymbol{\alpha}_2,\boldsymbol{\alpha}_4$、向量组 $\boldsymbol{\alpha}_3,\boldsymbol{\alpha}_4$ 也都是它的最大无关组. 再例如,对于向量组

$$B:\boldsymbol{\beta}_1=(1,0,0)^{\mathrm{T}},\boldsymbol{\beta}_2=(0,1,0)^{\mathrm{T}},\boldsymbol{\beta}_3=(0,0,0)^{\mathrm{T}},\boldsymbol{\beta}_4=(0,0,0)^{\mathrm{T}},$$

它的最大无关组只有向量组 $\boldsymbol{\beta}_1,\boldsymbol{\beta}_2$.

(2) 向量组的线性相关性与行列式之间的关系

设 $\boldsymbol{A}$ 为方阵,则

① $|\boldsymbol{A}|=0\Leftrightarrow\boldsymbol{A}$ 的列向量组线性相关;

② $|\boldsymbol{A}|\neq0\Leftrightarrow\boldsymbol{A}$ 的列向量组线性无关.

【注】 例如,

① 行列式 $\begin{vmatrix}1&2\\2&4\end{vmatrix}=0$,并且向量组 $(1,2)^{\mathrm{T}},(2,4)^{\mathrm{T}}$ 线性相关;

② 行列式 $\begin{vmatrix}1&0\\0&1\end{vmatrix}=1\neq0$,并且向量组 $(1,0)^{\mathrm{T}},(0,1)^{\mathrm{T}}$ 线性无关.

(3) 矩阵的秩与最高阶非零子式

在矩阵 $\boldsymbol{A}$ 中,

$$\begin{cases}①\text{有 } r \text{ 阶子式 } D_r \text{ 不为零},\\ ②\text{所有 } r+1 \text{ 阶子式(若存在)全为零}\end{cases}$$

$$\Leftrightarrow\begin{cases}①\boldsymbol{A}\text{ 的秩 } r(\boldsymbol{A})=r,\\ ②\text{行列式 } D_r \text{ 为 } \boldsymbol{A} \text{ 的一个最高阶非零子式}.\end{cases}$$

【注】

(i) 在 $m\times n$ 矩阵 $\boldsymbol{A}$ 中,任取 k 行与 k 列($k\leqslant m,k\leqslant n$),位于这些行列交叉处的 k^2 个元素,不改变它们在 $\boldsymbol{A}$ 中所处的位置次序而得的 k 阶行列式,称为矩阵 $\boldsymbol{A}$ 的 k 阶子式. 例如,对于矩阵

$$\boldsymbol{A}=\begin{pmatrix}1&2&3&4\\5&6&7&8\\9&10&11&12\end{pmatrix},$$

行列式

$$\begin{vmatrix}1&3\\5&7\end{vmatrix}$$

是 $\boldsymbol{A}$ 的一个 2 阶子式,行列式

$$\begin{vmatrix}1&2&4\\5&6&8\\9&10&12\end{vmatrix}$$

是 $\boldsymbol{A}$ 的一个 3 阶子式.

(ii) 例如,对于矩阵

$$\boldsymbol{A}=\begin{pmatrix}1&0&0&1\\0&1&2&2\\0&0&0&0\end{pmatrix},$$

所有 3 阶子式

$$\begin{vmatrix}1&0&0\\0&1&2\\0&0&0\end{vmatrix},\begin{vmatrix}1&0&1\\0&1&2\\0&0&0\end{vmatrix},\begin{vmatrix}1&0&1\\0&2&2\\0&0&0\end{vmatrix},\begin{vmatrix}0&0&1\\1&2&2\\0&0&0\end{vmatrix}$$

全为零,并且有 2 阶子式 $\begin{vmatrix}1&0\\0&1\end{vmatrix}$ 不为零(虽然也有 2 阶子式 $\begin{vmatrix}0&0\\1&2\end{vmatrix}=0$),故 $r(\boldsymbol{A})=2$,行列式 $\begin{vmatrix}1&0\\0&1\end{vmatrix}$ 是矩阵 $\boldsymbol{A}$ 的一个最高阶非零子式.

由此可见,**矩阵的秩为其最高阶非零子式的阶数**,并且

① $r(\boldsymbol{A})=r\Leftrightarrow$ 矩阵 $\boldsymbol{A}$ 中有 r 阶子式不为零,且所有 $r+1$ 阶子式(若存在)全为零;

② $r(\boldsymbol{A})\geqslant r\Leftrightarrow$ 矩阵 $\boldsymbol{A}$ 中有 r 阶子式不为零;

③ $r(\boldsymbol{A})<r\Leftrightarrow$ 矩阵 $\boldsymbol{A}$ 中所有 r 阶子式全为零.

特别地,$\boldsymbol{A}=\boldsymbol{O}$ 是 $r(\boldsymbol{A})=0$ 的充分必要条件,且 $\boldsymbol{A}$ 没有最高阶非零子式;对于 n 阶矩阵 $\boldsymbol{A}$,$|\boldsymbol{A}|\neq 0$ 是 $r(\boldsymbol{A})=n$ 的充分必要条件(这样的矩阵称为满秩矩阵,否则称为降秩矩阵),且 $\boldsymbol{A}$ 的最高阶非零子式就是 $|\boldsymbol{A}|$.

(iii) 对于(ii) 中的矩阵 $\boldsymbol{A}$,它的列向量组为

$$A:\boldsymbol{\alpha}_1=(1,0,0)^{\mathrm{T}},\boldsymbol{\alpha}_2=(0,1,0)^{\mathrm{T}},\boldsymbol{\alpha}_3=(0,2,0)^{\mathrm{T}},\boldsymbol{\alpha}_4=(1,2,0)^{\mathrm{T}}.$$

根据向量组的线性相关性与行列式之间的关系,有

① 矩阵 $\boldsymbol{A}$ 的所有 3 阶子式

$$\begin{vmatrix}1&0&0\\0&1&2\\0&0&0\end{vmatrix},\begin{vmatrix}1&0&1\\0&1&2\\0&0&0\end{vmatrix},\begin{vmatrix}1&0&1\\0&2&2\\0&0&0\end{vmatrix},\begin{vmatrix}0&0&1\\1&2&2\\0&0&0\end{vmatrix}$$

全为零,意味着 $\boldsymbol{A}$ 的列向量组中所有 3 个向量组成的部分组

$$A_1:\boldsymbol{\alpha}_1,\boldsymbol{\alpha}_2,\boldsymbol{\alpha}_3;\ A_2:\boldsymbol{\alpha}_1,\boldsymbol{\alpha}_2,\boldsymbol{\alpha}_4;\ A_3:\boldsymbol{\alpha}_1,\boldsymbol{\alpha}_3,\boldsymbol{\alpha}_4;\ A_4:\boldsymbol{\alpha}_2,\boldsymbol{\alpha}_3,\boldsymbol{\alpha}_4$$

都线性相关;

② 矩阵 $\boldsymbol{A}$ 有 2 阶子式 $\begin{vmatrix}1&0\\0&1\end{vmatrix}$ 不为零,意味着向量组 $(1,0)^{\mathrm{T}},(0,1)^{\mathrm{T}}$ 线性无关,而根据向量组的线性相关性的性质②,"缩短无关,延长无关",则 $\boldsymbol{A}$ 的列向量组中有 2 个向量组成的部分组 $\boldsymbol{\alpha}_1,\boldsymbol{\alpha}_2$ 线性无关.

因此,矩阵 $\boldsymbol{A}$ 的列向量组的秩等于 $r(\boldsymbol{A})$,并且最高阶非零子式 $\begin{vmatrix}1&0\\0&1\end{vmatrix}$ 所在的 2 列就是 $\boldsymbol{A}$ 的列向量组的一个最大无关组 $\boldsymbol{\alpha}_1,\boldsymbol{\alpha}_2$. 根据行列式的性质①,行列式经转置后值不变,故类似可得矩阵 $\boldsymbol{A}$ 的行向量组的秩也等于 $r(\boldsymbol{A})$,并且最高阶非零子式 $\begin{vmatrix}1&0\\0&1\end{vmatrix}$ 所在的 2 行就是 $\boldsymbol{A}$

的行向量组的一个最大无关组.

由此可见，**矩阵的秩就等于它的列(行)向量组的秩，并且某个最高阶非零子式所在的列(行)就是它的列(行)向量组的一个最大无关组.**

此外，与向量组的最大无关组一样，**矩阵的最高阶非零子式可能唯一，也可能不唯一，但其阶数不变.**

(iv) 值得注意的是，**矩阵的初等行(列)变换不改变原有位置的列(行)向量所组成的向量组的线性相关性，即不改变它的秩和它的列(行)向量组的最大无关组所在的列(行)，同时也不改变原有位置的各列(行)向量之间线性表示的系数**. 例如，

$$\begin{pmatrix}1&2&2\\2&4&4\\3&6&7\end{pmatrix}\xrightarrow[r_3-3r_1]{r_2-2r_1}\begin{pmatrix}1&2&2\\0&0&0\\0&0&1\end{pmatrix}\xrightarrow{r_2\leftrightarrow r_3}\begin{pmatrix}1&2&2\\0&0&1\\0&0&0\end{pmatrix},$$

而矩阵$\begin{pmatrix}1&2&2\\2&4&4\\3&6&7\end{pmatrix}$和矩阵$\begin{pmatrix}1&2&2\\0&0&1\\0&0&0\end{pmatrix}$的秩都为 2，第 1，3 列都可以作为它们的列向量组的最大无关组，并且第 2 列都是 2 乘第 1 列.

因此，**矩阵$\boldsymbol{A},\boldsymbol{B}$ 等价的充分必要条件是$r(\boldsymbol{A})=r(\boldsymbol{B})$，且$\boldsymbol{A},\boldsymbol{B}$ 为同型矩阵**(关于矩阵的等价，可参看第一章问题 7). 这也是我们能用初等变换法来求矩阵与向量组的秩的原因.

(4) 矩阵的秩的性质

① $0\leqslant r(\boldsymbol{A}_{m\times n})\leqslant\min\{m,n\}$；

② $r(k\boldsymbol{A})=r(\boldsymbol{A}),k\neq0$；

③ $\max\{r(\boldsymbol{A}),r(\boldsymbol{B})\}\leqslant r(\boldsymbol{A},\boldsymbol{B})\leqslant r(\boldsymbol{A})+r(\boldsymbol{B})$；

④ $r(\boldsymbol{A}+\boldsymbol{B})\leqslant r(\boldsymbol{A})+r(\boldsymbol{B})$；

⑤ $r(\boldsymbol{A}^{\mathrm{T}})=r(\boldsymbol{A})$；

⑥ $r(\boldsymbol{PAQ})=r(\boldsymbol{A})$，$\boldsymbol{P},\boldsymbol{Q}$ 可逆；

⑦ $r(\boldsymbol{AB})\leqslant\min\{r(\boldsymbol{A}),r(\boldsymbol{B})\}$；

⑧ $r(\boldsymbol{A}^{\mathrm{T}}\boldsymbol{A})=r(\boldsymbol{A})$；

⑨ 若 $\boldsymbol{A}_{m\times n}\boldsymbol{B}_{n\times s}=\boldsymbol{O}$，则 $r(\boldsymbol{A})+r(\boldsymbol{B})\leqslant n$；

⑩ $r(\boldsymbol{A}^*)=\begin{cases}n, & r(\boldsymbol{A})=n,\\1, & r(\boldsymbol{A})=n-1,\\0, & r(\boldsymbol{A})<n-1\end{cases}$ ($\boldsymbol{A}$ 为 n 阶矩阵，且 $n\geqslant2$).

【证⑩】 当 $r(\boldsymbol{A})=n$ 时，$|\boldsymbol{A}|\neq0$. 由 $\boldsymbol{AA}^*=|\boldsymbol{A}|\boldsymbol{E}$ 可知

$$|\boldsymbol{A}||\boldsymbol{A}^*|=|\boldsymbol{AA}^*|=||\boldsymbol{A}|\boldsymbol{E}|=|\boldsymbol{A}|^n,$$

故 $|\boldsymbol{A}^*|\neq0$，从而 $r(\boldsymbol{A}^*)=n$.

当 $r(\boldsymbol{A})<n-1$ 时，$\boldsymbol{A}$ 中所有 $n-1$ 阶子式全为零. 而 $\boldsymbol{A}$ 的各 $n-1$ 阶子式就是 $|\boldsymbol{A}|$ 各元素的余子式，故 $\boldsymbol{A}^*=\boldsymbol{O}$，从而 $r(\boldsymbol{A}^*)=0$.

当 $r(\boldsymbol{A})=n-1$ 时，$|\boldsymbol{A}|=0$，且 $\boldsymbol{A}$ 中有 $n-1$ 阶子式不为零. 由于 $|\boldsymbol{A}|=0$，故由 $\boldsymbol{AA}^*=|\boldsymbol{A}|\boldsymbol{E}$ 可知 $\boldsymbol{AA}^*=\boldsymbol{O}$，从而 $r(\boldsymbol{A})+r(\boldsymbol{A}^*)\leqslant n$，即 $r(\boldsymbol{A}^*)\leqslant n-r(\boldsymbol{A})=1$. 由于 $\boldsymbol{A}$ 中有 $n-1$ 阶子式不为零，故 $\boldsymbol{A}^*\neq\boldsymbol{O}$，从而 $r(\boldsymbol{A}^*)\geqslant1$. 因此，$r(\boldsymbol{A}^*)=1$.

问题研究

1．求向量组与矩阵的秩

题眼探索 亲爱的读者，本章是线性代数中最亮丽的一道风景线，但同时也是学习者最头疼的话题．秩、线性相关、线性表示，这三个概念好不抽象！而这三个概念中，秩起到了"穿针引线"的作用．

说起秩，不得不先谈一下如何求秩．显然，如果用定义来求向量组与矩阵的秩，那将极其烦琐．既然如此，有更简单的方法吗？

对于矩阵

$$A=\begin{pmatrix}1&0&0&1\\0&1&2&2\\0&0&0&0\end{pmatrix},$$

它的秩其实一目了然：由于它的行向量组的最大无关组显然为第 1，2 行，故它的行向量组的秩为 2，即 $r(\boldsymbol{A})=2$．由此可见，面对这种非零元的排列像极了阶梯的矩阵，它的非零行有几行，秩就是几．而这种矩阵叫做行阶梯形矩阵，其特点为：1°可画出一条阶梯线，线的下方全为 0；2°每个台阶只有一行，台阶数就是非零行的行数；3°台阶线的竖线（每段竖线长度为 1 行）后面的第一个元素为非零元，也就是非零行的第一个非零元．

由于矩阵的初等行变换不改变它的秩，所以可以通过初等行变换使线性相关的行向量"现出原形"（变成零向量）．既然这样，求矩阵的秩也就有了更为便捷的方法：**用初等行变换把矩阵变成行阶梯形矩阵，行阶梯形矩阵中非零行的行数就是该矩阵的秩．**又由于矩阵的秩等于它的列向量组的秩，所以如果要求一个向量组的秩，那么**可以通过把这组向量拼成一个矩阵，使该向量组成为它的列向量组，从而把求向量组的秩转化为求矩阵的秩．**

那么，向量组的最大无关组和矩阵的最高阶非零子式又该如何求呢？

因为矩阵的初等行变换不改变它的列向量组的最大无关组所在的列，所以**在用初等行变换把矩阵变成行阶梯形矩阵后，行阶梯形矩阵中各非零行的第一个非零元所在的列（按列标对应回原矩阵）一定是该矩阵的列向量组的一个最大无关组，并且该矩阵的最高阶非零子式也一定能在这几列中找到．**

此外，既然向量组中的任意向量都能由它的最大无关组线性表示，那么该怎么求其余向量由所求出的最大无关组线性表示的表示式呢？

这时，行阶梯形矩阵恐怕难以满足我们的需求，得用初等行变换把矩阵变成行最简形矩阵．行最简形矩阵是特殊的行阶梯形矩阵，在行阶梯形矩阵的基础上，它需要再满足两个条件：1°各非零行第一个非零元都为 1；2°这些非零元所在列其他元素都为 0．例如，对于下列矩阵：

$$B=\begin{pmatrix}1&2&3&4\\0&5&6&7\\0&8&0&0\end{pmatrix},\ C=\begin{pmatrix}1&2&3&4\\0&0&5&6\\0&0&0&0\end{pmatrix},\ D=\begin{pmatrix}1&2&0&4\\0&0&1&6\\0&0&0&0\end{pmatrix},$$

矩阵 $\boldsymbol{B}$ 不是行阶梯形矩阵，矩阵 $\boldsymbol{C}$ 是行阶梯形矩阵但非行最简形矩阵，矩阵 $\boldsymbol{D}$ 是行最简形矩阵. 行阶梯形矩阵与行最简形矩阵都是之后要经常“打交道”的矩阵.

由于矩阵的初等行变换不改变各列向量之间线性表示的系数，所以**一旦用初等行变换把矩阵变成了行最简形矩阵，那么之前所求的列向量组的最大无关组所在的列就都变成了单位向量，这时其余向量由它们线性表示的系数便能轻而易举地看出来.**

那么，求秩的问题具体该如何操作呢？实践出真知，让我们在例 1 中见分晓.

【例 1】

（1）求向量组

$$\boldsymbol{\alpha}_1=(1,-1,-2,1)^{\mathrm{T}},\boldsymbol{\alpha}_2=(1,1,0,-1)^{\mathrm{T}},\boldsymbol{\alpha}_3=(2,-1,-3,0)^{\mathrm{T}},$$
$$\boldsymbol{\alpha}_4=(2,3,1,-2)^{\mathrm{T}},\boldsymbol{\alpha}_5=(1,-2,-3,1)^{\mathrm{T}}$$

的秩及一个最大无关组，并把其余向量用该最大无关组线性表示；

（2）求矩阵

$$\boldsymbol{A}=\begin{pmatrix}1&1&2&2&1\\-1&1&-1&3&-2\\-2&0&-3&1&-3\\1&-1&0&-2&1\end{pmatrix}$$

的秩及一个最高阶非零子式.

【解】

$$(1)\ \boldsymbol{A}=(\boldsymbol{\alpha}_1,\boldsymbol{\alpha}_2,\boldsymbol{\alpha}_3,\boldsymbol{\alpha}_4,\boldsymbol{\alpha}_5)=\begin{pmatrix}1&1&2&2&1\\-1&1&-1&3&-2\\-2&0&-3&1&-3\\1&-1&0&-2&1\end{pmatrix}$$

$$\xrightarrow[r_4-r_1]{\substack{r_2+r_1\\r_3+2r_1}}\begin{pmatrix}1&1&2&2&1\\0&2&1&5&-1\\0&2&1&5&-1\\0&-2&-2&-4&0\end{pmatrix}$$

$$\xrightarrow[r_4+r_2]{r_3-r_2}\begin{pmatrix}1&1&2&2&1\\0&2&1&5&-1\\0&0&0&0&0\\0&0&-1&1&-1\end{pmatrix}$$

$$\xrightarrow{r_3\leftrightarrow r_4}\begin{pmatrix}1&1&2&2&1\\0&2&1&5&-1\\0&0&-1&1&-1\\0&0&0&0&0\end{pmatrix},$$

故向量组的秩为 3，$\boldsymbol{\alpha}_1,\boldsymbol{\alpha}_2,\boldsymbol{\alpha}_3$ 是它的一个最大无关组.

$$\begin{pmatrix}1&1&2&2&1\\0&2&1&5&-1\\0&0&-1&1&-1\\0&0&0&0&0\end{pmatrix}\xrightarrow[r_3\times(-1)]{r_2\times\frac{1}{2}}\begin{pmatrix}1&1&2&2&1\\0&1&\frac{1}{2}&\frac{5}{2}&-\frac{1}{2}\\0&0&1&-1&1\\0&0&0&0&0\end{pmatrix}$$

$$\xrightarrow{r_1-r_2}\begin{pmatrix}1&0&\frac{3}{2}&-\frac{1}{2}&\frac{3}{2}\\0&1&\frac{1}{2}&\frac{5}{2}&-\frac{1}{2}\\0&0&1&-1&1\\0&0&0&0&0\end{pmatrix}$$

$$\xrightarrow[r_2-\frac{1}{2}r_3]{r_1-\frac{3}{2}r_3}\begin{pmatrix}1&0&0&1&0\\0&1&0&3&-1\\0&0&1&-1&1\\0&0&0&0&0\end{pmatrix},$$

故 $\boldsymbol{\alpha}_4=\boldsymbol{\alpha}_1+3\boldsymbol{\alpha}_2-\boldsymbol{\alpha}_3,\boldsymbol{\alpha}_5=-\boldsymbol{\alpha}_2+\boldsymbol{\alpha}_3$.

(2) 由(1)可知 $\boldsymbol{A}\xrightarrow{r}\begin{pmatrix}1&1&2&2&1\\0&2&1&5&-1\\0&0&-1&1&-1\\0&0&0&0&0\end{pmatrix}$，故 $r(\boldsymbol{A})=3$.

又由于

$$\begin{vmatrix}1&1&2\\-1&1&-1\\1&-1&0\end{vmatrix}=-2\neq 0,$$

故行列式 $\begin{vmatrix}1&1&2\\-1&1&-1\\1&-1&0\end{vmatrix}$ 是矩阵 $\boldsymbol{A}$ 的一个最高阶非零子式.

【题外话】

(i) **用初等行变换把矩阵变成行阶梯形矩阵与行最简形矩阵时应依次“造零”**. 如本例(1)先根据第 1 列第 1 行的元素，将第 1 列第 2,3,4 行的元素变为 0；再根据第 2 列第 2 行的元素，将第 2 列第 3,4 行的元素变为 0. 此时，第 3 行的元素全都变为了 0，互换第 3 行和第 4 行，则矩阵 $\boldsymbol{A}$ 就变成了行阶梯形矩阵. 若再要把 $\boldsymbol{A}$ 变成行最简形矩阵，则在行阶梯形矩阵的基础上，先用相应的数乘第 2,3 行，使第 2 列第 2 行和第 3 列第 3 行的元素变为 1；再根据第 2 列第 2 行的元素，将第 2 列第 1 行的元素变为 0；最后根据第 3 列第 3 行的元素，将第 3 列第 1,2 行的元素变为 0. 如此便能保证造好的“零”都安然无恙，不再变回非零元. 这个过程与用行列式的性质计算一般的行列式(可参看第一章例 1 的“法一”)和用初等变换法求逆矩阵(可参看第一章例 17)的过程非常类似.

(ii) 本例(1)把矩阵 $\boldsymbol{A}$ 变成行阶梯形矩阵

$$\begin{pmatrix}1&1&2&2&1\\0&2&1&5&-1\\0&0&-1&1&-1\\0&0&0&0&0\end{pmatrix}$$

后，由于其非零行第 1,2,3 行的第一个非零元分别在第 1,2,3 列，而矩阵 $\boldsymbol{A}$ 的第 1,2,3 列分别为向量 $\boldsymbol{\alpha}_1,\boldsymbol{\alpha}_2,\boldsymbol{\alpha}_3$ 所在的列，故向量组 $\boldsymbol{\alpha}_1,\boldsymbol{\alpha}_2,\boldsymbol{\alpha}_3$ 为 $\boldsymbol{A}$ 的列向量组的一个最大无关组. 等到把矩阵 $\boldsymbol{A}$ 变成行最简形矩阵

$$\begin{pmatrix}1&0&0&1&0\\0&1&0&3&-1\\0&0&1&-1&1\\0&0&0&0&0\end{pmatrix}$$

后，显然，

$$\begin{pmatrix}1\\3\\-1\\0\end{pmatrix}=\begin{pmatrix}1\\0\\0\\0\end{pmatrix}+3\begin{pmatrix}0\\1\\0\\0\end{pmatrix}-\begin{pmatrix}0\\0\\1\\0\end{pmatrix},\begin{pmatrix}0\\-1\\1\\0\end{pmatrix}=-\begin{pmatrix}0\\1\\0\\0\end{pmatrix}+\begin{pmatrix}0\\0\\1\\0\end{pmatrix}.$$

由于矩阵的初等行变换不改变各列向量之间线性表示的系数，故按列标对应回矩阵 $\boldsymbol{A}$ 则可知 $\boldsymbol{\alpha}_4=\boldsymbol{\alpha}_1+3\boldsymbol{\alpha}_2-\boldsymbol{\alpha}_3,\boldsymbol{\alpha}_5=-\boldsymbol{\alpha}_2+\boldsymbol{\alpha}_3$.

(iii) 若本例(1)改为求行向量组

$(1,-1,-2,1),(1,1,0,-1),(2,-1,-3,0),(2,3,1,-2),(1,-2,-3,1)$

的秩及一个最大无关组，则不妨依然将其中的每个向量转置后拼成矩阵

$$\boldsymbol{A}=\begin{pmatrix}1&1&2&2&1\\-1&1&-1&3&-2\\-2&0&-3&1&-3\\1&-1&0&-2&1\end{pmatrix},$$

使转置后的向量成为 $\boldsymbol{A}$ 的列向量，再对 $\boldsymbol{A}$ 作初等行变换，过程完全不变.

(iv) 本例(2)在求矩阵 $\boldsymbol{A}$ 的最高阶非零子式时大有门道. 由于 $\boldsymbol{A}$ 的行阶梯形中各非零行的第一个非零元在第 1,2,3 列，故在 $\boldsymbol{A}$ 的第 1,2,3 列所组成的矩阵

$$\boldsymbol{B}=\begin{pmatrix}1&1&2\\-1&1&-1\\-2&0&-3\\1&-1&0\end{pmatrix}$$

中一定能找到不为零的 3 阶子式作为 $\boldsymbol{A}$ 的一个最高阶非零子式(这比直接在 $\boldsymbol{A}$ 中找不为零的 3 阶子式要大大减少工作量). 值得注意的是，并非矩阵 $\boldsymbol{B}$ 的每个 3 阶子式都能作为矩阵 $\boldsymbol{A}$ 的最高阶非零子式，如

$$\begin{vmatrix}1&1&2\\-1&1&-1\\-2&0&-3\end{vmatrix}=0,$$

因此，从矩阵 $\boldsymbol{B}$ 中找到的 3 阶子式必须要先验证其是否为零，再决定能否作为 $\boldsymbol{A}$ 的一个最

高阶非零子式．当然由于

$$\begin{vmatrix}1&1&2\\-2&0&-3\\1&-1&0\end{vmatrix}=-2\neq 0,$$

故行列式$\begin{vmatrix}1&1&2\\-2&0&-3\\1&-1&0\end{vmatrix}$也是$\boldsymbol{A}$的一个最高阶非零子式．

2．讨论含参数的矩阵的秩

【例 2】　已知矩阵$\boldsymbol{A}=\begin{pmatrix}1&1&1\\1&1&1\\1&1&1\end{pmatrix}$与矩阵$\boldsymbol{B}=\begin{pmatrix}1&a&-1\\a&4a-4&-a\\-1&-a&1\end{pmatrix}$等价，则$a=$________．

【分析】由于同型矩阵$\boldsymbol{A}$，$\boldsymbol{B}$等价的充分必要条件是$r(\boldsymbol{A})=r(\boldsymbol{B})$，而由

$$\boldsymbol{A}\xrightarrow{r}\begin{pmatrix}1&1&1\\0&0&0\\0&0&0\end{pmatrix}$$

可知$r(\boldsymbol{A})=1$，故本例无异于已知$r(\boldsymbol{B})=1$，求参数a的值．

那么，$r(\boldsymbol{B})=1$这个条件该怎么用呢？要解决矩阵的秩的问题，最容易想到的就是把矩阵$\boldsymbol{B}$变成行阶梯形矩阵，而矩阵中的参数a似乎成了初等变换时的障碍．莫慌！把含参数的矩阵变成行阶梯形矩阵的过程，与不含参数时并无二致，于是

$$\boldsymbol{B}\xrightarrow[r_3+r_1]{r_2-ar_1}\begin{pmatrix}1&a&-1\\0&-(a-2)^2&0\\0&0&0\end{pmatrix},$$

故$a=2$．

【题外话】本例的关键在于不受参数a的干扰，大胆地把矩阵$\boldsymbol{B}$变成行阶梯形矩阵．而**讨论含参数的矩阵的秩时，除了可以通过初等行变换把矩阵变成行阶梯形矩阵，还可以利用矩阵的秩的定义和性质**，比如例 3．

【例 3】　设矩阵$\boldsymbol{A}=\begin{pmatrix}k&1&1&1\\1&k&1&1\\1&1&k&1\\1&1&1&k\end{pmatrix}$，且$\boldsymbol{A}$的伴随矩阵的秩为 1，则$k=$________．

【解】由于$r(\boldsymbol{A}^*)=\begin{cases}4, & r(\boldsymbol{A})=4,\\1, & r(\boldsymbol{A})=3,\\0, & r(\boldsymbol{A})<3,\end{cases}$而$r(\boldsymbol{A}^*)=1$，故$r(\boldsymbol{A})=3$．

又由于

$$|\boldsymbol{A}|=\begin{vmatrix}k&1&1&1\\1&k&1&1\\1&1&k&1\\1&1&1&k\end{vmatrix}=\begin{vmatrix}k+3&k+3&k+3&k+3\\1&k&1&1\\1&1&k&1\\1&1&1&k\end{vmatrix}=(k+3)\begin{vmatrix}1&1&1&1\\1&k&1&1\\1&1&k&1\\1&1&1&k\end{vmatrix}$$

$$=(k+3)\begin{vmatrix}1&1&1&1\\0&k-1&0&0\\0&0&k-1&0\\0&0&0&k-1\end{vmatrix}=(k+3)(k-1)^3,$$

故由 $|\boldsymbol{A}|=0$ 可知 $k=-3$ 或 $k=1$.

而当 $k=1$ 时，$\boldsymbol{A}=\begin{pmatrix}1&1&1&1\\1&1&1&1\\1&1&1&1\\1&1&1&1\end{pmatrix}$，此时 $r(\boldsymbol{A})=1$，不合题意，故舍去.

因此，$k=-3$.

【题外话】由于本例中 $r(\boldsymbol{A})=3<4$，故根据矩阵的秩的定义，可借助 $|\boldsymbol{A}|=0$ 来求参数 k. 值得注意的是，$|\boldsymbol{A}|=0$ 是 $r(\boldsymbol{A})=3$ 的必要非充分条件，因此需注意验根.

【例 4】 设 $\boldsymbol{A},\boldsymbol{B}$ 均为 3 阶非零矩阵，若 $\boldsymbol{AB}=\boldsymbol{O}$，且 $\boldsymbol{B}=\begin{pmatrix}1&-1&1\\2a&1-a&2a\\a&-a&a^2-2\end{pmatrix}$，则(　　)

(A) 当 $a=2$ 时，必有 $r(\boldsymbol{A})=2$.　　(B) 当 $a=-1$ 时，必有 $r(\boldsymbol{A})=1$.

(C) 当 $a\neq2$ 时，必有 $r(\boldsymbol{A})=2$.　　(D) 当 $a\neq-1$ 时，必有 $r(\boldsymbol{A})=1$.

【分析】要讨论矩阵 $\boldsymbol{B}$ 的秩，就要先让它“现出原形”——变成行阶梯形矩阵：

$$\boldsymbol{B}\xrightarrow[r_3-ar_1]{r_2-2ar_1}\begin{pmatrix}1&-1&1\\0&a+1&0\\0&0&(a+1)(a-2)\end{pmatrix}.$$

那么，该如何将矩阵 $\boldsymbol{B}$ 的秩转化为矩阵 $\boldsymbol{A}$ 的秩呢？由于 $\boldsymbol{AB}=\boldsymbol{O}$，故根据矩阵的秩的性质⑨，有 $r(\boldsymbol{A})+r(\boldsymbol{B})\leqslant3$，这为 $r(\boldsymbol{A})$ 和 $r(\boldsymbol{B})$ 之间搭建了一座“桥梁”. 于是便可按下列 4 种情况进行分类讨论：

1°当 $a=2$ 时，$r(\boldsymbol{B})=2$. 由 $r(\boldsymbol{A})+r(\boldsymbol{B})\leqslant3$ 可知 $r(\boldsymbol{A})\leqslant3-r(\boldsymbol{B})=1$. 又因为 $\boldsymbol{A}\neq\boldsymbol{O}$，故 $r(\boldsymbol{A})\geqslant1$，从而 $r(\boldsymbol{A})=1$，则选项(A)错误.

2°当 $a=-1$ 时，$r(\boldsymbol{B})=1$. 由 $r(\boldsymbol{A})+r(\boldsymbol{B})\leqslant3$ 可知 $r(\boldsymbol{A})\leqslant3-r(\boldsymbol{B})=2$. 又因为 $\boldsymbol{A}\neq\boldsymbol{O}$，故 $r(\boldsymbol{A})\geqslant1$，从而 $r(\boldsymbol{A})=1$ 或 $r(\boldsymbol{A})=2$，则选项(B)错误.

3°当 $a\neq2$ 时，$r(\boldsymbol{B})=1$(当 $a=-1$ 时)或 $r(\boldsymbol{B})=3$(当 $a\neq-1$ 时). 而由于 $\boldsymbol{A}\neq\boldsymbol{O}$，故 $r(\boldsymbol{A})\geqslant1$，从而由 $r(\boldsymbol{A})+r(\boldsymbol{B})\leqslant3$ 可知 $r(\boldsymbol{B})\leqslant3-r(\boldsymbol{A})\leqslant2$，即舍去 $r(\boldsymbol{B})=3$. 因此，与第 2°种情况相同，则选项(C)错误.

4°当 $a\neq-1$ 时，$r(\boldsymbol{B})=2$(当 $a=2$ 时)或 $r(\boldsymbol{B})=3$(当 $a\neq2$ 时). 而由第 3°种情况可知应舍去 $r(\boldsymbol{B})=3$. 因此，与第 1°种情况相同，则选项(D)正确.

【题外话】本例逻辑性较强、难度较高，其关键在于用好 $\boldsymbol{AB}=\boldsymbol{O}$ 这个条件. **$\boldsymbol{AB}=\boldsymbol{O}$ 是常见的条件，面对它应注意一般情况下 $\boldsymbol{AB}=\boldsymbol{O},\boldsymbol{A}\neq\boldsymbol{O}\not\Rightarrow\boldsymbol{B}=\boldsymbol{O}$，而应建立这样两个思路：**

① $A_{m\times n}B_{n\times s}=O \Rightarrow r(A)+r(B)\leqslant n$；

② $AB=O\Rightarrow$ 矩阵 B 的列向量都是线性方程组 $Ax=0$ 的解(可参看本章例 29).

就 $AB=O$ 而言,它不但能在讨论含参数的矩阵的秩时发挥作用,而且还能在证明关于秩的等式时助我们一臂之力.请看例 5.

3. 关于秩的证明问题

(1) 证明关于秩的等式

【例 5】 设 A 为 n 阶矩阵,E 为 n 阶单位矩阵,若 $A^2=E$,证明

$$r(A+E)+r(A-E)=n.$$

【分析】 本例的关键条件 $A^2=E$ 该如何看待呢？如果能将其稍作"加工",看成

$$(A+E)(A-E)=O,$$

那么矩阵的秩的性质⑨就有了"用武之地",即有

$$r(A+E)+r(A-E)\leqslant n.$$

此时,只要再证明 $r(A+E)+r(A-E)\geqslant n$ 便可大功告成.那么,在矩阵的秩的性质中,还有哪些与两个矩阵的秩之和有关呢？这就要数性质③和性质④了.但很显然,能帮到我们的只有性质④：

$$r(A)+r(B)\geqslant r(A+B).$$

【证】 由 $A^2=E$ 可知$(A+E)(A-E)=O$,故 $r(A+E)+r(A-E)\leqslant n$.

由 $A^2=E$ 又可知$|A|^2=1$,即$|A|\neq 0$,故 $r(A)=n$,从而

$$r(A+E)+r(A-E)\geqslant r(A+E+A-E)=r(2A)=r(A)=n.$$

因此,$r(A+E)+r(A-E)=n$.

【题外话】 本例告诉我们,**可以把证明关于秩的等式"$a=b$"转化为分别证明"$a\geqslant b$"和"$a\leqslant b$"**.对于这个常用的思路,具体该如何落实呢？让我们再看一道例题.

【例 6】 设 A 为 $m\times n$ 矩阵,B 为 $n\times m$ 矩阵,E 为 m 阶单位矩阵,若 $AB=E$,证明

$$r(A)=r(B)=m.$$

【证】 由于 $r(AB)=r(E)=m$,而 $r(AB)\leqslant \min\{r(A),r(B)\}$,故 $r(A)\geqslant m,r(B)\geqslant m$.

又由于 A 为 $m\times n$ 矩阵,B 为 $n\times m$ 矩阵,故 $r(A)\leqslant m,r(B)\leqslant m$.

因此,$r(A)=r(B)=m$.

【题外话】 **解决关于秩的证明问题,其关键在于对于矩阵的秩的性质的灵活运用**.本例运用了性质①和性质⑦;例 5 主要运用了性质⑨和性质④,在证明 $r(2A)=r(A)$时还用到了性质②.而除了证明关于秩的等式,矩阵的秩的性质还在证明关于秩的不等式时起着至关重要的作用.

(2) 证明关于秩的不等式

【例 7】 (2008 年考研题)设 $\boldsymbol{\alpha},\boldsymbol{\beta}$ 为 3 维列向量,矩阵 $A=\boldsymbol{\alpha}\boldsymbol{\alpha}^{\mathrm{T}}+\boldsymbol{\beta}\boldsymbol{\beta}^{\mathrm{T}}$,其中 $\boldsymbol{\alpha}^{\mathrm{T}}$ 为 $\boldsymbol{\alpha}$ 的转置,$\boldsymbol{\beta}^{\mathrm{T}}$ 为 $\boldsymbol{\beta}$ 的转置.证明：

(1) $r(A)\leqslant 2$；

(2) 若 $\boldsymbol{\alpha},\boldsymbol{\beta}$ 线性相关,则 $r(A)<2$.

【证】 (1) 由于 $r(A)=r(\boldsymbol{\alpha}\boldsymbol{\alpha}^{\mathrm{T}}+\boldsymbol{\beta}\boldsymbol{\beta}^{\mathrm{T}})\leqslant r(\boldsymbol{\alpha}\boldsymbol{\alpha}^{\mathrm{T}})+r(\boldsymbol{\beta}\boldsymbol{\beta}^{\mathrm{T}})$,又

$$r(\boldsymbol{\alpha}\boldsymbol{\alpha}^{\mathrm{T}}) \leqslant 1, r(\boldsymbol{\beta}\boldsymbol{\beta}^{\mathrm{T}}) \leqslant 1,$$

故 $r(\mathbf{A}) \leqslant 2$.

(2) 由于 $\boldsymbol{\alpha}, \boldsymbol{\beta}$ 线性相关，故不妨设 $\boldsymbol{\alpha} = k\boldsymbol{\beta}$. 于是

$$r(\mathbf{A}) = r(k^2\boldsymbol{\beta}\boldsymbol{\beta}^{\mathrm{T}} + \boldsymbol{\beta}\boldsymbol{\beta}^{\mathrm{T}}) = r((k^2+1)\boldsymbol{\beta}\boldsymbol{\beta}^{\mathrm{T}}) = r(\boldsymbol{\beta}\boldsymbol{\beta}^{\mathrm{T}}) < 2.$$

【题外话】

(i) 值得注意的是，$\boldsymbol{\alpha}\boldsymbol{\alpha}^{\mathrm{T}}, \boldsymbol{\beta}\boldsymbol{\beta}^{\mathrm{T}}$ 都是各行成比例的方阵，其秩为 0 或 1(就矩阵 $\boldsymbol{\alpha}\boldsymbol{\alpha}^{\mathrm{T}}$ 而言，当 $\boldsymbol{\alpha}$ 为零向量时，$\boldsymbol{\alpha}\boldsymbol{\alpha}^{\mathrm{T}}$ 为零矩阵，其秩为 0. 否则，其行阶梯形矩阵的非零行一定只有 1 行，秩为 1)，可参看第一章例 12.

(ii) 本例(2)的关键为设 $\boldsymbol{\alpha} = k\boldsymbol{\beta}$，这用到了向量组的线性相关性的几何意义：若两个向量线性相关，则这两个向量共线. 那么，线性表示、线性相关、秩的几何意义分别是什么？提出并研究这些概念的意义在哪里？秩的本质又是什么呢？这就需要进行更为深入的探讨.

深度聚焦

秩：向量组的"等级"

（一）

在线性表示、线性相关、秩这三个概念中，最容易理解的是线性表示. 于是我们就从向量由向量组线性表示谈起，其定义如下：

若存在一组数 $x_1, x_2, \cdots, x_n$，使

$$\boldsymbol{\beta} = x_1\boldsymbol{\alpha}_1 + x_2\boldsymbol{\alpha}_2 + \cdots + x_n\boldsymbol{\alpha}_n,$$

则称向量 $\boldsymbol{\beta}$ 能由向量组 $\boldsymbol{\alpha}_1, \boldsymbol{\alpha}_2, \cdots, \boldsymbol{\alpha}_n$ 线性表示.

乍一看这个定义，难免让人摸不着头脑. 可只要取 $n=1$ 和 $n=2$，便豁然开朗：

若存在 x_1，使

$$\boldsymbol{\beta} = x_1\boldsymbol{\alpha}_1,$$

则向量 $\boldsymbol{\beta}$ 能由向量 $\boldsymbol{\alpha}_1$ 线性表示，而根据向量的数乘的几何意义(可参看图 2－1)，此时 $\boldsymbol{\beta}$ 与 $\boldsymbol{\alpha}_1$ 共线(图 2－2(a)).

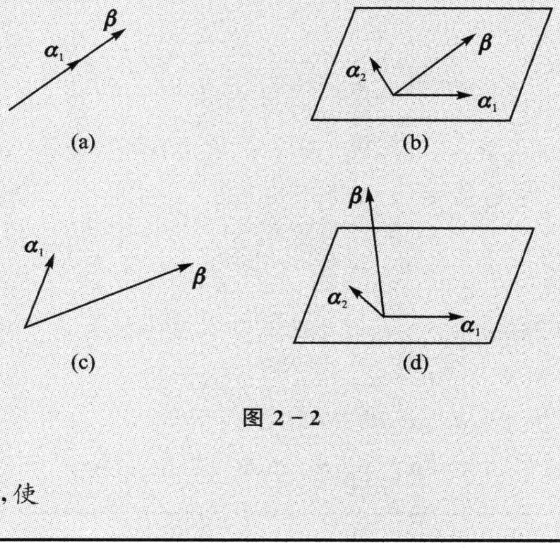

图 2－2

若存在 x_1, x_2，使

$$\boldsymbol{\beta}=x_1\boldsymbol{\alpha}_1+x_2\boldsymbol{\alpha}_2,$$

则向量 $\boldsymbol{\beta}$ 能由向量组 $\boldsymbol{\alpha}_1,\boldsymbol{\alpha}_2$ 线性表示，而根据向量的加法和数乘的几何意义(可参看图 2-1)，此时 $\boldsymbol{\beta}$ 与 $\boldsymbol{\alpha}_1,\boldsymbol{\alpha}_2$ 共面(图 2-2(b)).

换个角度说，若 $\boldsymbol{\beta}$ 与 $\boldsymbol{\alpha}_1$ 不共线，则 $\boldsymbol{\beta}$ 不能由 $\boldsymbol{\alpha}_1$ 线性表示(图 2-2(c))；若 $\boldsymbol{\beta}$ 与 $\boldsymbol{\alpha}_1,\boldsymbol{\alpha}_2$ 不共面，则 $\boldsymbol{\beta}$ 不能由 $\boldsymbol{\alpha}_1,\boldsymbol{\alpha}_2$ 线性表示(图 2-2(d)).

推而广之，便不难得到这样的结论：

向量 $\boldsymbol{\beta}$ 能由向量组 $\boldsymbol{\alpha}_1,\boldsymbol{\alpha}_2,\cdots,\boldsymbol{\alpha}_n$ 线性表示 $\Rightarrow\boldsymbol{\beta}$ 与 $\boldsymbol{\alpha}_1,\boldsymbol{\alpha}_2,\cdots,\boldsymbol{\alpha}_n$ 在同一个 n 维空间内.

由此可见，我们之所以探讨 1 个向量能否由 n 个向量所组成的向量组线性表示，只不过是为了给这 n 个向量“找朋友”. 能线性表示，意味着这个向量和它们能“做朋友”，这时候彼此一定是“同道中人”，即在同一个 n 维空间内. 而一旦它和它们不在同一个 n 维空间内，那恐怕“不是一个世界的人”，必然“做不了朋友”，这时候就不能线性表示了.

(二)

如果说探讨向量由向量组线性表示，是为了给这个向量组“找朋友”，那么探讨向量组的线性相关性，就是为了看这个向量组有没有“堕落”.

还是先看线性相关的定义：

若存在不全为零的数 $x_1,x_2,\cdots,x_n$，使

$$x_1\boldsymbol{\alpha}_1+x_2\boldsymbol{\alpha}_2+\cdots+x_n\boldsymbol{\alpha}_n=\mathbf{0},$$

则称向量组 $\boldsymbol{\alpha}_1,\boldsymbol{\alpha}_2,\cdots,\boldsymbol{\alpha}_n$ 线性相关.

如果面对 n 个向量感觉一头雾水，那么可以取 $n=1,n=2$ 和 $n=3$：

若存在 $x_1\neq0$，使 $x_1\boldsymbol{\alpha}_1=\mathbf{0}$，则向量 $\boldsymbol{\alpha}_1$ 线性相关，而此时 $\boldsymbol{\alpha}_1=\mathbf{0}$；

若存在不全为零的数 x_1,x_2，使 $x_1\boldsymbol{\alpha}_1+x_2\boldsymbol{\alpha}_2=\mathbf{0}$，则向量组 $\boldsymbol{\alpha}_1,\boldsymbol{\alpha}_2$ 线性相关，而此时不妨设 $x_1\neq0$，则

$$\boldsymbol{\alpha}_1=-\frac{x_2}{x_1}\boldsymbol{\alpha}_2;$$

若存在不全为零的数 x_1,x_2,x_3，使 $x_1\boldsymbol{\alpha}_1+x_2\boldsymbol{\alpha}_2+x_3\boldsymbol{\alpha}_3=\mathbf{0}$，则向量组 $\boldsymbol{\alpha}_1,\boldsymbol{\alpha}_2,\boldsymbol{\alpha}_3$ 线性相关，而此时不妨设 $x_1\neq0$，则

$$\boldsymbol{\alpha}_1=-\frac{x_2}{x_1}\boldsymbol{\alpha}_2-\frac{x_3}{x_1}\boldsymbol{\alpha}_3.$$

如此看来，线性相关的概念原来并没有那么抽象！且看下面 3 个结论：

① $\boldsymbol{\alpha}_1$ 线性相关 $\Leftrightarrow\boldsymbol{\alpha}_1=\mathbf{0}$；

② $\boldsymbol{\alpha}_1,\boldsymbol{\alpha}_2$ 线性相关 $\Leftrightarrow\boldsymbol{\alpha}_1,\boldsymbol{\alpha}_2$ 共线(图 2-3(a))；

③ $\boldsymbol{\alpha}_1,\boldsymbol{\alpha}_2,\boldsymbol{\alpha}_3$ 线性相关 $\Leftrightarrow\boldsymbol{\alpha}_1,\boldsymbol{\alpha}_2,\boldsymbol{\alpha}_3$ 共面(图 2-3(b)).

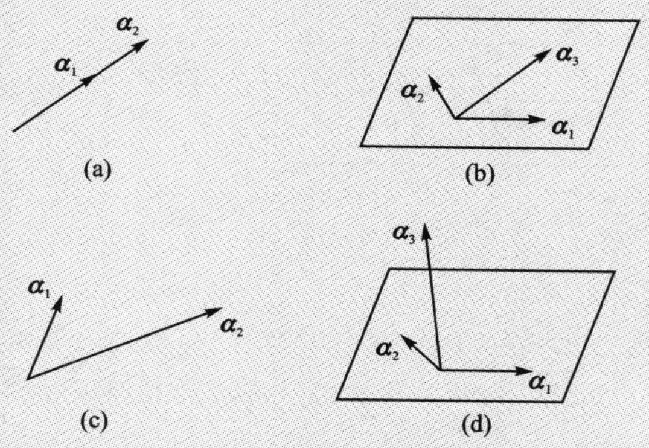

图 2－3

换个角度说，便有

① $\boldsymbol{\alpha}_1$ 线性无关$\Leftrightarrow\boldsymbol{\alpha}_1\neq\mathbf{0}$；

② $\boldsymbol{\alpha}_1,\boldsymbol{\alpha}_2$ 线性无关$\Leftrightarrow\boldsymbol{\alpha}_1,\boldsymbol{\alpha}_2$ 不共线(图 2－3(c))；

③ $\boldsymbol{\alpha}_1,\boldsymbol{\alpha}_2,\boldsymbol{\alpha}_3$ 线性无关$\Leftrightarrow\boldsymbol{\alpha}_1,\boldsymbol{\alpha}_2,\boldsymbol{\alpha}_3$ 不共面(图 2－3(d)).

现在就不难得到推广后的结论了：

向量组$\boldsymbol{\alpha}_1,\boldsymbol{\alpha}_2,\cdots,\boldsymbol{\alpha}_n$ 线性相关$\Leftrightarrow\boldsymbol{\alpha}_1,\boldsymbol{\alpha}_2,\cdots,\boldsymbol{\alpha}_n$ 在同一个$n-1$ 维空间内.

哈！向量组所在空间的维数小于向量的个数，看来这个向量组“堕落”了.

实际上，向量组所在空间的维数是由向量组中向量的维数和向量的个数共同决定的：n 个 m 维向量所组成的向量组，其所在空间的维数既不可能超过 m，也不可能超过 n. 就好比众所周知，2 维向量最多在 2 维平面内，3 个向量最多在 3 维空间内. 当然，不论是 2 个 3 维向量，还是 3 个 2 维向量，它们所在空间的维数都不可能超过 2 维，这也是向量组的线性相关性的性质③所言，“向量多，维数低，必相关”的原因.

没错，向量组的“先天条件”限制了它所在的空间，它永远都无法挣脱自己的“出身”所带来的束缚.

然而，向量组虽不能“屌丝逆袭”，但却可以“自甘堕落”.

请看下面这三个向量组，它们都是由 3 个 3 维向量所组成的向量组：

(I) $\boldsymbol{\alpha}_1=(1,0,0)^{\mathrm{T}},\boldsymbol{\alpha}_2=(0,1,0)^{\mathrm{T}},\boldsymbol{\alpha}_3=(0,0,1)^{\mathrm{T}}$；

(II) $\boldsymbol{\beta}_1=(1,2,0)^{\mathrm{T}},\boldsymbol{\beta}_2=(3,4,0)^{\mathrm{T}},\boldsymbol{\beta}_3=(5,6,0)^{\mathrm{T}}$；

(III) $\boldsymbol{\gamma}_1=(1,0,0)^{\mathrm{T}},\boldsymbol{\gamma}_2=(2,0,0)^{\mathrm{T}},\boldsymbol{\gamma}_3=(3,0,0)^{\mathrm{T}}$.

很显然，虽然这三个向量组有着相同的“出身”，但是只有向量组(I) 在 3 维空间“坚挺”(它线性无关，可参看图 2－4(a))，而向量组(II)“堕落”到了 2 维平面内(它线性相关，可参看图 2－4(b))，向量组(III) 干脆“堕落”到了一条直线上(它线性相关，可参看图 2－4(c)).

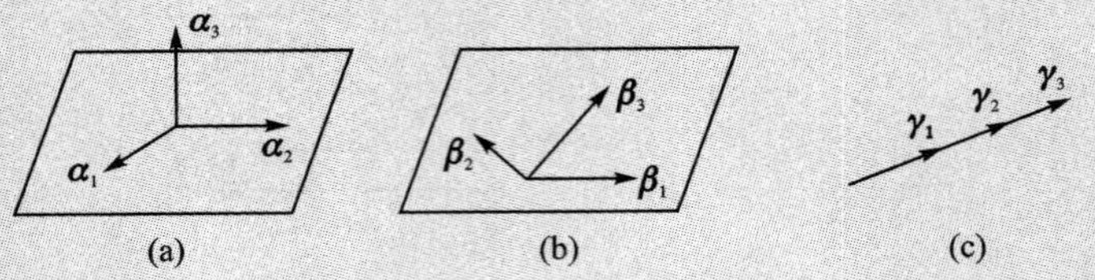

图 2 - 4

如此说，一个向量组即使"堕落"了，其"堕落"的程度也是有所不同的. 那么，该如何具体地刻画出它"堕落"到什么程度呢？这就是我们探讨秩这个概念的意义所在了.

（三）

相比线性表示和线性相关，秩的概念无疑更难理解. 一看向量组的秩的定义便能发现，说得何其抽象：

在向量组 A 中，若

① 有 r 个向量组成的部分组 A_r 线性无关；

② A 中任意向量都能由 A_r 线性表示，

则称向量组 A 的秩为 r，A_r 是 A 的一个最大无关组.

面对这个抽象的定义，我们不妨通过上述所说的三个具体的向量组来一探究竟：

对于向量组(I)，由于它线性无关(3 个向量不共面)，所以它的秩为 3，最大无关组就是它本身；

对于向量组(II)，由于向量组 $\boldsymbol{\beta}_1,\boldsymbol{\beta}_2$ 线性无关(不共线)，而向量 $\boldsymbol{\beta}_3$ 能由 $\boldsymbol{\beta}_1,\boldsymbol{\beta}_2$ 线性表示($\boldsymbol{\beta}_3$ 与 $\boldsymbol{\beta}_1,\boldsymbol{\beta}_2$ 共面)，所以它的秩为 2，$\boldsymbol{\beta}_1,\boldsymbol{\beta}_2$ 是它的一个最大无关组；

对于向量组(III)，由于向量 $\boldsymbol{\gamma}_1$ 线性无关(不是零向量)，而向量 $\boldsymbol{\gamma}_2$ 和向量 $\boldsymbol{\gamma}_3$ 都能由 $\boldsymbol{\gamma}_1$ 线性表示($\boldsymbol{\gamma}_2$ 和 $\boldsymbol{\gamma}_3$ 都与 $\boldsymbol{\gamma}_1$ 共线)，所以它的秩为 1，$\boldsymbol{\gamma}_1$ 是它的一个最大无关组.

结合图 2 - 4 便能发现，向量组的秩具体地刻画了向量组所在空间的维数，揭示了它的"等级"：向量组(III)在一条直线上，它的秩是 1，这是一个"菜鸟级"的向量组(图 2 - 4(c))；向量组(II)在 2 维平面内，它的秩是 2，这个向量组更"高级"(图 2 - 4(b))；而向量组(I) 是这三个向量组中的"王牌"，它在 3 维空间内，秩是 3，"等级"最高(图 2 - 4(a)).

这三个向量组都由 3 个 3 维向量组成，乍一看仿佛难分伯仲，可一旦去研究它们的秩，各自的"等级"昭然若揭. 而秩的英语是 rank，它作名词本来就有"等级"的意思. 也正是揭示向量组"等级"的这个作用，使得秩"神通广大"，能在向量组的线性相关、线性表示、等价这些概念中，起到"穿针引线"的作用(后面要讲).

那么，探讨最大无关组的意义又是什么呢？

最大无关组是向量组的“代表”. 对于秩为 1 的向量组(III), 只要找到了它的最大无关组 $\boldsymbol{\gamma}_1$, 就能知道这个向量组在哪条直线上(因为 $\boldsymbol{\gamma}_2$ 和 $\boldsymbol{\gamma}_3$ 都与 $\boldsymbol{\gamma}_1$ 共线); 对于秩为 2 的向量组(II), 只要找到了它的最大无关组 $\boldsymbol{\beta}_1, \boldsymbol{\beta}_2$, 就能知道这个向量组在哪个 2 维平面内(因为 $\boldsymbol{\beta}_3$ 与 $\boldsymbol{\beta}_1, \boldsymbol{\beta}_2$ 共面). 最大无关组确定了向量组所在的空间.

不但如此, 在最大无关组所确定的空间内, 任何一个同维数的向量都是能由它线性表示的“朋友”. 就向量组(III)而言, 它所在直线上的任何一个 3 维向量, 比如 $\boldsymbol{\gamma}_4=(4,0,0)^{\mathrm{T}}, \boldsymbol{\gamma}_5=(5,0,0)^{\mathrm{T}}$, 都能由它的最大无关组 $\boldsymbol{\gamma}_1$ 线性表示, 且表示式唯一:

$$\boldsymbol{\gamma}_4=4\boldsymbol{\gamma}_1, \boldsymbol{\gamma}_5=5\boldsymbol{\gamma}_1.$$

话至此处, 便能总结出关于秩和最大无关组的较为一般的结论了:

若向量组 A 的秩为 r, A_r 是 A 的一个最大无关组, 则

① A 中所有向量都在同一个 r 维空间内;

② A_r 确定了 A 中向量所在的 r 维空间;

③ 该 r 维空间内任一同维数的向量(不仅限于 A 中的向量)都能由 A_r 线性表示, 且表示式唯一.

对于向量的问题, 我们常把“散装”的列向量 $\boldsymbol{\alpha}_1, \boldsymbol{\alpha}_2, \cdots, \boldsymbol{\alpha}_n$“打包”成矩阵

$$\mathbf{A}=(\boldsymbol{\alpha}_1, \boldsymbol{\alpha}_2, \cdots, \boldsymbol{\alpha}_n)$$

或

$$\boldsymbol{B}=\begin{pmatrix}\boldsymbol{\alpha}_1^{\mathrm{T}}\\ \boldsymbol{\alpha}_2^{\mathrm{T}}\\ \vdots\\ \boldsymbol{\alpha}_n^{\mathrm{T}}\end{pmatrix},$$

这是因为有时候研究整体比研究局部更方便.

那么, 如何把零散的向量所组成的向量组的秩转化为矩阵这个整体的秩呢? 这就需要行列式的“帮助”了.

（四）

除了线性表示、线性相关和秩, 行列式也有几何意义.

对于 2 阶行列式

$$\begin{vmatrix}a_{11} & a_{12}\\ a_{21} & a_{22}\end{vmatrix},$$

我们可以将其看作是由 2 个列向量 $(a_{11}, a_{21})^{\mathrm{T}}, (a_{12}, a_{22})^{\mathrm{T}}$ 所组成的. 如图 2－5 所示, 不妨设 $(a_{11}, a_{21})^{\mathrm{T}}, (a_{12}, a_{22})^{\mathrm{T}}$ 都在第一象限内, 并假设它们的长度分别为 m, l, 与 x 轴的夹角分别为 α, β. 于是

$$\begin{aligned}\begin{vmatrix}a_{11} & a_{12}\\ a_{21} & a_{22}\end{vmatrix}&=a_{11}a_{22}-a_{12}a_{21}\\ &=m\cos\alpha\cdot l\sin\beta-l\cos\beta\cdot m\sin\alpha\\ &=ml(\sin\beta\cos\alpha-\cos\beta\sin\alpha)\\ &=ml\sin(\beta-\alpha).\end{aligned}$$

如此看来，2阶行列式的值竟然等于以组成它的2个列向量为邻边的平行四边形的面积！

那么，3阶行列式的几何意义又是什么呢？以组成它的3个列向量为邻边的平行六面体的体积（图2－6）.

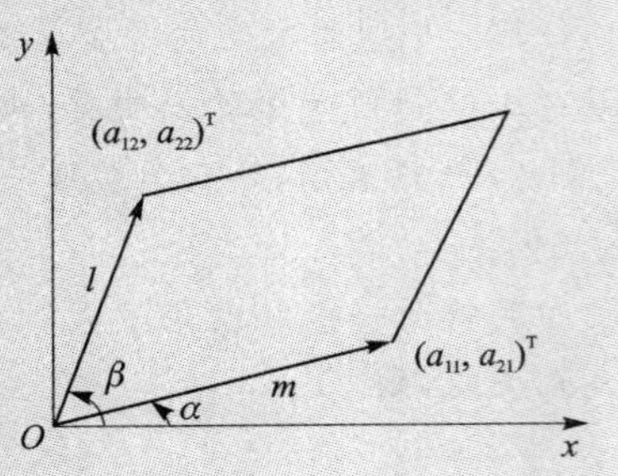

图 2－5

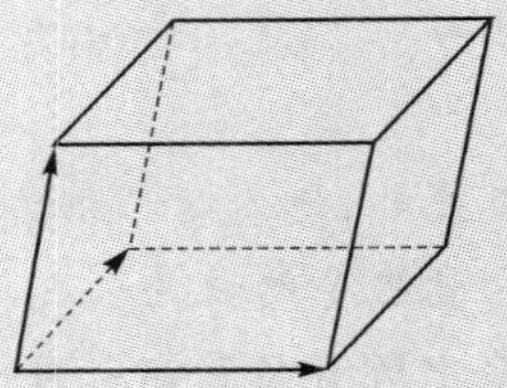

图 2－6

于是，便不难将其推广至n阶行列式：

n阶行列式的值等于以组成它的n个列向量为邻边的n维图形的体积.

关于行列式，其实我们最关心的问题莫过于行列式何时为零.很显然，若2阶行列式为零（即相应的平行四边形面积为零），则组成它的2个列向量必然共线（可参看图2－5）；若3阶行列式为零（即相应的平行六面体体积为零），则组成它的3个列向量必然共面（可参看图2－6）.推而广之，若n阶行列式为零（即相应的n维图形体积为零），则组成它的n个列向量必然在同一个$n-1$维空间内.

那么，2个向量共线，3个向量共面，……，n个向量在同一个$n-1$维空间内又意味着什么呢？意味着它们线性相关.

换个角度说，若n阶行列式不为零，则组成它的n个列向量必然线性无关.

这就得到了两个关键性的结论：

设$\boldsymbol{A}$为方阵，则

① $|\boldsymbol{A}|=0 \Leftrightarrow \boldsymbol{A}$的列向量组线性相关；

② $|\boldsymbol{A}| \neq 0 \Leftrightarrow \boldsymbol{A}$的列向量组线性无关.

一旦向量组是否线性相关与行列式是否为零产生了联系，那么矩阵的秩的概念也就“应运而生”了：

在矩阵$\boldsymbol{A}$中，若

① 有r阶子式D_r不为零；

② 所有$r+1$阶子式（若存在）全为零，

则称矩阵$\boldsymbol{A}$的秩为r，行列式D_r为$\boldsymbol{A}$的一个最高阶非零子式.

由于矩阵的秩等于它的列（行）向量组的秩，所以矩阵的秩揭示的其实是它的列（行）向量组的“等级”.如此则当我们把“散装”的向量“打包”成矩阵后，就能把研究向量组的秩转化为研究矩阵的秩，把研究局部转化为研究整体.

如果说向量组的秩和矩阵的秩只不过是相同概念的不同表述，那么线性表示、线性相关和秩之间又有怎样的关系呢？

（五）

其实，线性相关和线性表示都可以用秩来等价地表述.

还是以之前所说的三个向量组为例. 向量组(III)线性相关，并且它的秩为 1，小于向量组中向量的个数 3(图 2-4(c))；向量组(II)线性相关，并且它的秩为 2，也小于向量组中向量的个数 3(图 2-4(b))；而向量组(I) 线性无关，并且它的秩为 3，等于向量组中向量的个数(图 2-4(a)).

由此可见，向量组的线性相关性与秩之间的关系简单明了：

一个向量组线性相关的充分必要条件是这个向量组的秩小于向量组中向量的个数，而一个向量组线性无关的充分必要条件是这个向量组的秩等于向量组中向量的个数.

那么，线性表示又该如何用秩来表述呢？

请再看图 2-4，向量 $\boldsymbol{\gamma}_3$ 能由向量组 $\boldsymbol{\gamma}_1,\boldsymbol{\gamma}_2$ 线性表示，并且向量组 $\boldsymbol{\gamma}_1,\boldsymbol{\gamma}_2$ 与向量组 $\boldsymbol{\gamma}_1,\boldsymbol{\gamma}_2,\boldsymbol{\gamma}_3$ 的秩相等，都为 1(图 2-4(c))；向量 $\boldsymbol{\beta}_3$ 能由向量组 $\boldsymbol{\beta}_1,\boldsymbol{\beta}_2$ 线性表示，并且向量组 $\boldsymbol{\beta}_1,\boldsymbol{\beta}_2$ 与向量组 $\boldsymbol{\beta}_1,\boldsymbol{\beta}_2,\boldsymbol{\beta}_3$ 的秩也相等，都为 2(图 2-4(b))；而向量 $\boldsymbol{\alpha}_3$ 不能由向量组 $\boldsymbol{\alpha}_1,\boldsymbol{\alpha}_2$ 线性表示，并且向量组 $\boldsymbol{\alpha}_1,\boldsymbol{\alpha}_2$ 的秩为 2，向量组 $\boldsymbol{\alpha}_1,\boldsymbol{\alpha}_2,\boldsymbol{\alpha}_3$ 的秩为 3，它们的秩之间相差了 1(图 2-4(a)).

于是便不难得到较为一般的结论：

一个向量能由一个向量组线性表示的充分必要条件是这个向量组的秩等于把需要由它线性表示的向量加入这个向量组后所组成的向量组的秩，而一个向量不能由一个向量组线性表示的充分必要条件是这个向量组的秩小于把需要由它线性表示的向量加入这个向量组后所组成的向量组的秩，更具体地说，它们的秩之间相差 1.

进一步说，向量 $\boldsymbol{\gamma}_3$ 由向量组 $\boldsymbol{\gamma}_1,\boldsymbol{\gamma}_2$ 线性表示，与向量 $\boldsymbol{\beta}_3$ 由向量组 $\boldsymbol{\beta}_1,\boldsymbol{\beta}_2$ 线性表示，虽说都是 1 个向量由 2 个向量所组成的向量组线性表示，但却有所不同：

由于 $\boldsymbol{\beta}_1,\boldsymbol{\beta}_2$ 线性无关，故 $\boldsymbol{\beta}_3$ 由 $\boldsymbol{\beta}_1,\boldsymbol{\beta}_2$ 线性表示的表示式唯一(因为 $\boldsymbol{\beta}_1,\boldsymbol{\beta}_2$ 不共线，所以根据向量的加法和数乘的几何意义，所作的平行四边形是唯一确定的，可参看图 2-1 和图 2-4(b))，而此时 $\boldsymbol{\beta}_1,\boldsymbol{\beta}_2$ 与 $\boldsymbol{\beta}_1,\boldsymbol{\beta}_2,\boldsymbol{\beta}_3$ 的秩都等于 $\boldsymbol{\beta}_1,\boldsymbol{\beta}_2$ 中向量的个数 2；

由于 $\boldsymbol{\gamma}_1,\boldsymbol{\gamma}_2$ 线性相关，故 $\boldsymbol{\gamma}_3$ 由 $\boldsymbol{\gamma}_1,\boldsymbol{\gamma}_2$ 线性表示的表示式不唯一，并且有无穷多种(如 $\boldsymbol{\gamma}_3=3\boldsymbol{\gamma}_1$，$\boldsymbol{\gamma}_3=\dfrac{3}{2}\boldsymbol{\gamma}_2$，$\boldsymbol{\gamma}_3=\boldsymbol{\gamma}_1+\boldsymbol{\gamma}_2$，$\boldsymbol{\gamma}_3=5\boldsymbol{\gamma}_1-\boldsymbol{\gamma}_2$，…)，而此时 $\boldsymbol{\gamma}_1,\boldsymbol{\gamma}_2$ 与 $\boldsymbol{\gamma}_1,\boldsymbol{\gamma}_2,\boldsymbol{\gamma}_3$ 的秩都小于 $\boldsymbol{\gamma}_1,\boldsymbol{\gamma}_2$ 中向量的个数 2.

此外，因为向量组由向量组线性表示、向量组的等价都是在向量由向量组线性表示的概念的基础上定义的，所以它们与秩之间的关系也就“水到渠成”. 于是便能总结出 4 组至关重要的结论：

设 $A=(\alpha_1,\alpha_2,\cdots,\alpha_n)$，$B=(\beta_1,\beta_2,\cdots,\beta_m)$.

1°向量组的线性相关性与秩之间的关系

① $\alpha_1,\alpha_2,\cdots,\alpha_n$ 线性相关 $\Leftrightarrow r(\alpha_1,\alpha_2,\cdots,\alpha_n)<n\Leftrightarrow \boxed{r(A)<n}$；

② $\alpha_1,\alpha_2,\cdots,\alpha_n$ 线性无关 $\Leftrightarrow r(\alpha_1,\alpha_2,\cdots,\alpha_n)=n\Leftrightarrow \boxed{r(A)=n}$.

2°向量由向量组线性表示与秩之间的关系

① β 能由 $\alpha_1,\alpha_2,\cdots,\alpha_n$ 线性表示 $\Leftrightarrow r(\alpha_1,\alpha_2,\cdots,\alpha_n,\beta)=r(\alpha_1,\alpha_2,\cdots,\alpha_n)$

$\Leftrightarrow \boxed{r(A,\beta)=r(A)}$；

② β 不能由 $\alpha_1,\alpha_2,\cdots,\alpha_n$ 线性表示 $\Leftrightarrow r(\alpha_1,\alpha_2,\cdots,\alpha_n,\beta)=r(\alpha_1,\alpha_2,\cdots,\alpha_n)+1$

$\Leftrightarrow \boxed{r(A,\beta)=r(A)+1}$；

③ $\begin{cases}\beta \text{ 能由 } \alpha_1,\alpha_2,\cdots,\alpha_n \text{ 线性表示},\\ \alpha_1,\alpha_2,\cdots,\alpha_n \text{ 线性无关}\end{cases}$ $\Leftrightarrow\beta$ 能由 $\alpha_1,\alpha_2,\cdots,\alpha_n$ 线性表示，且表示式唯一

$\Leftrightarrow \boxed{r(A,\beta)=r(A)=n}$；

④ $\begin{cases}\beta \text{ 能由 } \alpha_1,\alpha_2,\cdots,\alpha_n \text{ 线性表示},\\ \alpha_1,\alpha_2,\cdots,\alpha_n \text{ 线性相关}\end{cases}$ $\Leftrightarrow\beta$ 能由 $\alpha_1,\alpha_2,\cdots,\alpha_n$ 线性表示，且表示式不唯一

$\Leftrightarrow \boxed{r(A,\beta)=r(A)<n}$.

3°向量组由向量组线性表示与秩之间的关系

① $\beta_1,\beta_2,\cdots,\beta_m$ 能由 $\alpha_1,\alpha_2,\cdots,\alpha_n$ 线性表示

$\Leftrightarrow r(\alpha_1,\alpha_2,\cdots,\alpha_n,\beta_1)=r(\alpha_1,\alpha_2,\cdots,\alpha_n,\beta_2)=\cdots$

$=r(\alpha_1,\alpha_2,\cdots,\alpha_n,\beta_m)=r(\alpha_1,\alpha_2,\cdots,\alpha_n)$

$\Leftrightarrow r(\alpha_1,\alpha_2,\cdots,\alpha_n,\beta_1,\beta_2,\cdots\beta_m)=r(\alpha_1,\alpha_2,\cdots,\alpha_n)$

$\Leftrightarrow \boxed{r(A,B)=r(A)}$；

② $\beta_1,\beta_2,\cdots,\beta_m$ 不能由 $\alpha_1,\alpha_2,\cdots,\alpha_n$ 线性表示

$\Leftrightarrow r(\alpha_1,\alpha_2,\cdots,\alpha_n,\beta_1,\beta_2,\cdots\beta_m)>r(\alpha_1,\alpha_2,\cdots,\alpha_n)$

$\Leftrightarrow \boxed{r(A,B)>r(A)}$.

③ $\begin{cases}\beta_1,\beta_2,\cdots,\beta_m \text{ 能由 } \alpha_1,\alpha_2,\cdots,\alpha_n \text{ 线性表示},\\ \alpha_1,\alpha_2,\cdots,\alpha_n \text{ 线性无关}\end{cases}$

$\Leftrightarrow\beta_1,\beta_2,\cdots,\beta_m$ 能由 $\alpha_1,\alpha_2,\cdots,\alpha_n$ 线性表示，且表示式唯一

$\Leftrightarrow \boxed{r(A,B)=r(A)=n}$；

④ $\begin{cases}\boldsymbol{\beta}_1,\boldsymbol{\beta}_2,\cdots,\boldsymbol{\beta}_m \text{ 能由 } \boldsymbol{\alpha}_1,\boldsymbol{\alpha}_2,\cdots,\boldsymbol{\alpha}_n \text{ 线性表示},\\ \boldsymbol{\alpha}_1,\boldsymbol{\alpha}_2,\cdots,\boldsymbol{\alpha}_n \text{ 线性相关}\end{cases}$

$\Leftrightarrow \boldsymbol{\beta}_1,\boldsymbol{\beta}_2,\cdots,\boldsymbol{\beta}_m$ 能由 $\boldsymbol{\alpha}_1,\boldsymbol{\alpha}_2,\cdots,\boldsymbol{\alpha}_n$ 线性表示，且表示式不唯一

$\Leftrightarrow \boxed{r(\boldsymbol{A},\boldsymbol{B})=r(\boldsymbol{A})<n}$.

4°**向量组的等价与秩之间的关系**

$\boldsymbol{\beta}_1,\boldsymbol{\beta}_2,\cdots,\boldsymbol{\beta}_m$ 与 $\boldsymbol{\alpha}_1,\boldsymbol{\alpha}_2,\cdots,\boldsymbol{\alpha}_n$ 等价

$$\Leftrightarrow \begin{cases} r(\boldsymbol{\alpha}_1,\boldsymbol{\alpha}_2,\cdots,\boldsymbol{\alpha}_n,\boldsymbol{\beta}_1,\boldsymbol{\beta}_2,\cdots\boldsymbol{\beta}_m)=r(\boldsymbol{\alpha}_1,\boldsymbol{\alpha}_2,\cdots,\boldsymbol{\alpha}_n),\\ r(\boldsymbol{\beta}_1,\boldsymbol{\beta}_2,\cdots\boldsymbol{\beta}_m,\boldsymbol{\alpha}_1,\boldsymbol{\alpha}_2,\cdots,\boldsymbol{\alpha}_n)=r(\boldsymbol{\beta}_1,\boldsymbol{\beta}_2,\cdots\boldsymbol{\beta}_m)\end{cases}$$

$\Leftrightarrow \boxed{r(\boldsymbol{A},\boldsymbol{B})=r(\boldsymbol{A})=r(\boldsymbol{B})}$.

一路走来，我们探讨了向量组的线性表示、线性相关和秩的几何意义，揭示了它们的深刻内涵；又通过探讨行列式的几何意义，把向量组的秩和矩阵的秩连接了起来. 如此一来，则向量组的线性相关、线性表示、等价就都能归结为一个关于矩阵的秩的关系式，多么简洁和干脆！

从这个角度来看，线性代数中的一些概念并不是孤立的，线性相关、线性表示和秩之间有着千丝万缕的联系，就连行列式是否为零都与向量组的线性相关性密不可分.

不止这些，线性方程组的解的情况其实也是向量组的线性相关性或线性表示的另一种等价的表述.

这又是为什么呢？

问题 2　解线性方程组

知识储备

1. 线性方程组及其表示

方程组

$$\begin{cases} a_{11}x_1+a_{12}x_2+\cdots+a_{1n}x_n=b_1,\\ a_{21}x_1+a_{22}x_2+\cdots+a_{2n}x_n=b_2,\\ \cdots\cdots\cdots\cdots\\ a_{m1}x_1+a_{m2}x_2+\cdots+a_{mn}x_n=b_m \end{cases} \tag{2-1}$$

称为含有 n 个未知数、m 个方程的线性方程组. 当 $b_1,b_2,\cdots,b_m$ 不全为零时，方程组(2-1)称为非齐次线性方程组；当 $b_1,b_2,\cdots,b_m$ 全为零时，方程组(2-1)称为齐次线性方程组.

方程组(2-1)的等价形式为

$$\begin{pmatrix} a_{11}x_1+a_{12}x_2+\cdots+a_{1n}x_n \\ a_{21}x_1+a_{22}x_2+\cdots+a_{2n}x_n \\ \cdots\cdots\cdots\cdots \\ a_{m1}x_1+a_{m2}x_2+\cdots+a_{mn}x_n \end{pmatrix}=\begin{pmatrix} b_1 \\ b_2 \\ \vdots \\ b_m \end{pmatrix},$$

即

$$\begin{pmatrix} a_{11} & a_{12} & \cdots & a_{1n} \\ a_{21} & a_{22} & \cdots & a_{2n} \\ \vdots & \vdots & & \vdots \\ a_{m1} & a_{m2} & \cdots & a_{mn} \end{pmatrix}\begin{pmatrix} x_1 \\ x_2 \\ \vdots \\ x_n \end{pmatrix}=\begin{pmatrix} b_1 \\ b_2 \\ \vdots \\ b_m \end{pmatrix}.$$

记

$$\boldsymbol{A}=\begin{pmatrix} a_{11} & a_{12} & \cdots & a_{1n} \\ a_{21} & a_{22} & \cdots & a_{2n} \\ \vdots & \vdots & & \vdots \\ a_{m1} & a_{m2} & \cdots & a_{mn} \end{pmatrix},\boldsymbol{x}=\begin{pmatrix} x_1 \\ x_2 \\ \vdots \\ x_n \end{pmatrix},\boldsymbol{\beta}=\begin{pmatrix} b_1 \\ b_2 \\ \vdots \\ b_m \end{pmatrix},$$

则方程组(2-1)可表示为

$$\boldsymbol{Ax}=\boldsymbol{\beta}, \tag{2-2}$$

其中 $\boldsymbol{A}$ 称为系数矩阵，$\boldsymbol{x}$ 称为未知数向量，$\boldsymbol{\beta}$ 称为常数项向量，$(\boldsymbol{A},\boldsymbol{\beta})$ 称为增广矩阵.

当 $\boldsymbol{\beta}\neq\boldsymbol{0}$ 时，方程组(2-2)为非齐次线性方程组，方程组

$$\boldsymbol{Ax}=\boldsymbol{0}$$

称为它对应的齐次线性方程组(或称为它的导出组).

【注】

(i) 若将一组数 $c_1,c_2,\cdots,c_n$ 分别代替方程组(2-1)中的 $x_1,x_2,\cdots,x_n$，使其中的 m 个等式都成立，则称向量 $\boldsymbol{\eta}=(c_1,c_2,\cdots,c_n)^{\mathrm{T}}$ 为方程组(2-1)的一个解(或解向量). 对于方程组 $\boldsymbol{Ax}=\boldsymbol{\beta}$，若 $\boldsymbol{\eta}$ 是它的一个解，则满足 $\boldsymbol{A\eta}=\boldsymbol{\beta}$.

例如，

① 方程组 $\begin{cases} x_1+x_2=2, \\ x_1-x_2=0 \end{cases}$ 有唯一解 $(1,1)^{\mathrm{T}}$；

② 方程组 $\begin{cases} x_1+2x_2=3, \\ 2x_1+4x_2=6 \end{cases}$ 有无穷多解：

$$(3,0)^{\mathrm{T}},\left(0,\frac{3}{2}\right)^{\mathrm{T}},(1,1)^{\mathrm{T}},(5,-1)^{\mathrm{T}},\cdots;$$

③ 方程组 $\begin{cases} x_1+2x_2=3, \\ 2x_1+4x_2=5 \end{cases}$ 无解.

值得注意的是，**如果一个线性方程组有解，那么它的解只可能唯一或有无穷多个，不可能只有 2 个，只有 3 个，等等**.

(ii) 齐次线性方程组一定有解，这是因为对于方程组

$$\begin{cases} a_{11}x_1+a_{12}x_2+\cdots+a_{1n}x_n=0, \\ a_{21}x_1+a_{22}x_2+\cdots+a_{2n}x_n=0, \\ \cdots\cdots\cdots\cdots \\ a_{m1}x_1+a_{m2}x_2+\cdots+a_{mn}x_n=0, \end{cases} \tag{2-3}$$

$(0,0,\cdots,0)^T$ 一定是它的解，这个解称为方程组(2－3)的零解. 若一个非零向量是方程组(2－3)的解，则称它为方程组(2－3)的非零解.

例如，

① 方程组 $\begin{cases} x_1+x_2=0, \\ x_1-x_2=0 \end{cases}$ 只有零解；

② 方程组 $\begin{cases} x_1+2x_2=0, \\ 2x_1+4x_2=0 \end{cases}$ 有非零解：

$$(2,-1)^T,(4,-2)^T,\cdots$$

值得注意的是，**如果一个齐次线性方程组有非零解，那么它的非零解一定有无穷多个**.

2. 齐次线性方程组

(1) 齐次线性方程组的解的性质

若 $\boldsymbol{\xi}_1,\boldsymbol{\xi}_2,\cdots,\boldsymbol{\xi}_r$ 为方程组 $\boldsymbol{Ax}=\boldsymbol{0}$ 的解，则

$$k_1\boldsymbol{\xi}_1+k_2\boldsymbol{\xi}_2+\cdots+k_r\boldsymbol{\xi}_r$$

仍为 $\boldsymbol{Ax}=\boldsymbol{0}$ 的解，其中 $k_1,k_2,\cdots,k_r$ 为任意常数.

【注】这就是若一个齐次线性方程组有非零解，则其必有无穷多解的原因.

【证】由于 $\boldsymbol{\xi}_1,\boldsymbol{\xi}_2,\cdots,\boldsymbol{\xi}_r$ 为方程组 $\boldsymbol{Ax}=\boldsymbol{0}$ 的解，故

$$\boldsymbol{A\xi}_1=\boldsymbol{A\xi}_2=\cdots=\boldsymbol{A\xi}_r=\boldsymbol{0},$$

从而

$$\boldsymbol{A}(k_1\boldsymbol{\xi}_1+k_2\boldsymbol{\xi}_2+\cdots+k_r\boldsymbol{\xi}_r)=k_1\boldsymbol{A\xi}_1+k_2\boldsymbol{A\xi}_2+\cdots+k_r\boldsymbol{A\xi}_r=\boldsymbol{0}.$$

(2) 齐次线性方程组的基础解系

在齐次线性方程组的全部解向量组成的向量组中，

{① 有 r 个向量组成的部分组 $\boldsymbol{\xi}_1,\boldsymbol{\xi}_2,\cdots,\boldsymbol{\xi}_r$ 线性无关，
② 该方程组的任意解向量都能由 $\boldsymbol{\xi}_1,\boldsymbol{\xi}_2,\cdots,\boldsymbol{\xi}_r$ 线性表示

$\Leftrightarrow$向量组 $\boldsymbol{\xi}_1,\boldsymbol{\xi}_2,\cdots,\boldsymbol{\xi}_r$ 为该齐次线性方程组的基础解系.

【注】

(i) 参看向量组的最大无关组的定义便可知，**齐次线性方程组的基础解系就是其全部解向量组成的向量组的最大无关组**.

(ii) 能代表一个线性方程组任意解的表达式称为它的通解. 因此，若向量组 $\boldsymbol{\xi}_1,\boldsymbol{\xi}_2,\cdots,\boldsymbol{\xi}_r$ 是方程组 $\boldsymbol{Ax}=\boldsymbol{0}$ 的基础解系，则其通解为

$$\boldsymbol{x}=k_1\boldsymbol{\xi}_1+k_2\boldsymbol{\xi}_2+\cdots+k_r\boldsymbol{\xi}_r,$$

其中 $k_1,k_2,\cdots,k_r$ 为任意常数.

3. 非齐次线性方程组

(1) 非齐次线性方程组的解的性质

① 若 $\boldsymbol{\eta}_1,\boldsymbol{\eta}_2$ 为方程组 $\boldsymbol{A}\boldsymbol{x}=\boldsymbol{\beta}$ 的两个解，则 $\boldsymbol{\eta}_1-\boldsymbol{\eta}_2$ 为方程组 $\boldsymbol{A}\boldsymbol{x}=\boldsymbol{0}$ 的解.

【证】由于 $\boldsymbol{\eta}_1,\boldsymbol{\eta}_2$ 为方程组 $\boldsymbol{A}\boldsymbol{x}=\boldsymbol{\beta}$ 的解，故

$$\boldsymbol{A}\boldsymbol{\eta}_1=\boldsymbol{A}\boldsymbol{\eta}_2=\boldsymbol{\beta},$$

从而

$$\boldsymbol{A}(\boldsymbol{\eta}_1-\boldsymbol{\eta}_2)=\boldsymbol{A}\boldsymbol{\eta}_1-\boldsymbol{A}\boldsymbol{\eta}_2=\boldsymbol{\beta}-\boldsymbol{\beta}=\boldsymbol{0}.$$

② 若 $\boldsymbol{\eta}$ 为方程组 $\boldsymbol{A}\boldsymbol{x}=\boldsymbol{\beta}$ 的解，$\boldsymbol{\xi}$ 为方程组 $\boldsymbol{A}\boldsymbol{x}=\boldsymbol{0}$ 的解，则 $\boldsymbol{\xi}+\boldsymbol{\eta}$ 仍为 $\boldsymbol{A}\boldsymbol{x}=\boldsymbol{\beta}$ 的解.

【证】由于 $\boldsymbol{\eta}$ 为方程组 $\boldsymbol{A}\boldsymbol{x}=\boldsymbol{\beta}$ 的解，$\boldsymbol{\xi}$ 为方程组 $\boldsymbol{A}\boldsymbol{x}=\boldsymbol{0}$ 的解，故

$$\boldsymbol{A}\boldsymbol{\eta}=\boldsymbol{\beta},\boldsymbol{A}\boldsymbol{\xi}=\boldsymbol{0},$$

从而

$$\boldsymbol{A}(\boldsymbol{\xi}+\boldsymbol{\eta})=\boldsymbol{A}\boldsymbol{\xi}+\boldsymbol{A}\boldsymbol{\eta}=\boldsymbol{0}+\boldsymbol{\beta}=\boldsymbol{\beta}.$$

(2) 非齐次线性方程组的解的结构

设 $\boldsymbol{\eta}^*$ 为方程组 $\boldsymbol{A}\boldsymbol{x}=\boldsymbol{\beta}$ 的一个解，方程组 $\boldsymbol{A}\boldsymbol{x}=\boldsymbol{0}$ 的通解为

$$\boldsymbol{x}=k_1\boldsymbol{\xi}_1+k_2\boldsymbol{\xi}_2+\cdots+k_r\boldsymbol{\xi}_r,$$

则 $\boldsymbol{A}\boldsymbol{x}=\boldsymbol{\beta}$ 的通解为

$$\boldsymbol{x}=k_1\boldsymbol{\xi}_1+k_2\boldsymbol{\xi}_2+\cdots+k_r\boldsymbol{\xi}_r+\boldsymbol{\eta}^*,$$

其中 $k_1,k_2,\cdots,k_r$ 为任意常数.

问题研究

题眼探索 线性方程组是线性代数的“核心成员”，而解线性方程组是一个熟悉而又陌生的话题.在系统地学习线性代数之前，我们解线性方程组往往是通过 3 种同解变形：

① 对调两方程；

② 用数 $k\neq0$ 乘某一方程；

③ 把某一方程的 k 倍加到另一方程.

例如，对于方程组

$$\begin{cases}2x_1+x_2=4,\\x_1-3x_2=-5,\end{cases}\tag{2-4}$$

可按以下过程求解：

$$\begin{cases}2x_1+x_2=4,①\\x_1-3x_2=-5,②\end{cases}\xrightarrow{①\leftrightarrow②}\begin{cases}x_1-3x_2=-5,①\\2x_1+x_2=4,②\end{cases}\xrightarrow{②-2①}\begin{cases}x_1-3x_2=-5,①\\7x_2=14,②\end{cases}$$

$$\xrightarrow{②\times\frac{1}{7}}\begin{cases}x_1-3x_2=-5,①\\x_2=2,②\end{cases}\xrightarrow{①+3②}\begin{cases}x_1=1,\\x_2=2.\end{cases}$$

不难发现，在上述过程中，只对未知数的系数和常数项进行了运算，未知数并未参与运算. 而矩阵的 3 种初等行变换其实就是在这个背景下"应运而生"的，难怪它与线性方程组的 3 种同解变形一一对应：

① 对调两行；

② 用数 $k\neq 0$ 乘某一行中所有元素；

③ 把某一行所有元素的 k 倍加到另一行对应的元素上去.

很显然，通过同解变形来解方程组(2－4)的过程无异于用初等行变换把它的增广矩阵变成行最简形矩阵：

$$\begin{pmatrix}2 & 1 & 4\\1 & -3 & -5\end{pmatrix}\xrightarrow{r_1\leftrightarrow r_2}\begin{pmatrix}1 & -3 & -5\\2 & 1 & 4\end{pmatrix}\xrightarrow{r_2-2r_1}\begin{pmatrix}1 & -3 & -5\\0 & 7 & 14\end{pmatrix}$$

$$\xrightarrow{r_2\times\frac{1}{7}}\begin{pmatrix}1 & -3 & -5\\0 & 1 & 2\end{pmatrix}\xrightarrow{r_1+3r_2}\begin{pmatrix}1 & 0 & 1\\0 & 1 & 2\end{pmatrix}.$$

由此可见，**解线性方程组时只需用初等行变换将其增广矩阵变成行最简形矩阵，再将所得的行最简形矩阵还原成方程组的形式，便能得到解**. 当然对于齐次线性方程组，由于其常数项全为零，故只需对它的系数矩阵作初等行变换即可. 而把矩阵变成行最简形矩阵的过程，早已在例 1 中就"经历"过了.

1. 解齐次线性方程组

【例 8】 解方程组$\begin{cases}x_1+x_2-x_4=0,\\2x_1+x_2+2x_3-2x_4=0,\\3x_1+2x_2+2x_3-3x_4=0,\end{cases}$并写出它的一个基础解系.

【解】对系数矩阵 $\boldsymbol{A}$ 作初等行变换变成行最简形矩阵，有

$$\boldsymbol{A}=\begin{pmatrix}1 & 1 & 0 & -1\\2 & 1 & 2 & -2\\3 & 2 & 2 & -3\end{pmatrix}\xrightarrow[r_3-3r_1]{r_2-2r_1}\begin{pmatrix}1 & 1 & 0 & -1\\0 & -1 & 2 & 0\\0 & -1 & 2 & 0\end{pmatrix}$$

$$\xrightarrow[r_2\times(-1)]{r_3-r_2}\begin{pmatrix}1 & 1 & 0 & -1\\0 & 1 & -2 & 0\\0 & 0 & 0 & 0\end{pmatrix}\xrightarrow{r_1-r_2}\begin{pmatrix}1 & 0 & 2 & -1\\0 & 1 & -2 & 0\\0 & 0 & 0 & 0\end{pmatrix},$$

即得与原方程组同解的方程组

$$\begin{cases}x_1+2x_3-x_4=0,\\x_2-2x_3=0,\end{cases}$$

由此即得

$$\begin{cases}x_1=-2x_3+x_4,\\x_2=2x_3.\end{cases}$$

令 $x_3=k_1,x_4=k_2$，则原方程组的通解为

$$\begin{pmatrix}x_1\\x_2\\x_3\\x_4\end{pmatrix}=\begin{pmatrix}-2k_1+k_2\\2k_1\\k_1\\k_2\end{pmatrix}=k_1\begin{pmatrix}-2\\2\\1\\0\end{pmatrix}+k_2\begin{pmatrix}1\\0\\0\\1\end{pmatrix},$$

其中 k_1,k_2 为任意常数.

由于解向量组

$$(-2,2,1,0)^{\mathrm{T}},(1,0,0,1)^{\mathrm{T}}$$

线性无关,并且原方程组的任意解向量都能由它线性表示,故它是原方程组的一个基础解系.

【题外话】

(i) **解有非零解的齐次线性方程组 $\boldsymbol{A}_{m\times n}\boldsymbol{x}=\boldsymbol{0}$ 可遵循如下程序:**

① 作初等行变换把系数矩阵 $\boldsymbol{A}$ 变成行最简形矩阵 $\widetilde{\boldsymbol{A}}$,即

$$\boldsymbol{A}\xrightarrow{r}\widetilde{\boldsymbol{A}};$$

② 把行最简形矩阵 $\widetilde{\boldsymbol{A}}$ 还原成方程组形式,得到与 $\boldsymbol{Ax}=\boldsymbol{0}$ 同解的方程组 $\widetilde{\boldsymbol{A}}\boldsymbol{x}=\boldsymbol{0}$;

③ 根据同解方程组 $\widetilde{\boldsymbol{A}}\boldsymbol{x}=\boldsymbol{0}$,用部分未知数 $x_{i_1},x_{i_2},\cdots,x_{i_r}$(这 r 个未知数称为自由未知数)来表示其余 $n-r$ 个未知数(如本例中用 x_3,x_4 来表示 x_1,x_2);

④ 令 $x_{i_1}=k_1,x_{i_2}=k_2,\cdots,x_{i_r}=k_r$,便能得到方程组 $\boldsymbol{Ax}=\boldsymbol{0}$ 的通解

$$\boldsymbol{x}=k_1\boldsymbol{\xi}_1+k_2\boldsymbol{\xi}_2+\cdots+k_r\boldsymbol{\xi}_r,$$

其中 $k_1,k_2,\cdots,k_r$ 为任意常数,并且向量组

$$\boldsymbol{\xi}_1,\boldsymbol{\xi}_2,\cdots,\boldsymbol{\xi}_r$$

必然就是 $\boldsymbol{Ax}=\boldsymbol{0}$ 的一个基础解系.

(ii) **方程组 $\boldsymbol{A}_{m\times n}\boldsymbol{x}=\boldsymbol{0}$ 的基础解系中向量的个数为 $n-r(\boldsymbol{A})$(n 为未知数的个数)**. 就本例而言,由于系数矩阵 $\boldsymbol{A}$ 的秩为 2,故还原后的同解方程组

$$\begin{cases}x_1+2x_3-x_4=0,\\x_2-2x_3\qquad\ =0\end{cases}$$

中有 2 个方程(这 2 个方程称为独立方程). 此外,未知数的总个数为 4,这意味着需要用于表示其余未知数的自由未知数的个数,必然就等于未知数的总个数减去独立方程的个数(即系数矩阵 $\boldsymbol{A}$ 的秩),即有 2 个自由未知数. 而自由未知数的个数就等于通解中任意常数的个数,也就等于基础解系中向量的个数,因此本例的方程组的基础解系中有 2 个向量.

(iii) **齐次线性方程组的基础解系和通解形式必然不唯一,并且有无穷多种**. 比如,向量组

$$\left(-1,1,\frac{1}{2},0\right)^{\mathrm{T}},(1,0,0,1)^{\mathrm{T}},$$

向量组

$$(-2,2,1,0)^{\mathrm{T}},(2,0,0,2)^{\mathrm{T}},$$

等等,都是本例的方程组的基础解系. 而不同的基础解系对应着不同的通解形式. 不仅如此,该方程组的基础解系和通解形式还可能"面目全非":对于同解方程组

$$\begin{cases} x_1 + 2x_3 - x_4 = 0, \\ x_2 - 2x_3 \qquad = 0, \end{cases}$$

如果选择用 x_1, x_3 来表示 x_2, x_4，那么

$$\begin{cases} x_4 = x_1 + 2x_3, \\ x_2 = \qquad 2x_3. \end{cases}$$

令 $x_1 = k_1, x_3 = k_2$，则方程组的通解为

$$k_1(1,0,0,1)^{\mathrm{T}} + k_2(0,2,1,2)^{\mathrm{T}},$$

其中 k_1, k_2 为任意常数，并且对应的基础解系为

$$(1,0,0,1)^{\mathrm{T}}, (0,2,1,2)^{\mathrm{T}}.$$

(iv) **向量组 $\xi_1, \xi_2, \cdots, \xi_r$ 是方程组 $A_{m\times n}x = 0$ 的一个基础解系的充分必要条件是下列三者同时成立：**

① 向量 $\boldsymbol{\xi}_1, \boldsymbol{\xi}_2, \cdots, \boldsymbol{\xi}_r$ 都是方程组 $\boldsymbol{Ax} = \boldsymbol{0}$ 的解；

② 向量组 $\boldsymbol{\xi}_1, \boldsymbol{\xi}_2, \cdots, \boldsymbol{\xi}_r$ 线性无关；

③ 向量的个数 $r = n - r(\boldsymbol{A})$.

我们可以通过逐一验证它们来检验所求的基础解系及其对应的通解是否正确.

(v) 本例先求得方程组的通解

$$k_1(-2,2,1,0)^{\mathrm{T}} + k_2(1,0,0,1)^{\mathrm{T}},$$

再将两个任意常数 k_1, k_2 后乘的向量

$$(-2,2,1,0)^{\mathrm{T}}, (1,0,0,1)^{\mathrm{T}}$$

所组成的向量组作为基础解系. 当然，也可以先求出基础解系再写出通解：根据方程组

$$\begin{cases} x_1 = -2x_3 + x_4, \\ x_2 = \ \ 2x_3, \end{cases}$$

令 $x_3 = 1, x_4 = 0$，则 $x_1 = -2, x_2 = 2$；再令 $x_3 = 0, x_4 = 1$，则 $x_1 = 1, x_2 = 0$. 于是便得到方程组的一个基础解系

$$(-2,2,1,0)^{\mathrm{T}}, (1,0,0,1)^{\mathrm{T}},$$

再根据齐次线性方程组的解的结构，就能写出通解

$$k_1(-2,2,1,0)^{\mathrm{T}} + k_2(1,0,0,1)^{\mathrm{T}}.$$

2. 解非齐次线性方程组

【例 9】

(1) 解方程组 $\begin{cases} x_1 + x_2 \qquad\quad - x_4 = 2, \\ 2x_1 + x_2 + 2x_3 - 2x_4 = 5, \\ 3x_1 + 2x_2 + 2x_3 - 3x_4 = 7; \end{cases}$

(2) 设 $\boldsymbol{\alpha}_1 = (1,2,3)^{\mathrm{T}}, \boldsymbol{\alpha}_2 = (1,1,2)^{\mathrm{T}}, \boldsymbol{\alpha}_3 = (0,2,2)^{\mathrm{T}}, \boldsymbol{\alpha}_4 = (-1,-2,-3)^{\mathrm{T}}, \boldsymbol{\beta} = (2,5,7)^{\mathrm{T}}$，求向量 $\boldsymbol{\beta}$ 由向量组 $\boldsymbol{\alpha}_1, \boldsymbol{\alpha}_2, \boldsymbol{\alpha}_3, \boldsymbol{\alpha}_4$ 线性表示的表示式.

【分析与解答】

(1) 相比齐次线性方程组，解非齐次线性方程组只不过是将要作初等行变换的矩阵由系数矩阵 $\boldsymbol{A}$ 变为增广矩阵 $(\boldsymbol{A}, \boldsymbol{\beta})$：

$$(\boldsymbol{A},\boldsymbol{\beta})=\begin{pmatrix}1&1&0&-1&2\\2&1&2&-2&5\\3&2&2&-3&7\end{pmatrix}\xrightarrow{r}\begin{pmatrix}1&0&2&-1&3\\0&1&-2&0&-1\\0&0&0&0&0\end{pmatrix},$$

于是便得到同解方程组

$$\begin{cases}x_1+2x_3-x_4=\ \ 3,\\x_2-2x_3\qquad\ =-1,\end{cases}$$

即

$$\begin{cases}x_1=-2x_3+x_4+3,\\x_2=\ \ 2x_3\qquad\ -1.\end{cases}$$

令 $x_3=k_1,x_4=k_2$,则原方程组的通解为

$$k_1(-2,2,1,0)^{\mathrm{T}}+k_2(1,0,0,1)^{\mathrm{T}}+(3,-1,0,0)^{\mathrm{T}},$$

其中 k_1,k_2 为任意常数.

很显然,原方程组的通解仅仅比例 8 中的通解多了一个“尾巴”,其中

$$k_1(-2,2,1,0)^{\mathrm{T}}+k_2(1,0,0,1)^{\mathrm{T}}$$

就是它对应的齐次线性方程组(即例 8 中的方程组)的通解,而$(3,-1,0,0)^{\mathrm{T}}$ 是原方程组自身的一个解.

(2) 要求表示式,其实就是求向量 $\boldsymbol{\beta}$ 由向量组 $\boldsymbol{\alpha}_1,\boldsymbol{\alpha}_2,\boldsymbol{\alpha}_3,\boldsymbol{\alpha}_4$ 线性表示的系数. 不妨设

$$\boldsymbol{\beta}=x_1\boldsymbol{\alpha}_1+x_2\boldsymbol{\alpha}_2+x_3\boldsymbol{\alpha}_3+x_4\boldsymbol{\alpha}_4,$$

则 $$x_1(1,2,3)^{\mathrm{T}}+x_2(1,1,2)^{\mathrm{T}}+x_3(0,2,2)^{\mathrm{T}}+x_4(-1,-2,-3)^{\mathrm{T}}=(2,5,7)^{\mathrm{T}},$$

即 $$(x_1+x_2-x_4,2x_1+x_2+2x_3-2x_4,3x_1+2x_2+2x_3-3x_4)^{\mathrm{T}}=(2,5,7)^{\mathrm{T}},$$

从而

$$\begin{cases}x_1+\ x_2-\qquad\ x_4=2,\\2x_1+\ x_2+2x_3-2x_4=5,\\3x_1+2x_2+2x_3-3x_4=7.\end{cases}$$

哈! 这不就是(1)中的方程组吗?! 并且不难发现,它的增广矩阵

$$\begin{pmatrix}1&1&0&-1&2\\2&1&2&-2&5\\3&2&2&-3&7\end{pmatrix}=(\boldsymbol{\alpha}_1,\boldsymbol{\alpha}_2,\boldsymbol{\alpha}_3,\boldsymbol{\alpha}_4,\boldsymbol{\beta}).$$

由(1)可知

$$x_1=-2k_1+k_2+3,x_2=2k_1-1,x_3=k_1,x_4=k_2,$$

故写出 $\boldsymbol{\beta}$ 由 $\boldsymbol{\alpha}_1,\boldsymbol{\alpha}_2,\boldsymbol{\alpha}_3,\boldsymbol{\alpha}_4$ 线性表示的表示式只剩“一步之遥”:

$$\boldsymbol{\beta}=(-2k_1+k_2+3)\boldsymbol{\alpha}_1+(2k_1-1)\boldsymbol{\alpha}_2+k_1\boldsymbol{\alpha}_3+k_2\boldsymbol{\alpha}_4,$$

其中 k_1,k_2 为任意常数.

原来本例(1)和(2)竟是同一个问题,这也太神奇了吧!

【题外话】

(i) ***解非齐次线性方程组$\boldsymbol{A}_{m\times n}\boldsymbol{x}=\boldsymbol{\beta}$ 可遵循如下程序:***

① 作初等行变换把增广矩阵$(\boldsymbol{A},\boldsymbol{\beta})$变成行最简形矩阵$(\widetilde{\boldsymbol{A}},\widetilde{\boldsymbol{\beta}})$,即

$$(\boldsymbol{A},\boldsymbol{\beta})\xrightarrow{r}(\widetilde{\boldsymbol{A}},\widetilde{\boldsymbol{\beta}}).$$

② 把行最简形矩阵$(\widetilde{\boldsymbol{A}},\widetilde{\boldsymbol{\beta}})$还原成方程组形式,得到与 $\boldsymbol{A}\boldsymbol{x}=\boldsymbol{\beta}$ 同解的方程组 $\widetilde{\boldsymbol{A}}\boldsymbol{x}=\widetilde{\boldsymbol{\beta}}$. 若

$\boldsymbol{Ax}=\boldsymbol{\beta}$ 有唯一解，则此时便已得到解；若 $\boldsymbol{Ax}=\boldsymbol{\beta}$ 有无穷多解，则继续进行③和④.

③ 根据同解方程组 $\widetilde{\boldsymbol{A}}\boldsymbol{x}=\widetilde{\boldsymbol{\beta}}$，用部分未知数 $x_{i_1},x_{i_2},\cdots,x_{i_r}$ 来表示其余 $n-r$ 个未知数.

④ 令 $x_{i_1}=k_1,x_{i_2}=k_2,\cdots,x_{i_r}=k_r$，便能得到方程组 $\boldsymbol{Ax}=\boldsymbol{\beta}$ 的通解

$$\boldsymbol{x}=k_1\boldsymbol{\xi}_1+k_2\boldsymbol{\xi}_2+\cdots+k_r\boldsymbol{\xi}_r+\boldsymbol{\eta}^*,$$

其中 $k_1,k_2,\cdots,k_r$ 为任意常数，并且向量组

$$\boldsymbol{\xi}_1,\boldsymbol{\xi}_2,\cdots,\boldsymbol{\xi}_r$$

必然就是 $\boldsymbol{Ax}=\boldsymbol{\beta}$ 对应的齐次线性方程组 $\boldsymbol{Ax}=\boldsymbol{0}$ 的一个基础解系，而向量 $\boldsymbol{\eta}^*$ 必然就是 $\boldsymbol{Ax}=\boldsymbol{\beta}$ 自身的一个解.

(ii) 由非齐次线性方程组的解的结构可知，与齐次线性方程组一样，**非齐次线性方程组的通解形式也必然不唯一，并且有无穷多种**. 而要检验方程组 $\boldsymbol{Ax}=\boldsymbol{\beta}$ 的所求通解

$$\boldsymbol{x}=k_1\boldsymbol{\xi}_1+k_2\boldsymbol{\xi}_2+\cdots+k_r\boldsymbol{\xi}_r+\boldsymbol{\eta}^*$$

是否正确，只需分两步走：

① 根据能作基础解系的充分必要条件，检验向量组 $\boldsymbol{\xi}_1,\boldsymbol{\xi}_2,\cdots,\boldsymbol{\xi}_r$ 是否为 $\boldsymbol{Ax}=\boldsymbol{\beta}$ 对应的齐次线性方程组 $\boldsymbol{Ax}=\boldsymbol{0}$ 的一个基础解系；

② 把向量 $\boldsymbol{\eta}^*$ 代入方程组 $\boldsymbol{Ax}=\boldsymbol{\beta}$，从而检验它是否为 $\boldsymbol{Ax}=\boldsymbol{\beta}$ 的一个解.

虽然解线性方程组没有唯一的标准答案，但是只要学会了其检验方法，所求的通解是否正确便能一清二楚. 而作为线性代数中至关重要的基本功，解线性方程组务必“百发百中”，这是因为很多问题有时都要转化为它来解决，比如解形如 $\boldsymbol{AX}=\boldsymbol{B}$ 的矩阵方程.

3. 用按列分块法解矩阵方程

题眼探索 对于形如 $\boldsymbol{A}_{m\times n}\boldsymbol{X}_{n\times s}=\boldsymbol{B}_{m\times s}$ 的矩阵方程，若 $\boldsymbol{A}$ 是方阵且可逆，则 $\boldsymbol{X}=\boldsymbol{A}^{-1}\boldsymbol{B}$. 那么，若 $\boldsymbol{A}$ 不是方阵或 $\boldsymbol{A}$ 是方阵且不可逆，则又该何去何从？

不妨把矩阵 $\boldsymbol{X}$ 与 $\boldsymbol{B}$ 按列分块，则

$$\boldsymbol{A}(\boldsymbol{x}_1,\boldsymbol{x}_2,\cdots,\boldsymbol{x}_s)=(\boldsymbol{\beta}_1,\boldsymbol{\beta}_2,\cdots,\boldsymbol{\beta}_s),$$

即

$$\boldsymbol{Ax}_1=\boldsymbol{\beta}_1,\boldsymbol{Ax}_2=\boldsymbol{\beta}_2,\cdots,\boldsymbol{Ax}_s=\boldsymbol{\beta}_s.$$

这不恰好是 s 个线性方程组吗？逐一求解它们，便能得到未知矩阵 $\boldsymbol{X}$.

然而，如果要对 s 个增广矩阵分别作初等行变换，那着实“工程浩大”. 好在对增广矩阵

$$(\boldsymbol{A},\boldsymbol{\beta}_1),(\boldsymbol{A},\boldsymbol{\beta}_2),\cdots,(\boldsymbol{A},\boldsymbol{\beta}_s)$$

逐一作初等行变换的过程，无异于直接对矩阵

$$(\boldsymbol{A},\boldsymbol{B})=(\boldsymbol{A},\boldsymbol{\beta}_1,\boldsymbol{\beta}_2,\cdots,\boldsymbol{\beta}_s)$$

作初等行变换，并且将其变成行最简形矩阵 $(\widetilde{\boldsymbol{A}},\widetilde{\boldsymbol{\beta}}_1,\widetilde{\boldsymbol{\beta}}_2,\cdots,\widetilde{\boldsymbol{\beta}}_s)$，即

$$(\boldsymbol{A},\boldsymbol{B})=(\boldsymbol{A},\boldsymbol{\beta}_1,\boldsymbol{\beta}_2,\cdots,\boldsymbol{\beta}_s)\xrightarrow{r}(\widetilde{\boldsymbol{A}},\widetilde{\boldsymbol{\beta}}_1,\widetilde{\boldsymbol{\beta}}_2,\cdots,\widetilde{\boldsymbol{\beta}}_s).$$

再将行最简形矩阵$(\widetilde{A},\widetilde{\beta}_1,\widetilde{\beta}_2,\cdots,\widetilde{\beta}_s)$还原成方程组形式，得到分别与方程组

$$Ax_1=\beta_1,Ax_2=\beta_2,\cdots,Ax_s=\beta_s$$

同解的方程组

$$\widetilde{A}x_1=\widetilde{\beta}_1,\widetilde{A}x_2=\widetilde{\beta}_2,\cdots,\widetilde{A}x_s=\widetilde{\beta}_s,$$

并且分别求出它们的解

$$x_1=x_1',x_2=x_2',\cdots,x_s=x_s',$$

便能得到矩阵方程 $AX=B$ 的解

$$X=(x_1',x_2',\cdots,x_s').$$

好一个“**一起消元，分别求解**”！让我们通过例 10 细细体会.

【例 10】

(1) 设矩阵

$$A=\begin{pmatrix}2&1&-1\\0&2&-2\\-3&-5&8\end{pmatrix},B=\begin{pmatrix}0&3\\-1&5\\2&-19\end{pmatrix}.$$

求满足 $AX-B=X$ 的所有矩阵 X；

(2) 设 $\alpha_1=(1,0,-3)^T,\alpha_2=(1,1,-5)^T,\alpha_3=(-1,-2,7)^T,\beta_1=(0,-1,2)^T,\beta_2=(3,5,-19)^T$，求向量组 β_1,β_2 由向量组 $\alpha_1,\alpha_2,\alpha_3$ 线性表示的表示式.

【解】

(1) 由 $AX-B=X$ 可知

$$(A-E)X=B.$$

由于

$$|A-E|=\begin{vmatrix}1&1&-1\\0&1&-2\\-3&-5&7\end{vmatrix}=0,$$

故 $A-E$ 不可逆.

记 $\beta_1=(0,-1,2)^T,\beta_2=(3,5,-19)^T$，并且设

$$X=(x_1,x_2)=\begin{pmatrix}x_1&y_1\\x_2&y_2\\x_3&y_3\end{pmatrix},$$

则由 $(A-E)X=B$ 可知

$$(A-E)(x_1,x_2)=(\beta_1,\beta_2),$$

即得到方程组

$$(A-E)x_1=\beta_1,(A-E)x_2=\beta_2.$$

对矩阵 $(A-E,B)$ 作初等行变换变成行最简形矩阵，有

$$(A-E,B)=(A-E,\beta_1,\beta_2)=\begin{pmatrix}1&1&-1&0&3\\0&1&-2&-1&5\\-3&-5&7&2&-19\end{pmatrix}$$

$$\xrightarrow{r}\begin{pmatrix}1&0&1&1&-2\\0&1&-2&-1&5\\0&0&0&0&0\end{pmatrix}.$$

由方程组 $(\boldsymbol{A}-\boldsymbol{E})\boldsymbol{x}_1=\boldsymbol{\beta}_1$ 的同解方程组

$$\begin{cases}x_1+x_3=1,\\x_2-2x_3=-1\end{cases}$$

得

$$\begin{cases}x_1=-x_3+1,\\x_2=2x_3-1.\end{cases}$$

令 $x_3=k_1$，则 $(\boldsymbol{A}-\boldsymbol{E})\boldsymbol{x}_1=\boldsymbol{\beta}_1$ 的通解为

$$\boldsymbol{x}_1=k_1(-1,2,1)^{\mathrm{T}}+(1,-1,0)^{\mathrm{T}},$$

其中 k_1 为任意常数.

由方程组 $(\boldsymbol{A}-\boldsymbol{E})\boldsymbol{x}_2=\boldsymbol{\beta}_2$ 的同解方程组

$$\begin{cases}y_1+y_3=-2,\\y_2-2y_3=5\end{cases}$$

得

$$\begin{cases}y_1=-y_3-2,\\y_2=2y_3+5.\end{cases}$$

令 $y_3=k_2$，则 $(\boldsymbol{A}-\boldsymbol{E})\boldsymbol{x}_2=\boldsymbol{\beta}_2$ 的通解为

$$\boldsymbol{x}_2=k_2(-1,2,1)^{\mathrm{T}}+(-2,5,0)^{\mathrm{T}},$$

其中 k_2 为任意常数.

因此，所求矩阵为

$$\boldsymbol{X}=(\boldsymbol{x}_1,\boldsymbol{x}_2)=\begin{pmatrix}-k_1&-k_2\\2k_1&2k_2\\k_1&k_2\end{pmatrix}+\begin{pmatrix}1&-2\\-1&5\\0&0\end{pmatrix},$$

其中 k_1,k_2 为任意常数.

(2) 设

$$\boldsymbol{\beta}_1=x_1\boldsymbol{\alpha}_1+x_2\boldsymbol{\alpha}_2+x_3\boldsymbol{\alpha}_3,\boldsymbol{\beta}_2=y_1\boldsymbol{\alpha}_1+y_2\boldsymbol{\alpha}_2+y_3\boldsymbol{\alpha}_3,$$

则

$$\begin{aligned}(\boldsymbol{\beta}_1,\boldsymbol{\beta}_2)&=(x_1\boldsymbol{\alpha}_1+x_2\boldsymbol{\alpha}_2+x_3\boldsymbol{\alpha}_3,y_1\boldsymbol{\alpha}_1+y_2\boldsymbol{\alpha}_2+y_3\boldsymbol{\alpha}_3)\\&=(\boldsymbol{\alpha}_1,\boldsymbol{\alpha}_2,\boldsymbol{\alpha}_3)\begin{pmatrix}x_1&y_1\\x_2&y_2\\x_3&y_3\end{pmatrix},\end{aligned}$$

即得到矩阵方程

$$\begin{pmatrix}1&1&-1\\0&1&-2\\-3&-5&7\end{pmatrix}\begin{pmatrix}x_1&y_1\\x_2&y_2\\x_3&y_3\end{pmatrix}=\begin{pmatrix}0&3\\-1&5\\2&-19\end{pmatrix}.$$

由(1)可知

$$x_1=-k_1+1, x_2=2k_1-1, x_3=k_1,$$

且

$$y_1=-k_2-2, y_2=2k_2+5, y_3=k_2,$$

故所求表示式为

$$\boldsymbol{\beta}_1=(-k_1+1)\boldsymbol{\alpha}_1+(2k_1-1)\boldsymbol{\alpha}_2+k_1\boldsymbol{\alpha}_3,$$
$$\boldsymbol{\beta}_2=(-k_2-2)\boldsymbol{\alpha}_1+(2k_2+5)\boldsymbol{\alpha}_2+k_2\boldsymbol{\alpha}_3,$$

其中 k_1,k_2 为任意常数.

【题外话】

(i) **解形如 $\boldsymbol{AX}=\boldsymbol{B}$（$\boldsymbol{A}$ 为方阵）的矩阵方程前，必须验证 $\boldsymbol{A}$ 是否可逆.** 若 $\boldsymbol{A}$ 不可逆，则不能用分离法通过 $\boldsymbol{X}=\boldsymbol{A}^{-1}\boldsymbol{B}$ 来求解，只能用按列分块法（可比较本例(1)与第一章例 18）.

(ii) 纵观本例与例 9，例 9(2)告诉我们，**求向量 $\boldsymbol{\beta}$ 由向量组 $\boldsymbol{\alpha}_1,\boldsymbol{\alpha}_2,\cdots,\boldsymbol{\alpha}_n$ 线性表示的表示式可转化为解方程组**

$$(\boldsymbol{\alpha}_1,\boldsymbol{\alpha}_2,\cdots,\boldsymbol{\alpha}_n)\boldsymbol{x}=\boldsymbol{\beta};$$

而本例(2)告诉我们，**求向量组 $\boldsymbol{\beta}_1,\boldsymbol{\beta}_2,\cdots,\boldsymbol{\beta}_s$ 由向量组 $\boldsymbol{\alpha}_1,\boldsymbol{\alpha}_2,\cdots,\boldsymbol{\alpha}_n$ 线性表示的表示式可转化为解矩阵方程**

$$(\boldsymbol{\alpha}_1,\boldsymbol{\alpha}_2,\cdots,\boldsymbol{\alpha}_n)\boldsymbol{X}=(\boldsymbol{\beta}_1,\boldsymbol{\beta}_2,\cdots,\boldsymbol{\beta}_s).$$

这无疑刷新了我们对于向量组的认识. 那么，向量组和线性方程组之间究竟有怎样的联系呢？

深度聚焦

线性方程组的另一张“面孔”

线性方程组有时会“变脸”. 当它换了一张“面孔”后，你还认识它吗？

（一）

先说齐次线性方程组，对于齐次线性方程组

$$\boldsymbol{A}_{m\times n}\boldsymbol{x}=\boldsymbol{0},$$

如果把系数矩阵 $\boldsymbol{A}$ 按列分块，并把未知数向量 $\boldsymbol{x}$ 的各分量表示出来，则

$$(\boldsymbol{\alpha}_1,\boldsymbol{\alpha}_2,\cdots,\boldsymbol{\alpha}_n)\begin{pmatrix}x_1\\x_2\\\vdots\\x_n\end{pmatrix}=\boldsymbol{0},$$

从而有

$$x_1\boldsymbol{\alpha}_1+x_2\boldsymbol{\alpha}_2+\cdots+x_n\boldsymbol{\alpha}_n=\boldsymbol{0}.$$

于是，方程组 $\boldsymbol{Ax}=\boldsymbol{0}$ 展现出了另一张“面孔”：系数矩阵 $\boldsymbol{A}$ 的列向量组 $\boldsymbol{\alpha}_1,\boldsymbol{\alpha}_2,\cdots,\boldsymbol{\alpha}_n$ 的线性组合等于零向量. 更细致地说，**方程组 $\boldsymbol{Ax}=\boldsymbol{0}$ 的解就是使系数矩阵 $\boldsymbol{A}$ 的列向量组的线性组合为 $\boldsymbol{0}$ 的系数.**

进一步说，若矩阵 $\boldsymbol{A}$ 的列向量组 $\boldsymbol{\alpha}_1,\boldsymbol{\alpha}_2,\cdots,\boldsymbol{\alpha}_n$ 线性相关，则存在不全为零的数 $x_1,x_2,\cdots,x_n$，使

$$x_1\boldsymbol{\alpha}_1+x_2\boldsymbol{\alpha}_2+\cdots+x_n\boldsymbol{\alpha}_n=\mathbf{0}$$

成立. 这意味着存在不全为零的数 $x_1,x_2,\cdots,x_n$,使方程组

$$(\boldsymbol{\alpha}_1,\boldsymbol{\alpha}_2,\cdots,\boldsymbol{\alpha}_n)\begin{pmatrix}x_1\\x_2\\\vdots\\x_n\end{pmatrix}=\mathbf{0}$$

成立,即方程组 $\boldsymbol{Ax}=\mathbf{0}$ 有非零解. 换个角度说,若矩阵 $\boldsymbol{A}$ 的列向量组 $\boldsymbol{\alpha}_1,\boldsymbol{\alpha}_2,\cdots,\boldsymbol{\alpha}_n$ 线性无关,则当且仅当 $x_1,x_2,\cdots,x_n$ 全为零时,

$$x_1\boldsymbol{\alpha}_1+x_2\boldsymbol{\alpha}_2+\cdots+x_n\boldsymbol{\alpha}_n=\mathbf{0},$$

即方程组

$$(\boldsymbol{\alpha}_1,\boldsymbol{\alpha}_2,\cdots,\boldsymbol{\alpha}_n)\begin{pmatrix}x_1\\x_2\\\vdots\\x_n\end{pmatrix}=\mathbf{0}$$

成立,这意味着方程组 $\boldsymbol{Ax}=\mathbf{0}$ 只有零解.

这样看来,向量组的线性相关性与齐次线性方程组的解的情况竟然是完全等价的表述!

不仅如此,由于 $r(\boldsymbol{A})<n$ 和 $|\boldsymbol{A}|=0$(当 $m=n$ 时)都是矩阵 $\boldsymbol{A}_{m\times n}$ 的列向量组线性相关的充分必要条件,而 $|\boldsymbol{A}|=0$ 的充分必要条件还有 $\boldsymbol{A}$ 不可逆、0 是 $\boldsymbol{A}$ 的特征值(详见第三章),所以便能得到 6 种等价的表述:

矩阵 $\boldsymbol{A}_{m\times n}$ 的列向量组线性相关 $\Leftrightarrow$ 方程组 $\boldsymbol{Ax}=\mathbf{0}$ 有非零解

$\Leftrightarrow r(\boldsymbol{A})<n$

$\overset{(当m=n时)}{\Leftrightarrow}|\boldsymbol{A}|=0$

$\Leftrightarrow$ **$\boldsymbol{A}$ 不可逆**

$\Leftrightarrow$ **0 是 $\boldsymbol{A}$ 的特征值.**

换个角度说,则有

矩阵 $\boldsymbol{A}_{m\times n}$ 的列向量组线性无关 $\Leftrightarrow$ 方程组 $\boldsymbol{Ax}=\mathbf{0}$ 只有零解

$\Leftrightarrow r(\boldsymbol{A})=n$

$\overset{(当m=n时)}{\Leftrightarrow}|\boldsymbol{A}|\neq 0$

$\Leftrightarrow$ **$\boldsymbol{A}$ 可逆**

$\Leftrightarrow$ **0 不是 $\boldsymbol{A}$ 的特征值.**

一旦发现齐次线性方程组的另一张“面孔”,就能把它和向量组的线性相关性、矩阵的秩、行列式、可逆矩阵,甚至方阵的特征值这些概念都联系在一起. 而除了齐次线性方程组,非齐次线性方程组也有另一张“面孔”.

（二）

非齐次线性方程组的另一张“面孔”是向量由向量组线性表示.

把非齐次线性方程组

$$\boldsymbol{A}_{m\times n}\boldsymbol{x}=\boldsymbol{\beta}$$

的系数矩阵 $\boldsymbol{A}$ 按列分块，并把未知数向量 $\boldsymbol{x}$ 的各分量表示出来，则

$$(\boldsymbol{\alpha}_1,\boldsymbol{\alpha}_2,\cdots,\boldsymbol{\alpha}_n)\begin{pmatrix}x_1\\x_2\\\vdots\\x_n\end{pmatrix}=\boldsymbol{\beta},$$

即

$$\boldsymbol{\beta}=x_1\boldsymbol{\alpha}_1+x_2\boldsymbol{\alpha}_2+\cdots+x_n\boldsymbol{\alpha}_n.$$

由此可见，**方程组$\boldsymbol{Ax}=\boldsymbol{\beta}$ 的解就是常数项向量$\boldsymbol{\beta}$ 由系数矩阵$\boldsymbol{A}$ 的列向量组线性表示的系数**.

既然这样，那么若向量$\boldsymbol{\beta}$ 能由矩阵$\boldsymbol{A}$ 的列向量组$\boldsymbol{\alpha}_1,\boldsymbol{\alpha}_2,\cdots,\boldsymbol{\alpha}_n$ 线性表示，且表示式唯一，则存在唯一的一组数 $x_1,x_2,\cdots,x_n$，使

$$\boldsymbol{\beta}=x_1\boldsymbol{\alpha}_1+x_2\boldsymbol{\alpha}_2+\cdots+x_n\boldsymbol{\alpha}_n,$$

即方程组

$$(\boldsymbol{\alpha}_1,\boldsymbol{\alpha}_2,\cdots,\boldsymbol{\alpha}_n)\begin{pmatrix}x_1\\x_2\\\vdots\\x_n\end{pmatrix}=\boldsymbol{\beta}$$

成立，这意味着方程组 $\boldsymbol{Ax}=\boldsymbol{\beta}$ 有唯一解. 如此则 $\boldsymbol{A}_{m\times n}\boldsymbol{x}=\boldsymbol{\beta}$ 有唯一解、$\boldsymbol{\beta}$ 能由 $\boldsymbol{A}$ 的列向量组线性表示，且表示式唯一，以及 $r(\boldsymbol{A},\boldsymbol{\beta})=r(\boldsymbol{A})=n$ 都是完全等价的表述.

此外，当 $\boldsymbol{A}$ 为 n 阶方阵时，若 n 维列向量$\boldsymbol{\beta}$ 能由 $\boldsymbol{A}$ 的列向量组线性表示，且表示式唯一，则 $\boldsymbol{A}$ 的列向量组必然线性无关，即$|\boldsymbol{A}|\neq0$；若$\boldsymbol{\beta}$ 能由$\boldsymbol{A}$ 的列向量组线性表示，且表示式不唯一，则 $\boldsymbol{A}$ 的列向量组必然线性相关，即$|\boldsymbol{A}|=0$. 然而，值得注意的是，**当$|\boldsymbol{A}|=0$ 时，既可能$\boldsymbol{\beta}$ 能由$\boldsymbol{A}$ 的列向量组线性表示，且表示式不唯一，又可能$\boldsymbol{\beta}$ 不能由$\boldsymbol{A}$ 的列向量组线性表示**. 例如，2 维列向量 $\boldsymbol{\alpha}_1,\boldsymbol{\alpha}_2,\boldsymbol{\beta}$ 必然在同一个 2 维平面内，并且记 2 阶矩阵 $\boldsymbol{A}=(\boldsymbol{\alpha}_1,\boldsymbol{\alpha}_2)$. 若$|\boldsymbol{A}|\neq0$，即向量组 $\boldsymbol{\alpha}_1,\boldsymbol{\alpha}_2$ 线性无关，则 $\boldsymbol{\beta}$ 必然能由$\boldsymbol{A}$ 的列向量组线性表示，且表示式唯一（因为 $\boldsymbol{\alpha}_1,\boldsymbol{\alpha}_2,\boldsymbol{\beta}$ 共面，而 $\boldsymbol{\alpha}_1,\boldsymbol{\alpha}_2$ 不共线，所以根据向量的加法和数乘的几何意义，所作的平行四边形是唯一确定的，可参看图 2-1 和图 2-7(a)）. 但是，若$|\boldsymbol{A}|=0$，即向量组 $\boldsymbol{\alpha}_1,\boldsymbol{\alpha}_2$ 线性相关（$\boldsymbol{\alpha}_1,\boldsymbol{\alpha}_2$ 共线），则当 $\boldsymbol{\beta}$ 与 $\boldsymbol{\alpha}_1,\boldsymbol{\alpha}_2$ 共线时，$\boldsymbol{\beta}$ 能由 $\boldsymbol{A}$ 的列向量组线性表示，且表示式不唯一（图 2-7(b)）；而当 $\boldsymbol{\beta}$ 与 $\boldsymbol{\alpha}_1,\boldsymbol{\alpha}_2$ 不共线时，$\boldsymbol{\beta}$ 不能由 $\boldsymbol{A}$ 的列向量组线性表示（图 2-7(c)）.

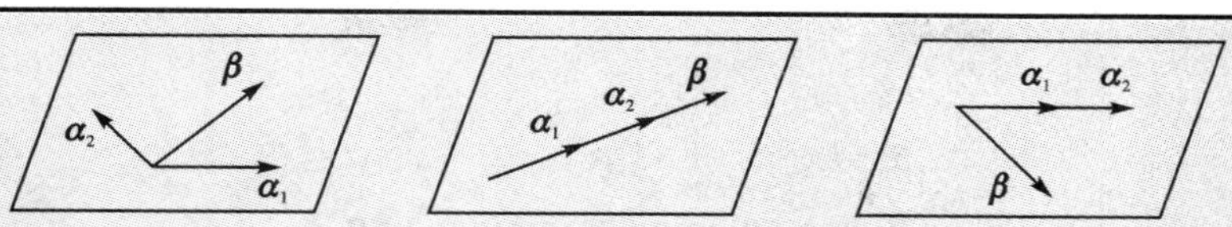

(a) (b) (c)

图 2-7

既然行列式也与向量由向量组线性表示、非齐次线性方程组的解的情况联系了起来，那么又有3组等价的表述“应运而生”：

① m 维列向量$\boldsymbol{\beta}$ 能由矩阵$\boldsymbol{A}_{m\times n}$ 的列向量组线性表示，且表示式唯一

$\Leftrightarrow$方程组$\boldsymbol{A}x=\boldsymbol{\beta}$ 有唯一解

$\Leftrightarrow r(\boldsymbol{A},\boldsymbol{\beta})=r(\boldsymbol{A})=n$

$\overset{(当m=n时)}{\Leftrightarrow} |\boldsymbol{A}|\neq 0$

$\Leftrightarrow\boldsymbol{A}$ 可逆

$\Leftrightarrow 0$ 不是$\boldsymbol{A}$ 的特征值；

②m 维列向量$\boldsymbol{\beta}$ 能由矩阵$\boldsymbol{A}_{m\times n}$ 的列向量组线性表示，且表示式不唯一

$\Leftrightarrow$方程组$\boldsymbol{A}x=\boldsymbol{\beta}$ 有无穷多解

$\Leftrightarrow r(\boldsymbol{A},\boldsymbol{\beta})=r(\boldsymbol{A})<n$

$\overset{(当m=n时)}{\Rightarrow} |\boldsymbol{A}|=0$

$\Leftrightarrow\boldsymbol{A}$ 不可逆

$\Leftrightarrow 0$ 是$\boldsymbol{A}$ 的特征值；

③m 维列向量$\boldsymbol{\beta}$ 不能由矩阵$\boldsymbol{A}_{m\times n}$ 的列向量组线性表示

$\Leftrightarrow$方程组$\boldsymbol{A}x=\boldsymbol{\beta}$ 无解

$\Leftrightarrow r(\boldsymbol{A},\boldsymbol{\beta})=r(\boldsymbol{A})+1$

$\overset{(当m=n时)}{\Rightarrow} |\boldsymbol{A}|=0$

$\Leftrightarrow\boldsymbol{A}$ 不可逆

$\Leftrightarrow 0$ 是$\boldsymbol{A}$ 的特征值.

（三）

最后说形如 $\boldsymbol{AX}=\boldsymbol{B}$ 的矩阵方程. 由于它能转化为若干个非齐次线性方程组来求解，所以也有另一张“面孔”.

对于矩阵方程

$$\boldsymbol{A}_{m\times n}\boldsymbol{X}_{n\times s}=\boldsymbol{B}_{m\times s},$$

若把矩阵 $\boldsymbol{A}$ 和矩阵 $\boldsymbol{B}$ 按列分块，并把未知矩阵 $\boldsymbol{X}$ 的各元素表示出来，则

$$(\boldsymbol{\alpha}_1,\boldsymbol{\alpha}_2,\cdots,\boldsymbol{\alpha}_n)\begin{pmatrix} x_{11} & x_{12} & \cdots & x_{1s} \\ x_{21} & x_{22} & \cdots & x_{2s} \\ \vdots & \vdots & & \vdots \\ x_{n1} & x_{n2} & \cdots & x_{ns} \end{pmatrix}=(\boldsymbol{\beta}_1,\boldsymbol{\beta}_2,\cdots,\boldsymbol{\beta}_s),$$

即有

$$\begin{cases}\boldsymbol{\beta}_1=x_{11}\boldsymbol{\alpha}_1+x_{21}\boldsymbol{\alpha}_2+\cdots+x_{n1}\boldsymbol{\alpha}_n,\\ \boldsymbol{\beta}_2=x_{12}\boldsymbol{\alpha}_1+x_{22}\boldsymbol{\alpha}_2+\cdots+x_{n2}\boldsymbol{\alpha}_n,\\ \cdots\cdots\cdots\cdots\\ \boldsymbol{\beta}_s=x_{1s}\boldsymbol{\alpha}_1+x_{2s}\boldsymbol{\alpha}_2+\cdots+x_{ns}\boldsymbol{\alpha}_n.\end{cases}$$

由此可见,矩阵方程还能与向量组由向量组线性表示产生联系,而**矩阵方程$\boldsymbol{AX}=\boldsymbol{B}$的解就是矩阵$\boldsymbol{B}$的列向量组由矩阵$\boldsymbol{A}$的列向量组线性表示的系数**.

哈!原来形如$\boldsymbol{AX}=\boldsymbol{B}$的矩阵方程也会“变脸”.

与非齐次线性方程组一样,关于形如$\boldsymbol{AX}=\boldsymbol{B}$的矩阵方程,也有类似的3组等价表述,并且同样需要注意的是,**当$|\boldsymbol{A}|=0$时,矩阵方程$\boldsymbol{AX}=\boldsymbol{B}$既可能有无穷多解,又可能无解**.且看这最后3组等价的表述:

① **矩阵$\boldsymbol{B}_{m\times s}$的列向量组能由矩阵$\boldsymbol{A}_{m\times n}$的列向量组线性表示,且表示式唯一**

$\Leftrightarrow$**矩阵方程$\boldsymbol{AX}=\boldsymbol{B}$有唯一解**

$\Leftrightarrow r(\boldsymbol{A},\boldsymbol{B})=r(\boldsymbol{A})=n$

$\overset{(当m=n时)}{\Leftrightarrow}|\boldsymbol{A}|\neq 0$

$\Leftrightarrow$**$\boldsymbol{A}$可逆**

$\Leftrightarrow$**0不是$\boldsymbol{A}$的特征值;**

② **矩阵$\boldsymbol{B}_{m\times s}$的列向量组能由矩阵$\boldsymbol{A}_{m\times n}$的列向量组线性表示,且表示式不唯一**

$\Leftrightarrow$**矩阵方程$\boldsymbol{AX}=\boldsymbol{B}$有无穷多解**

$\Leftrightarrow r(\boldsymbol{A},\boldsymbol{B})=r(\boldsymbol{A})<n$

$\overset{(当m=n时)}{\Rightarrow}|\boldsymbol{A}|=0$

$\Leftrightarrow$**$\boldsymbol{A}$不可逆**

$\Leftrightarrow$**0是$\boldsymbol{A}$的特征值;**

③ **矩阵$\boldsymbol{B}_{m\times s}$的列向量组不能由矩阵$\boldsymbol{A}_{m\times n}$的列向量组线性表示**

$\Leftrightarrow$**矩阵方程$\boldsymbol{AX}=\boldsymbol{B}$无解**

$\Leftrightarrow r(\boldsymbol{A},\boldsymbol{B})>r(\boldsymbol{A})$

$\overset{(当m=n时)}{\Rightarrow}|\boldsymbol{A}|=0$

$\Leftrightarrow$**$\boldsymbol{A}$不可逆**

$\Leftrightarrow$**0是$\boldsymbol{A}$的特征值.**

如此看来,线性方程组和向量“如影随形”:齐次线性方程组的另一张“面孔”是向量组的线性组合为零向量,非齐次线性方程组的另一张“面孔”是向量由向量组线性表示,而形如$\boldsymbol{AX}=\boldsymbol{B}$的矩阵方程的另一张“面孔”是向量组由向量组线性表示.难怪例9(1)和(2)、例10(1)和(2)都分别可以看作同一道题.而当我们发现,看似风马牛不相及的6句话竟然有着相同的含义时,这些概念被紧密地连接了起来,把线性代数"围绕"成了一个整体(如图 2－8 所示).就这样,行列式、矩阵、向量、线性方程组成了"亲密的队友",它们得以在线性代数的"舞台"上"同台表演".

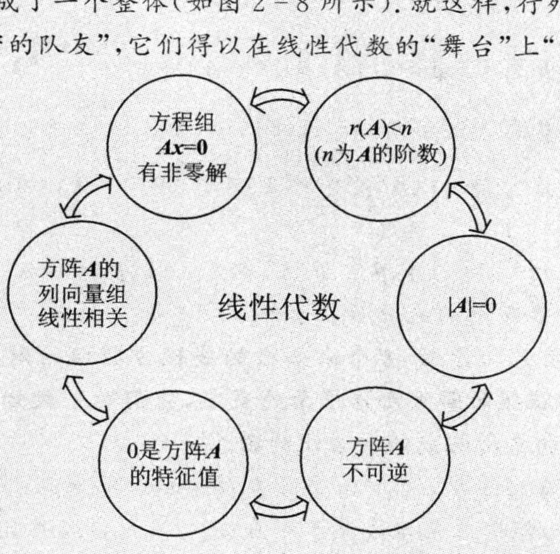

图 2－8

这是一道多么亮丽的风景线!

在线性代数的"舞台"上,线性方程组是"主角",而行列式和矩阵是"配角".至于向量,它就像一个"导演",不但是"主角"的"影子"(讨论线性方程组的解,就是讨论向量组的线性相关性和线性表示),而且还协调着"主角"和"配角"们的关系(向量组的秩连接了矩阵的秩,向量组的线性相关性连接了行列式是否为零,而它们都是讨论线性方程组解的情况的重要工具).没错,任何一个行列式和矩阵都可以看作是由向量所组成的,而线性方程组一旦"变了脸",就是向量之间的关系.没有了向量,线性代数就仿佛空中楼阁.

正所谓"绿叶衬红花",那么作为"配角"的行列式和矩阵,在讨论含参数的线性方程组的解的情况时,是如何为"主角"而"服务"的呢?

问题 3　讨论含参数的线性方程组的解的情况

知识储备

1. 判断齐次线性方程组的解的情况

① 方程组 $\boldsymbol{A}_{m\times n}\boldsymbol{x}=\boldsymbol{0}$ 只有零解 $\Leftrightarrow r(\boldsymbol{A})=n \overset{(当m=n时)}{\Leftrightarrow} |\boldsymbol{A}|\neq 0$;

② 方程组 $\boldsymbol{A}_{m\times n}\boldsymbol{x}=\boldsymbol{0}$ 有非零解 $\Leftrightarrow r(\boldsymbol{A})<n \overset{(当m=n时)}{\Leftrightarrow} |\boldsymbol{A}|=0$.

【注】根据向量组的线性相关性的性质③,"向量多,维数低,必相关",故当 $m<n$ 时,方程组 $\boldsymbol{A}_{m\times n}\boldsymbol{x}=\boldsymbol{0}$ 有非零解,即"**未知数多,方程少,必有非零解**".

2. 判断非齐次线性方程组的解的情况

① 方程组 $\boldsymbol{A}_{m\times n}\boldsymbol{x}=\boldsymbol{\beta}$ 有唯一解 $\Leftrightarrow r(\boldsymbol{A},\boldsymbol{\beta})=r(\boldsymbol{A})=n \overset{(\text{当}m=n\text{时})}{\Longleftrightarrow} |\boldsymbol{A}|\neq 0$；

② 方程组 $\boldsymbol{A}_{m\times n}\boldsymbol{x}=\boldsymbol{\beta}$ 有无穷多解 $\Leftrightarrow r(\boldsymbol{A},\boldsymbol{\beta})=r(\boldsymbol{A})<n \overset{(\text{当}m=n\text{时})}{\Longrightarrow} |\boldsymbol{A}|=0$；

③ 方程组 $\boldsymbol{A}_{m\times n}\boldsymbol{x}=\boldsymbol{\beta}$ 无解 $\Leftrightarrow r(\boldsymbol{A},\boldsymbol{\beta})=r(\boldsymbol{A})+1 \overset{(\text{当}m=n\text{时})}{\Longrightarrow} |\boldsymbol{A}|=0$.

【注】

(i) 由于 $r(\boldsymbol{A},\boldsymbol{\beta})\neq r(\boldsymbol{A})$ 和 $r(\boldsymbol{A},\boldsymbol{\beta})>r(\boldsymbol{A})$ 都是 $r(\boldsymbol{A},\boldsymbol{\beta})=r(\boldsymbol{A})+1$ 的充分必要条件，故它们也都是方程组 $\boldsymbol{A}\boldsymbol{x}=\boldsymbol{\beta}$ 无解的充分必要条件.

(ii) 线性方程组也有几何意义：**2 个未知数的线性方程组的解可看作平面上直线的交点，3 个未知数的线性方程组的解可看作平面的交点，它们的系数矩阵的秩分别等于平面上的各直线或各平面的法向量所组成的向量组的秩.**

对于平面上 3 条直线的方程 $a_{i1}x+a_{i2}y=b_i(i=1,2,3)$ 所组成的线性方程组，

① 若方程组有唯一解，则 3 条直线交于一点（图 2-9(a)），并且其系数矩阵和增广矩阵的秩都为 2.

② 若方程组有无穷多解，则 3 条直线重合（图 2-9(b)），并且其系数矩阵和增广矩阵的秩都为 1.

③ 若方程组无解，则 3 条直线无交点，并且当 3 条直线两两相互平行（图 2-9(c)），或者其中有 2 条直线相互平行，而另一条与其中一条重合（图 2-9(d)）时，其系数矩阵的秩为 1，增广矩阵的秩为 2；当 3 条直线两两相交且交点不重合（图 2-9(e)），或者其中有 2 条直线相互平行（或重合），而另一条与它们相交（图 2-9(f)、图 2-9(g)）时，其系数矩阵的秩为 2，增广矩阵的秩为 3.

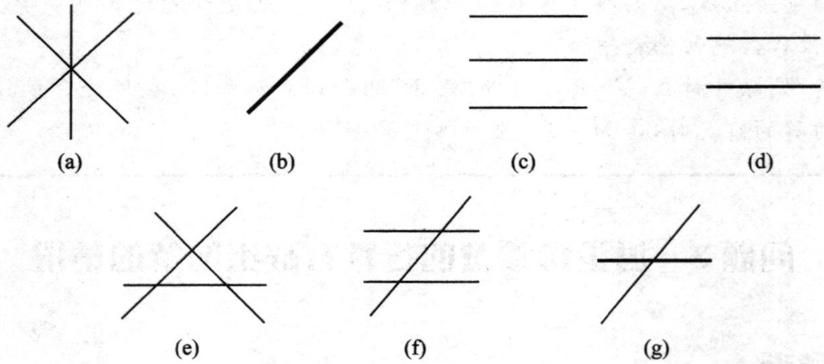

图 2-9

对于 3 张平面的方程 $a_{i1}x+a_{i2}y+a_{i3}z=b_i(i=1,2,3)$ 所组成的线性方程组，

① 若方程组有唯一解，则 3 张平面交于一点（图 2-10(a)），并且其系数矩阵和增广矩阵的秩都为 3.

② 若方程组有无穷多解，则 3 张平面有无穷多个交点，并且当 3 张平面重合时（图 2-10(b)），其系数矩阵和增广矩阵的秩都为 1；当 3 张平面交于一线时（图 2-10(c)），其系数矩阵和增广矩阵的秩都为 2.

③ 若方程组无解，则 3 张平面无交点，并且当 3 张平面两两相互平行(图 2－10(d))，或者其中有 2 张平面相互平行，而另一张与其中一张重合(图 2－10(e))时，其系数矩阵的秩为 1，增广矩阵的秩为 2；当 3 张平面两两相交且交线相互平行(图 2－10(f))，或者其中有 2 张平面相互平行(或重合)，而另一张与它们相交(图 2－10(g)、图 2－10(h))时，其系数矩阵的秩为 2，增广矩阵的秩为 3.

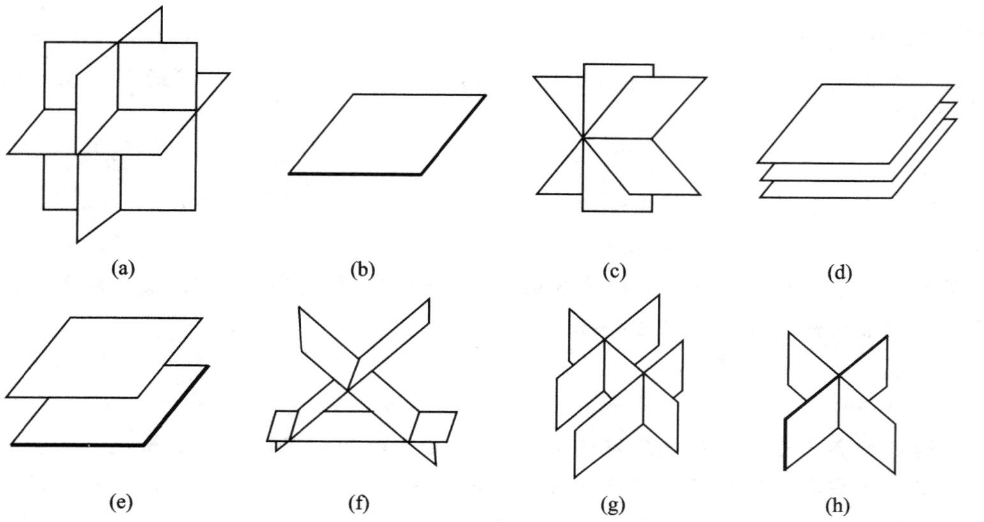

图 2－10

(iii) **克拉默法则**：当 $\boldsymbol{A}$ 为 n 阶方阵时，若 $|\boldsymbol{A}|\neq 0$，则方程组 $\boldsymbol{Ax}=\boldsymbol{\beta}$ 有唯一解，且

$$x_i=\frac{|\boldsymbol{A}_i|}{|\boldsymbol{A}|}(i=1,2,\cdots,n),$$

其中 $|\boldsymbol{A}_i|$ 为由向量 $\boldsymbol{\beta}$ 的各分量代替 $|\boldsymbol{A}|$ 第 i 列各元素后所得到的行列式.

例如，对于方程组

$$\begin{cases}2x_1+x_2=4,\\ x_1-3x_2=-5,\end{cases}$$

由于

$$\begin{vmatrix}2 & 1\\ 1 & -3\end{vmatrix}=-7\neq 0,$$

故

$$x_1=\frac{\begin{vmatrix}4 & 1\\ -5 & -3\end{vmatrix}}{\begin{vmatrix}2 & 1\\ 1 & -3\end{vmatrix}}=1,x_2=\frac{\begin{vmatrix}2 & 4\\ 1 & -5\end{vmatrix}}{\begin{vmatrix}2 & 1\\ 1 & -3\end{vmatrix}}=2.$$

3. 判断形如 $\boldsymbol{AX}=\boldsymbol{B}$ 的矩阵方程的解的情况

① 矩阵方程 $\boldsymbol{A}_{m\times n}\boldsymbol{X}=\boldsymbol{B}$ 有唯一解$\Leftrightarrow r(\boldsymbol{A},\boldsymbol{B})=r(\boldsymbol{A})=n\overset{(当m=n时)}{\Leftrightarrow}|\boldsymbol{A}|\neq 0$；

② 矩阵方程 $A_{m\times n}X=B$ 有无穷多解$\Leftrightarrow r(A,B)=r(A)<n\overset{(当m=n时)}{\Rightarrow}|A|=0$；

③ 矩阵方程 $A_{m\times n}X=B$ 无解$\Leftrightarrow r(A,B)>r(A)\overset{(当m=n时)}{\Rightarrow}|A|=0$.

问题研究

题眼探索 在掌握了线性方程组的解法后，下一个需要面对的问题就是讨论含参数的线性方程组的解的情况. 而解决这个问题，主要利用行列式和矩阵的秩. 但是，它们却"分工不同".

很显然，只有当方程组的系数矩阵为方阵时，它的行列式才有意义. 另外，对于非齐次线性方程组 $A_{n\times n}x=\beta$，由于当 $|A|=0$ 时，它既可能有无穷多解，又可能无解，所以行列式并非讨论非齐次线性方程组的解的情况的"趁手工具". 与之相比，**行列式更适用于讨论未知数个数等于方程个数的齐次线性方程组的解的情况，或者向量个数等于向量维数的向量组的线性相关性.**

虽然讨论矩阵的秩有时不如计算行列式方便，但是线性方程组的每种解的情况都有一个关于矩阵的秩的关系式作为其充分必要条件，它们之间一一对应，不易混淆. 尤其**在讨论非齐次线性方程组的解的情况（或向量由向量组线性表示的情况），以及未知数个数小于方程个数的齐次线性方程组的解的情况（或向量个数小于向量维数的向量组的线性相关性）时，常利用矩阵的秩.**

如此说来，讨论含参数的线性方程组解的情况（或向量组的线性相关性、向量由向量组线性表示的情况）的问题，最终将归结为计算行列式或讨论矩阵的秩. 这不都是我们所熟悉的问题吗？

1. 利用行列式

【例 11】 已知方程组

$$\begin{cases} x_1 + x_4 = 0, \\ ax_1 + x_2 = 0, \\ ax_2 + x_3 = 0, \\ ax_3 + x_4 = 0 \end{cases}$$

有非零解，则 $a=$________.

【解】 $$|A|=\begin{vmatrix}1&0&0&1\\a&1&0&0\\0&a&1&0\\0&0&a&1\end{vmatrix}=\begin{vmatrix}1&0&0\\a&1&0\\0&a&1\end{vmatrix}-\begin{vmatrix}a&1&0\\0&a&1\\0&0&a\end{vmatrix}=1-a^3.$$

由于原方程组有非零解，故 $|A|=0$，从而 $a=1$.

【题外话】

(i) 本例中所计算的行列式是"双对角线＋左下元"形行列式的转置行列式"双对角线＋右上元"形行列式，按第 1 行展开便能计算出它的值（可参看第一章例 2）.

(ii) 请读者自行练习：

已知向量组 $(1,a,0,0)^{\mathrm{T}},(0,1,a,0)^{\mathrm{T}},(0,0,1,a)^{\mathrm{T}},(1,0,0,1)^{\mathrm{T}}$ 线性相关，则 $a=$ ________.

（答案为 1）

显然，这与本例是完全相同的问题.

在本例中，我们“小试牛刀”，讨论了一个含参数的 4 元线性方程组的解的情况. 不妨再看一个 n 元线性方程组问题.

【例 12】（2002 年考研题）设齐次线性方程组

$$\begin{cases} ax_1+bx_2+bx_3+\cdots+bx_n=0, \\ bx_1+ax_2+bx_3+\cdots+bx_n=0, \\ \cdots\cdots\cdots\cdots \\ bx_1+bx_2+bx_3+\cdots+ax_n=0, \end{cases}$$

其中 $a\neq 0,b\neq 0,n\geqslant 2$. 试讨论 a,b 为何值时，方程组仅有零解、有无穷多解？当有无穷多解时，求出全部解，并用基础解系表示全部解.

【解】 $|\boldsymbol{A}|=\begin{vmatrix} a & b & b & \cdots & b \\ b & a & b & \cdots & b \\ \vdots & \vdots & \vdots & & \vdots \\ b & b & b & \cdots & a \end{vmatrix}=[a+(n-1)b]\begin{vmatrix} 1 & 1 & 1 & \cdots & 1 \\ b & a & b & \cdots & b \\ \vdots & \vdots & \vdots & & \vdots \\ b & b & b & \cdots & a \end{vmatrix}$

$$=[a+(n-1)b]\begin{vmatrix} 1 & 1 & 1 & \cdots & 1 \\ 0 & a-b & 0 & \cdots & 0 \\ \vdots & \vdots & \vdots & & \vdots \\ 0 & 0 & 0 & \cdots & a-b \end{vmatrix}=[a+(n-1)b](a-b)^{n-1}.$$

1° 当 $a\neq b$ 且 $a\neq(1-n)b$ 时，由于 $|\boldsymbol{A}|\neq 0$，故原方程组仅有零解.

2°当 $a=b$ 或 $a=(1-n)b$ 时，由于 $|\boldsymbol{A}|=0$，故原方程组有无穷多解.

① 当 $a=b$ 时，由于

$$\boldsymbol{A}=\begin{pmatrix} a & a & a & \cdots & a \\ a & a & a & \cdots & a \\ \vdots & \vdots & \vdots & & \vdots \\ a & a & a & \cdots & a \end{pmatrix}\xrightarrow{r}\begin{pmatrix} 1 & 1 & 1 & \cdots & 1 \\ 0 & 0 & 0 & \cdots & 0 \\ \vdots & \vdots & \vdots & & \vdots \\ 0 & 0 & 0 & \cdots & 0 \end{pmatrix},$$

故得与原方程组同解的方程组

$$x_1+x_2+x_3+\cdots+x_n=0,$$

即得

$$x_1=-x_2-x_3-\cdots-x_n.$$

令 $x_2=k_1,x_3=k_2,\cdots,x_n=k_{n-1}$，则原方程组的通解为

$$k_1(-1,1,0,\cdots,0)^{\mathrm{T}}+k_2(-1,0,1,\cdots,0)^{\mathrm{T}}+\cdots+k_{n-1}(-1,0,0,\cdots,1)^{\mathrm{T}},$$

其中 $k_1,k_2,\cdots,k_{n-1}$ 为任意常数，并且向量组

$$(-1,1,0,\cdots,0)^{\mathrm{T}},(-1,0,1,\cdots,0)^{\mathrm{T}},\cdots,(-1,0,0,\cdots,1)^{\mathrm{T}}$$

是它的一个基础解系.

② 当 $a=(1-n)b$ 时，由于

$$\boldsymbol{A}=\begin{pmatrix}(1-n)b & b & b & \cdots & b\\ b & (1-n)b & b & \cdots & b\\ \vdots & \vdots & \vdots & & \vdots\\ b & b & b & \cdots & (1-n)b\end{pmatrix}$$

$$\xrightarrow{r}\begin{pmatrix}1-n & 1 & 1 & \cdots & 1\\ 1 & 1-n & 1 & \cdots & 1\\ \vdots & \vdots & \vdots & & \vdots\\ 1 & 1 & 1 & \cdots & 1-n\end{pmatrix}\xrightarrow{r}\begin{pmatrix}1 & 0 & 0 & \cdots & 0 & -1\\ 0 & 1 & 0 & \cdots & 0 & -1\\ \vdots & \vdots & \vdots & & \vdots & \vdots\\ 0 & 0 & 0 & \cdots & 1 & -1\\ 0 & 0 & 0 & \cdots & 0 & 0\end{pmatrix},$$

故得与原方程组同解的方程组

$$\begin{cases}x_1-x_n=0,\\ x_2-x_n=0,\\ \cdots\cdots\cdots\cdots\\ x_{n-1}-x_n=0,\end{cases}$$

即得

$$\begin{cases}x_1=x_n,\\ x_2=x_n,\\ \cdots\cdots\cdots\cdots\\ x_{n-1}=x_n.\end{cases}$$

令 $x_n=k$,则原方程组的通解为

$$k(1,1,\cdots,1)^{\mathrm{T}},$$

其中 k 为任意常数,并且向量组

$$(1,1,\cdots,1)^{\mathrm{T}}$$

是它的一个基础解系.

【题外话】

(i) 本例中所计算的行列式是"行(列)和相等"形行列式,早在第一章例 4 后就已经请读者自行练习过.

(ii) n 阶矩阵的初等行变换是个令人头疼的问题.本例中,如何把 n 阶矩阵

$$\begin{pmatrix}1-n & 1 & 1 & \cdots & 1\\ 1 & 1-n & 1 & \cdots & 1\\ \vdots & \vdots & \vdots & & \vdots\\ 1 & 1 & 1 & \cdots & 1-n\end{pmatrix}$$

变成行最简形矩阵呢?可参照计算"列和相等"形行列式的方法作初等行变换:

$$\begin{pmatrix}1-n & 1 & 1 & \cdots & 1\\ 1 & 1-n & 1 & \cdots & 1\\ \vdots & \vdots & \vdots & & \vdots\\ 1 & 1 & 1 & \cdots & 1-n\end{pmatrix}\xrightarrow[\substack{\vdots\\ r_n+r_{n-1}}]{\substack{r_n+r_1\\ r_n+r_2}}\begin{pmatrix}1-n & 1 & 1 & \cdots & 1 & 1\\ 1 & 1-n & 1 & \cdots & 1 & 1\\ \vdots & \vdots & \vdots & & \vdots & \vdots\\ 1 & 1 & 1 & \cdots & 1-n & 1\\ 0 & 0 & 0 & \cdots & 0 & 0\end{pmatrix}$$

$$\xrightarrow[r_1+r_{n-1}]{\substack{r_1+r_2\\ r_1+r_3\\ \vdots}}\begin{pmatrix}-1&-1&-1&\cdots&-1&n-1\\1&1-n&1&\cdots&1&1\\\vdots&\vdots&\vdots&&\vdots&\vdots\\1&1&1&\cdots&1-n&1\\0&0&0&\cdots&0&0\end{pmatrix}$$

$$\xrightarrow[r_{n-1}+r_1]{\substack{r_2+r_1\\ r_3+r_1\\ \vdots}}\begin{pmatrix}-1&-1&-1&\cdots&-1&n-1\\0&-n&0&\cdots&0&n\\\vdots&\vdots&\vdots&&\vdots&\vdots\\0&0&0&\cdots&-n&n\\0&0&0&\cdots&0&0\end{pmatrix}$$

$$\xrightarrow[r_1\times(-1)]{\substack{r_2\div(-n)\\ r_3\div(-n)\\ \vdots\\ r_{n-1}\div(-n)}}\begin{pmatrix}1&1&1&\cdots&1&1-n\\0&1&0&\cdots&0&-1\\\vdots&\vdots&\vdots&&\vdots&\vdots\\0&0&0&\cdots&1&-1\\0&0&0&\cdots&0&0\end{pmatrix}$$

$$\xrightarrow[r_1-r_{n-1}]{\substack{r_1-r_2\\ r_1-r_3\\ \vdots}}\begin{pmatrix}1&0&0&\cdots&0&-1\\0&1&0&\cdots&0&-1\\\vdots&\vdots&\vdots&&\vdots&\vdots\\0&0&0&\cdots&1&-1\\0&0&0&\cdots&0&0\end{pmatrix}.$$

那么，如果想不到这种作初等行变换的方法，就真的束手无策了吗？不妨取 $n=4$，则

$$\begin{pmatrix}-3&1&1&1\\1&-3&1&1\\1&1&-3&1\\1&1&1&-3\end{pmatrix}\xrightarrow{r_1\leftrightarrow r_4}\begin{pmatrix}1&1&1&-3\\1&-3&1&1\\1&1&-3&1\\-3&1&1&1\end{pmatrix}\xrightarrow[r_4+3r_1]{\substack{r_2-r_1\\ r_3-r_1}}\begin{pmatrix}1&1&1&-3\\0&-4&0&4\\0&0&-4&4\\0&4&4&-8\end{pmatrix}$$

$$\xrightarrow[r_4\div 4]{\substack{r_2\div(-4)\\ r_3\div(-4)}}\begin{pmatrix}1&1&1&-3\\0&1&0&-1\\0&0&1&-1\\0&1&1&-2\end{pmatrix}\xrightarrow[r_4-r_3]{r_4-r_2}\begin{pmatrix}1&1&1&-3\\0&1&0&-1\\0&0&1&-1\\0&0&0&0\end{pmatrix}$$

$$\xrightarrow[r_1-r_3]{r_1-r_2}\begin{pmatrix}1&0&0&-1\\0&1&0&-1\\0&0&1&-1\\0&0&0&0\end{pmatrix}.$$

再根据所得的行最简形矩阵的元素分布规律，就能直接写出 n 阶矩阵

$$\begin{pmatrix}1-n&1&1&\cdots&1\\1&1-n&1&\cdots&1\\\vdots&\vdots&\vdots&&\vdots\\1&1&1&\cdots&1-n\end{pmatrix}$$

的行最简形矩阵. 而只要把系数矩阵变成行最简形矩阵,那么求这个 n 元齐次线性方程组的通解便只需按部就班即可.

2. 利用矩阵的秩

【例 13】 已知行向量(1,3,0)不能由行向量组(1,2,1),(2,3,a),(1,a+2,−2)线性表示,则 a=________.

【分析】本例所给的都是行向量,并非我们所熟悉的列向量,难免令人一头雾水.

不妨回归线性表示的定义,设

$$x_1(1,2,1)+x_2(2,3,a)+x_3(1,a+2,-2)=(1,3,0),$$

则

$$(x_1+2x_2+x_3,2x_1+3x_2+(a+2)x_3,x_1+ax_2-2x_3)=(1,3,0),$$

即得方程组

$$\begin{cases} x_1+2x_2+x_3=1, \\ 2x_1+3x_2+(a+2)x_3=3, \\ x_1+ax_2-2x_3=0, \end{cases} \tag{2-5}$$

并且其增广矩阵为

$$\begin{pmatrix} 1 & 2 & 1 & 1 \\ 2 & 3 & a+2 & 3 \\ 1 & a & -2 & 0 \end{pmatrix}.$$

哈! 所得方程组的增广矩阵竟是由各行向量转置后拼成的,各行向量转置后的向量就是增广矩阵的列向量. 由此可见,本例无异于已知列向量$(1,3,0)^{\mathrm{T}}$不能由列向量组$(1,2,1)^{\mathrm{T}}$,$(2,3,a)^{\mathrm{T}}$,$(1,a+2,-2)^{\mathrm{T}}$线性表示,它们都意味着方程组(2-5)无解.

【解】$(\boldsymbol{A},\boldsymbol{\beta})=\begin{pmatrix} 1 & 2 & 1 & 1 \\ 2 & 3 & a+2 & 3 \\ 1 & a & -2 & 0 \end{pmatrix}$

$$\xrightarrow[r_3-r_1]{r_2-2r_1}\begin{pmatrix} 1 & 2 & 1 & 1 \\ 0 & -1 & a & 1 \\ 0 & a-2 & -3 & -1 \end{pmatrix}$$

$$\xrightarrow{r_3+(a-2)r_2}\begin{pmatrix} 1 & 2 & 1 & 1 \\ 0 & -1 & a & 1 \\ 0 & 0 & (a-3)(a+1) & a-3 \end{pmatrix}.$$

由题意,$r(\boldsymbol{A},\boldsymbol{\beta})=r(\boldsymbol{A})+1$,故由

$$\begin{cases} (a-3)(a+1)=0, \\ a-3\neq 0 \end{cases}$$

可知 $a=-1$.

【题外话】

(i) 本例告诉我们,**若要讨论行向量$\boldsymbol{\beta}^{\mathrm{T}}$由行向量组$\boldsymbol{\alpha}_1^{\mathrm{T}}$,$\boldsymbol{\alpha}_2^{\mathrm{T}}$,…,$\boldsymbol{\alpha}_n^{\mathrm{T}}$线性表示的情况,则可**

将各向量转置后拼成矩阵

$$(\boldsymbol{A},\boldsymbol{\beta})=(\boldsymbol{\alpha}_1,\boldsymbol{\alpha}_2,\cdots,\boldsymbol{\alpha}_n,\boldsymbol{\beta}),$$

使转置后的向量成为$(\boldsymbol{A},\boldsymbol{\beta})$的列向量，再讨论矩阵$\boldsymbol{A}$和$(\boldsymbol{A},\boldsymbol{\beta})$的秩，其过程与讨论列向量$\boldsymbol{\beta}$由列向量组$\boldsymbol{\alpha}_1,\boldsymbol{\alpha}_2,\cdots,\boldsymbol{\alpha}_n$线性表示的情况完全一致．类似地，**若要讨论行向量组$\boldsymbol{\alpha}_1^{\mathrm{T}},\boldsymbol{\alpha}_2^{\mathrm{T}},\cdots,\boldsymbol{\alpha}_n^{\mathrm{T}}$的线性相关性，则可将各向量转置后拼成矩阵**

$$\boldsymbol{A}=(\boldsymbol{\alpha}_1,\boldsymbol{\alpha}_2,\cdots,\boldsymbol{\alpha}_n),$$

使转置后的向量成为$\boldsymbol{A}$的列向量，再计算矩阵$\boldsymbol{A}$的行列式(当$\boldsymbol{A}$为方阵时)或讨论它的秩，其过程与讨论列向量组$\boldsymbol{\alpha}_1,\boldsymbol{\alpha}_2,\cdots,\boldsymbol{\alpha}_n$的线性相关性完全一致．

(ii) 本例也可以利用行列式来求参数a：由于

$$|\boldsymbol{A}|=\begin{vmatrix}1&2&1\\2&3&a+2\\1&a&-2\end{vmatrix}=(a+1)(3-a),$$

故由$|\boldsymbol{A}|=0$可知$a=-1$或$a=3$．然而值得注意的是，因为$|\boldsymbol{A}|=0$是向量$\boldsymbol{\beta}$不能由方阵$\boldsymbol{A}$的列向量组线性表示的必要非充分条件，所以仍然不得不利用矩阵的秩来验根：当$a=3$时，由于

$$(\boldsymbol{A},\boldsymbol{\beta})\xrightarrow{r}\begin{pmatrix}1&2&1&1\\0&-1&3&1\\0&0&0&0\end{pmatrix},$$

故$r(\boldsymbol{A},\boldsymbol{\beta})=r(\boldsymbol{A})=2<3$，从而向量$\boldsymbol{\beta}$能由方阵$\boldsymbol{A}$的列向量组线性表示，且表示式不唯一，应舍去．这样看来，既然最终还得“派秩出马”，那么何不从一开始就利用矩阵的秩来求参数a呢？显然，在讨论向量由向量组线性表示的情况(或非齐次线性方程组的解的情况)时，矩阵的秩往往比行列式要用得“趁手”．

(iii) 在利用矩阵的秩来讨论非齐次线性方程组$\boldsymbol{Ax}=\boldsymbol{\beta}$的解的情况(或向量$\boldsymbol{\beta}$由矩阵$\boldsymbol{A}$的列向量组线性表示的情况)时，应不受参数的干扰，大胆地把增广矩阵$(\boldsymbol{A},\boldsymbol{\beta})$变成行阶梯形矩阵．以$\boldsymbol{A}$为3阶方阵时为例，假设可作初等行变换把增广矩阵$(\boldsymbol{A},\boldsymbol{\beta})$变成如图2-11所示的行阶梯形矩阵．

这时，如果要讨论方程组的解的情况，那么就有以下两种情形：

1°**若位置①的元素不含参数且不为零，则位置②的元素一般会含有参数，应先讨论其是否为零**(如本例)．若位置②和位置③的元素都为零，则方程组有无穷多解；若位置②的元素为零，而位置③的元素不为零，则方程组无解．可一旦位置②的元素不为零，那么无论位置③的元素是否为零，方程组都有唯一解．

2°**若位置①的元素含有参数，则应先讨论其是否为零**(如例14)．若为零，则必然能继续作初等行变换把位置②的元素也变成零(如图2-12所示)．此时，若位置③的元素为零，则方程组有无穷多解；若不为零，则方程组无解．而当位置①的元素不为零时，便能像第1°种情形那样去讨论位置②的元素是否为零．

本例的向量组中仅含一个参数．那么，当向量组中含有两个参数时，还能思路清晰地对参数进行分类讨论吗？请看例14．

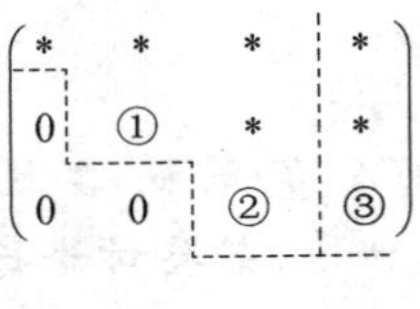

$$\begin{pmatrix} * & * & * & * \\ 0 & ① & * & * \\ 0 & 0 & ② & ③ \end{pmatrix}$$

图 2 - 11

$$\begin{pmatrix} * & * & * & * \\ 0 & 0 & * & * \\ 0 & 0 & 0 & ③ \end{pmatrix}$$

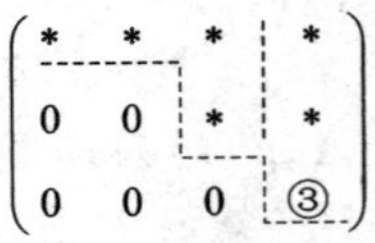

图 2 - 12

【例 14】 (2004 年考研题)设

$$\boldsymbol{\alpha}_1 = (1,2,0)^{\mathrm{T}}, \boldsymbol{\alpha}_2 = (1,a+2,-3a)^{\mathrm{T}}, \boldsymbol{\alpha}_3 = (-1,-b-2,a+2b)^{\mathrm{T}}, \boldsymbol{\beta} = (1,3,-3)^{\mathrm{T}}.$$

试讨论当 a,b 为何值时,

(1) $\boldsymbol{\beta}$ 不能由 $\boldsymbol{\alpha}_1, \boldsymbol{\alpha}_2, \boldsymbol{\alpha}_3$ 线性表示;

(2) $\boldsymbol{\beta}$ 可由 $\boldsymbol{\alpha}_1, \boldsymbol{\alpha}_2, \boldsymbol{\alpha}_3$ 唯一地线性表示,并求出表示式;

(3) $\boldsymbol{\beta}$ 可由 $\boldsymbol{\alpha}_1, \boldsymbol{\alpha}_2, \boldsymbol{\alpha}_3$ 线性表示,但表示式不唯一,并求出表示式.

【解】 设

$$\boldsymbol{\beta} = x_1 \boldsymbol{\alpha}_1 + x_2 \boldsymbol{\alpha}_2 + x_3 \boldsymbol{\alpha}_3,$$

即得方程组

$$(\boldsymbol{\alpha}_1, \boldsymbol{\alpha}_2, \boldsymbol{\alpha}_3) \begin{pmatrix} x_1 \\ x_2 \\ x_3 \end{pmatrix} = \boldsymbol{\beta}. \tag{2-6}$$

记 $\boldsymbol{A} = (\boldsymbol{\alpha}_1, \boldsymbol{\alpha}_2, \boldsymbol{\alpha}_3)$,并对矩阵 $(\boldsymbol{A}, \boldsymbol{\beta})$ 作初等行变换变成行阶梯形矩阵,有

$$(\boldsymbol{A}, \boldsymbol{\beta}) = \begin{pmatrix} 1 & 1 & -1 & 1 \\ 2 & a+2 & -b-2 & 3 \\ 0 & -3a & a+2b & -3 \end{pmatrix} \xrightarrow{r} \begin{pmatrix} 1 & 1 & -1 & 1 \\ 0 & a & -b & 1 \\ 0 & 0 & a-b & 0 \end{pmatrix}.$$

(1) 当 $a = 0$ 时,由于

$$(\boldsymbol{A}, \boldsymbol{\beta}) \xrightarrow{r} \begin{pmatrix} 1 & 1 & -1 & 1 \\ 0 & 0 & -b & 1 \\ 0 & 0 & 0 & -1 \end{pmatrix},$$

故 $r(\boldsymbol{A}, \boldsymbol{\beta}) = r(\boldsymbol{A}) + 1$,从而 $\boldsymbol{\beta}$ 不能由 $\boldsymbol{\alpha}_1, \boldsymbol{\alpha}_2, \boldsymbol{\alpha}_3$ 线性表示.

(2) 当 $a \neq 0$ 且 $a \neq b$ 时,由于 $r(\boldsymbol{A}, \boldsymbol{\beta}) = r(\boldsymbol{A}) = 3$,故 $\boldsymbol{\beta}$ 可由 $\boldsymbol{\alpha}_1, \boldsymbol{\alpha}_2, \boldsymbol{\alpha}_3$ 唯一地线性表示. 又由于

$$(\boldsymbol{A}, \boldsymbol{\beta}) \xrightarrow{r} \begin{pmatrix} 1 & 0 & 0 & 1-\dfrac{1}{a} \\ 0 & 1 & 0 & \dfrac{1}{a} \\ 0 & 0 & 1 & 0 \end{pmatrix},$$

故可得方程组(2 - 6)的解

$$x_1 = 1 - \frac{1}{a}, \quad x_2 = \frac{1}{a}, \quad x_3 = 0,$$

从而所求表示式为

$$\boldsymbol{\beta} = \left(1 - \frac{1}{a}\right) \boldsymbol{\alpha}_1 + \frac{1}{a} \boldsymbol{\alpha}_2.$$

(3) 当 $a\neq 0$ 且 $a=b$ 时，由于

$$(\boldsymbol{A},\boldsymbol{\beta})\xrightarrow{r}\begin{pmatrix}1&1&-1&1\\0&a&-a&1\\0&0&0&0\end{pmatrix},$$

故 $r(\boldsymbol{A},\boldsymbol{\beta})=r(\boldsymbol{A})=2<3$，从而 $\boldsymbol{\beta}$ 可由 $\boldsymbol{\alpha}_1,\boldsymbol{\alpha}_2,\boldsymbol{\alpha}_3$ 线性表示，但表示式不唯一. 又由于

$$(\boldsymbol{A},\boldsymbol{\beta})\xrightarrow{r}\begin{pmatrix}1&0&0&1-\dfrac{1}{a}\\0&1&-1&\dfrac{1}{a}\\0&0&0&0\end{pmatrix},$$

故可得方程组(2-6)的通解

$$k(0,1,1)^{\mathrm{T}}+\left(1-\frac{1}{a},\frac{1}{a},0\right)^{\mathrm{T}},$$

即

$$x_1=1-\frac{1}{a},x_2=k+\frac{1}{a},x_3=k,$$

从而所求表示式为

$$\boldsymbol{\beta}=\left(1-\frac{1}{a}\right)\boldsymbol{\alpha}_1+\left(k+\frac{1}{a}\right)\boldsymbol{\alpha}_2+k\boldsymbol{\alpha}_3,$$

其中 k 为任意常数.

【题外话】

(i) 本例的关键在于要理清对参数进行分类讨论的层次. 先应讨论 a(即图 2-11 中位置①的元素)是否为零，而当 a 不为零时，再讨论 $a-b$(即图 2-11 中位置②的元素)是否为零.

(ii) **一旦矩阵中含有参数，那么不受参数的干扰，对矩阵作初等行变换是解题者必须要跨越的障碍**. 就本例而言，这个障碍尤其体现在把矩阵$(\boldsymbol{A},\boldsymbol{\beta})$变成行最简形矩阵，从而解方程组(2-6)时：在本例(2)中，当 $a\neq 0$ 且 $a\neq b$ 时，

$$\begin{pmatrix}1&1&-1&1\\0&a&-b&1\\0&0&a-b&0\end{pmatrix}\xrightarrow[r_3\div(a-b)]{r_2\div a}\begin{pmatrix}1&1&-1&1\\0&1&-\dfrac{b}{a}&\dfrac{1}{a}\\0&0&1&0\end{pmatrix}\xrightarrow{r_1-r_2}\begin{pmatrix}1&0&\dfrac{b}{a}-1&1-\dfrac{1}{a}\\0&1&-\dfrac{b}{a}&\dfrac{1}{a}\\0&0&1&0\end{pmatrix}$$

$$\xrightarrow[r_2+\frac{b}{a}r_3]{r_1-\left(\frac{b}{a}-1\right)r_3}\begin{pmatrix}1&0&0&1-\dfrac{1}{a}\\0&1&0&\dfrac{1}{a}\\0&0&1&0\end{pmatrix};$$

而在本例(3)中，当 $a\neq 0$ 且 $a=b$ 时，

$$\begin{pmatrix}1&1&-1&1\\0&a&-a&1\\0&0&0&0\end{pmatrix}\xrightarrow{r_2\div a}\begin{pmatrix}1&1&-1&1\\0&1&-1&\frac{1}{a}\\0&0&0&0\end{pmatrix}\xrightarrow{r_1-r_2}\begin{pmatrix}1&0&0&1-\frac{1}{a}\\0&1&-1&\frac{1}{a}\\0&0&0&0\end{pmatrix}.$$

其实不难发现，对这两个含参数的矩阵作初等行变换变成行最简形矩阵的过程，与不含参数的矩阵并无差别. 而**当结果中的参数无法去除时，应放心大胆地保留**（比如本例所得的行最简形矩阵及最终所求出的线性表示的表示式中都含参数 a).

(iii) 本例还有另一张"面孔"，它与下面这道题可以看作同一道题：

设非齐次线性方程组

$$\begin{cases}x_1+\quad x_2-\quad x_3=\ 1,\\2x_1+(a+2)x_2-(b+2)x_3=\ 3,\\\quad -3ax_2+(a+2b)x_3=-3,\end{cases}$$

试讨论当 a,b 为何值时，

(1) 方程组无解；

(2) 方程组有唯一解，并求解此方程组；

(3) 方程组有无穷多解，并求解此方程组.

前面讲过，形如 $\boldsymbol{AX}=\boldsymbol{B}$ 的矩阵方程可用按列分块法转化为非齐次线性方程组来求解（可参看例 10(1)). 那么，又该如何讨论含参数的形如 $\boldsymbol{AX}=\boldsymbol{B}$ 的矩阵方程的解的情况呢？

【例 15】 (2016 年考研题)设矩阵

$$\boldsymbol{A}=\begin{pmatrix}1&-1&-1\\2&a&1\\-1&1&a\end{pmatrix},\boldsymbol{B}=\begin{pmatrix}2&2\\1&a\\-a-1&-2\end{pmatrix},$$

当 a 为何值时，方程 $\boldsymbol{AX}=\boldsymbol{B}$ 无解、有唯一解、有无穷多解？在有解时，求解此方程.

【解】 记 $\boldsymbol{\beta}_1=(2,1,-a-1)^{\mathrm{T}}$，$\boldsymbol{\beta}_2=(2,a,-2)^{\mathrm{T}}$，并且设 $\boldsymbol{X}=(\boldsymbol{x}_1,\boldsymbol{x}_2)$，则由 $\boldsymbol{AX}=\boldsymbol{B}$ 可知

$$\boldsymbol{A}(\boldsymbol{x}_1,\boldsymbol{x}_2)=(\boldsymbol{\beta}_1,\boldsymbol{\beta}_2),$$

即得到方程组

$$\boldsymbol{Ax}_1=\boldsymbol{\beta}_1,\boldsymbol{Ax}_2=\boldsymbol{\beta}_2.$$

对矩阵 $(\boldsymbol{A},\boldsymbol{B})$ 作初等行变换变成行阶梯形矩阵，有

$$(\boldsymbol{A},\boldsymbol{B})=\begin{pmatrix}1&-1&-1&2&2\\2&a&1&1&a\\-1&1&a&-a-1&-2\end{pmatrix}\xrightarrow{r}\begin{pmatrix}1&-1&-1&2&2\\0&a+2&3&-3&a-4\\0&0&a-1&1-a&0\end{pmatrix}.$$

1°当 $a=-2$ 时，由于

$$(\boldsymbol{A},\boldsymbol{B})\xrightarrow{r}\begin{pmatrix}1&-1&-1&2&2\\0&0&3&-3&-6\\0&0&0&0&-6\end{pmatrix},$$

故 $r(\boldsymbol{A},\boldsymbol{B})>r(\boldsymbol{A})$，从而方程 $\boldsymbol{AX}=\boldsymbol{B}$ 无解.

2°当 $a=1$ 时，由于

$$(\boldsymbol{A},\boldsymbol{B})\xrightarrow{r}\begin{pmatrix}1&-1&-1&2&2\\0&3&3&-3&-3\\0&0&0&0&0\end{pmatrix},$$

故 $r(\boldsymbol{A},\boldsymbol{B})=r(\boldsymbol{A})=2<3$，从而方程 $\boldsymbol{AX}=\boldsymbol{B}$ 有无穷多解. 又由于

$$(\boldsymbol{A},\boldsymbol{B})\xrightarrow{r}\begin{pmatrix}1&0&0&1&1\\0&1&1&-1&-1\\0&0&0&0&0\end{pmatrix},$$

故分别得方程组 $\boldsymbol{Ax}_1=\boldsymbol{\beta}_1,\boldsymbol{Ax}_2=\boldsymbol{\beta}_2$ 的通解

$$\boldsymbol{x}_1=k_1(0,-1,1)^{\mathrm{T}}+(1,-1,0)^{\mathrm{T}},$$
$$\boldsymbol{x}_2=k_2(0,-1,1)^{\mathrm{T}}+(1,-1,0)^{\mathrm{T}},$$

从而

$$\boldsymbol{X}=(\boldsymbol{x}_1,\boldsymbol{x}_2)=\begin{pmatrix}0&0\\-k_1&-k_2\\k_1&k_2\end{pmatrix}+\begin{pmatrix}1&1\\-1&-1\\0&0\end{pmatrix},$$

其中 k_1,k_2 为任意常数.

3°当 $a\neq-2$ 且 $a\neq1$ 时，由于 $r(\boldsymbol{A},\boldsymbol{B})=r(\boldsymbol{A})=3$，故方程 $\boldsymbol{AX}=\boldsymbol{B}$ 有唯一解. 又由于

$$(\boldsymbol{A},\boldsymbol{B})\xrightarrow{r}\begin{pmatrix}1&0&0&1&\dfrac{3a}{a+2}\\0&1&0&0&\dfrac{a-4}{a+2}\\0&0&1&-1&0\end{pmatrix},$$

故分别得方程组 $\boldsymbol{Ax}_1=\boldsymbol{\beta}_1,\boldsymbol{Ax}_2=\boldsymbol{\beta}_2$ 的解

$$\boldsymbol{x}_1=(1,0,-1)^{\mathrm{T}},$$
$$\boldsymbol{x}_2=\left(\frac{3a}{a+2},\frac{a-4}{a+2},0\right)^{\mathrm{T}},$$

从而

$$\boldsymbol{X}=(\boldsymbol{x}_1,\boldsymbol{x}_2)=\begin{pmatrix}1&\dfrac{3a}{a+2}\\0&\dfrac{a-4}{a+2}\\-1&0\end{pmatrix}.$$

【题外话】

(i) 当 $a=1$ 时，由于矩阵 $(\boldsymbol{A},\boldsymbol{B})$ 的行最简形矩阵的第 4,5 两列完全一样，这意味着方程组 $\boldsymbol{Ax}_1=\boldsymbol{\beta}_1,\boldsymbol{Ax}_2=\boldsymbol{\beta}_2$ 有相同的同解方程组，所以它们有相同的通解形式. 但是，这并不意味着就可以把方程 $\boldsymbol{AX}=\boldsymbol{B}$ 的通解错误地写成

$$\boldsymbol{X}=\begin{pmatrix}0&0\\-k&-k\\k&k\end{pmatrix}+\begin{pmatrix}1&1\\-1&-1\\0&0\end{pmatrix}（其中 k 为任意常数）.$$

(ii) 当 $a\neq-2$ 且 $a\neq1$ 时，与例 14 所出现的问题相类似，如何作初等行变换才能把矩阵 $(\boldsymbol{A},\boldsymbol{B})$ 变成行最简形矩阵，从而求出方程 $\boldsymbol{AX}=\boldsymbol{B}$ 的唯一解，难免又会成为解题者的障碍：

$$
\begin{pmatrix}1&-1&-1&2&2\\0&a+2&3&-3&a-4\\0&0&a-1&1-a&0\end{pmatrix}\xrightarrow{r_3\div(a-1)}\begin{pmatrix}1&-1&-1&2&2\\0&a+2&3&-3&a-4\\0&0&1&-1&0\end{pmatrix}
$$

$$
\xrightarrow[r_2-3r_3]{r_1+r_3}\begin{pmatrix}1&-1&0&1&2\\0&a+2&0&0&a-4\\0&0&1&-1&0\end{pmatrix}
$$

$$
\xrightarrow{r_2\div(a+2)}\begin{pmatrix}1&-1&0&1&2\\0&1&0&0&\dfrac{a-4}{a+2}\\0&0&1&-1&0\end{pmatrix}
$$

$$
\xrightarrow{r_1+r_2}\begin{pmatrix}1&0&0&1&\dfrac{3a}{a+2}\\0&1&0&0&\dfrac{a-4}{a+2}\\0&0&1&-1&0\end{pmatrix}.
$$

经过例 14 和本例的“洗礼”，这个障碍跨越了吗？如果尚未跨越，则还应勤加练习，并确保做字母运算时每个元素都不出错.

(iii) 与例 14 一样，本例也有另一张“面孔”，它与下面这道题可以看作同一道题：

设 $\boldsymbol{\alpha}_1=(1,2,-1)^{\mathrm T}$，$\boldsymbol{\alpha}_2=(-1,a,1)^{\mathrm T}$，$\boldsymbol{\alpha}_3=(-1,1,a)^{\mathrm T}$，$\boldsymbol{\beta}_1=(2,1,-a-1)^{\mathrm T}$，$\boldsymbol{\beta}_2=(2,a,-2)^{\mathrm T}$，当 a 为何值时，

(1) $\boldsymbol{\beta}_1,\boldsymbol{\beta}_2$ 不能由 $\boldsymbol{\alpha}_1,\boldsymbol{\alpha}_2,\boldsymbol{\alpha}_3$ 线性表示；

(2) $\boldsymbol{\beta}_1,\boldsymbol{\beta}_2$ 能由 $\boldsymbol{\alpha}_1,\boldsymbol{\alpha}_2,\boldsymbol{\alpha}_3$ 唯一地线性表示，并求出表示式；

(3) $\boldsymbol{\beta}_1,\boldsymbol{\beta}_2$ 能由 $\boldsymbol{\alpha}_1,\boldsymbol{\alpha}_2,\boldsymbol{\alpha}_3$ 线性表示，但表示式不唯一，并求出表示式.

由本例和例 10(1)可知，形如 $\boldsymbol{AX}=\boldsymbol{B}$ 的矩阵方程往往和线性方程组“沾亲带故”. 然而，与线性方程组“沾亲带故”的矩阵方程可不止于此，比如还有例 16 的矩阵方程.

【例 16】 (2013 年考研题)设 $\boldsymbol{A}=\begin{pmatrix}1&a\\1&0\end{pmatrix}$，$\boldsymbol{B}=\begin{pmatrix}0&1\\1&b\end{pmatrix}$，问当 a,b 为何值时，存在矩阵 $\boldsymbol{C}$ 使得 $\boldsymbol{AC}-\boldsymbol{CA}=\boldsymbol{B}$？并求所有矩阵 $\boldsymbol{C}$.

【分析】本例的矩阵方程 $\boldsymbol{AC}-\boldsymbol{CA}=\boldsymbol{B}$“长相”奇特，显然无法转化为形如 $\boldsymbol{AX}=\boldsymbol{B}$，$\boldsymbol{XA}=\boldsymbol{B}$ 或 $\boldsymbol{AXB}=\boldsymbol{C}$ 的方程，这意味着既不能用分离法，也不能用按列分块法来求解. 好在 2 阶矩阵 $\boldsymbol{C}$ 只有 4 个元素，那么把它当作 4 个数来求又有何妨？于是设

$$
\boldsymbol{C}=\begin{pmatrix}x_1&x_2\\x_3&x_4\end{pmatrix},
$$

则

$$
\boldsymbol{AC}-\boldsymbol{CA}=\begin{pmatrix}1&a\\1&0\end{pmatrix}\begin{pmatrix}x_1&x_2\\x_3&x_4\end{pmatrix}-\begin{pmatrix}x_1&x_2\\x_3&x_4\end{pmatrix}\begin{pmatrix}1&a\\1&0\end{pmatrix}
$$

$$
=\begin{pmatrix}x_1+ax_3&x_2+ax_4\\x_1&x_2\end{pmatrix}-\begin{pmatrix}x_1+x_2&ax_1\\x_3+x_4&ax_3\end{pmatrix}
$$

$$=\begin{pmatrix}-x_2+ax_3 & -ax_1+x_2+ax_4\\ x_1-x_3-x_4 & x_2-ax_3\end{pmatrix}.$$

根据矩阵 $\boldsymbol{AC}-\boldsymbol{CA}$ 与矩阵 $\boldsymbol{B}$ 对应元素相等，便能得到

$$\begin{cases}-x_2+ax_3=0,\\ -ax_1+x_2+ax_4=1,\\ x_1-x_3-x_4=1,\\ x_2-ax_3=b.\end{cases} \qquad (2-7)$$

就这样，一个线性方程组"浮出了水面". 而本例无异于问当 a,b 为何值时，方程组(2－7)有解，并求解.

【解】设 $\boldsymbol{C}=\begin{pmatrix}x_1 & x_2\\ x_3 & x_4\end{pmatrix}$，则由 $\boldsymbol{AC}-\boldsymbol{CA}=\boldsymbol{B}$ 得到方程组(2－7).

对该方程组的增广矩阵作初等行变换，有

$$\begin{pmatrix}0 & -1 & a & 0 & 0\\ -a & 1 & 0 & a & 1\\ 1 & 0 & -1 & -1 & 1\\ 0 & 1 & -a & 0 & b\end{pmatrix}\xrightarrow{r}\begin{pmatrix}1 & 0 & -1 & -1 & 1\\ 0 & 1 & -a & 0 & 1+a\\ 0 & 0 & 0 & 0 & 1+a\\ 0 & 0 & 0 & 0 & b\end{pmatrix}.$$

由此可知，当且仅当 $a=-1$ 且 $b=0$ 时，方程组(2－7)有解，并且由同解方程组

$$\begin{cases}x_1-x_3-x_4=1,\\ x_2+x_3=0\end{cases}$$

可得其通解

$$(x_1,x_2,x_3,x_4)^{\mathrm{T}}=k_1(1,-1,1,0)^{\mathrm{T}}+k_2(1,0,0,1)^{\mathrm{T}}+(1,0,0,0)^{\mathrm{T}}.$$

综上所述，当且仅当 $a=-1$ 且 $b=0$ 时，存在满足条件的矩阵 $\boldsymbol{C}$，且

$$\boldsymbol{C}=\begin{pmatrix}k_1+k_2+1 & -k_1\\ k_1 & k_2\end{pmatrix},$$

其中 k_1,k_2 为任意常数.

【题外话】本例告诉我们，**对于不能转化为形如 $\boldsymbol{AX}=\boldsymbol{B}$，$\boldsymbol{XA}=\boldsymbol{B}$ 或 $\boldsymbol{AXB}=\boldsymbol{C}$ 的矩阵方程，可以待定未知矩阵的各元素，而将其代入方程，便能得到一个以未知矩阵的各元素为未知数的线性方程组**. 这种求解矩阵方程的方法，不妨称其为"待定矩阵元素法".

作为线性代数的"主角"，线性方程组显得无处不在. 求向量由向量组线性表示、向量组由向量组线性表示的表示式可以转化为解线性方程组(如例 9(2)、例 10(2)和例 14)，并且有些矩阵方程也能转化为线性方程组来求解(如例 10(1)、例 15 和本例). 当然，能转化为线性方程组的问题还远远不止这些. 正因为如此，所以对于线性方程组这个"主角"，还需要进行更为深入的探讨，比如说关于它的公共解与同解问题.

问题4　线性方程组的公共解与同解问题

问题研究

1. 线性方程组的公共解问题

题眼探索　在探讨了一个线性方程组的解的情况之后，我们要探讨两个线性方程组的解的情况.先谈两个线性方程组的公共解问题.有以下两种情形：

1°如果已知两个方程组 $\boldsymbol{Ax}=\boldsymbol{\beta}_1$ 和 $\boldsymbol{Bx}=\boldsymbol{\beta}_2$，要求它们的公共解，那么可将方程组 $\boldsymbol{Bx}=\boldsymbol{\beta}_2$ 加入方程组 $\boldsymbol{Ax}=\boldsymbol{\beta}_1$ 的“队伍”，解方程组

$$\begin{pmatrix}\boldsymbol{A}\\ \boldsymbol{B}\end{pmatrix}\boldsymbol{x}=\begin{pmatrix}\boldsymbol{\beta}_1\\ \boldsymbol{\beta}_2\end{pmatrix}$$

便能求出其公共解(可参看例17).

2°如果已知方程组 $\boldsymbol{Ax}=\boldsymbol{0}$ 的基础解系 $\boldsymbol{\alpha}_1,\boldsymbol{\alpha}_2,\cdots,\boldsymbol{\alpha}_s$ 和方程组 $\boldsymbol{Bx}=\boldsymbol{0}$ 的基础解系 $\boldsymbol{\beta}_1,\boldsymbol{\beta}_2,\cdots,\boldsymbol{\beta}_t$，要求方程组 $\boldsymbol{Ax}=\boldsymbol{0}$ 和 $\boldsymbol{Bx}=\boldsymbol{0}$ 的公共解，那么其公共解 $\boldsymbol{\gamma}$ 必能同时由向量组 $\boldsymbol{\alpha}_1,\boldsymbol{\alpha}_2,\cdots,\boldsymbol{\alpha}_s$ 和向量组 $\boldsymbol{\beta}_1,\boldsymbol{\beta}_2,\cdots,\boldsymbol{\beta}_t$ 线性表示，不妨设

$$\boldsymbol{\gamma}=y_1\boldsymbol{\alpha}_1+y_2\boldsymbol{\alpha}_2+\cdots+y_s\boldsymbol{\alpha}_s,$$

且

$$\boldsymbol{\gamma}=-z_1\boldsymbol{\beta}_1-z_2\boldsymbol{\beta}_2-\cdots-z_t\boldsymbol{\beta}_t.$$

两式相减，得

$$y_1\boldsymbol{\alpha}_1+y_2\boldsymbol{\alpha}_2+\cdots+y_s\boldsymbol{\alpha}_s+z_1\boldsymbol{\beta}_1+z_2\boldsymbol{\beta}_2+\cdots+z_t\boldsymbol{\beta}_t=0.$$

解方程组

$$(\boldsymbol{\alpha}_1,\boldsymbol{\alpha}_2,\cdots,\boldsymbol{\alpha}_s,\boldsymbol{\beta}_1,\boldsymbol{\beta}_2,\cdots,\boldsymbol{\beta}_t)\begin{pmatrix}y_1\\ y_2\\ \vdots\\ y_s\\ z_1\\ z_2\\ \vdots\\ z_t\end{pmatrix}=\boldsymbol{0},$$

便能得到 $y_1,y_2,\cdots,y_s$ 和 $z_1,z_2,\cdots,z_t$，从而求出公共解 $\boldsymbol{\gamma}$.

当然还有一种情形，那就是已知方程组 $\boldsymbol{Ax}=\boldsymbol{0}$，以及方程组 $\boldsymbol{Bx}=\boldsymbol{0}$ 的基础解系 $\boldsymbol{\beta}_1,\boldsymbol{\beta}_2,\cdots,\boldsymbol{\beta}_t$，要求方程组 $\boldsymbol{Ax}=\boldsymbol{0}$ 和 $\boldsymbol{Bx}=\boldsymbol{0}$ 的公共解.这时，只要求出 $\boldsymbol{Ax}=\boldsymbol{0}$ 的基础解系，便能转化为第2°种情形来求公共解了(可参看例18).

如此看来，线性方程组的公共解问题不过是“纸老虎”，在不同的情形下只需按部就班即可.

(1) 已知两个方程组求公共解

【例 17】 (2007 年考研题)设线性方程组

$$\begin{cases}x_1+x_2+x_3=0,\\x_1+2x_2+ax_3=0,\\x_1+4x_2+a^2x_3=0\end{cases}$$

与方程

$$x_1+2x_2+x_3=a-1$$

有公共解,求 a 的值及所有公共解.

【解】 对于方程组

$$\begin{cases}x_1+x_2+x_3=0,\\x_1+2x_2+ax_3=0,\\x_1+4x_2+a^2x_3=0,\\x_1+2x_2+x_3=a-1,\end{cases}\tag{2-8}$$

对其增广矩阵$(\boldsymbol{A},\boldsymbol{\beta})$作初等行变换变成行阶梯形矩阵,有

$$(\boldsymbol{A},\boldsymbol{\beta})=\begin{pmatrix}1&1&1&0\\1&2&a&0\\1&4&a^2&0\\1&2&1&a-1\end{pmatrix}\xrightarrow{r}\begin{pmatrix}1&1&1&0\\0&1&a-1&0\\0&0&1-a&a-1\\0&0&0&(a-1)(a-2)\end{pmatrix}.$$

由题意,方程组(2-8)有解,故由 $r(\boldsymbol{A},\boldsymbol{\beta})=r(\boldsymbol{A})$ 可知 $a=1$ 或 $a=2$.

1°当 $a=1$ 时,由于

$$(\boldsymbol{A},\boldsymbol{\beta})\xrightarrow{r}\begin{pmatrix}1&0&1&0\\0&1&0&0\\0&0&0&0\\0&0&0&0\end{pmatrix},$$

故得方程组(2-8)的通解,即所求公共解 $k(-1,0,1)^{\mathrm T}$(k 为任意常数).

2°当 $a=2$ 时,由于

$$(\boldsymbol{A},\boldsymbol{\beta})\xrightarrow{r}\begin{pmatrix}1&0&0&0\\0&1&0&1\\0&0&1&-1\\0&0&0&0\end{pmatrix},$$

故得方程组(2-8)的解,即所求公共解$(0,1,-1)^{\mathrm T}$.

(2) 已知两个方程组的基础解系求公共解

【例 18】 设齐次线性方程组(i) 为

$$\begin{cases}x_1-x_2-x_3=0,\\x_1-x_3-x_4=0.\end{cases}$$

已知某齐次线性方程组(ii) 的通解为

$$k_1(0,1,0,1)^{\mathrm T}+k_2(-1,0,1,0)^{\mathrm T}$$

(k_1,k_2 为任意常数). 问方程组(i) 和(ii) 是否有非零公共解？若有,则求出所有的非零公共

解.若没有,则说明理由.

【解】 对方程组(i) 的系数矩阵作初等行变换变成行最简形矩阵,有

$$\begin{pmatrix}1 & -1 & -1 & 0\\ 1 & 0 & -1 & -1\end{pmatrix}\xrightarrow{r}\begin{pmatrix}1 & 0 & -1 & -1\\ 0 & 1 & 0 & -1\end{pmatrix},$$

故得方程组(i) 的一个基础解系

$$\boldsymbol{\alpha}_1=(1,0,1,0)^{\mathrm{T}},\boldsymbol{\alpha}_2=(1,1,0,1)^{\mathrm{T}}.$$

由方程组(ii) 的通解可知它的一个基础解系为

$$\boldsymbol{\beta}_1=(0,1,0,1)^{\mathrm{T}},\boldsymbol{\beta}_2=(-1,0,1,0)^{\mathrm{T}}.$$

设方程组(i) 和(ii) 的公共解

$$\boldsymbol{\gamma}=y_1\boldsymbol{\alpha}_1+y_2\boldsymbol{\alpha}_2,$$

且

$$\boldsymbol{\gamma}=-z_1\boldsymbol{\beta}_1-z_2\boldsymbol{\beta}_2.$$

两式相减,得

$$y_1\boldsymbol{\alpha}_1+y_2\boldsymbol{\alpha}_2+z_1\boldsymbol{\beta}_1+z_2\boldsymbol{\beta}_2=\boldsymbol{0},$$

即得方程组

$$(\boldsymbol{\alpha}_1,\boldsymbol{\alpha}_2,\boldsymbol{\beta}_1,\boldsymbol{\beta}_2)\begin{pmatrix}y_1\\ y_2\\ z_1\\ z_2\end{pmatrix}=\boldsymbol{0}. \qquad (2-9)$$

对方程组(2-9)的系数矩阵作初等行变换变成行最简形矩阵,有

$$(\boldsymbol{\alpha}_1,\boldsymbol{\alpha}_2,\boldsymbol{\beta}_1,\boldsymbol{\beta}_2)=\begin{pmatrix}1 & 1 & 0 & -1\\ 0 & 1 & 1 & 0\\ 1 & 0 & 0 & 1\\ 0 & 1 & 1 & 0\end{pmatrix}\xrightarrow{r}\begin{pmatrix}1 & 0 & 0 & 1\\ 0 & 1 & 0 & -2\\ 0 & 0 & 1 & 2\\ 0 & 0 & 0 & 0\end{pmatrix},$$

故得方程组(2-9)的通解

$$k(-1,2,-2,1)^{\mathrm{T}},$$

从而

$$y_1=-k,y_2=2k.$$

所以,方程组(i) 和(ii) 有非零公共解,且其非零公共解为

$$\boldsymbol{\gamma}=y_1\boldsymbol{\alpha}_1+y_2\boldsymbol{\alpha}_2=-k(1,0,1,0)^{\mathrm{T}}+2k(1,1,0,1)^{\mathrm{T}}=k(1,2,-1,2)^{\mathrm{T}},$$

其中 k 为任意非零常数.

【题外话】 由方程组(2-9)的通解还可知 $z_1=-2k,z_2=k$,故方程组(i) 和(ii) 的非零公共解也可以表示为

$$\boldsymbol{\gamma}=-z_1\boldsymbol{\beta}_1-z_2\boldsymbol{\beta}_2=2k(0,1,0,1)^{\mathrm{T}}-k(-1,0,1,0)^{\mathrm{T}}=k(1,2,-1,2)^{\mathrm{T}},$$

其中 k 为任意非零常数.显然,这两个结果相同.

2. 线性方程组的同解问题

题眼探索 关于线性方程组的同解问题,主要探讨齐次线性方程组.大体有以下三个思路:

1°利用方程组同解的定义：对于方程组(i)和(ii)，若 $\boldsymbol{\alpha}$ 是(i)的解，则 $\boldsymbol{\alpha}$ 必是(ii)的解；反过来，若 $\boldsymbol{\alpha}$ 是(ii)的解，则 $\boldsymbol{\alpha}$ 也必是(i)的解，那么称方程组(i)和(ii)同解.

2°若方程组(i)和(ii)同解，则它们的解的情况一定相同. 比如，设方程组 $\boldsymbol{Ax}=\boldsymbol{0}$ 和 $\boldsymbol{Bx}=\boldsymbol{0}$ 同解，若 $\boldsymbol{Ax}=\boldsymbol{0}$ 有非零解，则 $\boldsymbol{Bx}=\boldsymbol{0}$ 也必有非零解.

3°若含有 n 个未知数的方程组 $\boldsymbol{Ax}=\boldsymbol{0}$ 和 $\boldsymbol{Bx}=\boldsymbol{0}$ 同解，则它们的基础解系中向量的个数一定相同，即 $n-r(\boldsymbol{A})=n-r(\boldsymbol{B})$，从而 $r(\boldsymbol{A})=r(\boldsymbol{B})$.

【例 19】 (2005 年考研题)已知齐次线性方程组

$$\text{(i)}\begin{cases}x_1+2x_2+3x_3=0,\\2x_1+3x_2+5x_3=0,\\x_1+x_2+ax_3=0\end{cases}\text{和(ii)}\begin{cases}x_1+bx_2+cx_3=0,\\2x_1+b^2x_2+(c+1)x_3=0\end{cases}$$

同解，求 a,b,c 的值.

【分析】“方程组(i)和(ii)同解”这个条件该如何利用呢？能给我们启发的是方程组(ii)：由于它未知数的个数大于方程的个数，故必有非零解. 这意味着方程组(i)也必有非零解. 于是由

$$\begin{vmatrix}1&2&3\\2&3&5\\1&1&a\end{vmatrix}=0$$

便能求出 a 的值.

此时，对于不含参数的方程组(i)，求它的通解易如反掌. 而根据方程组同解的定义，(i)的解也是(ii)的解. 所以，只要把求出的方程组(i)的解代入方程组(ii)，那么 b 和 c 的值也就有了着落.

【解】由于方程组(ii)有非零解，故方程组(i)也有非零解，从而由

$$\begin{vmatrix}1&2&3\\2&3&5\\1&1&a\end{vmatrix}=0$$

可知 $a=2$.

当 $a=2$ 时，对方程组(i)的系数矩阵作初等行变换变成行最简形矩阵，有

$$\begin{pmatrix}1&2&3\\2&3&5\\1&1&2\end{pmatrix}\xrightarrow{r}\begin{pmatrix}1&0&1\\0&1&1\\0&0&0\end{pmatrix},$$

故得方程组(i)的通解 $k(-1,-1,1)^{\mathrm{T}}$(k 为任意常数).

把 $x_1=-1,x_2=-1,x_3=1$ 代入方程组(ii)，则解方程组

$$\begin{cases}-1-b+c=0,\\-2-b^2+(c+1)=0\end{cases}$$

得 $\begin{cases}b=1,\\c=2\end{cases}$ 或 $\begin{cases}b=0,\\c=1.\end{cases}$

当 $b=1,c=2$ 时，对方程组(ii)的系数矩阵作初等行变换变成行最简形矩阵，有

$$\begin{pmatrix}1&1&2\\2&1&3\end{pmatrix}\xrightarrow{r}\begin{pmatrix}1&0&1\\0&1&1\end{pmatrix},$$

故方程组(i)和(ii)同解.

当 $b=0,c=1$ 时,对方程组(ii)的系数矩阵作初等行变换变成行最简形矩阵,有

$$\begin{pmatrix}1&0&1\\2&0&2\end{pmatrix}\xrightarrow{r}\begin{pmatrix}1&0&1\\0&0&0\end{pmatrix},$$

故方程组(i)和(ii)的解不相同,应舍去.

综上所述,$a=2,b=1,c=2$.

【题外话】本例中,由于"方程组(i)的解是方程组(ii)的解"是"方程组(i)和(ii)同解"的必要非充分条件,所以对于通过把(i)的解代入(ii)所求出的 b,c 的值,应进行验根.在验根时,可通过比较方程组(i)和(ii)的系数矩阵的行最简形矩阵,以判断其是否同解.

【例 20】 设矩阵 $\boldsymbol{A}=\begin{pmatrix}1&1&1&-1\\-1&-1&0&2\\2&2&3&-1\end{pmatrix}$,$\boldsymbol{A}^{\mathrm{T}}$ 是 $\boldsymbol{A}$ 的转置矩阵,则方程组 $\boldsymbol{A}^{\mathrm{T}}\boldsymbol{A}\boldsymbol{x}=\boldsymbol{0}$ 的通解为________.

【分析】本例并不需要先求出矩阵 $\boldsymbol{A}^{\mathrm{T}}\boldsymbol{A}$ 再去解方程组 $\boldsymbol{A}^{\mathrm{T}}\boldsymbol{A}\boldsymbol{x}=\boldsymbol{0}$,这是因为方程组 $\boldsymbol{A}^{\mathrm{T}}\boldsymbol{A}\boldsymbol{x}=\boldsymbol{0}$ 和 $\boldsymbol{A}\boldsymbol{x}=\boldsymbol{0}$ 是同解的.为什么呢?且看以下证明过程:

若向量 $\boldsymbol{\alpha}$ 是方程组 $\boldsymbol{A}\boldsymbol{x}=\boldsymbol{0}$ 的解,则 $\boldsymbol{A}\boldsymbol{\alpha}=\boldsymbol{0}$,从而

$$\boldsymbol{A}^{\mathrm{T}}\boldsymbol{A}\boldsymbol{\alpha}=\boldsymbol{A}^{\mathrm{T}}(\boldsymbol{A}\boldsymbol{\alpha})=\boldsymbol{A}^{\mathrm{T}}\boldsymbol{0}=\boldsymbol{0},$$

故向量 $\boldsymbol{\alpha}$ 也是方程组 $\boldsymbol{A}^{\mathrm{T}}\boldsymbol{A}\boldsymbol{x}=\boldsymbol{0}$ 的解.

若向量 $\boldsymbol{\alpha}$ 是方程组 $\boldsymbol{A}^{\mathrm{T}}\boldsymbol{A}\boldsymbol{x}=\boldsymbol{0}$ 的解,则

$$\boldsymbol{A}^{\mathrm{T}}\boldsymbol{A}\boldsymbol{\alpha}=\boldsymbol{0}.$$

两边左乘 $\boldsymbol{\alpha}^{\mathrm{T}}$,则

$$\boldsymbol{\alpha}^{\mathrm{T}}\boldsymbol{A}^{\mathrm{T}}\boldsymbol{A}\boldsymbol{\alpha}=\boldsymbol{\alpha}^{\mathrm{T}}\boldsymbol{0}, \qquad (2-10)$$

即

$$(\boldsymbol{A}\boldsymbol{\alpha})^{\mathrm{T}}(\boldsymbol{A}\boldsymbol{\alpha})=0. \qquad (2-11)$$

又由于

$$(\boldsymbol{A}\boldsymbol{\alpha})^{\mathrm{T}}(\boldsymbol{A}\boldsymbol{\alpha})=\|\boldsymbol{A}\boldsymbol{\alpha}\|^2,$$

故

$$\boldsymbol{A}\boldsymbol{\alpha}=\boldsymbol{0}, \qquad (2-12)$$

从而向量 $\boldsymbol{\alpha}$ 也是方程组 $\boldsymbol{A}\boldsymbol{x}=\boldsymbol{0}$ 的解.

既然方程组 $\boldsymbol{A}^{\mathrm{T}}\boldsymbol{A}\boldsymbol{x}=\boldsymbol{0}$ 和 $\boldsymbol{A}\boldsymbol{x}=\boldsymbol{0}$ 同解,那么解方程组 $\boldsymbol{A}^{\mathrm{T}}\boldsymbol{A}\boldsymbol{x}=\boldsymbol{0}$ 就能转化为解方程组 $\boldsymbol{A}\boldsymbol{x}=\boldsymbol{0}$.由于

$$\boldsymbol{A}=\begin{pmatrix}1&1&1&-1\\-1&-1&0&2\\2&2&3&-1\end{pmatrix}\xrightarrow{r}\begin{pmatrix}1&1&0&-2\\0&0&1&1\\0&0&0&0\end{pmatrix},$$

故所求通解为 $k_1(-1,1,0,0)^{\mathrm{T}}+k_2(2,0,-1,1)^{\mathrm{T}}$($k_1,k_2$ 为任意常数).

【题外话】本例告诉我们,**方程组 $\boldsymbol{A}^{\mathrm{T}}\boldsymbol{A}\boldsymbol{x}=\boldsymbol{0}$ 和 $\boldsymbol{A}\boldsymbol{x}=\boldsymbol{0}$ 同解**.又因为同解的齐次线性方程组的系数矩阵的秩相等,所以便能得到矩阵的秩的性质⑧:$r(\boldsymbol{A}^{\mathrm{T}}\boldsymbol{A})=r(\boldsymbol{A})$.这两个结论都能在解题中不加证明地直接使用.

然而,我们之所以谈如何证明方程组 $\boldsymbol{A}^{\mathrm{T}}\boldsymbol{A}\boldsymbol{x}=\boldsymbol{0}$ 和 $\boldsymbol{A}\boldsymbol{x}=\boldsymbol{0}$ 同解,是因为证明过程中的一

些关键之处会对解决其他问题大有裨益.

比如,在证明方程组 $\boldsymbol{A}\boldsymbol{x}=\boldsymbol{0}$ 的解必为方程组 $\boldsymbol{A}^{\mathrm{T}}\boldsymbol{A}\boldsymbol{x}=\boldsymbol{0}$ 的解的过程中,不难发现,可将结论推广为**方程组 $\boldsymbol{A}\boldsymbol{x}=\boldsymbol{0}$ 的解必为方程组 $\boldsymbol{B}\boldsymbol{A}\boldsymbol{x}=\boldsymbol{0}$ 的解**,它们的解之间是包含的关系(如图 2-13 所示).这个推广后的结论将在之后的问题中有"用武之地"(可参看例 28).

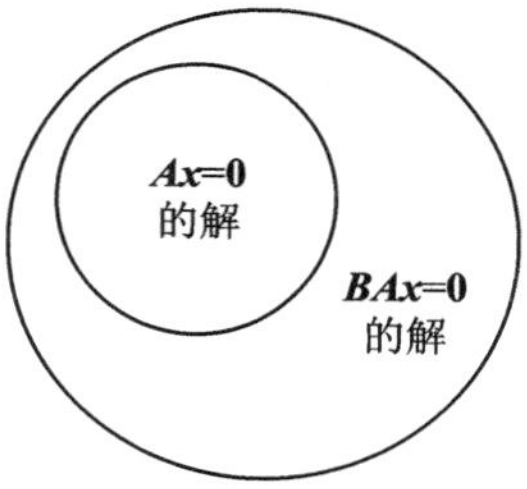

图 2-13

再比如,在证明方程组 $\boldsymbol{A}^{\mathrm{T}}\boldsymbol{A}\boldsymbol{x}=\boldsymbol{0}$ 的解必为方程组 $\boldsymbol{A}\boldsymbol{x}=\boldsymbol{0}$ 的解时,关键在于能发现 $(\boldsymbol{A}\boldsymbol{\alpha})^{\mathrm{T}}(\boldsymbol{A}\boldsymbol{\alpha})$ 是一个数.如果设列向量 $\boldsymbol{A}\boldsymbol{\alpha}=(a_1,a_2,\cdots,a_n)^{\mathrm{T}}$,那么

$$(\boldsymbol{A}\boldsymbol{\alpha})^{\mathrm{T}}(\boldsymbol{A}\boldsymbol{\alpha})=(a_1,a_2,\cdots,a_n)\begin{pmatrix}a_1\\a_2\\\vdots\\a_n\end{pmatrix}=a_1^2+a_2^2+\cdots+a_n^2=\|\boldsymbol{A}\boldsymbol{\alpha}\|^2.$$

推而广之,则**任何一个行向量 $\boldsymbol{\alpha}^{\mathrm{T}}$ 右乘任何一个同维数的列向量 $\boldsymbol{\beta}$,其结果都是一个数,并且等于列向量 $\boldsymbol{\alpha}$ 与 $\boldsymbol{\beta}$ 的内积**,即

$$\boldsymbol{\alpha}^{\mathrm{T}}\boldsymbol{\beta}=(\boldsymbol{\alpha},\boldsymbol{\beta}).$$

(可参看第一章例 12).而**对于任何一个列向量 $\boldsymbol{\alpha}$,都满足**

$$\boldsymbol{\alpha}^{\mathrm{T}}\boldsymbol{\alpha}=(\boldsymbol{\alpha},\boldsymbol{\alpha})=\|\boldsymbol{\alpha}\|^2.$$

因此,虽然式(2-10)中的零是零向量,但是式(2-11)中的零却是数,而式(2-12)中的零则又变回了零向量.这些细微的变化是否能够洞察?

如果难以洞察,那也并不奇怪.毕竟线性代数中的抽象性问题往往要比具体性问题更难琢磨,而本例中的证明过程正是充满了抽象色彩.这意味着,抽象线性方程组和抽象向量组的探索之路也必将"荆棘丛生".

让我们勇往直前.

问题 5　抽象线性方程组的基础解系与解的结构的相关问题

问题研究

1. 抽象齐次线性方程组的基础解系的相关问题

(1) 判断基础解系

题眼探索　一路走来,不论是解线性方程组、讨论含参数的线性方程组的解的情况,还是探讨线性方程组的公共解与同解问题,其研究对象都是具体的线性方程组.下面要探讨抽象线性方程组的相关问题.

虽说相比具体性问题,线性方程组的抽象性问题对思维的要求更高,但是解决具体性问题时所涉及的一些方法和结论，对抽象性问题依然有借鉴意义. 比如，**如果要判断向量组$\xi_1,\xi_2,\cdots,\xi_r$是否为方程组$A_{m\times n}x=0$的一个基础解系，那么根据相应的充分必要条件，可转化为判断以下三者是否同时成立：**

① 向量$\xi_1,\xi_2,\cdots,\xi_r$都是方程组$Ax=0$的解；

② 向量组$\xi_1,\xi_2,\cdots,\xi_r$线性无关；

③ 向量的个数$r=n-r(A)$.

【例 21】 (2011 年考研题)设$A=(\alpha_1,\alpha_2,\alpha_3,\alpha_4)$是 4 阶矩阵，$A^*$为$A$的伴随矩阵. 若$(1,0,1,0)^{\mathrm{T}}$是方程组$Ax=0$的一个基础解系，则$A^*x=0$的基础解系可为(　　)

(A) α_1,α_3.　　(B) α_1,α_2.　　(C) $\alpha_1,\alpha_2,\alpha_3$.　　(D) $\alpha_2,\alpha_3,\alpha_4$.

【分析】就本例而言，如果知道了方程组$A^*x=0$的基础解系中向量的个数，那么就能排除两个选项. 而这需要借助矩阵A与其伴随矩阵A^*的秩之间的关系(即矩阵的秩的性质⑩)：

$$r(A^*)=\begin{cases}4, & r(A)=4,\\ 1, & r(A)=3,\\ 0, & r(A)<3.\end{cases}$$

由于方程组$Ax=0$的基础解系中只有 1 个向量，故$r(A)=4-1=3$，即$r(A^*)=1$，从而方程组$A^*x=0$的基础解系中有$4-r(A^*)=4-1=3$个向量. 因此，排除(A)和(B).

向量组$\alpha_1,\alpha_2,\alpha_3$和$\alpha_2,\alpha_3,\alpha_4$中哪一个是线性无关的呢？由$(1,0,1,0)^{\mathrm{T}}$是方程组$Ax=0$的一个基础解系，还可知$(1,0,1,0)^{\mathrm{T}}$必是$Ax=0$的一个解，故

$$A\begin{pmatrix}1\\0\\1\\0\end{pmatrix}=0,$$

即

$$(\alpha_1,\alpha_2,\alpha_3,\alpha_4)\begin{pmatrix}1\\0\\1\\0\end{pmatrix}=0,$$

从而

$$\alpha_1+\alpha_3=0.$$

于是存在$x_1=1,x_2=0,x_3=1$，使得$x_1\alpha_1+x_2\alpha_2+x_3\alpha_3=0$，而$x_1,x_2,x_3$不全为零，故根据向量组的线性相关性的定义，向量组$\alpha_1,\alpha_2,\alpha_3$线性相关，从而排除(C).

如此看来，本例只能选(D).

那么，向量组$\alpha_2,\alpha_3,\alpha_4$就一定线性无关吗？当然如此. 由$r(A)=3$可知向量组$\alpha_1,\alpha_2,\alpha_3,\alpha_4$的秩也为 3，这意味着其中有 3 个向量组成的部分组线性无关. 又因为$\alpha_1+\alpha_3=0$，故同理可知向量组$\alpha_1,\alpha_3,\alpha_4$也与$\alpha_1,\alpha_2,\alpha_3$一样线性相关. 所以，在 3 个向量组成的部分组中，线性无关的只可能是$\alpha_2,\alpha_3,\alpha_4$或$\alpha_1,\alpha_2,\alpha_4$. 而若向量组$\alpha_2,\alpha_3,\alpha_4$线性相关，则由$\alpha_1=-\alpha_3$可知向量组$\alpha_1,\alpha_2,\alpha_4$也必线性相关，且反之亦然. 故向量组$\alpha_2,\alpha_3,\alpha_4$和$\alpha_1,\alpha_2,\alpha_4$都一定线性无关.

此外，向量 $\boldsymbol{\alpha}_2,\boldsymbol{\alpha}_3,\boldsymbol{\alpha}_4$ 一定是方程组 $\boldsymbol{A}^*\boldsymbol{x}=\boldsymbol{0}$ 的解吗？由于

$$\boldsymbol{A}^*\boldsymbol{A}=|\boldsymbol{A}|\boldsymbol{E},$$

而由 $r(\boldsymbol{A})=3<4$ 可知 $|\boldsymbol{A}|=0$，故

$$\boldsymbol{A}^*\boldsymbol{A}=\boldsymbol{O},$$

从而

$$\boldsymbol{A}^*(\boldsymbol{\alpha}_1,\boldsymbol{\alpha}_2,\boldsymbol{\alpha}_3,\boldsymbol{\alpha}_4)=(\boldsymbol{0},\boldsymbol{0},\boldsymbol{0},\boldsymbol{0}),$$

即

$$\boldsymbol{A}^*\boldsymbol{\alpha}_1=\boldsymbol{0},\boldsymbol{A}^*\boldsymbol{\alpha}_2=\boldsymbol{0},\boldsymbol{A}^*\boldsymbol{\alpha}_3=\boldsymbol{0},\boldsymbol{A}^*\boldsymbol{\alpha}_4=\boldsymbol{0}.$$

这意味着向量 $\boldsymbol{\alpha}_1,\boldsymbol{\alpha}_2,\boldsymbol{\alpha}_3,\boldsymbol{\alpha}_4$ 都是方程组 $\boldsymbol{A}^*\boldsymbol{x}=\boldsymbol{0}$ 的解.

由此可见，向量组 $\boldsymbol{\alpha}_2,\boldsymbol{\alpha}_3,\boldsymbol{\alpha}_4$ 同时满足：

① 向量 $\boldsymbol{\alpha}_2,\boldsymbol{\alpha}_3,\boldsymbol{\alpha}_4$ 都是方程组 $\boldsymbol{A}^*\boldsymbol{x}=\boldsymbol{0}$ 的解；

② 向量组 $\boldsymbol{\alpha}_2,\boldsymbol{\alpha}_3,\boldsymbol{\alpha}_4$ 线性无关；

③ 向量的个数 $3=4-r(\boldsymbol{A}^*)$.

故向量组 $\boldsymbol{\alpha}_2,\boldsymbol{\alpha}_3,\boldsymbol{\alpha}_4$ 是方程组 $\boldsymbol{A}^*\boldsymbol{x}=\boldsymbol{0}$ 的一个基础解系. 当然，向量组 $\boldsymbol{\alpha}_1,\boldsymbol{\alpha}_2,\boldsymbol{\alpha}_4$ 其实也是该方程组的一个基础解系.

【题外话】由于

$$\boldsymbol{A}\boldsymbol{A}^*=\boldsymbol{A}^*\boldsymbol{A}=|\boldsymbol{A}|\boldsymbol{E},$$

故**当 $|\boldsymbol{A}|=0$ 时，矩阵 $\boldsymbol{A}$ 的伴随矩阵 $\boldsymbol{A}^*$ 的列向量都是方程组 $\boldsymbol{A}\boldsymbol{x}=\boldsymbol{0}$ 的解，并且矩阵 $\boldsymbol{A}$ 的列向量都是方程组 $\boldsymbol{A}^*\boldsymbol{x}=\boldsymbol{0}$ 的解.**

请读者自行练习：

设 n 阶矩阵 $\boldsymbol{A}=(a_{ij})$ 不可逆，A_{ij} 为 a_{ij} 的代数余子式，且 $A_{11}\neq 0$，则方程组 $\boldsymbol{A}\boldsymbol{x}=\boldsymbol{0}$ 的基础解系可为________，方程组 $\boldsymbol{A}^*\boldsymbol{x}=\boldsymbol{0}$ 的基础解系可为________.

（答案为 $(A_{11},A_{12},\cdots,A_{1n})^{\mathrm{T}}$；$(a_{12},a_{22},\cdots,a_{n2})^{\mathrm{T}},(a_{13},a_{23},\cdots,a_{n3})^{\mathrm{T}},\cdots,(a_{1n},a_{2n},\cdots,a_{nn})^{\mathrm{T}}$）

由于 $|\boldsymbol{A}|=0$，又由 $A_{11}\neq 0$ 可知 $\boldsymbol{A}^*\neq\boldsymbol{O}$，故根据矩阵的秩的性质⑩，$r(\boldsymbol{A})=n-1$ 且 $r(\boldsymbol{A}^*)=1$，从而方程组 $\boldsymbol{A}\boldsymbol{x}=\boldsymbol{0}$ 的基础解系中只有 1 个向量，并且方程组 $\boldsymbol{A}^*\boldsymbol{x}=\boldsymbol{0}$ 的基础解系中有 $n-1$ 个向量. 又因为

$$A_{11}=\begin{vmatrix} a_{22} & a_{23} & \cdots & a_{2n} \\ a_{32} & a_{33} & \cdots & a_{3n} \\ \vdots & \vdots & & \vdots \\ a_{n2} & a_{n3} & \cdots & a_{nn} \end{vmatrix}_{(n-1)\times(n-1)} \neq 0,$$

所以

$$(A_{11},A_{12},\cdots,A_{1n})^{\mathrm{T}}\neq\boldsymbol{0},$$

并且 $n-1$ 个 $n-1$ 维向量所组成的向量组

$$(a_{22},a_{32},\cdots,a_{n2})^{\mathrm{T}},(a_{23},a_{33},\cdots,a_{n3})^{\mathrm{T}},\cdots,(a_{2n},a_{3n},\cdots,a_{nn})^{\mathrm{T}}$$

线性无关，从而根据向量组的线性相关性的性质②，$n-1$ 个 n 维向量所组成的向量组

$$(a_{12},a_{22},\cdots,a_{n2})^{\mathrm{T}},(a_{13},a_{23},\cdots,a_{n3})^{\mathrm{T}},\cdots,(a_{1n},a_{2n},\cdots,a_{nn})^{\mathrm{T}}$$

也线性无关.

(2) 已知基础解系求方程组

题眼探索 若已知一个具体的线性方程组，要求其基础解系，则对于这个问题，我们已驾轻就熟. 那么，它的逆问题又该如何解决呢？

如果已知向量组 $\boldsymbol{\xi}_1,\boldsymbol{\xi}_2,\cdots,\boldsymbol{\xi}_r$ 为方程组 $\boldsymbol{Ax}=\mathbf{0}$ 的一个基础解系，那么

$$\boldsymbol{A}\boldsymbol{\xi}_1=\mathbf{0},\boldsymbol{A}\boldsymbol{\xi}_2=\mathbf{0},\cdots,\boldsymbol{A}\boldsymbol{\xi}_r=\mathbf{0},$$

即有

$$\boldsymbol{A}(\boldsymbol{\xi}_1,\boldsymbol{\xi}_2,\cdots,\boldsymbol{\xi}_r)=\boldsymbol{O}.$$

两边转置，则

$$\begin{pmatrix}\boldsymbol{\xi}_1^{\mathrm{T}}\\ \boldsymbol{\xi}_2^{\mathrm{T}}\\ \vdots\\ \boldsymbol{\xi}_r^{\mathrm{T}}\end{pmatrix}\boldsymbol{A}^{\mathrm{T}}=\boldsymbol{O}.$$

由此可见，**方程组 $\boldsymbol{Ax}=\mathbf{0}$ 的系数矩阵 $\boldsymbol{A}$ 的行向量**（即 $\boldsymbol{A}^{\mathrm{T}}$ 的列向量）**都是方程组**

$$\begin{pmatrix}\boldsymbol{\xi}_1^{\mathrm{T}}\\ \boldsymbol{\xi}_2^{\mathrm{T}}\\ \vdots\\ \boldsymbol{\xi}_r^{\mathrm{T}}\end{pmatrix}\boldsymbol{x}=\mathbf{0} \tag{2-13}$$

的解. 一旦求出了系数矩阵 $\boldsymbol{A}$，那么写出方程组 $\boldsymbol{Ax}=\mathbf{0}$ 就只剩"一步之遥"了.

这样看来，要求以向量组 $\boldsymbol{\xi}_1,\boldsymbol{\xi}_2,\cdots,\boldsymbol{\xi}_r$ 为一个基础解系的齐次线性方程组，则只需要解方程组(2-13)，而(2-13)的系数矩阵的行向量就是列向量 $\boldsymbol{\xi}_1,\boldsymbol{\xi}_2,\cdots,\boldsymbol{\xi}_r$ 转置后的向量.

【例 22】 已知某齐次线性方程组的一个基础解系为 $\boldsymbol{\xi}_1=(1,-1,1,0)^{\mathrm{T}},\boldsymbol{\xi}_2=(-1,1,0,1)^{\mathrm{T}}$，则该方程组可为________.

【解】 设所求方程组的系数矩阵为 $\boldsymbol{A}$，则 $\boldsymbol{A}\boldsymbol{\xi}_1=\mathbf{0},\boldsymbol{A}\boldsymbol{\xi}_2=\mathbf{0}$，即有

$$\boldsymbol{A}(\boldsymbol{\xi}_1,\boldsymbol{\xi}_2)=\boldsymbol{O}.$$

两边转置，则

$$\begin{pmatrix}\boldsymbol{\xi}_1^{\mathrm{T}}\\ \boldsymbol{\xi}_2^{\mathrm{T}}\end{pmatrix}\boldsymbol{A}^{\mathrm{T}}=\boldsymbol{O}.$$

对于方程组 $\begin{pmatrix}\boldsymbol{\xi}_1^{\mathrm{T}}\\ \boldsymbol{\xi}_2^{\mathrm{T}}\end{pmatrix}\boldsymbol{x}=\mathbf{0}$，由于

$$\begin{pmatrix}\boldsymbol{\xi}_1^{\mathrm{T}}\\ \boldsymbol{\xi}_2^{\mathrm{T}}\end{pmatrix}=\begin{pmatrix}1&-1&1&0\\-1&1&0&1\end{pmatrix}\xrightarrow{r}\begin{pmatrix}1&-1&0&-1\\0&0&1&1\end{pmatrix},$$

故其通解为 $k_1(1,1,0,0)^{\mathrm{T}}+k_2(1,0,-1,1)^{\mathrm{T}}$（$k_1,k_2$ 为任意常数）.

因此，矩阵 $\boldsymbol{A}$ 可为

$$\begin{pmatrix}1&1&0&0\\1&0&-1&1\end{pmatrix},$$

从而所求方程组可为

$$\begin{cases}x_1+x_2=0,\\x_1-x_3+x_4=0.\end{cases}$$

【题外话】本例答案不唯一.若设所求方程组的系数矩阵 $\boldsymbol{A}$ 为 2×4 矩阵,则

$$\boldsymbol{A}=\begin{pmatrix}k_1+k_2 & k_1 & -k_2 & k_2\\ l_1+l_2 & l_1 & -l_2 & l_2\end{pmatrix},$$

其中 k_1,k_2,l_1,l_2 不同时为零,且 $k_1l_2\neq k_2l_1$.

2. 抽象非齐次线性方程组的解的结构的相关问题

题眼探索　如果说齐次线性方程组的抽象性问题往往围绕着基础解系,那么非齐次线性方程组的抽象性问题往往围绕着解的结构:

若向量 $\boldsymbol{\eta}^*$ 是方程组 $\boldsymbol{Ax}=\boldsymbol{\beta}$ 自身的一个解,并且向量组

$$\boldsymbol{\xi}_1,\boldsymbol{\xi}_2,\cdots,\boldsymbol{\xi}_r$$

是 $\boldsymbol{Ax}=\boldsymbol{\beta}$ 对应的齐次线性方程组 $\boldsymbol{Ax}=\boldsymbol{0}$ 的一个基础解系,则 $\boldsymbol{Ax}=\boldsymbol{\beta}$ 的通解为

$$\boldsymbol{x}=k_1\boldsymbol{\xi}_1+k_2\boldsymbol{\xi}_2+\cdots+k_r\boldsymbol{\xi}_r+\boldsymbol{\eta}^*,$$

其中 $k_1,k_2,\cdots,k_r$ 为任意常数.

因此,如果要求一个抽象的非齐次线性方程组的通解,那么关键之处有二:

1°求出该方程组自身的一个解;

2°求出该方程组对应的齐次线性方程组的一个基础解系.

【例 23】　(2011 年考研题)设 $\boldsymbol{A}$ 为 4×3 矩阵,$\boldsymbol{\eta}_1,\boldsymbol{\eta}_2,\boldsymbol{\eta}_3$ 是非齐次线性方程组 $\boldsymbol{Ax}=\boldsymbol{\beta}$ 的 3 个线性无关的解,k_1,k_2 为任意常数,则 $\boldsymbol{Ax}=\boldsymbol{\beta}$ 的通解为(　　)

(A) $\dfrac{\boldsymbol{\eta}_2+\boldsymbol{\eta}_3}{2}+k_1(\boldsymbol{\eta}_2-\boldsymbol{\eta}_1)$.

(B) $\dfrac{\boldsymbol{\eta}_2-\boldsymbol{\eta}_3}{2}+k_1(\boldsymbol{\eta}_2-\boldsymbol{\eta}_1)$.

(C) $\dfrac{\boldsymbol{\eta}_2+\boldsymbol{\eta}_3}{2}+k_1(\boldsymbol{\eta}_2-\boldsymbol{\eta}_1)+k_2(\boldsymbol{\eta}_3-\boldsymbol{\eta}_1)$.

(D) $\dfrac{\boldsymbol{\eta}_2-\boldsymbol{\eta}_3}{2}+k_1(\boldsymbol{\eta}_2-\boldsymbol{\eta}_1)+k_2(\boldsymbol{\eta}_3-\boldsymbol{\eta}_1)$.

【解】由于

$$\boldsymbol{A}\frac{\boldsymbol{\eta}_2+\boldsymbol{\eta}_3}{2}=\frac{1}{2}(\boldsymbol{A\eta}_2+\boldsymbol{A\eta}_3)=\frac{1}{2}(\boldsymbol{\beta}+\boldsymbol{\beta})=\boldsymbol{\beta},$$

故向量$\dfrac{\boldsymbol{\eta}_2+\boldsymbol{\eta}_3}{2}$是方程组 $\boldsymbol{Ax}=\boldsymbol{\beta}$ 的一个解.

由于 $\boldsymbol{\eta}_1,\boldsymbol{\eta}_2,\boldsymbol{\eta}_3$ 是 $\boldsymbol{Ax}=\boldsymbol{\beta}$ 的解,故根据非齐次线性方程组的解的性质①,$\boldsymbol{\eta}_2-\boldsymbol{\eta}_1,\boldsymbol{\eta}_3-\boldsymbol{\eta}_1$ 是 $\boldsymbol{Ax}=\boldsymbol{0}$ 的解.

对于向量组 $\boldsymbol{\eta}_2-\boldsymbol{\eta}_1,\boldsymbol{\eta}_3-\boldsymbol{\eta}_1$,设 $x_1(\boldsymbol{\eta}_2-\boldsymbol{\eta}_1)+x_2(\boldsymbol{\eta}_3-\boldsymbol{\eta}_1)=\boldsymbol{0}$,则

$$-(x_1+x_2)\boldsymbol{\eta}_1+x_1\boldsymbol{\eta}_2+x_2\boldsymbol{\eta}_3=\mathbf{0}.$$

由向量组 $\boldsymbol{\eta}_1,\boldsymbol{\eta}_2,\boldsymbol{\eta}_3$ 线性无关可知

$$\begin{cases}x_1+x_2=0,\\x_1=0,\\x_2=0,\end{cases}$$

即 $x_1=x_2=0$，故根据向量组的线性相关性的定义，向量组 $\boldsymbol{\eta}_2-\boldsymbol{\eta}_1,\boldsymbol{\eta}_3-\boldsymbol{\eta}_1$ 也线性无关.

由于方程组 $\boldsymbol{Ax}=\mathbf{0}$ 有 2 个线性无关的解 $\boldsymbol{\eta}_2-\boldsymbol{\eta}_1,\boldsymbol{\eta}_3-\boldsymbol{\eta}_1$，故其基础解系中至少有 2 个向量，从而 $3-r(\boldsymbol{A})\geqslant 2$，即 $r(\boldsymbol{A})\leqslant 1$. 又由于 $\boldsymbol{A}\neq\boldsymbol{O}$（若 $\boldsymbol{A}=\boldsymbol{O}$，则非齐次线性方程组 $\boldsymbol{Ax}=\boldsymbol{\beta}$ 无解，与已知矛盾），故 $r(\boldsymbol{A})\geqslant 1$. 因此，$r(\boldsymbol{A})=1$，并且方程组 $\boldsymbol{Ax}=\mathbf{0}$ 的基础解系中只有 $3-r(\boldsymbol{A})=3-1=2$ 个向量.

综上所述，向量组 $\boldsymbol{\eta}_2-\boldsymbol{\eta}_1,\boldsymbol{\eta}_3-\boldsymbol{\eta}_1$ 是方程组 $\boldsymbol{Ax}=\mathbf{0}$ 的一个基础解系，从而方程组 $\boldsymbol{Ax}=\boldsymbol{\beta}$ 的通解为 $\dfrac{\boldsymbol{\eta}_2+\boldsymbol{\eta}_3}{2}+k_1(\boldsymbol{\eta}_2-\boldsymbol{\eta}_1)+k_2(\boldsymbol{\eta}_3-\boldsymbol{\eta}_1)$（$k_1,k_2$ 为任意常数），选(C).

【题外话】本例告诉我们，若方程组 $\boldsymbol{Ax}=\boldsymbol{\beta}$ 有 r 个线性无关的解 $\boldsymbol{\eta}_1,\boldsymbol{\eta}_2,\cdots,\boldsymbol{\eta}_r$，则其对应的齐次线性方程组 $\boldsymbol{Ax}=\mathbf{0}$ 必有 $r-1$ 个线性无关的解 $\boldsymbol{\eta}_2-\boldsymbol{\eta}_1,\boldsymbol{\eta}_3-\boldsymbol{\eta}_1,\cdots,\boldsymbol{\eta}_r-\boldsymbol{\eta}_1$，或者 $\boldsymbol{\eta}_1-\boldsymbol{\eta}_2,\boldsymbol{\eta}_3-\boldsymbol{\eta}_2,\cdots,\boldsymbol{\eta}_r-\boldsymbol{\eta}_2$，等等.

【例 24】 设 $\boldsymbol{\alpha}_1,\boldsymbol{\alpha}_2,\boldsymbol{\alpha}_3,\boldsymbol{\alpha}_4,\boldsymbol{\beta}$ 为 4 维列向量，矩阵 $\boldsymbol{A}=(\boldsymbol{\alpha}_1,\boldsymbol{\alpha}_2,\boldsymbol{\alpha}_3,\boldsymbol{\alpha}_4)$，$\boldsymbol{B}=(\boldsymbol{\alpha}_1,\boldsymbol{\alpha}_2,\boldsymbol{\alpha}_3)$. 已知非齐次线性方程组 $\boldsymbol{Ax}=\boldsymbol{\beta}$ 的通解为

$$k_1(1,2,0,1)^{\mathrm{T}}+k_2(-1,1,1,0)^{\mathrm{T}}+(1,-1,2,1)^{\mathrm{T}},$$

其中 k_1,k_2 为任意常数，求方程组 $\boldsymbol{By}=\boldsymbol{\beta}$ 的通解.

【分析与解答】本例要解的方程组 $\boldsymbol{By}=\boldsymbol{\beta}$，相比已知通解的方程组 $\boldsymbol{Ax}=\boldsymbol{\beta}$，其系数矩阵中少了一个列向量 $\boldsymbol{\alpha}_4$. 这意味着本例要在方程组系数矩阵的列向量上“做文章”.

对于已知的通解

$$k_1(1,2,0,1)^{\mathrm{T}}+k_2(-1,1,1,0)^{\mathrm{T}}+(1,-1,2,1)^{\mathrm{T}},$$

如果把它“一刀两断”，那么就有以下两个结论：

① $(1,-1,2,1)^{\mathrm{T}}$ 是 $\boldsymbol{Ax}=\boldsymbol{\beta}$ 的解；

② $(1,2,0,1)^{\mathrm{T}},(-1,1,1,0)^{\mathrm{T}}$ 都是 $\boldsymbol{Ax}=\mathbf{0}$ 的解.

由于 $\boldsymbol{Ax}=\boldsymbol{\beta}$ 的解就是 $\boldsymbol{\beta}$ 由 $\boldsymbol{A}$ 的列向量组线性表示的系数，并且 $\boldsymbol{Ax}=\mathbf{0}$ 的解就是使 $\boldsymbol{A}$ 的列向量组的线性组合为 $\mathbf{0}$ 的系数，故可将其“切换”成向量之间的关系：

① $\boldsymbol{\beta}=\boldsymbol{\alpha}_1-\boldsymbol{\alpha}_2+2\boldsymbol{\alpha}_3+\boldsymbol{\alpha}_4$；

② $\boldsymbol{\alpha}_1+2\boldsymbol{\alpha}_2+\boldsymbol{\alpha}_4=\mathbf{0},-\boldsymbol{\alpha}_1+\boldsymbol{\alpha}_2+\boldsymbol{\alpha}_3=\mathbf{0}$.

由 $\boldsymbol{\alpha}_1+2\boldsymbol{\alpha}_2+\boldsymbol{\alpha}_4=\mathbf{0}$ 可知 $\boldsymbol{\alpha}_4=-\boldsymbol{\alpha}_1-2\boldsymbol{\alpha}_2$，故能“消灭”$\boldsymbol{\alpha}_4$，即有：

① $\boldsymbol{\beta}=\boldsymbol{\alpha}_1-\boldsymbol{\alpha}_2+2\boldsymbol{\alpha}_3+\boldsymbol{\alpha}_4=\boldsymbol{\alpha}_1-\boldsymbol{\alpha}_2+2\boldsymbol{\alpha}_3+(-\boldsymbol{\alpha}_1-2\boldsymbol{\alpha}_2)=-3\boldsymbol{\alpha}_2+2\boldsymbol{\alpha}_3$；

② $-\boldsymbol{\alpha}_1+\boldsymbol{\alpha}_2+\boldsymbol{\alpha}_3=\mathbf{0}$.

再将这两个结论“切换”回方程组的解的情况：

① $(0,-3,2)^{\mathrm{T}}$ 是 $\boldsymbol{By}=\boldsymbol{\beta}$ 的解；

② $(-1,1,1)^{\mathrm{T}}$ 是 $\boldsymbol{By}=\mathbf{0}$ 的解.

那么，线性无关的向量组 $(-1,1,1)^{\mathrm{T}}$ 能够作为方程组 $\boldsymbol{By}=\mathbf{0}$ 的一个基础解系吗？这只需要确定 $\boldsymbol{By}=\mathbf{0}$ 的基础解系中向量的个数. 而要想确定 $\boldsymbol{By}=\mathbf{0}$ 的基础解系中向量的个数，

则只需要确定其系数矩阵 $\boldsymbol{B}$ 的秩.

由于方程组 $\boldsymbol{A}\boldsymbol{x}=\boldsymbol{0}$ 的基础解系中有 2 个向量，故 $r(\boldsymbol{A})=4-2=2$，即向量组 $\boldsymbol{\alpha}_1,\boldsymbol{\alpha}_2,\boldsymbol{\alpha}_3,\boldsymbol{\alpha}_4$ 的秩也为 2，从而其最大无关组中有 2 个向量. 又由于 $\boldsymbol{\alpha}_4=-\boldsymbol{\alpha}_1-2\boldsymbol{\alpha}_2,\boldsymbol{\alpha}_3=\boldsymbol{\alpha}_1-\boldsymbol{\alpha}_2$，故向量 $\boldsymbol{\alpha}_3,\boldsymbol{\alpha}_4$ 都能由向量组 $\boldsymbol{\alpha}_1,\boldsymbol{\alpha}_2$ 线性表示，从而 $\boldsymbol{\alpha}_1,\boldsymbol{\alpha}_2$ 是向量组 $\boldsymbol{\alpha}_1,\boldsymbol{\alpha}_2,\boldsymbol{\alpha}_3,\boldsymbol{\alpha}_4$ 的一个最大无关组. 既然如此，那么在向量组 $\boldsymbol{\alpha}_1,\boldsymbol{\alpha}_2,\boldsymbol{\alpha}_3$ 中，由于 $\boldsymbol{\alpha}_1,\boldsymbol{\alpha}_2$ 线性无关，而 $\boldsymbol{\alpha}_3$ 能由 $\boldsymbol{\alpha}_1,\boldsymbol{\alpha}_2$ 线性表示，故 $\boldsymbol{\alpha}_1,\boldsymbol{\alpha}_2$ 也是 $\boldsymbol{\alpha}_1,\boldsymbol{\alpha}_2,\boldsymbol{\alpha}_3$ 的一个最大无关组，即它的秩也是 2，从而 $r(\boldsymbol{B})=2$. 这意味着方程组 $\boldsymbol{B}\boldsymbol{y}=\boldsymbol{0}$ 的基础解系中只有 $3-r(\boldsymbol{B})=3-2=1$ 个向量，并且 $(-1,1,1)^{\mathrm{T}}$ 就是它的一个基础解系.

一旦求出方程组 $\boldsymbol{B}\boldsymbol{y}=\boldsymbol{\beta}$ 的一个解 $(0,-3,2)^{\mathrm{T}}$，以及方程组 $\boldsymbol{B}\boldsymbol{y}=\boldsymbol{0}$ 的一个基础解系 $(-1,1,1)^{\mathrm{T}}$，那么本例便可“大功告成”，得到 $\boldsymbol{B}\boldsymbol{y}=\boldsymbol{\beta}$ 的通解

$$k(-1,1,1)^{\mathrm{T}}+(0,-3,2)^{\mathrm{T}},$$

其中 k 为任意常数.

【题外话】本例的关键在于能够灵活地在方程组和向量之间“来回切换”. 前面讲过，方程组的解的情况的另一张“面孔”就是向量之间的关系. 而纵观例 21、例 23 和本例，要解决线性方程组的一些抽象性问题，离不开向量的“帮助”，尤其在确定齐次线性方程组的基础解系时，总会不经意间和抽象向量组“打交道”(可参看例 21 中说明向量组 $\boldsymbol{\alpha}_2,\boldsymbol{\alpha}_3,\boldsymbol{\alpha}_4$ 线性无关、例 23 中说明向量组 $\boldsymbol{\eta}_2-\boldsymbol{\eta}_1,\boldsymbol{\eta}_3-\boldsymbol{\eta}_1$ 线性无关，以及本例中确定矩阵 $\boldsymbol{B}$ 的秩的过程). 没错，向量组的线性相关性、线性表示和秩这些概念是既躲不过，也绕不开的. 于是，让我们“暂别”线性方程组，把视角聚焦在向量，去探讨向量组的抽象性问题.

问题 6　抽象向量组的线性相关性、线性表示以及等价的相关问题

问题研究

题眼探索　向量组的抽象性问题是一块“难啃的硬骨头”，方法多，灵活性强，还与其他内容联系紧密. 然而，也并非所有的题目都得用高深莫测的方法来解决，有时只需要借助简简单单的观察法. 让我们通过例 25，先从抽象向量组的线性相关性问题谈起.

1. 观察法

【例 25】　(2007 年考研题)设向量组 $\boldsymbol{\alpha}_1,\boldsymbol{\alpha}_2,\boldsymbol{\alpha}_3$ 线性无关，则下列向量组线性相关的是(　　)

(A) $\boldsymbol{\alpha}_1-\boldsymbol{\alpha}_2,\boldsymbol{\alpha}_2-\boldsymbol{\alpha}_3,\boldsymbol{\alpha}_3-\boldsymbol{\alpha}_1$.　　(B) $\boldsymbol{\alpha}_1+\boldsymbol{\alpha}_2,\boldsymbol{\alpha}_2+\boldsymbol{\alpha}_3,\boldsymbol{\alpha}_3+\boldsymbol{\alpha}_1$.

(C) $\boldsymbol{\alpha}_1-2\boldsymbol{\alpha}_2,\boldsymbol{\alpha}_2-2\boldsymbol{\alpha}_3,\boldsymbol{\alpha}_3-2\boldsymbol{\alpha}_1$.　　(D) $\boldsymbol{\alpha}_1+2\boldsymbol{\alpha}_2,\boldsymbol{\alpha}_2+2\boldsymbol{\alpha}_3,\boldsymbol{\alpha}_3+2\boldsymbol{\alpha}_1$.

【解】由于

$$(\boldsymbol{\alpha}_1-\boldsymbol{\alpha}_2)+(\boldsymbol{\alpha}_2-\boldsymbol{\alpha}_3)+(\boldsymbol{\alpha}_3-\boldsymbol{\alpha}_1)=\boldsymbol{0},$$

故根据向量组线性相关的定义，选(A).

【题外话】本例告诉我们，**如果已知一个线性无关的向量组，要判断一些能由它线性表示的向量组的线性相关性，那么优先考虑将这些向量组中的向量进行加或减，观察能否找到**

不全为零的系数,使其中某些向量组的线性组合为零向量,从而发现它们是线性相关的.

那么,该如何证明本例(B)、(C)和(D)的向量组是线性无关的呢?可以用定义法(例 26 就是证明本例(D)的向量组线性无关).

2. 定义法

题眼探索 若要用定义法来证明向量组 $\boldsymbol{\alpha}_1,\boldsymbol{\alpha}_2,\cdots,\boldsymbol{\alpha}_n$ 线性无关,则只需设

$$x_1\boldsymbol{\alpha}_1+x_2\boldsymbol{\alpha}_2+\cdots+x_n\boldsymbol{\alpha}_n=\mathbf{0}, \tag{2-14}$$

并进行恒等变形,从而证得 $x_1=x_2=\cdots=x_n=0$.

关键是如何对式(2-14)恒等变形呢?主要有以下两个手段:

1°根据已知线性相关性的向量组,把向量进行重新组合(可参看例 26);

2°在式(2-14)两边同时左乘某个矩阵,向已知条件"靠拢"(可参看例 27).

(1) 重 组

【例 26】 设向量组 $\boldsymbol{\alpha}_1,\boldsymbol{\alpha}_2,\boldsymbol{\alpha}_3$ 线性无关,证明:$\boldsymbol{\alpha}_1+2\boldsymbol{\alpha}_2,\boldsymbol{\alpha}_2+2\boldsymbol{\alpha}_3,\boldsymbol{\alpha}_3+2\boldsymbol{\alpha}_1$ 线性无关.

【证】 设 $x_1(\boldsymbol{\alpha}_1+2\boldsymbol{\alpha}_2)+x_2(\boldsymbol{\alpha}_2+2\boldsymbol{\alpha}_3)+x_3(\boldsymbol{\alpha}_3+2\boldsymbol{\alpha}_1)=\mathbf{0}$,则

$$(x_1+2x_3)\boldsymbol{\alpha}_1+(2x_1+x_2)\boldsymbol{\alpha}_2+(2x_2+x_3)\boldsymbol{\alpha}_3=\mathbf{0}.$$

由于向量组 $\boldsymbol{\alpha}_1,\boldsymbol{\alpha}_2,\boldsymbol{\alpha}_3$ 线性无关,故

$$\begin{cases} x_1+\qquad 2x_3=0, \\ 2x_1+x_2\qquad =0, \\ \qquad 2x_2+x_3=0. \end{cases} \tag{2-15}$$

由 $\begin{vmatrix} 1 & 0 & 2 \\ 2 & 1 & 0 \\ 0 & 2 & 1 \end{vmatrix}=9\neq 0$ 可知,方程组(2-15)只有零解,即 $x_1=x_2=x_3=0$,故向量组 $\boldsymbol{\alpha}_1+2\boldsymbol{\alpha}_2,\boldsymbol{\alpha}_2+2\boldsymbol{\alpha}_3,\boldsymbol{\alpha}_3+2\boldsymbol{\alpha}_1$ 线性无关.

(2) 同 乘

【例 27】 (1998 年考研题)设 $\boldsymbol{A}$ 是 n 阶矩阵,若存在正整数 k 使线性方程组 $\boldsymbol{A}^k\boldsymbol{x}=\mathbf{0}$ 有解向量 $\boldsymbol{\alpha}$,且 $\boldsymbol{A}^{k-1}\boldsymbol{\alpha}\neq\mathbf{0}$. 证明:向量组 $\boldsymbol{\alpha},\boldsymbol{A\alpha},\cdots,\boldsymbol{A}^{k-1}\boldsymbol{\alpha}$ 是线性无关的.

【分析】 对于定义式

$$x_1\boldsymbol{\alpha}+x_2\boldsymbol{A\alpha}+\cdots+x_k\boldsymbol{A}^{k-1}\boldsymbol{\alpha}=\mathbf{0}, \tag{2-16}$$

该如何使用 $\boldsymbol{A}^k\boldsymbol{\alpha}=\mathbf{0}$ 这个条件呢?显然,只有在式(2-16)两边同时左乘某个矩阵,才会出现 $\boldsymbol{A}^k\boldsymbol{\alpha}$. 最容易想到的就是同时左乘 $\boldsymbol{A}$,于是便有

$$x_1\boldsymbol{A\alpha}+x_2\boldsymbol{A}^2\boldsymbol{\alpha}+\cdots+x_{k-1}\boldsymbol{A}^{k-1}\boldsymbol{\alpha}+x_k\boldsymbol{A}^k\boldsymbol{\alpha}=\mathbf{0}. \tag{2-17}$$

因为 $\boldsymbol{A}^k\boldsymbol{\alpha}=\mathbf{0}$,所以式(2-17)"缩水"为

$$x_1\boldsymbol{A\alpha}+x_2\boldsymbol{A}^2\boldsymbol{\alpha}+\cdots+x_{k-1}\boldsymbol{A}^{k-1}\boldsymbol{\alpha}=\mathbf{0}. \tag{2-18}$$

而在式(2-18)两边再同时左乘 $\boldsymbol{A}$,则它又能"缩水"为

$$x_1\boldsymbol{A}^2\boldsymbol{\alpha}+x_2\boldsymbol{A}^3\boldsymbol{\alpha}+\cdots+x_{k-2}\boldsymbol{A}^{k-1}\boldsymbol{\alpha}=\mathbf{0}.$$

不难发现,只要在式(2-16)两边同时左乘 $k-1$ 次 $\boldsymbol{A}$,则它就能变为

$$x_1\boldsymbol{A}^{k-1}\boldsymbol{\alpha}=\boldsymbol{0}.$$

此时，由 $\boldsymbol{A}^{k-1}\boldsymbol{\alpha}\neq\boldsymbol{0}$ 便可证得 $x_1=0$. 这意味着接下来只要"照猫画虎"，就能把 $x_2=0,x_3=0,\cdots,x_k=0$ 都证明得到. 然而，同时左乘 $k-1$ 次 $\boldsymbol{A}$ 难免"大伤元气"，何不一步到位，直接在式(2-16)两边同时左乘 $\boldsymbol{A}^{k-1}$，使它彻底"缩水"呢？

【证】由题意可知 $\boldsymbol{A}^k\boldsymbol{\alpha}=\boldsymbol{0}$.

设

$$x_1\boldsymbol{\alpha}+x_2\boldsymbol{A}\boldsymbol{\alpha}+\cdots+x_k\boldsymbol{A}^{k-1}\boldsymbol{\alpha}=\boldsymbol{0}.$$

两边同时左乘 $\boldsymbol{A}^{k-1}$，则

$$x_1\boldsymbol{A}^{k-1}\boldsymbol{\alpha}+x_2\boldsymbol{A}^{k}\boldsymbol{\alpha}+x_3\boldsymbol{A}^{k+1}\boldsymbol{\alpha}+\cdots+x_k\boldsymbol{A}^{2k-2}\boldsymbol{\alpha}=\boldsymbol{0}.$$

由于 $\boldsymbol{A}^k\boldsymbol{\alpha}=\boldsymbol{A}^{k+1}\boldsymbol{\alpha}=\cdots=\boldsymbol{A}^{2k-2}\boldsymbol{\alpha}=\boldsymbol{0}$，故 $x_1\boldsymbol{A}^{k-1}\boldsymbol{\alpha}=\boldsymbol{0}$. 又由于 $\boldsymbol{A}^{k-1}\boldsymbol{\alpha}\neq\boldsymbol{0}$，故 $x_1=0$.

于是

$$x_2\boldsymbol{A}\boldsymbol{\alpha}+x_3\boldsymbol{A}^2\boldsymbol{\alpha}+\cdots+x_k\boldsymbol{A}^{k-1}\boldsymbol{\alpha}=\boldsymbol{0}.$$

两边同时左乘 $\boldsymbol{A}^{k-2}$，则

$$x_2\boldsymbol{A}^{k-1}\boldsymbol{\alpha}+x_3\boldsymbol{A}^{k}\boldsymbol{\alpha}+x_4\boldsymbol{A}^{k+1}\boldsymbol{\alpha}+\cdots+x_k\boldsymbol{A}^{2k-3}\boldsymbol{\alpha}=\boldsymbol{0}.$$

由于 $\boldsymbol{A}^k\boldsymbol{\alpha}=\boldsymbol{A}^{k+1}\boldsymbol{\alpha}=\cdots=\boldsymbol{A}^{2k-3}\boldsymbol{\alpha}=\boldsymbol{0}$，故 $x_2\boldsymbol{A}^{k-1}\boldsymbol{\alpha}=\boldsymbol{0}$. 又由于 $\boldsymbol{A}^{k-1}\boldsymbol{\alpha}\neq\boldsymbol{0}$，故 $x_2=0$.

同理可得 $x_3=x_4=\cdots=x_k=0$.

因此，向量组 $\boldsymbol{\alpha},\boldsymbol{A}\boldsymbol{\alpha},\cdots,\boldsymbol{A}^{k-1}\boldsymbol{\alpha}$ 线性无关.

3. 充分必要条件法

题眼探索 相比观察法和定义法，解决抽象向量组的线性相关性问题往往更常用充分必要条件. 前面讲过，矩阵 $\boldsymbol{A}$ 的列向量组线性相关有 5 个充分必要条件(详见问题 2 "深度聚焦")，而这里主要利用其中的 2 个：

矩阵 $\boldsymbol{A}_{m\times n}$ 的列向量组线性相关 $\Leftrightarrow$ 方程组 $\boldsymbol{A}\boldsymbol{x}=\boldsymbol{0}$ 有非零解

$$\Leftrightarrow r(\boldsymbol{A})<n.$$

那么，该怎样把探讨抽象向量组的线性相关性转化为探讨齐次线性方程组的解或矩阵的秩呢？

【例 28】 设 $\boldsymbol{A}$ 是 $m\times n$ 矩阵，$\boldsymbol{B}$ 是 $n\times m$ 矩阵，证明：当 $m>n$ 时，必有 $\boldsymbol{AB}$ 的列向量组线性相关.

【证】法一(利用方程组)：由于 $m>n$，故方程组 $\boldsymbol{B}\boldsymbol{x}=\boldsymbol{0}$ 有非零解.

显然，方程组 $(\boldsymbol{AB})\boldsymbol{x}=\boldsymbol{0}$ 也有非零解，故 $\boldsymbol{AB}$ 的列向量组线性相关.

法二(利用秩)：由 $r(\boldsymbol{AB})\leqslant r(\boldsymbol{B})\leqslant n<m$ 可知 $\boldsymbol{AB}$ 的列向量组线性相关.

【题外话】

(i) 本例"法一"的关键之处有二：一是由 $m>n$ 发现方程组 $\boldsymbol{B}\boldsymbol{x}=\boldsymbol{0}$ 的未知数个数大于方程个数，从而证得它有非零解；二是要意识到 $\boldsymbol{B}\boldsymbol{x}=\boldsymbol{0}$ 的全部解都是 $(\boldsymbol{AB})\boldsymbol{x}=\boldsymbol{0}$ 的解(可参看图 2-13)，从而证得 $(\boldsymbol{AB})\boldsymbol{x}=\boldsymbol{0}$ 也有非零解.

(ii) 本例"法二"先由矩阵的秩的性质⑦得到 $r(\boldsymbol{AB})\leqslant r(\boldsymbol{B})$，再由矩阵的秩的性质①得到 $r(\boldsymbol{B})\leqslant n$. 又由于 $m>n$，故可证得矩阵 $\boldsymbol{AB}$ 的秩小于其列数 m.

(iii) 就本例而言，利用方程组的解来证明有些“拐弯抹角”，而利用矩阵的秩便可“一步到位”. 如此看来，利用矩阵的秩来解决抽象向量组的线性相关性问题仿佛得心应手. 是这样吗？请再看一道例题.

【例 29】 (2004 年考研题)设 $\boldsymbol{A},\boldsymbol{B}$ 为满足 $\boldsymbol{AB}=\boldsymbol{O}$ 的任意两个非零矩阵，则必有(　　)

(A) $\boldsymbol{A}$ 的列向量组线性相关，$\boldsymbol{B}$ 的行向量组线性相关.

(B) $\boldsymbol{A}$ 的列向量组线性相关，$\boldsymbol{B}$ 的列向量组线性相关.

(C) $\boldsymbol{A}$ 的行向量组线性相关，$\boldsymbol{B}$ 的行向量组线性相关.

(D) $\boldsymbol{A}$ 的行向量组线性相关，$\boldsymbol{B}$ 的列向量组线性相关.

【分析】本例的关键是如何使用 $\boldsymbol{AB}=\boldsymbol{O}$ 这一条件.

如果设 $\boldsymbol{A}$ 为 $m\times n$ 矩阵，$\boldsymbol{B}$ 为 $n\times s$ 矩阵，那么可把 $\boldsymbol{B}$ 和 $\boldsymbol{O}$ 按列分块，即有

$$\boldsymbol{A}(\boldsymbol{\beta}_1,\boldsymbol{\beta}_2,\cdots,\boldsymbol{\beta}_s)=(\boldsymbol{0},\boldsymbol{0},\cdots,\boldsymbol{0}),$$

从而

$$\boldsymbol{A\beta}_1=\boldsymbol{0},\boldsymbol{A\beta}_2=\boldsymbol{0},\cdots,\boldsymbol{A\beta}_s=\boldsymbol{0}.$$

这意味着矩阵 $\boldsymbol{B}$ 的列向量都是方程组 $\boldsymbol{Ax}=\boldsymbol{0}$ 的解. 而由 $\boldsymbol{B}$ 为非零矩阵又可知 $\boldsymbol{Ax}=\boldsymbol{0}$ 有非零解. 就这样，$\boldsymbol{AB}=\boldsymbol{O}$ 和方程组“攀上了交情”!

此外，根据矩阵的秩的性质⑨，$\boldsymbol{A}_{m\times n}\boldsymbol{B}_{n\times s}=\boldsymbol{O}$ 还能和矩阵的秩“攀上交情”，即

$$r(\boldsymbol{A})+r(\boldsymbol{B})\leqslant n.$$

【解】法一(利用方程组)：由于 $\boldsymbol{AB}=\boldsymbol{O}$，又 $\boldsymbol{B}\neq\boldsymbol{O}$，故方程组 $\boldsymbol{Ax}=\boldsymbol{0}$ 有非零解，从而 $\boldsymbol{A}$ 的列向量组线性相关.

由 $\boldsymbol{AB}=\boldsymbol{O}$ 可知 $\boldsymbol{B}^{\mathrm{T}}\boldsymbol{A}^{\mathrm{T}}=\boldsymbol{O}$. 又由于 $\boldsymbol{A}\neq\boldsymbol{O}$，故方程组 $\boldsymbol{B}^{\mathrm{T}}\boldsymbol{x}=\boldsymbol{0}$ 有非零解，从而 $\boldsymbol{B}^{\mathrm{T}}$ 的列向量组线性相关，即 $\boldsymbol{B}$ 的行向量组线性相关.

故选(A).

法二(利用秩)：设 $\boldsymbol{A}$ 为 $m\times n$ 矩阵，$\boldsymbol{B}$ 为 $n\times s$ 矩阵，则由 $\boldsymbol{AB}=\boldsymbol{O}$ 可知 $r(\boldsymbol{A})+r(\boldsymbol{B})\leqslant n$. 又由 $\boldsymbol{B}\neq\boldsymbol{O}$ 可知 $r(\boldsymbol{B})\geqslant 1$，故 $r(\boldsymbol{A})\leqslant n-r(\boldsymbol{B})\leqslant n-1<n$，从而 $\boldsymbol{A}$ 的列向量组线性相关.

同理，$r(\boldsymbol{B}^{\mathrm{T}})=r(\boldsymbol{B})\leqslant n-r(\boldsymbol{A})<n$，故 $\boldsymbol{B}^{\mathrm{T}}$ 的列向量组线性相关，即 $\boldsymbol{B}$ 的行向量组线性相关. 选(A).

【题外话】

(i) 本例生动地展现了关于 $\boldsymbol{AB}=\boldsymbol{O}$ 的两个常用的思路：一是转化为方程组的解，二是转化为矩阵的秩(可将本例与例 4、例 5 结合在一起来看). 而矩阵的秩的性质⑨之所以成立，正是因为当 $\boldsymbol{A}_{m\times n}\boldsymbol{B}_{n\times s}=\boldsymbol{O}$ 时，矩阵 $\boldsymbol{B}$ 的列向量都是方程组 $\boldsymbol{Ax}=\boldsymbol{0}$ 的解. 此时，$\boldsymbol{B}$ 的列向量组的最大无关组中向量的个数，必然小于等于 $\boldsymbol{Ax}=\boldsymbol{0}$ 的基础解系(即它的全部解所组成的向量组的最大无关组)中向量的个数，故有 $r(\boldsymbol{B})\leqslant n-r(\boldsymbol{A})$，即 $r(\boldsymbol{A})+r(\boldsymbol{B})\leqslant n$.

(ii) 纵观例 28 和本例，矩阵的秩确实是解决抽象向量组的线性相关性问题的“趁手工具”. 其实，例 26 也能利用矩阵的秩来证明：

$$(\boldsymbol{\alpha}_1+2\boldsymbol{\alpha}_2,\boldsymbol{\alpha}_2+2\boldsymbol{\alpha}_3,\boldsymbol{\alpha}_3+2\boldsymbol{\alpha}_1)=(\boldsymbol{\alpha}_1,\boldsymbol{\alpha}_2,\boldsymbol{\alpha}_3)\begin{pmatrix}1&0&2\\2&1&0\\0&2&1\end{pmatrix}.$$

记 $\boldsymbol{A}=(\boldsymbol{\alpha}_1,\boldsymbol{\alpha}_2,\boldsymbol{\alpha}_3)$，$\boldsymbol{B}=(\boldsymbol{\alpha}_1+2\boldsymbol{\alpha}_2,\boldsymbol{\alpha}_2+2\boldsymbol{\alpha}_3,\boldsymbol{\alpha}_3+2\boldsymbol{\alpha}_1)$，$\boldsymbol{Q}=\begin{pmatrix}1&0&2\\2&1&0\\0&2&1\end{pmatrix}$，则 $\boldsymbol{B}=\boldsymbol{AQ}$.

由于$|\boldsymbol{Q}|=9\neq0$，故$\boldsymbol{Q}$可逆，从而由$r(\boldsymbol{B})=r(\boldsymbol{AQ})=r(\boldsymbol{A})=3$可知$\boldsymbol{B}$的列向量组线性无关.

这告诉我们，**如果已知一个线性无关的向量组，要证明一个能由它线性表示的向量组线性无关，那么有两种方法：一是定义法，二是利用矩阵的秩**. 而很显然，利用定义法要比利用矩阵的秩“啰嗦”得多. 没错，**对于抽象向量组的线性相关性问题，若能利用矩阵的秩来解决，则往往会非常便捷**. 然而，要想用好矩阵的秩，则必须将矩阵的秩的各性质熟稔于心. 比如，本例“法二”主要利用矩阵的秩的性质⑨，以及根据性质⑤得到$r(\boldsymbol{B}^{\mathrm{T}})=r(\boldsymbol{B})$；例26若要利用矩阵的秩来证明，则其关键在于利用性质⑥证得$r(\boldsymbol{AQ})=r(\boldsymbol{A})$.

其实，除了抽象向量组的线性相关性问题，当面对线性相关性与线性表示相结合的问题时，也能利用秩来解决. 只不过此时，或许还有更便捷的方法，那就是利用向量组的线性相关性与线性表示的性质.

4. 性质法

【例30】 (2010年考研题)设向量组I：$\boldsymbol{\alpha}_1,\boldsymbol{\alpha}_2,\cdots,\boldsymbol{\alpha}_r$可由向量组II：$\boldsymbol{\beta}_1,\boldsymbol{\beta}_2,\cdots,\boldsymbol{\beta}_s$线性表示. 下列命题正确的是(　　)

(A) 若向量组I线性无关，则$r\leqslant s$.　　(B) 若向量组I线性相关，则$r>s$.

(C) 若向量组II线性无关，则$r\leqslant s$.　　(D) 若向量组II线性相关，则$r>s$.

【分析】根据向量组的线性表示的性质③，“能表无关，不比它少”，则本例可以“秒杀”，立即得到正确选项(A).

当然，本例也可以“请秩帮忙”. 由向量组I可由向量组II线性表示可知

$$r(\boldsymbol{\beta}_1,\boldsymbol{\beta}_2,\cdots,\boldsymbol{\beta}_s)=r(\boldsymbol{\beta}_1,\boldsymbol{\beta}_2,\cdots,\boldsymbol{\beta}_s,\boldsymbol{\alpha}_1,\boldsymbol{\alpha}_2,\cdots,\boldsymbol{\alpha}_r)\geqslant r(\boldsymbol{\alpha}_1,\boldsymbol{\alpha}_2,\cdots,\boldsymbol{\alpha}_r).$$

而若向量组I线性无关，则$r(\boldsymbol{\alpha}_1,\boldsymbol{\alpha}_2,\cdots,\boldsymbol{\alpha}_r)=r$. 又由于$r(\boldsymbol{\beta}_1,\boldsymbol{\beta}_2,\cdots,\boldsymbol{\beta}_s)\leqslant s$，故此时$r\leqslant s$.

【题外话】本例告诉我们，若矩阵$\boldsymbol{B}$的列向量组能由矩阵$\boldsymbol{A}$的列向量组线性表示，则$r(\boldsymbol{A})\geqslant r(\boldsymbol{B})$.

【例31】 已知向量组$\boldsymbol{\alpha}_1,\boldsymbol{\alpha}_2,\boldsymbol{\alpha}_3$的秩为2，向量组$\boldsymbol{\alpha}_2,\boldsymbol{\alpha}_3,\boldsymbol{\alpha}_4$的秩为3. 证明：

(1) $\boldsymbol{\alpha}_1$能由$\boldsymbol{\alpha}_2,\boldsymbol{\alpha}_3$线性表示；

(2) $\boldsymbol{\alpha}_4$不能由$\boldsymbol{\alpha}_1,\boldsymbol{\alpha}_2,\boldsymbol{\alpha}_3$线性表示.

【证】由题意，$\boldsymbol{\alpha}_1,\boldsymbol{\alpha}_2,\boldsymbol{\alpha}_3$线性相关，$\boldsymbol{\alpha}_2,\boldsymbol{\alpha}_3,\boldsymbol{\alpha}_4$线性无关.

(1) **法一(性质法)**：由于$\boldsymbol{\alpha}_2,\boldsymbol{\alpha}_3,\boldsymbol{\alpha}_4$线性无关，故根据向量组的线性相关性的性质①，$\boldsymbol{\alpha}_2,\boldsymbol{\alpha}_3$线性无关.

由于$\boldsymbol{\alpha}_2,\boldsymbol{\alpha}_3$线性无关，又$\boldsymbol{\alpha}_1,\boldsymbol{\alpha}_2,\boldsymbol{\alpha}_3$线性相关，故根据向量组的线性表示的性质②，$\boldsymbol{\alpha}_1$能由$\boldsymbol{\alpha}_2,\boldsymbol{\alpha}_3$线性表示.

法二(定义法)：由于$\boldsymbol{\alpha}_1,\boldsymbol{\alpha}_2,\boldsymbol{\alpha}_3$线性相关，故存在不全为零的数$x_1,x_2,x_3$，使

$$x_1\boldsymbol{\alpha}_1+x_2\boldsymbol{\alpha}_2+x_3\boldsymbol{\alpha}_3=\boldsymbol{0}.$$

当$x_1=0$时，$x_2\boldsymbol{\alpha}_2+x_3\boldsymbol{\alpha}_3=\boldsymbol{0}$，且其中$x_2,x_3$不全为零. 因此，存在不全为零的数$x_2,x_3,x_4$，使

$$x_2\boldsymbol{\alpha}_2+x_3\boldsymbol{\alpha}_3+x_4\boldsymbol{\alpha}_4=\boldsymbol{0},$$

与$\boldsymbol{\alpha}_2,\boldsymbol{\alpha}_3,\boldsymbol{\alpha}_4$线性无关矛盾. 所以，$x_1\neq0$.

当 $x_1\neq 0$ 时，$\boldsymbol{\alpha}_1=-\frac{x_2}{x_1}\boldsymbol{\alpha}_2-\frac{x_3}{x_1}\boldsymbol{\alpha}_3$，即 $\boldsymbol{\alpha}_1$ 能由 $\boldsymbol{\alpha}_2,\boldsymbol{\alpha}_3$ 线性表示.

(2) **法一(利用秩)**：由于 $r(\boldsymbol{\alpha}_1,\boldsymbol{\alpha}_2,\boldsymbol{\alpha}_3,\boldsymbol{\alpha}_4)\geqslant r(\boldsymbol{\alpha}_2,\boldsymbol{\alpha}_3,\boldsymbol{\alpha}_4)=3$，又 $r(\boldsymbol{\alpha}_1,\boldsymbol{\alpha}_2,\boldsymbol{\alpha}_3)=2$，故 $r(\boldsymbol{\alpha}_1,\boldsymbol{\alpha}_2,\boldsymbol{\alpha}_3,\boldsymbol{\alpha}_4)\neq r(\boldsymbol{\alpha}_1,\boldsymbol{\alpha}_2,\boldsymbol{\alpha}_3)$，从而 $\boldsymbol{\alpha}_4$ 不能由 $\boldsymbol{\alpha}_1,\boldsymbol{\alpha}_2,\boldsymbol{\alpha}_3$ 线性表示.

法二(定义法)：假设 $\boldsymbol{\alpha}_4$ 能由 $\boldsymbol{\alpha}_1,\boldsymbol{\alpha}_2,\boldsymbol{\alpha}_3$ 线性表示，则存在 x_1,x_2,x_3，使

$$\boldsymbol{\alpha}_4=x_1\boldsymbol{\alpha}_1+x_2\boldsymbol{\alpha}_2+x_3\boldsymbol{\alpha}_3.$$

由(1)可知存在 y_1,y_2，使 $\boldsymbol{\alpha}_1=y_1\boldsymbol{\alpha}_2+y_2\boldsymbol{\alpha}_3$，故

$$\boldsymbol{\alpha}_4=x_1(y_1\boldsymbol{\alpha}_2+y_2\boldsymbol{\alpha}_3)+x_2\boldsymbol{\alpha}_2+x_3\boldsymbol{\alpha}_3=(x_1y_1+x_2)\boldsymbol{\alpha}_2+(x_1y_2+x_3)\boldsymbol{\alpha}_3,$$

即

$$(x_1y_1+x_2)\boldsymbol{\alpha}_2+(x_1y_2+x_3)\boldsymbol{\alpha}_3-\boldsymbol{\alpha}_4=\boldsymbol{0},$$

与 $\boldsymbol{\alpha}_2,\boldsymbol{\alpha}_3,\boldsymbol{\alpha}_4$ 线性无关矛盾.

所以，$\boldsymbol{\alpha}_4$ 不能由 $\boldsymbol{\alpha}_1,\boldsymbol{\alpha}_2,\boldsymbol{\alpha}_3$ 线性表示.

【题外话】

(i) 本例(1)和(2)的“法一”分别是利用性质和秩来证明，而本例(1)和(2)的“法二”都是利用定义来证明. 这告诉我们，即使想不到该利用什么性质或秩的结论来证明，那么也大可不必放弃，这是因为还有定义法这根“救命稻草”，虽然它往往会更繁琐. 没错，**定义法是解决向量组的抽象性问题的保底方法**. 而本例(1)的“法二”其实无异于把“法一”中所用的性质用定义进行了证明，就好比例 30 中所用的性质也可以用秩来证明. 这其中的来龙去脉和前因后果是否能够理清？

(ii) 本例可改为如下选择题：

已知向量组 $\boldsymbol{\alpha}_1,\boldsymbol{\alpha}_2,\boldsymbol{\alpha}_3$ 线性相关，向量组 $\boldsymbol{\alpha}_2,\boldsymbol{\alpha}_3,\boldsymbol{\alpha}_4$ 线性无关，则

(A) $\boldsymbol{\alpha}_1$ 必不能由 $\boldsymbol{\alpha}_2,\boldsymbol{\alpha}_3,\boldsymbol{\alpha}_4$ 线性表示.　　(B) $\boldsymbol{\alpha}_2$ 必不能由 $\boldsymbol{\alpha}_1,\boldsymbol{\alpha}_3,\boldsymbol{\alpha}_4$ 线性表示.

(C) $\boldsymbol{\alpha}_3$ 必不能由 $\boldsymbol{\alpha}_1,\boldsymbol{\alpha}_2,\boldsymbol{\alpha}_4$ 线性表示.　　(D) $\boldsymbol{\alpha}_4$ 必不能由 $\boldsymbol{\alpha}_1,\boldsymbol{\alpha}_2,\boldsymbol{\alpha}_3$ 线性表示.

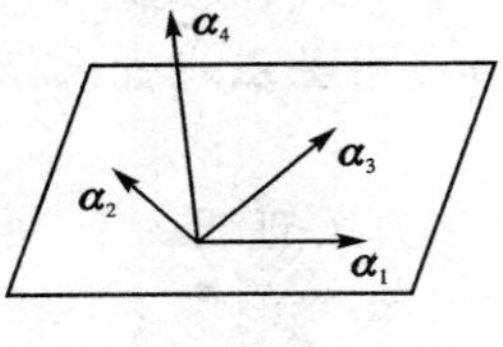

图 2-14

此时，若要得到正确选项(D)，则犯不着再去讨论秩，更犯不着利用定义法. 由 $\boldsymbol{\alpha}_1,\boldsymbol{\alpha}_2,\boldsymbol{\alpha}_3$ 线性相关可知 $\boldsymbol{\alpha}_1,\boldsymbol{\alpha}_2,\boldsymbol{\alpha}_3$ 共面，又由 $\boldsymbol{\alpha}_2,\boldsymbol{\alpha}_3,\boldsymbol{\alpha}_4$ 线性无关可知 $\boldsymbol{\alpha}_2,\boldsymbol{\alpha}_3,\boldsymbol{\alpha}_4$ 不共面，故参看图 2-14 便能马上发现 $\boldsymbol{\alpha}_4$ 必不能由 $\boldsymbol{\alpha}_1,\boldsymbol{\alpha}_2,\boldsymbol{\alpha}_3$ 线性表示. 哈！解决向量组的抽象性问题原来还有一道“杀手锏”——几何法.

让我们通过例 32“告别”向量组的抽象性问题，而这道例题把抽象向量组的线性相关性、线性表示和等价都结合了起来.

5. 几何法

【例 32】 (2000 年考研题)设 n 维列向量组 $\boldsymbol{\alpha}_1,\boldsymbol{\alpha}_2,\cdots,\boldsymbol{\alpha}_m(m<n)$ 线性无关，则 n 维列向量组 $\boldsymbol{\beta}_1,\boldsymbol{\beta}_2,\cdots,\boldsymbol{\beta}_m$ 线性无关的充分必要条件为(　　)

(A) 向量组 $\boldsymbol{\alpha}_1,\boldsymbol{\alpha}_2,\cdots,\boldsymbol{\alpha}_m$ 可由向量组 $\boldsymbol{\beta}_1,\boldsymbol{\beta}_2,\cdots,\boldsymbol{\beta}_m$ 线性表示.

(B) 向量组 $\boldsymbol{\beta}_1,\boldsymbol{\beta}_2,\cdots,\boldsymbol{\beta}_m$ 可由向量组 $\boldsymbol{\alpha}_1,\boldsymbol{\alpha}_2,\cdots,\boldsymbol{\alpha}_m$ 线性表示.

(C) 向量组 $\boldsymbol{\alpha}_1,\boldsymbol{\alpha}_2,\cdots,\boldsymbol{\alpha}_m$ 与向量组 $\boldsymbol{\beta}_1,\boldsymbol{\beta}_2,\cdots,\boldsymbol{\beta}_m$ 等价.

(D) 矩阵 $\boldsymbol{A}=(\boldsymbol{\alpha}_1,\boldsymbol{\alpha}_2,\cdots,\boldsymbol{\alpha}_m)$ 与矩阵 $\boldsymbol{B}=(\boldsymbol{\beta}_1,\boldsymbol{\beta}_2,\cdots,\boldsymbol{\beta}_m)$ 等价.

【分析】 乍一看本例，感觉“云山雾罩”，要想直接找出正确的选项并不容易. 不妨取 $m=$

$2, n=3$，则 3 维列向量 $\boldsymbol{\alpha}_1, \boldsymbol{\alpha}_2$ 虽不共线，但却共面. 而当 3 维列向量组 $\boldsymbol{\beta}_1, \boldsymbol{\beta}_2$ 线性无关（即 $\boldsymbol{\beta}_1, \boldsymbol{\beta}_2$ 不共线）时，一旦 $\boldsymbol{\beta}_1, \boldsymbol{\beta}_2$ 都与 $\boldsymbol{\alpha}_1, \boldsymbol{\alpha}_2$ 不共面（可参看图 2－15），那么不但 $\boldsymbol{\alpha}_1, \boldsymbol{\alpha}_2$ 不能由 $\boldsymbol{\beta}_1, \boldsymbol{\beta}_2$ 线性表示，而且 $\boldsymbol{\beta}_1, \boldsymbol{\beta}_2$ 也不能由 $\boldsymbol{\alpha}_1, \boldsymbol{\alpha}_2$ 线性表示，更不必说 $\boldsymbol{\alpha}_1, \boldsymbol{\alpha}_2$ 与 $\boldsymbol{\beta}_1, \boldsymbol{\beta}_2$ 等价了. 于是，便立即排除(A)、(B)和(C)，选择(D). 如此看来，利用几何法确实事半功倍！

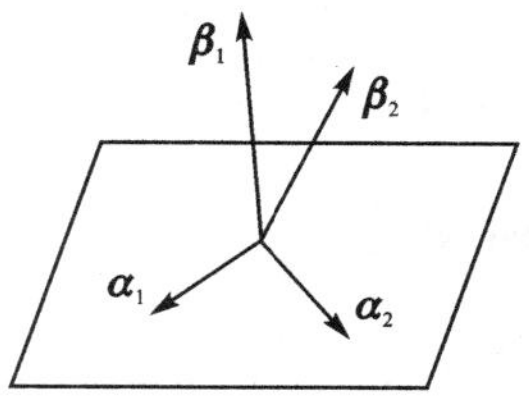

图 2－15

那么，选项(D)为什么正确呢？这是因为向量组 $\boldsymbol{\beta}_1, \boldsymbol{\beta}_2, \cdots, \boldsymbol{\beta}_m$ 线性无关的充分必要条件是 $r(\boldsymbol{B})=r(\boldsymbol{A})=m$，而它又是同型矩阵 $\boldsymbol{A}, \boldsymbol{B}$ 等价的充分必要条件.

【题外话】

(i) 本例通过几何法说明了(A)、(B)、(C)三个选项都不是向量组 $\boldsymbol{\beta}_1, \boldsymbol{\beta}_2, \cdots, \boldsymbol{\beta}_m$ 线性无关的必要条件. 更细致地说，(A)、(C)两个选项其实是它的充分非必要条件. 对于矩阵 $\boldsymbol{A}=(\boldsymbol{\alpha}_1, \boldsymbol{\alpha}_2, \cdots, \boldsymbol{\alpha}_m)$，$\boldsymbol{B}=(\boldsymbol{\beta}_1, \boldsymbol{\beta}_2, \cdots, \boldsymbol{\beta}_m)$，若 $\boldsymbol{A}$ 的列向量组能由 $\boldsymbol{B}$ 的列向量组线性表示，则

$$r(\boldsymbol{B})=r(\boldsymbol{B}, \boldsymbol{A}) \geqslant r(\boldsymbol{A})=m.$$

又由于 $r(\boldsymbol{B}) \leqslant m$，故 $r(\boldsymbol{B})=m$，即 $\boldsymbol{B}$ 的列向量组线性无关. 而选项(B)是它的既不充分也不必要条件，可举反例如下：

$$\boldsymbol{\alpha}_1=(1,0,0)^{\mathrm{T}}, \boldsymbol{\alpha}_2=(0,1,0)^{\mathrm{T}}, \boldsymbol{\beta}_1=(2,1,0)^{\mathrm{T}}, \boldsymbol{\beta}_2=(4,2,0)^{\mathrm{T}}.$$

(ii) 本例的(C)、(D)两个选项极易"混淆视听". 值得注意的是，矩阵 $\boldsymbol{A}, \boldsymbol{B}$ 等价是 $\boldsymbol{A}, \boldsymbol{B}$ 的列向量组等价的既不充分也不必要条件（可参看问题 1 的"知识储备"）. 而同型矩阵 $\boldsymbol{A}, \boldsymbol{B}$ 等价是 $\boldsymbol{A}, \boldsymbol{B}$ 的列向量组等价的必要非充分条件，其中前者的充分必要条件是 $r(\boldsymbol{A})=r(\boldsymbol{B})$，后者的充分必要条件是 $r(\boldsymbol{A})=r(\boldsymbol{B})=r(\boldsymbol{A}, \boldsymbol{B})$.

(iii) 伴随着 5 种方法的讲解完成，对于令人头疼的线性方程组和向量组的抽象性问题的探讨也将告一段落. 来时路太漫长，已不敢回望，让我们在此歇脚.

然而，作为线性代数的"导演"，向量将陪伴我们到最后. 此时此刻，要立足于一个更高的角度来看待它，那就是向量空间.

问题 7　向量空间的相关问题

知识储备

1. 向量空间

对于 n 维向量组成的集合 V，

$$\begin{cases} \text{① } V \neq \varnothing, \\ \text{② 若任取 } \boldsymbol{\alpha}, \boldsymbol{\beta} \in V \text{，则必有 } \boldsymbol{\alpha}+\boldsymbol{\beta} \in V, \\ \text{③ 若任取 } \boldsymbol{\alpha} \in V, \lambda \text{ 为任一实数，则必有 } \lambda \boldsymbol{\alpha} \in V \end{cases}$$

$\Leftrightarrow V$ 为向量空间.

【注】

(i) 由②和③可知，若向量空间 V 中有向量组 $\boldsymbol{\alpha}_1, \boldsymbol{\alpha}_2, \cdots, \boldsymbol{\alpha}_m$，则能由它线性表示的任意

向量都在 V 中. 这称为集合 V 对于加法和数乘两种运算封闭.

(ii) 例如,集合 $\{\boldsymbol{x} \mid \boldsymbol{x}=k_1\boldsymbol{\xi}_1+k_2\boldsymbol{\xi}_2, k_1, k_2$ 为任意实数$\}$是一个向量空间;根据齐次线性方程组的解的性质,它的解集是一个向量空间;n 维向量的全体 $\mathbf{R}^n$,也是一个向量空间.

2. 向量空间的维数与基,以及向量在基下的坐标

在向量空间 V 中,

$$\begin{cases} ① \text{ 有 } r \text{ 个向量组成的部分组 } \boldsymbol{\alpha}_1,\boldsymbol{\alpha}_2,\cdots,\boldsymbol{\alpha}_r \text{ 线性无关}, \\ ② \ V \text{ 中任意向量 } \boldsymbol{\beta} \text{ 都能由 } \boldsymbol{\alpha}_1,\boldsymbol{\alpha}_2,\cdots,\boldsymbol{\alpha}_r \text{ 线性表示,即 } \boldsymbol{\beta}=x_1\boldsymbol{\alpha}_1+x_2\boldsymbol{\alpha}_2+\cdots+x_r\boldsymbol{\alpha}_r \end{cases}$$

$$\Leftrightarrow\begin{cases} ① \ V \text{ 的维数为 } r, \\ ② \text{ 向量组 } \boldsymbol{\alpha}_1,\boldsymbol{\alpha}_2,\cdots,\boldsymbol{\alpha}_r \text{ 为 } V \text{ 的基(或基底)}, \\ ③ \ (x_1,x_2,\cdots,x_r)^{\mathrm{T}} \text{ 为 } \boldsymbol{\beta} \text{ 在基 } \boldsymbol{\alpha}_1,\boldsymbol{\alpha}_2,\cdots,\boldsymbol{\alpha}_r \text{ 下的坐标}. \end{cases}$$

【注】

(i) 参看向量组的秩和最大无关组的定义便可知,**向量空间的基就是其对应的向量组的最大无关组,维数就是其对应的向量组的秩**. 四组概念的对应关系如表 2-1 所列.

表 2-1

向量组 $A:\boldsymbol{\alpha}_1,\boldsymbol{\alpha}_2,\cdots,\boldsymbol{\alpha}_n$	A 的秩	A 的最大无关组
矩阵 $\boldsymbol{A}=(\boldsymbol{\alpha}_1,\boldsymbol{\alpha}_2,\cdots,\boldsymbol{\alpha}_n)$	$\boldsymbol{A}$ 的秩	$\boldsymbol{A}$ 的最高阶非零子式所在的列
向量空间 V	V 的维数	V 的基
齐次线性方程组 $\boldsymbol{Bx}=\boldsymbol{0}$ 的全部解向量组成的向量组(或向量空间)	$\boldsymbol{Bx}=\boldsymbol{0}$ 的基础解系中向量的个数(等于 $\boldsymbol{B}$ 的列数减去 $\boldsymbol{B}$ 的秩)	$\boldsymbol{Bx}=\boldsymbol{0}$ 的基础解系

(ii) 向量空间可看作是由它的基所生成的,知道了基也就知道了其所生成的向量空间. 比如,

① 向量空间 V 的维数为 $0\Leftrightarrow V$ 中只有一个零向量;

② 向量空间 V 的维数为 $1\Leftrightarrow V$ 由全部与基中的这 1 个向量共线的同维数向量组成;

③ 向量空间 V 的维数为 $2\Leftrightarrow V$ 由全部与基中的这 2 个向量共面的同维数向量组成.

3. 基的变换

在 $\mathbf{R}^n$ 中取一个基 $\boldsymbol{\alpha}_1,\boldsymbol{\alpha}_2,\cdots,\boldsymbol{\alpha}_r$,再取一个新基 $\boldsymbol{\beta}_1,\boldsymbol{\beta}_2,\cdots,\boldsymbol{\beta}_r$,向量 $\boldsymbol{\gamma}$ 在旧基和新基下的坐标分别为 $(x_1,x_2,\cdots,x_r)^{\mathrm{T}}$ 和 $(y_1,y_2,\cdots,y_r)^{\mathrm{T}}$,则基变换公式为

$$(\boldsymbol{\beta}_1,\boldsymbol{\beta}_2,\cdots,\boldsymbol{\beta}_r)=(\boldsymbol{\alpha}_1,\boldsymbol{\alpha}_2,\cdots,\boldsymbol{\alpha}_r)\boldsymbol{P},$$

坐标变换公式为

$$(x_1,x_2,\cdots,x_r)^{\mathrm{T}}=\boldsymbol{P}(y_1,y_2,\cdots,y_r)^{\mathrm{T}},$$

其中可逆矩阵 $\boldsymbol{P}$ 叫做从基 $\boldsymbol{\alpha}_1,\boldsymbol{\alpha}_2,\cdots,\boldsymbol{\alpha}_r$ 到基 $\boldsymbol{\beta}_1,\boldsymbol{\beta}_2,\cdots,\boldsymbol{\beta}_r$ 的过渡矩阵,且

$$\boldsymbol{P}=(\boldsymbol{\alpha}_1,\boldsymbol{\alpha}_2,\cdots,\boldsymbol{\alpha}_r)^{-1}(\boldsymbol{\beta}_1,\boldsymbol{\beta}_2,\cdots,\boldsymbol{\beta}_r).$$

问题研究

【例 33】（2019 年考研题）设向量组 $\boldsymbol{\alpha}_1=(1,2,1)^{\mathrm{T}},\boldsymbol{\alpha}_2=(1,3,2)^{\mathrm{T}},\boldsymbol{\alpha}_3=(1,a,3)^{\mathrm{T}}$ 为 $\mathbf{R}^3$ 的一个基，$\boldsymbol{\beta}=(1,1,1)^{\mathrm{T}}$ 在这个基下的坐标为 $(b,c,1)^{\mathrm{T}}$.

（1）求 a,b,c；

（2）证明 $\boldsymbol{\alpha}_2,\boldsymbol{\alpha}_3,\boldsymbol{\beta}$ 为 $\mathbf{R}^3$ 的一个基，并求 $\boldsymbol{\alpha}_2,\boldsymbol{\alpha}_3,\boldsymbol{\beta}$ 到 $\boldsymbol{\alpha}_1,\boldsymbol{\alpha}_2,\boldsymbol{\alpha}_3$ 的过渡矩阵.

【解】（1）由于 $\boldsymbol{\beta}$ 在基 $\boldsymbol{\alpha}_1,\boldsymbol{\alpha}_2,\boldsymbol{\alpha}_3$ 下的坐标为 $(b,c,1)^{\mathrm{T}}$，故由

$$b\boldsymbol{\alpha}_1+c\boldsymbol{\alpha}_2+\boldsymbol{\alpha}_3=\boldsymbol{\beta}$$

可知

$$\begin{cases}b+c+1=1,\\2b+3c+a=1,\\b+2c+3=1,\end{cases}$$

解得 $a=3,b=2,c=-2$.

（2）由于

$$|\boldsymbol{\alpha}_2,\boldsymbol{\alpha}_3,\boldsymbol{\beta}|=\begin{vmatrix}1&1&1\\3&3&1\\2&3&1\end{vmatrix}=2\neq 0,$$

故 $\boldsymbol{\alpha}_2,\boldsymbol{\alpha}_3,\boldsymbol{\beta}$ 线性无关，从而它为 $\mathbf{R}^3$ 的一个基.

由

$$(\boldsymbol{\alpha}_2,\boldsymbol{\alpha}_3,\boldsymbol{\beta},\boldsymbol{E})=\begin{pmatrix}1&1&1&1&0&0\\3&3&1&0&1&0\\2&3&1&0&0&1\end{pmatrix}\xrightarrow{r}\begin{pmatrix}1&0&0&0&1&-1\\0&1&0&-\dfrac{1}{2}&-\dfrac{1}{2}&1\\0&0&1&\dfrac{3}{2}&-\dfrac{1}{2}&0\end{pmatrix}$$

可知，$(\boldsymbol{\alpha}_2,\boldsymbol{\alpha}_3,\boldsymbol{\beta})^{-1}=\begin{pmatrix}0&1&-1\\-\dfrac{1}{2}&-\dfrac{1}{2}&1\\\dfrac{3}{2}&-\dfrac{1}{2}&0\end{pmatrix}$.

于是 $\boldsymbol{\alpha}_2,\boldsymbol{\alpha}_3,\boldsymbol{\beta}$ 到 $\boldsymbol{\alpha}_1,\boldsymbol{\alpha}_2,\boldsymbol{\alpha}_3$ 的过渡矩阵为

$$\boldsymbol{P}=(\boldsymbol{\alpha}_2,\boldsymbol{\alpha}_3,\boldsymbol{\beta})^{-1}(\boldsymbol{\alpha}_1,\boldsymbol{\alpha}_2,\boldsymbol{\alpha}_3)=\begin{pmatrix}0&1&-1\\-\dfrac{1}{2}&-\dfrac{1}{2}&1\\\dfrac{3}{2}&-\dfrac{1}{2}&0\end{pmatrix}\begin{pmatrix}1&1&1\\2&3&3\\1&2&3\end{pmatrix}=\begin{pmatrix}1&1&0\\-\dfrac{1}{2}&0&1\\\dfrac{1}{2}&0&0\end{pmatrix}.$$

【题外话】为什么向量空间中的某个向量由它的一个基线性表示的系数所组成的向量，叫做该向量在这个基下的“坐标”呢？其实，就 $\mathbf{R}^3$ 而言，它的一个基我们非常熟悉，那就是

$$\boldsymbol{i}=(1,0,0)^{\mathrm{T}},\boldsymbol{j}=(0,1,0)^{\mathrm{T}},\boldsymbol{k}=(0,0,1)^{\mathrm{T}}.$$

对于向量 $\boldsymbol{\alpha}=(x,y,z)^{\mathrm{T}}$，由于 $\boldsymbol{\alpha}=x\boldsymbol{i}+y\boldsymbol{j}+z\boldsymbol{k}$，故它在该基下的坐标为 $(x,y,z)^{\mathrm{T}}$. 这不正是“坐标”二字所熟知的含义吗？而 $\boldsymbol{i},\boldsymbol{j},\boldsymbol{k}$ 是 $\mathbf{R}^3$ 的一个规范正交基，所谓“正交”，是指基中

的向量两两正交（从几何上说，正交就是相互垂直）；所谓“规范”，是指基中的向量都是单位向量. 当然，$\mathbf{R}^3$ 的规范正交基远远不止 $\boldsymbol{i},\boldsymbol{j},\boldsymbol{k}$. 那么，究竟该如何把一个线性无关的向量组“正交化”和“规范化”呢？

问题 8　向量组的正交问题

知识储备

1. 向量组的正交规范化（施密特方法）

(1) 正交化

对于线性无关的向量组 $\boldsymbol{\alpha}_1,\boldsymbol{\alpha}_2$，取

$$\boldsymbol{\beta}_1=\boldsymbol{\alpha}_1,\boldsymbol{\beta}_2=\boldsymbol{\alpha}_2-\frac{(\boldsymbol{\beta}_1,\boldsymbol{\alpha}_2)}{(\boldsymbol{\beta}_1,\boldsymbol{\beta}_1)}\boldsymbol{\beta}_1,$$

则 $\boldsymbol{\beta}_1,\boldsymbol{\beta}_2$ 正交.

【注】

(i) 关于“正交化”的公式，有些读者感觉一头雾水. 其实，它的推导过程很简单. 如图 2－16 所示，要将向量组 $\boldsymbol{\alpha}_1,\boldsymbol{\alpha}_2$ 正交化，则不妨不改变 $\boldsymbol{\alpha}_1$（即取 $\boldsymbol{\beta}_1=\boldsymbol{\alpha}_1$），只改变 $\boldsymbol{\alpha}_2$. 于是作与 $\boldsymbol{\beta}_1$ 正交的向量 $\boldsymbol{\beta}_2$，则不难发现，$\boldsymbol{\beta}_2$ 就等于 $\boldsymbol{\alpha}_2$ 减去一个与 $\boldsymbol{\beta}_1$ 共线的向量，即

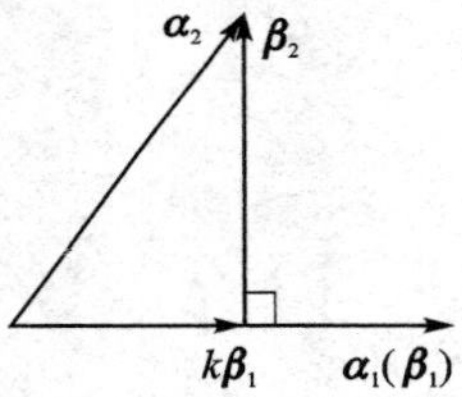

图 2－16

$$\boldsymbol{\beta}_2=\boldsymbol{\alpha}_2-k\boldsymbol{\beta}_1,$$

而其中

$$k=\frac{\|\boldsymbol{\alpha}_2\|\cos(\widehat{\boldsymbol{\beta}_1,\boldsymbol{\alpha}_2})}{\|\boldsymbol{\beta}_1\|}=\frac{\|\boldsymbol{\beta}_1\|\ \|\boldsymbol{\alpha}_2\|\cos(\widehat{\boldsymbol{\beta}_1,\boldsymbol{\alpha}_2})}{\|\boldsymbol{\beta}_1\|^2}=\frac{(\boldsymbol{\beta}_1,\boldsymbol{\alpha}_2)}{(\boldsymbol{\beta}_1,\boldsymbol{\beta}_1)}.$$

(ii) 向量组的“正交化”公式可进行推广：对于线性无关的向量组 $\boldsymbol{\alpha}_1,\boldsymbol{\alpha}_2,\cdots,\boldsymbol{\alpha}_r$，取

$$\begin{aligned}
\boldsymbol{\beta}_1&=\boldsymbol{\alpha}_1;\\
\boldsymbol{\beta}_2&=\boldsymbol{\alpha}_2-\frac{(\boldsymbol{\beta}_1,\boldsymbol{\alpha}_2)}{(\boldsymbol{\beta}_1,\boldsymbol{\beta}_1)}\boldsymbol{\beta}_1;\\
&\vdots\\
\boldsymbol{\beta}_r&=\boldsymbol{\alpha}_r-\frac{(\boldsymbol{\beta}_1,\boldsymbol{\alpha}_r)}{(\boldsymbol{\beta}_1,\boldsymbol{\beta}_1)}\boldsymbol{\beta}_1-\frac{(\boldsymbol{\beta}_2,\boldsymbol{\alpha}_r)}{(\boldsymbol{\beta}_2,\boldsymbol{\beta}_2)}\boldsymbol{\beta}_2-\cdots-\frac{(\boldsymbol{\beta}_{r-1},\boldsymbol{\alpha}_r)}{(\boldsymbol{\beta}_{r-1},\boldsymbol{\beta}_{r-1})}\boldsymbol{\beta}_{r-1},
\end{aligned}$$

则 $\boldsymbol{\beta}_1,\boldsymbol{\beta}_2,\cdots,\boldsymbol{\beta}_r$ 两两正交.

(2) 单位化（规范化）

对于向量组 $\boldsymbol{\beta}_1,\boldsymbol{\beta}_2,\boldsymbol{\beta}_3$，取

$$\boldsymbol{\gamma}_1=\frac{\boldsymbol{\beta}_1}{\|\boldsymbol{\beta}_1\|},\boldsymbol{\gamma}_2=\frac{\boldsymbol{\beta}_2}{\|\boldsymbol{\beta}_2\|},\boldsymbol{\gamma}_3=\frac{\boldsymbol{\beta}_3}{\|\boldsymbol{\beta}_3\|},$$

则 $\boldsymbol{\gamma}_1,\boldsymbol{\gamma}_2,\boldsymbol{\gamma}_3$ 都是单位向量.

2. 正交矩阵

若方阵 $\boldsymbol{A}$ 满足 $\boldsymbol{A}^{-1}=\boldsymbol{A}^{\mathrm{T}}$,则称 $\boldsymbol{A}$ 为正交矩阵.

【注】

(i) **方阵 $\boldsymbol{A}$ 为正交矩阵的充分必要条件是 $\boldsymbol{A}$ 的列(行)向量都是单位向量,且两两正交.** 就 2 阶正交矩阵

$$\boldsymbol{A}=\begin{pmatrix}a_{11} & a_{12}\\ a_{21} & a_{22}\end{pmatrix}$$

而言,由 $\boldsymbol{A}^{-1}=\boldsymbol{A}^{\mathrm{T}}$ 可知,$\boldsymbol{A}^{\mathrm{T}}\boldsymbol{A}=\boldsymbol{E}$,即

$$\begin{pmatrix}a_{11} & a_{21}\\ a_{12} & a_{22}\end{pmatrix}\begin{pmatrix}a_{11} & a_{12}\\ a_{21} & a_{22}\end{pmatrix}=\begin{pmatrix}1 & 0\\ 0 & 1\end{pmatrix},$$

从而

$$\begin{pmatrix}a_{11}^2+a_{21}^2 & a_{11}a_{12}+a_{21}a_{22}\\ a_{11}a_{12}+a_{21}a_{22} & a_{12}^2+a_{22}^2\end{pmatrix}=\begin{pmatrix}1 & 0\\ 0 & 1\end{pmatrix},$$

故有

$$\begin{cases}a_{11}^2+a_{21}^2=1,\\ a_{12}^2+a_{22}^2=1,\\ a_{11}a_{12}+a_{21}a_{22}=0,\end{cases}$$

即 $\boldsymbol{A}$ 的列向量都是单位向量,且两两正交.而由 $\boldsymbol{A}\boldsymbol{A}^{\mathrm{T}}=\boldsymbol{E}$ 便可知 $\boldsymbol{A}$ 的行向量也都是单位向量,且两两正交.

(ii) 当 $\boldsymbol{A}$ 为正交矩阵时,由 $\boldsymbol{A}^{-1}=\boldsymbol{A}^{\mathrm{T}}$ 得 $|\boldsymbol{A}^{-1}|=|\boldsymbol{A}^{\mathrm{T}}|$,从而 $|\boldsymbol{A}|^{-1}=|\boldsymbol{A}|$,即 $|\boldsymbol{A}|^2=1$.因此,正交矩阵的行列式一定为 1 或 -1.

问题研究

【例 34】 设 $\boldsymbol{\alpha}_1=(-1,1,0)^{\mathrm{T}}$,$\boldsymbol{\alpha}_2=(1,0,1)^{\mathrm{T}}$.

(1) 用施密特方法将向量组 $\boldsymbol{\alpha}_1,\boldsymbol{\alpha}_2$ 正交规范化;

(2) 求一个非零向量 $\boldsymbol{\alpha}_3$,使 $\boldsymbol{\alpha}_3$ 与 $\boldsymbol{\alpha}_1,\boldsymbol{\alpha}_2$ 都正交.

【解】(1) 先将 $\boldsymbol{\alpha}_1,\boldsymbol{\alpha}_2$ 正交化:取

$$\boldsymbol{\beta}_1=\boldsymbol{\alpha}_1=(-1,1,0)^{\mathrm{T}},$$

$$\boldsymbol{\beta}_2=\boldsymbol{\alpha}_2-\frac{(\boldsymbol{\beta}_1,\boldsymbol{\alpha}_2)}{(\boldsymbol{\beta}_1,\boldsymbol{\beta}_1)}\boldsymbol{\beta}_1=(1,0,1)^{\mathrm{T}}+\frac{1}{2}(-1,1,0)^{\mathrm{T}}=\frac{1}{2}(1,1,2)^{\mathrm{T}}.$$

再将 $\boldsymbol{\beta}_1,\boldsymbol{\beta}_2$ 单位化:取

$$\boldsymbol{\gamma}_1=\frac{\boldsymbol{\beta}_1}{\|\boldsymbol{\beta}_1\|}=\frac{1}{\sqrt{2}}(-1,1,0)^{\mathrm{T}},\boldsymbol{\gamma}_2=\frac{\boldsymbol{\beta}_2}{\|\boldsymbol{\beta}_2\|}=\frac{1}{\sqrt{6}}(1,1,2)^{\mathrm{T}}.$$

(2) 设 $\boldsymbol{\alpha}_3=(x_1,x_2,x_3)^{\mathrm{T}}$,由

$$\begin{cases}(\boldsymbol{\alpha}_1,\boldsymbol{\alpha}_3)=0,\\ (\boldsymbol{\alpha}_2,\boldsymbol{\alpha}_3)=0\end{cases}$$

得方程组

$$\begin{cases}-x_1+x_2=0,\\ x_1+x_3=0.\end{cases}$$

解之得其通解$(x_1,x_2,x_3)^{\mathrm{T}}=k(1,1,-1)^{\mathrm{T}}(k\neq 0)$，故$\boldsymbol{\alpha}_3$ 可为$(1,1,-1)^{\mathrm{T}}$.

【题外话】

(i) 本例(2)告诉我们，**若要求与某向量组中的向量都正交的向量(组)，则可通过内积为零来列方程组.**

(ii) 就本例而言，如果再将$\boldsymbol{\alpha}_3$ 单位化，即取

$$\boldsymbol{\gamma}_3=\frac{\boldsymbol{\alpha}_3}{\|\boldsymbol{\alpha}_3\|}=\frac{1}{\sqrt{3}}(1,1,-1)^{\mathrm{T}},$$

那么$\boldsymbol{\gamma}_1,\boldsymbol{\gamma}_2,\boldsymbol{\gamma}_3$ 就都是单位向量，且两两正交. 于是它们便能组成一个正交矩阵

$$\boldsymbol{Q}=(\boldsymbol{\gamma}_1,\boldsymbol{\gamma}_2,\boldsymbol{\gamma}_3)=\begin{pmatrix}-\frac{1}{\sqrt{2}} & \frac{1}{\sqrt{6}} & \frac{1}{\sqrt{3}}\\ \frac{1}{\sqrt{2}} & \frac{1}{\sqrt{6}} & \frac{1}{\sqrt{3}}\\ 0 & \frac{2}{\sqrt{6}} & -\frac{1}{\sqrt{3}}\end{pmatrix}.$$

没错，用施密特方法将向量组正交规范化可以为求正交矩阵而服务. 而通过正交矩阵，则可将实对称矩阵相似对角化，亦可将二次型化为标准形. 那么，具体该如何操作呢？这又是一个新的话题，还需从方阵的特征值和特征向量谈起.

实战演练

一、选择题

1. 已知$\boldsymbol{Q}=\begin{pmatrix}1&2&3\\2&4&t\\3&6&9\end{pmatrix}$，$\boldsymbol{P}$ 为 3 阶非零矩阵，且满足 $\boldsymbol{PQ}=\boldsymbol{O}$，则(　　)

(A) $t=6$ 时 $\boldsymbol{P}$ 的秩必为 1.　　(B) $t=6$ 时 $\boldsymbol{P}$ 的秩必为 2.

(C) $t\neq 6$ 时 $\boldsymbol{P}$ 的秩必为 1.　　(D) $t\neq 6$ 时 $\boldsymbol{P}$ 的秩必为 2.

2. 设 $\boldsymbol{A}$ 是 $m\times n$ 矩阵，则下列结论正确的是(　　)

(A) 若 $\boldsymbol{Ax}=\boldsymbol{0}$ 只有零解，则 $\boldsymbol{Ax}=\boldsymbol{\beta}$ 有唯一解.

(B) 若 $\boldsymbol{Ax}=\boldsymbol{0}$ 有非零解，则 $\boldsymbol{Ax}=\boldsymbol{\beta}$ 有无穷多解.

(C) 若 $\boldsymbol{Ax}=\boldsymbol{\beta}$ 有无穷多解，则 $\boldsymbol{Ax}=\boldsymbol{0}$ 只有零解.

(D) 若 $\boldsymbol{Ax}=\boldsymbol{\beta}$ 有无穷多解，则 $\boldsymbol{Ax}=\boldsymbol{0}$ 有非零解.

3. 如图 2-17 所示，有 3 张平面两两相交，交线相互平行，它们的方程

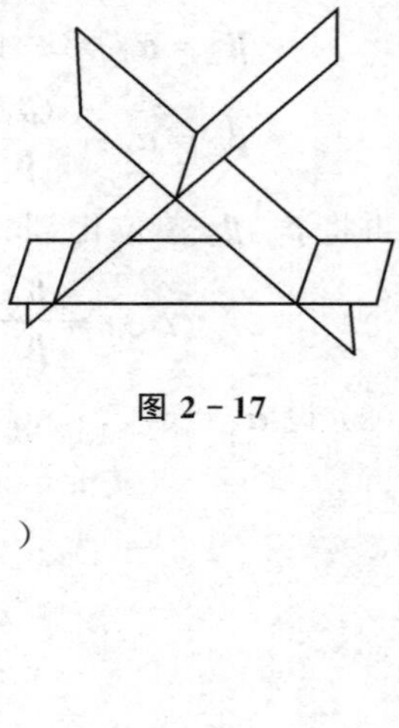

图 2-17

$$a_{i1}x+a_{i2}y+a_{i3}z=d_i\ (i=1,2,3)$$

组成的线性方程组的系数矩阵和增广矩阵分别记为 $\boldsymbol{A},\bar{\boldsymbol{A}}$，则(　　)

(A) $r(\boldsymbol{A})=2, r(\bar{\boldsymbol{A}})=3$.

(B) $r(\boldsymbol{A})=2, r(\bar{\boldsymbol{A}})=2$.

(C) $r(\boldsymbol{A})=1, r(\bar{\boldsymbol{A}})=2$.

(D) $r(\boldsymbol{A})=1, r(\bar{\boldsymbol{A}})=1$.

4. 设 $\boldsymbol{A}$ 是 n 阶矩阵，$\boldsymbol{\alpha}$ 是 n 维列向量，若秩

$$r\begin{pmatrix}\boldsymbol{A} & \boldsymbol{\alpha}\\ \boldsymbol{\alpha}^{\mathrm{T}} & 0\end{pmatrix}=r(\boldsymbol{A}),$$

则线性方程组(　　)

(A) $\boldsymbol{Ax}=\boldsymbol{\alpha}$ 必有无穷多解.

(B) $\boldsymbol{Ax}=\boldsymbol{\alpha}$ 必有唯一解.

(C) $\begin{pmatrix}\boldsymbol{A} & \boldsymbol{\alpha}\\ \boldsymbol{\alpha}^{\mathrm{T}} & 0\end{pmatrix}\begin{pmatrix}\boldsymbol{x}\\ y\end{pmatrix}=\boldsymbol{0}$ 仅有零解.

(D) $\begin{pmatrix}\boldsymbol{A} & \boldsymbol{\alpha}\\ \boldsymbol{\alpha}^{\mathrm{T}} & 0\end{pmatrix}\begin{pmatrix}\boldsymbol{x}\\ y\end{pmatrix}=\boldsymbol{0}$ 必有非零解.

5. 设 $\boldsymbol{\xi}_1,\boldsymbol{\xi}_2,\boldsymbol{\xi}_3$ 是方程组 $\boldsymbol{Ax}=\boldsymbol{0}$ 的基础解系，则下列向量组中也是方程组 $\boldsymbol{Ax}=\boldsymbol{0}$ 的基础解系的是(　　)

(A) $\boldsymbol{\xi}_1-\boldsymbol{\xi}_2, \boldsymbol{\xi}_2-\boldsymbol{\xi}_3, \boldsymbol{\xi}_3-\boldsymbol{\xi}_1$.

(B) $\boldsymbol{\xi}_1+\boldsymbol{\xi}_2, \boldsymbol{\xi}_2-\boldsymbol{\xi}_3, \boldsymbol{\xi}_3+\boldsymbol{\xi}_1$.

(C) $\boldsymbol{\xi}_1+\boldsymbol{\xi}_2-\boldsymbol{\xi}_3, \boldsymbol{\xi}_1+2\boldsymbol{\xi}_2+\boldsymbol{\xi}_3, 2\boldsymbol{\xi}_1+3\boldsymbol{\xi}_2$.

(D) $\boldsymbol{\xi}_1+\boldsymbol{\xi}_2, \boldsymbol{\xi}_2+\boldsymbol{\xi}_3, \boldsymbol{\xi}_3+\boldsymbol{\xi}_1$.

6. 设 n 阶矩阵 $\boldsymbol{A}$ 的伴随矩阵 $\boldsymbol{A}^*\neq\boldsymbol{O}$，若 $\boldsymbol{\xi}_1,\boldsymbol{\xi}_2,\boldsymbol{\xi}_3,\boldsymbol{\xi}_4$ 是非齐次线性方程组 $\boldsymbol{Ax}=\boldsymbol{b}$ 的互不相等的解，则对应的齐次线性方程组 $\boldsymbol{Ax}=\boldsymbol{0}$ 的基础解系(　　)

(A) 不存在.

(B) 仅含一个非零解向量.

(C) 含有两个线性无关的解向量.

(D) 含有三个线性无关的解向量.

7. 设 $\boldsymbol{\alpha}_1,\boldsymbol{\alpha}_2,\cdots,\boldsymbol{\alpha}_s$ 均为 n 维列向量，$\boldsymbol{A}$ 是 $m\times n$ 矩阵，下列选项正确的是(　　)

(A) 若 $\boldsymbol{\alpha}_1,\boldsymbol{\alpha}_2,\cdots,\boldsymbol{\alpha}_s$ 线性相关，则 $\boldsymbol{A\alpha}_1,\boldsymbol{A\alpha}_2,\cdots,\boldsymbol{A\alpha}_s$ 线性相关.

(B) 若 $\boldsymbol{\alpha}_1,\boldsymbol{\alpha}_2,\cdots,\boldsymbol{\alpha}_s$ 线性相关，则 $\boldsymbol{A\alpha}_1,\boldsymbol{A\alpha}_2,\cdots,\boldsymbol{A\alpha}_s$ 线性无关.

(C) 若 $\boldsymbol{\alpha}_1,\boldsymbol{\alpha}_2,\cdots,\boldsymbol{\alpha}_s$ 线性无关，则 $\boldsymbol{A\alpha}_1,\boldsymbol{A\alpha}_2,\cdots,\boldsymbol{A\alpha}_s$ 线性相关.

(D) 若 $\boldsymbol{\alpha}_1,\boldsymbol{\alpha}_2,\cdots,\boldsymbol{\alpha}_s$ 线性无关，则 $\boldsymbol{A\alpha}_1,\boldsymbol{A\alpha}_2,\cdots,\boldsymbol{A\alpha}_s$ 线性无关.

8. 设向量 $\boldsymbol{\beta}$ 可由向量组 $\boldsymbol{\alpha}_1,\boldsymbol{\alpha}_2,\cdots,\boldsymbol{\alpha}_m$ 线性表示，但不能由向量组(I)：$\boldsymbol{\alpha}_1,\boldsymbol{\alpha}_2,\cdots,\boldsymbol{\alpha}_{m-1}$ 线性表示，记向量组(II)：$\boldsymbol{\alpha}_1,\boldsymbol{\alpha}_2,\cdots,\boldsymbol{\alpha}_{m-1},\boldsymbol{\beta}$，则(　　)

(A) $\boldsymbol{\alpha}_m$ 不能由(I)线性表示，也不能由(II)线性表示.

(B) $\boldsymbol{\alpha}_m$ 不能由(I)线性表示，但可由(II)线性表示.

(C) $\boldsymbol{\alpha}_m$ 可由(I)线性表示，也可由(II)线性表示.

(D) $\boldsymbol{\alpha}_m$ 可由(I)线性表示，但不能由(II)线性表示.

9. 设 $\boldsymbol{\alpha}_1,\boldsymbol{\alpha}_2,\boldsymbol{\alpha}_3$ 是 3 维向量空间 $\mathbf{R}^3$ 的一个基，则由基 $\boldsymbol{\alpha}_1,\dfrac{1}{2}\boldsymbol{\alpha}_2,\dfrac{1}{3}\boldsymbol{\alpha}_3$ 到基 $\boldsymbol{\alpha}_1+\boldsymbol{\alpha}_2$，$\boldsymbol{\alpha}_2+\boldsymbol{\alpha}_3,\boldsymbol{\alpha}_3+\boldsymbol{\alpha}_1$ 的过渡矩阵为(　　)

(A) $\begin{pmatrix}1 & 0 & 1\\ 2 & 2 & 0\\ 0 & 3 & 3\end{pmatrix}$.

(B) $\begin{pmatrix}1 & 2 & 0\\ 0 & 2 & 3\\ 1 & 0 & 3\end{pmatrix}$.

(C) $\begin{pmatrix} \frac{1}{2} & \frac{1}{4} & -\frac{1}{6} \\ -\frac{1}{2} & \frac{1}{4} & \frac{1}{6} \\ \frac{1}{2} & -\frac{1}{4} & \frac{1}{6} \end{pmatrix}$.　　(D) $\begin{pmatrix} \frac{1}{2} & -\frac{1}{2} & \frac{1}{2} \\ \frac{1}{4} & \frac{1}{4} & -\frac{1}{4} \\ -\frac{1}{6} & \frac{1}{6} & \frac{1}{6} \end{pmatrix}$.

二、填空题

10. 设 $\boldsymbol{A}$ 是 4×3 矩阵，且 $\boldsymbol{A}$ 的秩 $r(\boldsymbol{A})=2$，而 $\boldsymbol{B}=\begin{pmatrix} 1 & 0 & 2 \\ 0 & 2 & 0 \\ -1 & 0 & 3 \end{pmatrix}$，则 $r(\boldsymbol{AB})=$________.

11. 设矩阵 $\boldsymbol{A}=\begin{pmatrix} 1 & 2 & -2 \\ 4 & t & 3 \\ 3 & -1 & 1 \end{pmatrix}$，$\boldsymbol{B}$ 为 3 阶非零矩阵，且 $\boldsymbol{AB}=\boldsymbol{O}$，则 $t=$________.

12. 设行向量组 $(2,1,1,1)$，$(2,1,a,a)$，$(3,2,1,a)$，$(4,3,2,1)$ 线性相关，且 $a\neq 1$，则 $a=$________.

三、解答题

13. 设 4 维向量组 $\boldsymbol{\alpha}_1=(1+a,1,1,1)^{\mathrm{T}}$，$\boldsymbol{\alpha}_2=(2,2+a,2,2)^{\mathrm{T}}$，$\boldsymbol{\alpha}_3=(3,3,3+a,3)^{\mathrm{T}}$，$\boldsymbol{\alpha}_4=(4,4,4,4+a)^{\mathrm{T}}$，问 a 为何值时 $\boldsymbol{\alpha}_1,\boldsymbol{\alpha}_2,\boldsymbol{\alpha}_3,\boldsymbol{\alpha}_4$ 线性相关？当 $\boldsymbol{\alpha}_1,\boldsymbol{\alpha}_2,\boldsymbol{\alpha}_3,\boldsymbol{\alpha}_4$ 线性相关时，求其一个极大线性无关组，并将其余向量用该极大线性无关组线性表出.

14. 设

$$\boldsymbol{A}=\begin{pmatrix} \lambda & 1 & 1 \\ 0 & \lambda-1 & 0 \\ 1 & 1 & \lambda \end{pmatrix},\boldsymbol{b}=\begin{pmatrix} a \\ 1 \\ 1 \end{pmatrix},$$

已知线性方程组 $\boldsymbol{Ax}=\boldsymbol{b}$ 存在两个不同的解.

(1) 求 λ,a；

(2) 求方程组 $\boldsymbol{Ax}=\boldsymbol{b}$ 的通解.

15. 设

$$\boldsymbol{A}=\begin{pmatrix} 1 & 1 & k \\ -1 & k & 1 \\ 1 & -1 & 2 \end{pmatrix},\boldsymbol{b}=\begin{pmatrix} 4 \\ k^2 \\ -4 \end{pmatrix},$$

当 k 为何值时，方程组 $\boldsymbol{Ax}=\boldsymbol{b}$ 无解、有唯一解、有无穷多解？在有解时，求解此方程组.

16. 设向量组 $\boldsymbol{\alpha}_1=(a,2,10)^{\mathrm{T}}$，$\boldsymbol{\alpha}_2=(-2,1,5)^{\mathrm{T}}$，$\boldsymbol{\alpha}_3=(-1,1,4)^{\mathrm{T}}$，$\boldsymbol{\beta}=(1,b,c)^{\mathrm{T}}$. 试问：当 a,b,c 满足什么条件时，

(1) $\boldsymbol{\beta}$ 可由 $\boldsymbol{\alpha}_1,\boldsymbol{\alpha}_2,\boldsymbol{\alpha}_3$ 线性表示，且表示式唯一？

(2) $\boldsymbol{\beta}$ 不能由 $\boldsymbol{\alpha}_1,\boldsymbol{\alpha}_2,\boldsymbol{\alpha}_3$ 线性表示？

(3) $\boldsymbol{\beta}$ 可由 $\boldsymbol{\alpha}_1,\boldsymbol{\alpha}_2,\boldsymbol{\alpha}_3$ 线性表示，且表示式不唯一？并求出一般表示式.

17. 设 3 维向量组 $\boldsymbol{\alpha}_1=(1,0,1)^{\mathrm{T}}$，$\boldsymbol{\alpha}_2=(0,1,1)^{\mathrm{T}}$，$\boldsymbol{\alpha}_3=(1,3,5)^{\mathrm{T}}$ 不能由向量组 $\boldsymbol{\beta}_1=$

$(1,1,1)^{\mathrm{T}}$，$\boldsymbol{\beta}_2=(1,2,3)^{\mathrm{T}}$，$\boldsymbol{\beta}_3=(3,4,a)^{\mathrm{T}}$ 线性表示.

(1) 求 a 的值；

(2) 将 $\boldsymbol{\beta}_1,\boldsymbol{\beta}_2,\boldsymbol{\beta}_3$ 用 $\boldsymbol{\alpha}_1,\boldsymbol{\alpha}_2,\boldsymbol{\alpha}_3$ 线性表示.

18. 已知 a 是常数，且矩阵 $\boldsymbol{A}=\begin{pmatrix}1 & 2 & a\\1 & 3 & 0\\2 & 7 & -a\end{pmatrix}$ 可经初等列变换为矩阵 $\boldsymbol{B}=\begin{pmatrix}1 & a & 2\\0 & 1 & 1\\-1 & 1 & 1\end{pmatrix}$.

(1) 求 a；

(2) 求满足 $\boldsymbol{AP}=\boldsymbol{B}$ 的可逆矩阵 $\boldsymbol{P}$.

19. 求所有与矩阵 $\boldsymbol{A}=\begin{pmatrix}1 & -1\\1 & 2\end{pmatrix}$ 可交换的矩阵 $\boldsymbol{B}$（满足 $\boldsymbol{AB}=\boldsymbol{BA}$）.

20. 已知 3 阶矩阵 $\boldsymbol{A}$ 的第一行是 (a,b,c)，a,b,c 不全为零，矩阵 $\boldsymbol{B}=\begin{pmatrix}1 & 2 & 3\\2 & 4 & 6\\3 & 6 & k\end{pmatrix}$（$k$ 为常数），且 $\boldsymbol{AB}=\boldsymbol{O}$，求线性方程组 $\boldsymbol{Ax}=\boldsymbol{0}$ 的通解.

21. 已知 4 阶方阵 $\boldsymbol{A}=(\boldsymbol{\alpha}_1,\boldsymbol{\alpha}_2,\boldsymbol{\alpha}_3,\boldsymbol{\alpha}_4)$，$\boldsymbol{\alpha}_1,\boldsymbol{\alpha}_2,\boldsymbol{\alpha}_3,\boldsymbol{\alpha}_4$ 均为 4 维列向量，其中 $\boldsymbol{\alpha}_2,\boldsymbol{\alpha}_3,\boldsymbol{\alpha}_4$ 线性无关，$\boldsymbol{\alpha}_1=2\boldsymbol{\alpha}_2-\boldsymbol{\alpha}_3$. 若 $\boldsymbol{\beta}=\boldsymbol{\alpha}_1+\boldsymbol{\alpha}_2+\boldsymbol{\alpha}_3+\boldsymbol{\alpha}_4$，求方程组 $\boldsymbol{Ax}=\boldsymbol{\beta}$ 的通解.

22. 设四元齐次线性方程组(I) 为

$$\begin{cases}2x_1+3x_2-x_3=0,\\x_1+2x_2+x_3-x_4=0.\end{cases}$$

且已知另一四元齐次线性方程组(II)的一个基础解系为

$$\boldsymbol{\alpha}_1=(2,-1,a+2,1)^{\mathrm{T}},\boldsymbol{\alpha}_2=(-1,2,4,a+8)^{\mathrm{T}}.$$

(1) 求方程组(I) 的一个基础解系；

(2) 当 a 为何值时，方程组(I) 与(II)有非零公共解？在有非零公共解时，求出全部非零公共解.

第三章　相似矩阵与二次型

问题 1　求方阵的特征值和特征向量
问题 2　已知特征值、特征向量的相关问题
问题 3　方阵的相似对角化问题
问题 4　二次型的标准化问题
问题 5　合同矩阵的判定
问题 6　正定二次型和正定矩阵的相关问题

第三章　相似矩阵与二次型

问题脉络

- 相似矩阵与二次型
  - 思维
    - 正向：求出特征值和特征向量　(问题1)
    - 逆向：已知特征值和特征向量　(问题2)
  - 应用
    - 代数：方阵的相似对角化　(问题3)
    - 几何：二次型的标准化　(问题4)
  - 能力
    - 基本：合同矩阵问题　(问题5)
    - 综合：正定矩阵问题　(问题6)

问题 1　求方阵的特征值和特征向量

知识储备

1. 特征值和特征向量的概念

若 n 阶方阵 $\boldsymbol{A}$，数 λ 和 n 维非零列向量 $\boldsymbol{x}$ 满足关系式

$$\boldsymbol{A}\boldsymbol{x}=\lambda\boldsymbol{x},$$

则 λ 叫做 $\boldsymbol{A}$ 的特征值，$\boldsymbol{x}$ 叫做 $\boldsymbol{A}$ 对应于特征值 λ 的特征向量.

2. 特征值的性质

设 n 阶方阵 $\boldsymbol{A}=(a_{ij})$ 的特征值为 $\lambda_1,\lambda_2,\cdots,\lambda_n$，则

① $\lambda_1+\lambda_2+\cdots+\lambda_n=a_{11}+a_{22}+\cdots+a_{nn}$；

② $\lambda_1\lambda_2\cdots\lambda_n=|\boldsymbol{A}|$.

3. 普通方阵与实对称矩阵的特征值、特征向量情况的对比

n 阶普通方阵与 n 阶实对称矩阵的特征值、特征向量的情况如表 3-1 所列.

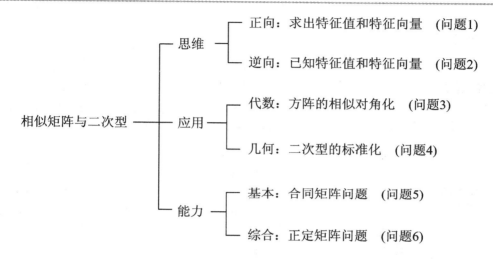

表 3-1

矩阵的类型	特征值的个数	不同特征值所对应的特征向量的关系	相同特征值所对应的特征向量的关系
n 阶普通方阵	n 个复数	线性无关	k 重特征值至多对应着 k 个线性无关的特征向量($2\leqslant k\leqslant n$)
n 阶实对称矩阵	n 个实数	两两正交	k 重特征值恰好对应着 k 个线性无关的特征向量($2\leqslant k\leqslant n$)

1. 具体方阵

题眼探索 在完成了对向量与线性方程组的探讨之后,线性代数的"探索之旅"进行到了最后一个话题.这个话题的核心是方阵的相似对角化,而它自始至终都围绕着特征值和特征向量.那么,具体方阵的特征值和特征向量又该如何求呢?

从特征值和特征向量的定义式

$$\boldsymbol{A}\boldsymbol{x}=\lambda\boldsymbol{x}$$

入手,便能得到

$$(\boldsymbol{A}-\lambda\boldsymbol{E})\boldsymbol{x}=\boldsymbol{0}. \tag{3-1}$$

这不正是一个齐次线性方程组吗?!由于特征向量 $\boldsymbol{x}$ 是非零向量,而方程组(3-1)有非零解的充分必要条件是

$$|\boldsymbol{A}-\lambda\boldsymbol{E}|=0, \tag{3-2}$$

所以**只要解方程**(3-2)**就能求出方阵 $\boldsymbol{A}$ 的全部特征值**(式(3-2)叫做 $\boldsymbol{A}$ 的特征方程,而它的左端 $|\boldsymbol{A}-\lambda\boldsymbol{E}|$ 叫做 $\boldsymbol{A}$ 的特征多项式),**再把求出的各特征值逐一代入方程组**(3-1)**并求解,就能求出 $\boldsymbol{A}$ 对应于各特征值的特征向量**.

如此看来,求具体方阵的特征值的过程无异于计算一个具体行列式,而求它的特征向量的过程无异于解若干个齐次线性方程组,这都并不新鲜!亲爱的读者,也许你会渐渐发现,本章的一些问题只不过是之前所探讨过的问题的应用而已.

【例 1】 求矩阵 $\boldsymbol{A}=\begin{pmatrix}2&1&-1\\1&2&-1\\-1&-1&2\end{pmatrix}$ 的全部特征值和特征向量.

【解】 $|\boldsymbol{A}-\lambda\boldsymbol{E}|=\begin{vmatrix}2-\lambda&1&-1\\1&2-\lambda&-1\\-1&-1&2-\lambda\end{vmatrix}\xlongequal{r_1+r_3}\begin{vmatrix}1-\lambda&0&1-\lambda\\1&2-\lambda&-1\\-1&-1&2-\lambda\end{vmatrix}$

$$\xlongequal{c_3-c_1}\begin{vmatrix}1-\lambda&0&0\\1&2-\lambda&-2\\-1&-1&3-\lambda\end{vmatrix}=(1-\lambda)\begin{vmatrix}2-\lambda&-2\\-1&3-\lambda\end{vmatrix}$$

$$=(4-\lambda)(\lambda-1)^2.$$

由 $|\boldsymbol{A}-\lambda\boldsymbol{E}|=0$ 得,$\boldsymbol{A}$ 的特征值为 $\lambda_1=4,\lambda_2=\lambda_3=1$.

当 $\lambda_1=4$ 时，解方程组 $(\boldsymbol{A}-4\boldsymbol{E})\boldsymbol{x}=\boldsymbol{0}$. 由

$$\boldsymbol{A}-4\boldsymbol{E}=\begin{pmatrix}-2&1&-1\\1&-2&-1\\-1&-1&-2\end{pmatrix}\xrightarrow{r}\begin{pmatrix}1&0&1\\0&1&1\\0&0&0\end{pmatrix}$$

得，$\boldsymbol{A}$ 对应于特征值 $\lambda_1=4$ 的全部特征向量为 $k(-1,-1,1)^{\mathrm{T}}(k\neq0)$.

当 $\lambda_2=\lambda_3=1$ 时，解方程组 $(\boldsymbol{A}-\boldsymbol{E})\boldsymbol{x}=\boldsymbol{0}$. 由

$$\boldsymbol{A}-\boldsymbol{E}=\begin{pmatrix}1&1&-1\\1&1&-1\\-1&-1&1\end{pmatrix}\xrightarrow{r}\begin{pmatrix}1&1&-1\\0&0&0\\0&0&0\end{pmatrix}$$

得，$\boldsymbol{A}$ 对应于特征值 $\lambda_2=\lambda_3=1$ 的全部特征向量为 $k_1(-1,1,0)^{\mathrm{T}}+k_2(1,0,1)^{\mathrm{T}}$（$k_1,k_2$ 不同时为零）.

【题外话】

(i) **求 n 阶具体方阵 $\boldsymbol{A}$ 的特征值和特征向量可遵循如下程序：**

① 解方程 $|\boldsymbol{A}-\lambda\boldsymbol{E}|=0$，得到 $\boldsymbol{A}$ 的特征值 $\lambda=\lambda_1,\lambda=\lambda_2,\cdots,\lambda=\lambda_n$；

② 解方程组 $(\boldsymbol{A}-\lambda_1\boldsymbol{E})\boldsymbol{x}=\boldsymbol{0},(\boldsymbol{A}-\lambda_2\boldsymbol{E})\boldsymbol{x}=\boldsymbol{0},\cdots,(\boldsymbol{A}-\lambda_n\boldsymbol{E})\boldsymbol{x}=\boldsymbol{0}$，分别得到对应于特征值 $\lambda_1,\lambda_2,\cdots,\lambda_n$ 的特征向量.

(ii) 本例若利用 3 阶行列式的计算公式

$$\begin{vmatrix}a_{11}&a_{12}&a_{13}\\a_{21}&a_{22}&a_{23}\\a_{31}&a_{32}&a_{33}\end{vmatrix}=a_{11}a_{22}a_{33}+a_{12}a_{23}a_{31}+a_{13}a_{21}a_{32}-a_{11}a_{23}a_{32}-a_{12}a_{21}a_{33}-a_{13}a_{22}a_{31}$$

来计算 $|\boldsymbol{A}-\lambda\boldsymbol{E}|$，则会直接得到

$$\begin{vmatrix}2-\lambda&1&-1\\1&2-\lambda&-1\\-1&-1&2-\lambda\end{vmatrix}=-\lambda^3+6\lambda^2-9\lambda+4.$$

此时，求 $\boldsymbol{A}$ 的特征值就需要解方程

$$-\lambda^3+6\lambda^2-9\lambda+4=0,$$

而解这个方程只能通过试根. 所以，**在求特征值时，可以尝试如本例般利用行列式的性质使行列式 $|\boldsymbol{A}-\lambda\boldsymbol{E}|$ 的某行或某列中只有一个非零元，再按该行或该列展开**. 这样就有助于对特征多项式 $|\boldsymbol{A}-\lambda\boldsymbol{E}|$ 的结果进行因式分解，以便于解特征方程 $|\boldsymbol{A}-\lambda\boldsymbol{E}|=0$. 再例如，对于方阵

$$\boldsymbol{B}=\begin{pmatrix}a&2&1\\2&a&-1\\1&-1&a-1\end{pmatrix},$$

可按如下过程来计算 $|\boldsymbol{B}-\lambda\boldsymbol{E}|$：

$$|\boldsymbol{B}-\lambda\boldsymbol{E}|=\begin{vmatrix}a-\lambda&2&1\\2&a-\lambda&-1\\1&-1&a-1-\lambda\end{vmatrix}\xlongequal{r_1+r_2}\begin{vmatrix}a+2-\lambda&a+2-\lambda&0\\2&a-\lambda&-1\\1&-1&a-1-\lambda\end{vmatrix}$$

$$\xlongequal{c_2-c_1}\begin{vmatrix}a+2-\lambda&0&0\\2&a-2-\lambda&-1\\1&-2&a-1-\lambda\end{vmatrix}=(a+2-\lambda)\begin{vmatrix}a-2-\lambda&-1\\-2&a-1-\lambda\end{vmatrix}$$

$$= (a+2-\lambda)(\lambda-a)[\lambda-(a-3)].$$

如此便能轻松地求出 $\boldsymbol{B}$ 的特征值 $\lambda_1=a+2,\lambda_2=a,\lambda_3=a-3$.

(iii) 值得注意的是,由于特征向量为非零向量,所以就本例而言,在写方阵 $\boldsymbol{A}$ 对应于特征值 $\lambda_1=4$ 的全部特征向量时,应在方程组 $(\boldsymbol{A}-4\boldsymbol{E})\boldsymbol{x}=\boldsymbol{0}$ 的通解 $k(-1,-1,1)^{\mathrm{T}}$ 后注明"$k\neq0$";在写方阵 $\boldsymbol{A}$ 对应于特征值 $\lambda_2=\lambda_3=1$ 的全部特征向量时,应在方程组 $(\boldsymbol{A}-\boldsymbol{E})\boldsymbol{x}=\boldsymbol{0}$ 的通解 $k_1(-1,1,0)^{\mathrm{T}}+k_2(1,0,1)^{\mathrm{T}}$ 后注明"k_1,k_2 不同时为零".

(iv) 本例矩阵 $\boldsymbol{A}$ 的特征值同时满足:

① 特征值的和 $\lambda_1+\lambda_2+\lambda_3=4+1+1=6$,与 $\boldsymbol{A}$ 的主对角线元素之和(即 $\boldsymbol{A}$ 的迹)相等;

② 特征值的积 $\lambda_1\lambda_2\lambda_3=4\times1\times1=4$,与 $|\boldsymbol{A}|$ 相等.

我们可以根据特征值的性质来检验所求的特征值是否正确.

(v) 本例的矩阵 $\boldsymbol{A}$ 为 3 阶实对称矩阵(满足 $\boldsymbol{A}^{\mathrm{T}}=\boldsymbol{A}$),并且同时满足:

① 特征值 4,1,1 为 3 个实数;

② 不同的特征值对应的特征向量 $\boldsymbol{\alpha}_1=(-1,-1,1)^{\mathrm{T}}$ 与 $\boldsymbol{\alpha}_2=(-1,1,0)^{\mathrm{T}}$ 正交,$\boldsymbol{\alpha}_1=(-1,-1,1)^{\mathrm{T}}$ 与 $\boldsymbol{\alpha}_3=(1,0,1)^{\mathrm{T}}$ 也正交(显然,$(\boldsymbol{\alpha}_1,\boldsymbol{\alpha}_2)=0,(\boldsymbol{\alpha}_1,\boldsymbol{\alpha}_3)=0$);

③ 2 重特征值 1 对应着 2 个线性无关的特征向量 $(-1,1,0)^{\mathrm{T}}$ 和 $(1,0,1)^{\mathrm{T}}$.

我们可以根据实对称矩阵的特征值和特征向量的情况来检验所求的特征值和特征向量是否正确.

(vi) 矩阵

$$\boldsymbol{C}=\begin{pmatrix}c_1 & c_4 & c_6\\0 & c_2 & c_5\\0 & 0 & c_3\end{pmatrix},\boldsymbol{D}=\begin{pmatrix}d_1 & 0 & 0\\d_4 & d_2 & 0\\d_6 & d_5 & d_3\end{pmatrix},\boldsymbol{\Lambda}=\begin{pmatrix}\lambda_1 & 0 & 0\\0 & \lambda_2 & 0\\0 & 0 & \lambda_3\end{pmatrix}$$

的特征值分别是什么呢?由

$$|\boldsymbol{C}-\lambda\boldsymbol{E}|=\begin{vmatrix}c_1-\lambda & c_4 & c_6\\0 & c_2-\lambda & c_5\\0 & 0 & c_3-\lambda\end{vmatrix}=(c_1-\lambda)(c_2-\lambda)(c_3-\lambda)$$

得,$\boldsymbol{C}$ 的特征值为 c_1,c_2,c_3;由

$$|\boldsymbol{D}-\lambda\boldsymbol{E}|=\begin{vmatrix}d_1-\lambda & 0 & 0\\d_4 & d_2-\lambda & 0\\d_6 & d_5 & d_3-\lambda\end{vmatrix}=(d_1-\lambda)(d_2-\lambda)(d_3-\lambda)$$

得,$\boldsymbol{D}$ 的特征值为 d_1,d_2,d_3;由

$$|\boldsymbol{\Lambda}-\lambda\boldsymbol{E}|=\begin{vmatrix}\lambda_1-\lambda & 0 & 0\\0 & \lambda_2-\lambda & 0\\0 & 0 & \lambda_3-\lambda\end{vmatrix}=(\lambda_1-\lambda)(\lambda_2-\lambda)(\lambda_3-\lambda)$$

得,$\boldsymbol{\Lambda}$ 的特征值为 $\lambda_1,\lambda_2,\lambda_3$. 由此可见,**三角矩阵和对角矩阵的特征值都一定为其主对角线上的各元素**.

(vii) 本例告诉我们,求方阵的特征向量能够转化为解线性方程组,而解线性方程组则"依靠"初等变换法. 一路走来,初等变换法始终"陪伴"着我们. 那么,初等变换法有着怎样的应用视角?为什么可以利用初等变换法来解决这些问题?而对于没有几何意义的矩阵,探

讨它的价值又是什么呢？

深度聚焦

矩阵：线性代数中的"劳模"

（一）

如果说 n 阶行列式的本质是一个 n 维图形的体积（可参看第二章问题 1 的"深度聚焦"），那么矩阵就仅仅是一张表格，孤立地去看它恐怕很难发现有什么更为深刻的含义. 然而，一旦与向量开展"合作"，那么矩阵就能"大显神通".

对于列向量

$$\boldsymbol{x}=\begin{pmatrix}1\\1\end{pmatrix},$$

若左乘矩阵

$$\boldsymbol{A}=\begin{pmatrix}-1&0\\0&1\end{pmatrix},$$

则变为列向量

$$\boldsymbol{y}_1=\boldsymbol{A}\boldsymbol{x}=\begin{pmatrix}-1&0\\0&1\end{pmatrix}\begin{pmatrix}1\\1\end{pmatrix}=\begin{pmatrix}-1\\1\end{pmatrix},$$

这相当于对列向量 $\boldsymbol{x}$ 作了一次关于 y 轴的镜像对称变换（如图 3-1(a)所示）；若列向量 $\boldsymbol{x}$ 左乘矩阵

$$\boldsymbol{B}=\begin{pmatrix}\frac{\sqrt{2}}{2}&-\frac{\sqrt{2}}{2}\\\frac{\sqrt{2}}{2}&\frac{\sqrt{2}}{2}\end{pmatrix},$$

则变为列向量

$$\boldsymbol{y}_2=\boldsymbol{B}\boldsymbol{x}=\begin{pmatrix}\frac{\sqrt{2}}{2}&-\frac{\sqrt{2}}{2}\\\frac{\sqrt{2}}{2}&\frac{\sqrt{2}}{2}\end{pmatrix}\begin{pmatrix}1\\1\end{pmatrix}=\begin{pmatrix}0\\\sqrt{2}\end{pmatrix},$$

这又相当于对列向量 $\boldsymbol{x}$ 作了一次逆时针旋转 $\frac{\pi}{4}$ 的旋转变换（如图 3-1(b)所示）.

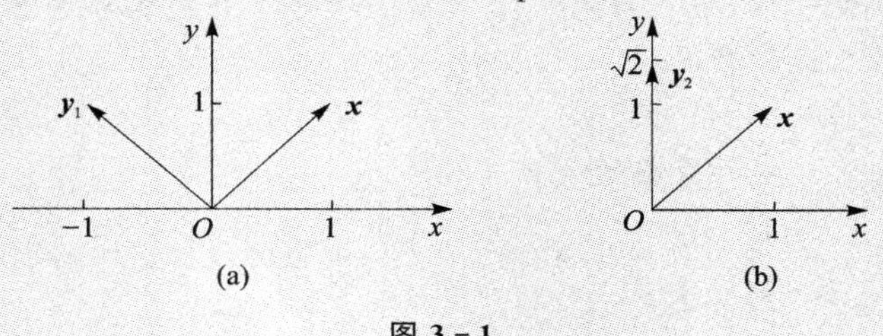

图 3-1

由此可见，只要左乘一个矩阵，则列向量就能“动起来”. 而矩阵

$$\boldsymbol{A}=\begin{pmatrix} a_{11} & a_{12} & \cdots & a_{1n} \\ a_{21} & a_{22} & \cdots & a_{2n} \\ \vdots & \vdots & & \vdots \\ a_{m1} & a_{m2} & \cdots & a_{mn} \end{pmatrix}$$

与线性变换

$$\begin{pmatrix} y_1 \\ y_2 \\ \vdots \\ y_m \end{pmatrix}=\begin{pmatrix} a_{11} & a_{12} & \cdots & a_{1n} \\ a_{21} & a_{22} & \cdots & a_{2n} \\ \vdots & \vdots & & \vdots \\ a_{m1} & a_{m2} & \cdots & a_{mn} \end{pmatrix}\begin{pmatrix} x_1 \\ x_2 \\ \vdots \\ x_n \end{pmatrix},$$

即

$$\begin{cases} y_1=a_{11}x_1+a_{12}x_2+\cdots+a_{1n}x_n, \\ y_2=a_{21}x_1+a_{22}x_2+\cdots+a_{2n}x_n, \\ \cdots\cdots\cdots\cdots \\ y_m=a_{m1}x_1+a_{m2}x_2+\cdots+a_{mn}x_n \end{cases}$$

是一一对应的. 线性变换就好比一种函数，列向量 $\boldsymbol{x}=(x_1,x_2,\cdots,x_n)^{\mathrm{T}}$ 由线性变换

$$\boldsymbol{y}=\boldsymbol{A}\boldsymbol{x}$$

对应到了一个新的列向量 $\boldsymbol{y}=(y_1,y_2,\cdots,y_m)^{\mathrm{T}}$.

从这个角度说，**解线性方程组 $\boldsymbol{A}\boldsymbol{x}=\boldsymbol{\beta}$，其实就是找经系数矩阵 $\boldsymbol{A}$ 对应的线性变换后，变为常数项向量 $\boldsymbol{\beta}$ 的列向量 $\boldsymbol{x}$**. 此外，请再看方阵的特征值和特征向量的定义式

$$\boldsymbol{A}\boldsymbol{x}=\lambda\boldsymbol{x}\ (\boldsymbol{x}\neq\boldsymbol{0}),$$

则其中的几何意义也昭然若揭：**求方阵 $\boldsymbol{A}$ 的特征向量，其实就是找非零列向量 $\boldsymbol{x}$，使之经 $\boldsymbol{A}$ 对应的线性变换后，变为的列向量 $\boldsymbol{A}\boldsymbol{x}$ 与 $\boldsymbol{x}$ 恰好共线，而 $\boldsymbol{A}\boldsymbol{x}$ 与 $\boldsymbol{x}$ 之间所伸缩的比例 λ 就是特征向量 $\boldsymbol{x}$ 所对应的特征值**. 之所以规定特征向量为非零向量，是因为零向量经 $\boldsymbol{A}$ 对应的线性变换后一定还是零向量，而这并没有意义.

矩阵的一个重要“使命”就是作线性变换. 从某种程度上说，可逆矩阵 $\boldsymbol{P}$ 的意义在于作可逆变换 $\boldsymbol{y}=\boldsymbol{P}\boldsymbol{x}$，而正交矩阵 $\boldsymbol{Q}$ 的意义也在于作正交变换 $\boldsymbol{y}=\boldsymbol{Q}\boldsymbol{x}$. 那么，矩阵的乘法的意义又是什么呢？

（二）

矩阵的乘法源于线性变换的复合.

如果列向量 $\boldsymbol{x}=\begin{pmatrix}1\\1\end{pmatrix}$ 先作矩阵 $\boldsymbol{A}=\begin{pmatrix}-1 & 0\\ 0 & 1\end{pmatrix}$ 对应的线性变换 $\boldsymbol{y}=\boldsymbol{A}\boldsymbol{x}$，变为列向量

$$\boldsymbol{y}=\boldsymbol{A}\boldsymbol{x}=\begin{pmatrix}-1 & 0\\ 0 & 1\end{pmatrix}\begin{pmatrix}1\\1\end{pmatrix}=\begin{pmatrix}-1\\1\end{pmatrix},$$

再作矩阵 $\boldsymbol{B}=\begin{pmatrix}\frac{\sqrt{2}}{2} & -\frac{\sqrt{2}}{2}\\ \frac{\sqrt{2}}{2} & \frac{\sqrt{2}}{2}\end{pmatrix}$ 对应的线性变换 $\boldsymbol{z}=\boldsymbol{B}\boldsymbol{y}$，变为列向量

$$\boldsymbol{z}=\boldsymbol{B}\boldsymbol{y}=\begin{pmatrix}\frac{\sqrt{2}}{2} & -\frac{\sqrt{2}}{2}\\ \frac{\sqrt{2}}{2} & \frac{\sqrt{2}}{2}\end{pmatrix}\begin{pmatrix}-1\\ 1\end{pmatrix}=\begin{pmatrix}-\sqrt{2}\\ 0\end{pmatrix},$$

那么其过程无异于列向量 $\boldsymbol{x}=\begin{pmatrix}1\\ 1\end{pmatrix}$“一步到位”地作矩阵

$$\boldsymbol{C}=\boldsymbol{B}\boldsymbol{A}=\begin{pmatrix}\frac{\sqrt{2}}{2} & -\frac{\sqrt{2}}{2}\\ \frac{\sqrt{2}}{2} & \frac{\sqrt{2}}{2}\end{pmatrix}\begin{pmatrix}-1 & 0\\ 0 & 1\end{pmatrix}=\begin{pmatrix}-\frac{\sqrt{2}}{2} & -\frac{\sqrt{2}}{2}\\ -\frac{\sqrt{2}}{2} & \frac{\sqrt{2}}{2}\end{pmatrix}$$

对应的线性变换 $\boldsymbol{z}=\boldsymbol{C}\boldsymbol{x}$，直接变为列向量

$$\boldsymbol{z}=\boldsymbol{C}\boldsymbol{x}=\begin{pmatrix}-\frac{\sqrt{2}}{2} & -\frac{\sqrt{2}}{2}\\ -\frac{\sqrt{2}}{2} & \frac{\sqrt{2}}{2}\end{pmatrix}\begin{pmatrix}1\\ 1\end{pmatrix}=\begin{pmatrix}-\sqrt{2}\\ 0\end{pmatrix}$$

（可参看图 3－2），即

$$\boldsymbol{z}=\boldsymbol{B}\boldsymbol{y}=\boldsymbol{B}(\boldsymbol{A}\boldsymbol{x})=(\boldsymbol{B}\boldsymbol{A})\boldsymbol{x}=\boldsymbol{C}\boldsymbol{x}.$$

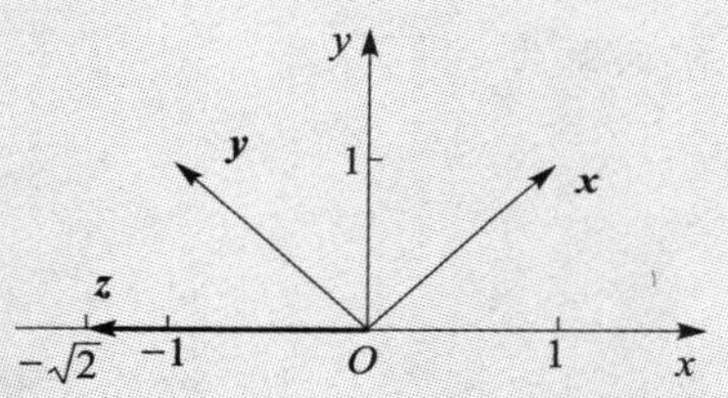

图 3－2

从另一个角度说，$\boldsymbol{B}_{m\times n}\boldsymbol{A}_{n\times s}$ 也可以看作是作矩阵 $\boldsymbol{B}$ 对应的线性变换，把矩阵

$$\boldsymbol{A}=(\boldsymbol{\alpha}_1,\boldsymbol{\alpha}_2,\cdots,\boldsymbol{\alpha}_s)$$

的列向量 $\boldsymbol{\alpha}_1,\boldsymbol{\alpha}_2,\cdots,\boldsymbol{\alpha}_s$ 分别变为 $\boldsymbol{B}\boldsymbol{\alpha}_1,\boldsymbol{B}\boldsymbol{\alpha}_2,\cdots,\boldsymbol{B}\boldsymbol{\alpha}_s$，即

$$\boldsymbol{B}\boldsymbol{A}=\boldsymbol{B}(\boldsymbol{\alpha}_1,\boldsymbol{\alpha}_2,\cdots,\boldsymbol{\alpha}_s)=(\boldsymbol{B}\boldsymbol{\alpha}_1,\boldsymbol{B}\boldsymbol{\alpha}_2,\cdots,\boldsymbol{B}\boldsymbol{\alpha}_s).$$

当然，这也就意味着 $\boldsymbol{A}^{\mathrm{T}}\boldsymbol{B}^{\mathrm{T}}$ 可以看作是经矩阵 $\boldsymbol{B}$ 对应的线性变换后，矩阵

$$\boldsymbol{A}^{\mathrm{T}}=\begin{pmatrix}\boldsymbol{\alpha}_1^{\mathrm{T}}\\ \boldsymbol{\alpha}_2^{\mathrm{T}}\\ \vdots\\ \boldsymbol{\alpha}_s^{\mathrm{T}}\end{pmatrix}$$

的行向量 $\boldsymbol{\alpha}_1^{\mathrm{T}},\boldsymbol{\alpha}_2^{\mathrm{T}},\cdots,\boldsymbol{\alpha}_s^{\mathrm{T}}$ 分别变为 $\boldsymbol{\alpha}_1^{\mathrm{T}}\boldsymbol{B}^{\mathrm{T}},\boldsymbol{\alpha}_2^{\mathrm{T}}\boldsymbol{B}^{\mathrm{T}},\cdots,\boldsymbol{\alpha}_s^{\mathrm{T}}\boldsymbol{B}^{\mathrm{T}}$，即

$$\boldsymbol{A}^{\mathrm{T}}\boldsymbol{B}^{\mathrm{T}}=\begin{pmatrix}\boldsymbol{\alpha}_1^{\mathrm{T}}\\ \boldsymbol{\alpha}_2^{\mathrm{T}}\\ \vdots\\ \boldsymbol{\alpha}_s^{\mathrm{T}}\end{pmatrix}\boldsymbol{B}^{\mathrm{T}}=\begin{pmatrix}\boldsymbol{\alpha}_1^{\mathrm{T}}\boldsymbol{B}^{\mathrm{T}}\\ \boldsymbol{\alpha}_2^{\mathrm{T}}\boldsymbol{B}^{\mathrm{T}}\\ \vdots\\ \boldsymbol{\alpha}_s^{\mathrm{T}}\boldsymbol{B}^{\mathrm{T}}\end{pmatrix}.$$

如此看来,$\boldsymbol{AB}$ 不妨可以这样理解:**$\boldsymbol{B}$ 左乘$\boldsymbol{A}$,相当于$\boldsymbol{B}$ 的列向量作了对应于$\boldsymbol{A}$ 的变换;$\boldsymbol{A}$ 右乘$\boldsymbol{B}$,相当于$\boldsymbol{A}$ 的行向量作了对应于$\boldsymbol{B}$ 的变换.**

比如,就初等矩阵所对应的初等变换而言,若矩阵

$$\boldsymbol{A}=\begin{pmatrix}a_{11}&a_{12}&a_{13}\\a_{21}&a_{22}&a_{23}\\a_{31}&a_{32}&a_{33}\end{pmatrix}$$

左乘初等矩阵

$$\boldsymbol{P}=\begin{pmatrix}0&0&1\\0&1&0\\1&0&0\end{pmatrix},$$

则

$$\boldsymbol{PA}=\begin{pmatrix}0&0&1\\0&1&0\\1&0&0\end{pmatrix}\begin{pmatrix}a_{11}&a_{12}&a_{13}\\a_{21}&a_{22}&a_{23}\\a_{31}&a_{32}&a_{33}\end{pmatrix}=\begin{pmatrix}a_{31}&a_{32}&a_{33}\\a_{21}&a_{22}&a_{23}\\a_{11}&a_{12}&a_{13}\end{pmatrix},$$

此时 $\boldsymbol{A}$ 的列向量

$$\begin{pmatrix}a_{11}\\a_{21}\\a_{31}\end{pmatrix},\begin{pmatrix}a_{12}\\a_{22}\\a_{32}\end{pmatrix},\begin{pmatrix}a_{13}\\a_{23}\\a_{33}\end{pmatrix}$$

分别变为

$$\begin{pmatrix}a_{31}\\a_{21}\\a_{11}\end{pmatrix},\begin{pmatrix}a_{32}\\a_{22}\\a_{12}\end{pmatrix},\begin{pmatrix}a_{33}\\a_{23}\\a_{13}\end{pmatrix},$$

这相当于矩阵 $\boldsymbol{A}$ 作了对应于初等矩阵 $\boldsymbol{P}$ 的初等行变换;若矩阵 $\boldsymbol{A}$ 右乘初等矩阵 $\boldsymbol{P}$,则

$$\boldsymbol{AP}=\begin{pmatrix}a_{11}&a_{12}&a_{13}\\a_{21}&a_{22}&a_{23}\\a_{31}&a_{32}&a_{33}\end{pmatrix}\begin{pmatrix}0&0&1\\0&1&0\\1&0&0\end{pmatrix}=\begin{pmatrix}a_{13}&a_{12}&a_{11}\\a_{23}&a_{22}&a_{21}\\a_{33}&a_{32}&a_{31}\end{pmatrix},$$

此时 $\boldsymbol{A}$ 的行向量

$$(a_{11},a_{12},a_{13}),(a_{21},a_{22},a_{23}),(a_{31},a_{32},a_{33})$$

分别变为

$$(a_{13},a_{12},a_{11}),(a_{23},a_{22},a_{21}),(a_{33},a_{32},a_{31}),$$

这相当于矩阵 $\boldsymbol{A}$ 作了对应于初等矩阵 $\boldsymbol{P}$ 的初等列变换.

如果说线性变换的复合能够用矩阵的乘法来刻画,那么矩阵的初等变换的过程则无异于相继地左乘或右乘初等矩阵.

假设矩阵 $\boldsymbol{A}$ 经 s 次初等行变换和 t 次初等列变换变成了与之等价的矩阵 $\boldsymbol{B}$,而这 s 次初等行变换所对应的初等矩阵分别为

$$P_1,P_2,\cdots,P_s,$$

并且这 t 次初等列变换所对应的初等矩阵分别为

$$Q_1,Q_2,\cdots,Q_t,$$

则

$$P_s\cdots P_2P_1AQ_1Q_2\cdots Q_t=B.$$

由于初等矩阵 $P_1,P_2,\cdots,P_s$，以及 $Q_1,Q_2,\cdots,Q_t$ 都可逆，所以存在可逆矩阵

$$P=P_s\cdots P_2P_1,Q=Q_1Q_2\cdots Q_t,$$

使

$$PAQ=B.$$

两个等价矩阵之间的关系被如此简洁和干脆地表示了出来！

那么，若存在可逆矩阵 P,Q，使 $PAQ=B$，则矩阵 A 和 B 一定等价吗？答案当然是肯定的.这又是为什么呢？

（三）

由于矩阵的初等行（列）变换不改变原有位置的列（行）向量所组成的向量组的线性相关性，故不改变它的秩.

没错，秩是矩阵初等变换前后的不变量.这也是能用初等变换法来求矩阵及其列向量组的秩的原因.

因为矩阵的初等行变换不改变它的秩，而 n 阶可逆矩阵的秩为 n，所以它经初等行变换变成的行最简形矩阵必然是 n 阶单位矩阵.这意味着**任何一个可逆矩阵都能经有限次初等行变换变成单位矩阵**，即对于可逆矩阵 A，必存在有限个初等矩阵 $P_1,P_2,\cdots,P_l$，使

$$P_l\cdots P_2P_1A=E.$$

又因为初等矩阵 $P_1,P_2,\cdots,P_l$ 都可逆，所以

$$A=P_1^{-1}P_2^{-1}\cdots P_l^{-1},$$

而 $P_1^{-1},P_2^{-1},\cdots,P_l^{-1}$ 仍然是分别与 $P_1,P_2,\cdots,P_l$ 同类型的初等矩阵.由此可见，**任何一个可逆矩阵都能写成有限个初等矩阵相乘.**

既然如此，那么当存在可逆矩阵 P,Q，使 $PAQ=B$ 时，由于其中的 P 和 Q 都能写成有限个初等矩阵相乘，故矩阵 A 必能经有限次初等变换变成矩阵 B，即 A 和 B 等价.

此外，也正是因为任何一个可逆矩阵都能写成有限个初等矩阵相乘，所以初等变换法得以大行其道.

由于可逆矩阵 A^{-1} 能写成有限个初等矩阵相乘，所以矩阵 (A,E) 能经有限次初等行变换变成 $A^{-1}(A,E)=(E,A^{-1})$，即

$$(A,E)\xrightarrow{r}(E,A^{-1}),$$

如此便能用初等变换法来求方阵 A 的逆矩阵.同理，矩阵 (A,β) 也能经有限次初等行变换变成 $A^{-1}(A,\beta)=(E,A^{-1}\beta)$，即

$$(\boldsymbol{A},\boldsymbol{\beta})\xrightarrow{r}(\boldsymbol{E},\boldsymbol{A}^{-1}\boldsymbol{\beta}).$$

而对于方程组 $\boldsymbol{Ax}=\boldsymbol{\beta}$，当 $\boldsymbol{A}$ 为方阵且可逆时，它的解 $\boldsymbol{x}=\boldsymbol{A}^{-1}\boldsymbol{\beta}$. 不仅如此，矩阵$(\boldsymbol{A},\boldsymbol{B})$同样能经有限次初等行变换变成 $\boldsymbol{A}^{-1}(\boldsymbol{A},\boldsymbol{B})=(\boldsymbol{E},\boldsymbol{A}^{-1}\boldsymbol{B})$，即

$$(\boldsymbol{A},\boldsymbol{B})\xrightarrow{r}(\boldsymbol{E},\boldsymbol{A}^{-1}\boldsymbol{B}).$$

而对于矩阵方程 $\boldsymbol{AX}=\boldsymbol{B}$，当 $\boldsymbol{A}$ 为方阵且可逆时，它的解 $\boldsymbol{X}=\boldsymbol{A}^{-1}\boldsymbol{B}$.

其实，这就是初等变换法能够在求逆矩阵、解线性方程组和解矩阵方程时得以使用的“秘密”. 除此之外，初等变换法还能用于求矩阵与向量组的秩. 而由于求方阵的特征向量能转化为解方程组，故初等变换法也能用于求特征向量；又由于在把方阵相似对角化(如例 9)，以及用正交变换法化二次型为标准形(如例 18)时，需要求特征向量，所以往往也离不开初等变换法. 参看图 3－3 便能发现，掌握了初等变换法，就几乎拿下了线性代数的“半壁江山”.

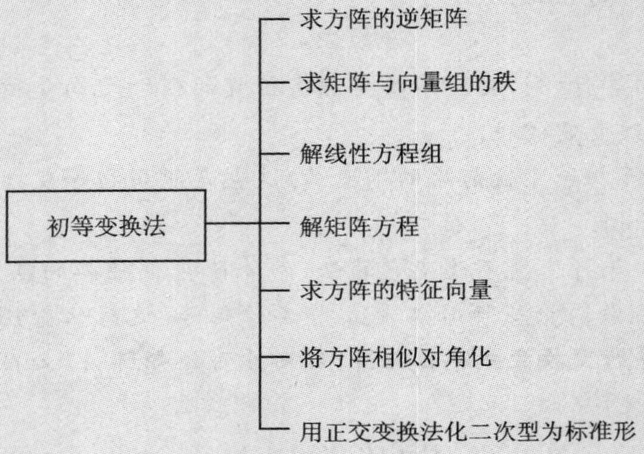

图 3－3

矩阵堪称线性代数中的“劳模”，相比同为“配角”的行列式，它确实“勤快”得多. 如果说把向量组的问题转化为矩阵的问题，是为了把研究“局部”转化为研究“整体”，那么矩阵的初等变换就能够把研究“复杂”转化为研究“简单”. 感谢初等变换法，让我们把复杂的矩阵变成与之等价，但却更简单的单位矩阵、行最简形矩阵或行阶梯形矩阵. 很大程度上说，矩阵能够始终“活跃”在线性代数的“舞台”上，就是沾了初等变换法的光. 正如李尚志先生对于线性代数的八字概括“空间为体，矩阵为用”，利用矩阵及其初等变换确实能便捷地解决一些运算问题，这可能也是一些线性代数的初学者“未闻空间，只知矩阵”的原因.

然而，矩阵的初等变换终究只能解决具体性问题，在抽象性问题中，它往往毫无用武之地，比如求抽象方阵的特征值.

2. 抽象方阵

题眼探索　抽象方阵的特征值的求法与具体方阵有着天壤之别. 如表 3－2 所列，若方阵 $\boldsymbol{A}$ 有特征值 λ，则与 $\boldsymbol{A}$ 有关的方阵 $f(\boldsymbol{A})$ 就有特征值 $f(\lambda)$（表中 k 为常数，n 为正整数. 此外，$\boldsymbol{A}^{\mathrm{T}}$ 与 $\boldsymbol{A}$ 有相同的特征值，但其所对应的特征向量不确定）.

表 3－2

方阵	$\boldsymbol{A}$	$k\boldsymbol{A}$	$\boldsymbol{A}+k\boldsymbol{E}$	$\boldsymbol{A}^n$	$\boldsymbol{A}^{-1}$	$\boldsymbol{A}^*$
特征值	λ	$k\lambda$	$\lambda+k$	λ^n	$\dfrac{1}{\lambda}$	$\dfrac{\lvert\boldsymbol{A}\rvert}{\lambda}$
对应的特征向量	$\boldsymbol{x}$	$\boldsymbol{x}$	$\boldsymbol{x}$	$\boldsymbol{x}$	$\boldsymbol{x}$	$\boldsymbol{x}$

如此看来，只需将 $\boldsymbol{A}$ 的各特征值逐一"代入"，便能轻而易举地求出 $f(\boldsymbol{A})$ 的各特征值.

【例 2】　设 3 阶矩阵 $\boldsymbol{A}$ 的特征值为 $1,2,-2$，$\boldsymbol{A}^*$ 为 $\boldsymbol{A}$ 的伴随矩阵，$\boldsymbol{E}$ 为 3 阶单位矩阵，则 $|\boldsymbol{A}^*+2\boldsymbol{A}-\boldsymbol{E}|=$________.

【解】 由于 $|\boldsymbol{A}|=1\times2\times(-2)=-4$，故 $\boldsymbol{A}^*+2\boldsymbol{A}-\boldsymbol{E}$ 的特征值

$$\lambda_1=-4\times1+2\times1-1=-3,$$

$$\lambda_2=-4\times\frac{1}{2}+2\times2-1=1,$$

$$\lambda_3=-4\times\left(-\frac{1}{2}\right)+2\times(-2)-1=-3.$$

于是 $|\boldsymbol{A}^*+2\boldsymbol{A}-\boldsymbol{E}|=\lambda_1\lambda_2\lambda_3=9$.

【题外话】

(i) 表 3－2 中各与 $\boldsymbol{A}$ 有关的方阵的特征值都满足线性叠加关系. 就本例而言，若 $\boldsymbol{A}$ 有特征值 λ（$\boldsymbol{x}$ 为对应的特征向量），则 $\boldsymbol{A}^*$ 和 $2\boldsymbol{A}$ 分别有特征值 $\dfrac{|\boldsymbol{A}|}{\lambda}$ 和 2λ（都有对应的特征向量 $\boldsymbol{x}$），并且 $\boldsymbol{A}^*+2\boldsymbol{A}-\boldsymbol{E}$ 就有特征值 $\dfrac{|\boldsymbol{A}|}{\lambda}+2\lambda-1$（$\boldsymbol{x}$ 依然为对应的特征向量）. 这是因为

$$(\boldsymbol{A}^*+2\boldsymbol{A}-\boldsymbol{E})\boldsymbol{x}=\boldsymbol{A}^*\boldsymbol{x}+2\boldsymbol{A}\boldsymbol{x}-\boldsymbol{x}=\frac{|\boldsymbol{A}|}{\lambda}\boldsymbol{x}+2\lambda\boldsymbol{x}-\boldsymbol{x}=\left(\frac{|\boldsymbol{A}|}{\lambda}+2\lambda-1\right)\boldsymbol{x}.$$

其中，由 $\boldsymbol{A}\boldsymbol{x}=\lambda\boldsymbol{x}$ 可知 $\boldsymbol{A}^{-1}\boldsymbol{A}\boldsymbol{x}=\lambda\boldsymbol{A}^{-1}\boldsymbol{x}$，故 $\boldsymbol{A}^{-1}\boldsymbol{x}=\dfrac{1}{\lambda}\boldsymbol{x}$，从而 $\boldsymbol{A}^*\boldsymbol{x}=|\boldsymbol{A}|\boldsymbol{A}^{-1}\boldsymbol{x}=\dfrac{|\boldsymbol{A}|}{\lambda}\boldsymbol{x}$.

(ii) 本例告诉我们，**若已知方阵 $\boldsymbol{A}$ 的全部特征值，则能计算出某些关于 $\boldsymbol{A}$ 的方阵的行列式的值**. 这是抽象行列式的计算问题的又一个角度（关于抽象行列式的计算的其他角度，可参看第一章问题 5）.

【例 3】　设 $\boldsymbol{A}$ 为 3 阶实对称矩阵，且 $\boldsymbol{A}^2+\boldsymbol{A}=\boldsymbol{O}$. 已知 $\boldsymbol{A}$ 的秩为 2，求 $\boldsymbol{A}$ 的全部特征值.

【分析与解答】 本例的关键条件是 $\boldsymbol{A}^2+\boldsymbol{A}=\boldsymbol{O}$. 若方阵 $\boldsymbol{A}$ 有特征值 λ，则与 $\boldsymbol{A}$ 有关的方阵 $\boldsymbol{A}^2+\boldsymbol{A}$ 就有特征值 $\lambda^2+\lambda$. 又由于 $\boldsymbol{O}$ 的特征值全为零，故 $\boldsymbol{A}$ 的特征值 λ 一定满足

$$\lambda^2+\lambda=0,$$

从而 $\boldsymbol{A}$ 的特征值只可能为 0，−1.

由表 3-1 可知，3 阶实对称矩阵 $\boldsymbol{A}$ 有 3 个实特征值. 那么，在 $\boldsymbol{A}$ 的特征值中，0 和 −1 的个数该如何确定呢？

这还需要从“$\boldsymbol{A}$ 的秩为 2”入手. 由 $r(\boldsymbol{A})=2$ 可知方程组 $\boldsymbol{Ax}=\boldsymbol{0}$ 的基础解系中有 $3-r(\boldsymbol{A})=1$ 个向量. 而 $\boldsymbol{Ax}=\boldsymbol{0}$ 正是可用于求 $\boldsymbol{A}$ 的特征值 0 所对应的特征向量的方程组！这也就意味着 $\boldsymbol{A}$ 的特征值 0 对应着 1 个线性无关的特征向量.

由表 3-1 又可知，实对称矩阵 $\boldsymbol{A}$ 的 k 重特征值恰好对应着 k 个线性无关的特征向量 $(1\leqslant k\leqslant 3)$. 因此，0 是 $\boldsymbol{A}$ 的 1 重特征值，从而 $\boldsymbol{A}$ 的全部特征值为 0，−1，−1.

【题外话】由本例可知，**设 $p(x)$ 为 x 的一个多项式，则往往能根据 $p(\boldsymbol{A})=\boldsymbol{O}$ 得到方阵 $\boldsymbol{A}$ 的特征值的范围**. 若 $\boldsymbol{A}$ 为实对称矩阵，则往往还能根据 $\boldsymbol{A}$ 的阶数和秩，进一步确定各个可能的特征值的个数，从而得到 $\boldsymbol{A}$ 的全部特征值.

【例 4】 设 $\boldsymbol{\alpha},\boldsymbol{\beta}$ 为 n 维列向量，$\boldsymbol{\alpha}^{\mathrm{T}},\boldsymbol{\beta}^{\mathrm{T}}$ 分别是 $\boldsymbol{\alpha},\boldsymbol{\beta}$ 的转置. 若 $\boldsymbol{\alpha}^{\mathrm{T}}\boldsymbol{\beta}=3$，则矩阵 $\boldsymbol{\alpha\beta}^{\mathrm{T}}$ 的非零特征值为________.

【分析】$\boldsymbol{\alpha\beta}^{\mathrm{T}}$ 和 $\boldsymbol{\alpha}^{\mathrm{T}}\boldsymbol{\beta}$ 的含义分别是什么呢？$\boldsymbol{\alpha\beta}^{\mathrm{T}}$ 是一个各行成比例的方阵，而 $\boldsymbol{\alpha}^{\mathrm{T}}\boldsymbol{\beta}$ 就等于 $\boldsymbol{\alpha\beta}^{\mathrm{T}}$ 的迹（可参看第一章例 12）.

对于方阵 $\boldsymbol{A}=\boldsymbol{\alpha\beta}^{\mathrm{T}}$，由 $r(\boldsymbol{A})=1$ 可知 0 是 $\boldsymbol{A}$ 的特征值. 又由于方程组 $\boldsymbol{Ax}=\boldsymbol{0}$ 的基础解系中有 $n-r(\boldsymbol{A})=n-1$ 个向量，故 $\boldsymbol{A}$ 的特征值 0 对应着 $n-1$ 个线性无关的特征向量. 根据表 3-1，$\boldsymbol{A}$ 的 k 重特征值至多对应着 k 个线性无关的特征向量 $(2\leqslant k\leqslant n)$，所以 0 至少是 $\boldsymbol{A}$ 的 $n-1$ 重特征值.

那么，$\boldsymbol{A}$ 的非零特征值又是什么呢？根据特征值的性质①，既然 $\boldsymbol{A}$ 的特征值之和必等于 $\boldsymbol{A}$ 的迹，那么 $\boldsymbol{A}$ 的非零特征值也就必为 $\boldsymbol{A}$ 的迹 $\boldsymbol{\alpha}^{\mathrm{T}}\boldsymbol{\beta}=3$.

【题外话】本例告诉我们，**若 $\boldsymbol{A}$ 为 n 阶方阵，且 $r(\boldsymbol{A})=1$，则 $\boldsymbol{A}$ 的全部特征值为**

$$\overbrace{0,0,\cdots,0}^{n-1\text{个}},l,$$

其中 l 为 $\boldsymbol{A}$ 的迹. 而对于秩为 1 的方阵的特征值，应提笔写答案，这是因为它常与其他问题产生联系，比如例 5.

【例 5】 （2017 年考研题）设 $\boldsymbol{\alpha}$ 为 n 维单位列向量，$\boldsymbol{E}$ 为 n 阶单位矩阵，则（　　）

(A) $\boldsymbol{E}-\boldsymbol{\alpha\alpha}^{\mathrm{T}}$ 不可逆.　　(B) $\boldsymbol{E}+\boldsymbol{\alpha\alpha}^{\mathrm{T}}$ 不可逆.

(C) $\boldsymbol{E}+2\boldsymbol{\alpha\alpha}^{\mathrm{T}}$ 不可逆.　　(D) $\boldsymbol{E}-2\boldsymbol{\alpha\alpha}^{\mathrm{T}}$ 不可逆.

【解】由于 $r(\boldsymbol{\alpha\alpha}^{\mathrm{T}})=1$，故 $\boldsymbol{\alpha\alpha}^{\mathrm{T}}$ 的全部特征值为 $\lambda_1=\lambda_2=\cdots=\lambda_{n-1}=0,\lambda_n=1$.

于是，$\boldsymbol{E}-\boldsymbol{\alpha\alpha}^{\mathrm{T}}$ 的全部特征值为 $\lambda_1=\lambda_2=\cdots=\lambda_{n-1}=1,\lambda_n=0$；$\boldsymbol{E}+\boldsymbol{\alpha\alpha}^{\mathrm{T}}$ 的全部特征值为 $\lambda_1=\lambda_2=\cdots=\lambda_{n-1}=1,\lambda_n=2$；$\boldsymbol{E}+2\boldsymbol{\alpha\alpha}^{\mathrm{T}}$ 的全部特征值为 $\lambda_1=\lambda_2=\cdots=\lambda_{n-1}=1,\lambda_n=3$；$\boldsymbol{E}-2\boldsymbol{\alpha\alpha}^{\mathrm{T}}$ 的全部特征值为 $\lambda_1=\lambda_2=\cdots=\lambda_{n-1}=1,\lambda_n=-1$.

由于 0 是 $\boldsymbol{E}-\boldsymbol{\alpha\alpha}^{\mathrm{T}}$ 的特征值，故 $\boldsymbol{E}-\boldsymbol{\alpha\alpha}^{\mathrm{T}}$ 不可逆. 而对于 $\boldsymbol{E}+\boldsymbol{\alpha\alpha}^{\mathrm{T}}$、$\boldsymbol{E}+2\boldsymbol{\alpha\alpha}^{\mathrm{T}}$ 和 $\boldsymbol{E}-2\boldsymbol{\alpha\alpha}^{\mathrm{T}}$，由于 0 都不是它们的特征值，故都可逆. 选(A).

【题外话】

(i) 值得注意的是，本例中方阵 $\boldsymbol{\alpha\alpha}^{\mathrm{T}}$ 的迹 $\boldsymbol{\alpha}^{\mathrm{T}}\boldsymbol{\alpha}=\|\boldsymbol{\alpha}\|^2$（可参看第二章例 20）. 又由于 $\boldsymbol{\alpha}$ 为单位向量，故 $\boldsymbol{\alpha\alpha}^{\mathrm{T}}$ 的非零特征值为 $\boldsymbol{\alpha}^{\mathrm{T}}\boldsymbol{\alpha}=1$.

(ii) 因为 $|\boldsymbol{A}|$ 等于方阵 $\boldsymbol{A}$ 的特征值的积，所以 $|\boldsymbol{A}|=0$ 和 $\boldsymbol{A}$ 不可逆都是“0 是 $\boldsymbol{A}$ 的特征

值”的充分必要条件.

问题 2 已知特征值、特征向量的相关问题

问题研究

1. 已知特征值求参数的值

【例 6】

(1) 已知矩阵 $\boldsymbol{A}=\begin{pmatrix}-2&0&0\\1&-2&-2\\2&2&x\end{pmatrix}$ 与 $\boldsymbol{B}=\begin{pmatrix}2&0&0\\0&-1&0\\0&0&y\end{pmatrix}$ 的特征值相同,求 x,y 的值;

(2) 已知矩阵 $\boldsymbol{A}=\begin{pmatrix}-2&0&0\\2&x&2\\3&1&1\end{pmatrix}$ 与 $\boldsymbol{B}=\begin{pmatrix}2&0&0\\0&-1&0\\0&0&y\end{pmatrix}$ 的特征值相同,求 x,y 的值.

【分析与解答】

(1) 本例要求两个参数,这就需要列两个方程.而特征值的两条性质仿佛就是两个“量身定制”的方程.

由于 $\boldsymbol{B}$ 为对角矩阵,故它的特征值可以提笔写答案:$2,-1,y$,这同时也都是 $\boldsymbol{A}$ 的特征值.于是根据特征值的性质,列方程组

$$\begin{cases}-2-2+x=2-1+y,\\|\boldsymbol{A}|=-2y,\end{cases}$$

解得 $x=3,y=-2$.

(2) 本例(2)如若像本例(1)那般根据特征值的两条性质列方程组

$$\begin{cases}-2+x+1=2-1+y,\\|\boldsymbol{A}|=-2y,\end{cases}$$

便会发现 $|\boldsymbol{A}|=-2(x-2)$,而此时两个方程竟然一模一样!这意味着其中一个方程只能“作废”,不得不再找一个新的方程.在特征方程 $|\boldsymbol{A}-\lambda\boldsymbol{E}|=0$ 的“帮助”下,由于 -1 是 $\boldsymbol{A}$ 的一个特征值,故 $|\boldsymbol{A}+\boldsymbol{E}|=0$.于是解方程组

$$\begin{cases}-2+x+1=2-1+y,\\|\boldsymbol{A}+\boldsymbol{E}|=0,\end{cases}$$

得,$x=0,y=-2$.

【题外话】若已知特征值,则常利用特征值的性质来求方阵中的参数.而当特征值的性质不够用时,也可借助特征方程来列求参数所需的方程.

2. 已知特征向量求参数的值

【例 7】 已知矩阵 $\boldsymbol{A}=\begin{pmatrix}a&1&0\\-1&0&1\\1&b&-2\end{pmatrix}$ 的一个特征向量为 $\begin{pmatrix}1\\-1\\2\end{pmatrix}$,求 a,b 的值.

【解】设$(1,-1,2)^T$为矩阵$\boldsymbol{A}$的特征值λ所对应的特征向量，则

$$\boldsymbol{A}\begin{pmatrix}1\\-1\\2\end{pmatrix}=\begin{pmatrix}a&1&0\\-1&0&1\\1&b&-2\end{pmatrix}\begin{pmatrix}1\\-1\\2\end{pmatrix}=\lambda\begin{pmatrix}1\\-1\\2\end{pmatrix},$$

即

$$\begin{pmatrix}a-1\\1\\-b-3\end{pmatrix}=\begin{pmatrix}\lambda\\-\lambda\\2\lambda\end{pmatrix}.$$

由$\begin{cases}a-1=\lambda,\\1=-\lambda,\\-b-3=2\lambda\end{cases}$ 可得$a=0,b=-1$.

【题外话】当方阵的一个特征向量已知时，只需借助特征值和特征向量的定义式

$$\boldsymbol{Ax}=\lambda\boldsymbol{x}(\boldsymbol{x}\neq\boldsymbol{0})$$

便能求出方阵中的参数，即便所要求的参数如本例般不止一个.

3. 已知实对称矩阵的部分特征向量，求其余特征向量

【例 8】 设$\boldsymbol{A}$为3阶实对称矩阵，且$\boldsymbol{\alpha}_1=(-1,1,0)^T$，$\boldsymbol{\alpha}_2=(1,0,1)^T$是对应于$\boldsymbol{A}$的特征值$\lambda_1=\lambda_2=-1$的特征向量. 已知$|\boldsymbol{A}|=2$，求矩阵$\boldsymbol{B}=2\boldsymbol{A}^{-1}+\boldsymbol{A}^2+\boldsymbol{E}$的全部特征值和特征向量.

【分析】本例已知$\boldsymbol{A}$的2个特征值及其对应的2个线性无关的特征向量，但还有1个特征值及其对应的特征向量“缺席”. 因为$|\boldsymbol{A}|$已知，故“缺席”的特征值能够根据特征值的性质②轻松求得. 那么，“缺席”的特征向量该如何求呢？值得注意的是，$\boldsymbol{A}$为实对称矩阵，而“实对称矩阵不同特征值所对应的特征向量两两正交”(可参看表 3－1)便为此指明了方向.

一旦得到了$\boldsymbol{A}$的全部特征值和特征向量，那么根据表 3－2 就能得到$\boldsymbol{B}$的各特征值，并且其所对应的特征向量均丝毫不变.

【解】由于$|\boldsymbol{A}|=2$，故$\boldsymbol{A}$的全部特征值为$-1,-1,2$.

设$\boldsymbol{\alpha}_3=(x_1,x_2,x_3)^T$是$\boldsymbol{A}$对应于特征值2的特征向量，则由

$$\begin{cases}(\boldsymbol{\alpha}_1,\boldsymbol{\alpha}_3)=0,\\(\boldsymbol{\alpha}_2,\boldsymbol{\alpha}_3)=0\end{cases}$$

得方程组

$$\begin{cases}-x_1+x_2=0,\\x_1+x_3=0.\end{cases}$$

解之得$(x_1,x_2,x_3)^T=k(1,1,-1)^T(k\neq0)$.

所以，$\boldsymbol{B}=2\boldsymbol{A}^{-1}+\boldsymbol{A}^2+\boldsymbol{E}$的特征值

$$\lambda_1=\lambda_2=2\times(-1)+(-1)^2+1=0,$$

$$\lambda_3=2\times\frac{1}{2}+2^2+1=6,$$

且$\boldsymbol{B}$对应于特征值$\lambda_1=\lambda_2=0$的全部特征向量为$k_1(-1,1,0)^T+k_2(1,0,1)^T$($k_1,k_2$不同时为零)，对应于特征值$\lambda_3=6$的全部特征向量为$k(1,1,-1)^T(k\neq0)$.

【题外话】

(i) **对于实对称矩阵，若已知部分特征值所对应的特征向量，则能根据其不同特征值所对应的特征向量两两正交，求出其余特征值所对应的特征向量.** 该问题可转化为"求与某向量组中的向量都正交的向量"(可参看第二章例 34(2)).

(ii) 就本例而言，在求出了 $\boldsymbol{B}$ 的全部特征值和特征向量后，其实就能够求出矩阵 $\boldsymbol{B}$，继而求得 $\boldsymbol{B}^n$. 那么，矩阵 $\boldsymbol{B}$ 和 $\boldsymbol{B}^n$ 该怎么求呢？这就需要通过方阵的相似对角化. 而方阵的相似对角化问题，也会与线性代数的最后一个研究对象——二次型密切相关.

本章最精彩纷呈的内容即将拉开序幕.

问题 3　方阵的相似对角化问题

知识储备

1. 相似矩阵的概念

对于方阵 $\boldsymbol{A}$，$\boldsymbol{B}$，若存在可逆矩阵 $\boldsymbol{P}$，使

$$\boldsymbol{P}^{-1}\boldsymbol{A}\boldsymbol{P}=\boldsymbol{B},$$

则 $\boldsymbol{B}$ 叫做 $\boldsymbol{A}$ 的相似矩阵，或称 $\boldsymbol{A}$，$\boldsymbol{B}$ 相似.

【注】根据矩阵的秩的性质⑥，若 $\boldsymbol{A}$，$\boldsymbol{B}$ 相似，则 $r(\boldsymbol{A})=r(\boldsymbol{B})$.

2. 相似矩阵的性质

① 若方阵 $\boldsymbol{A}$，$\boldsymbol{B}$ 相似，则 $\boldsymbol{A}$，$\boldsymbol{B}$ 的特征值相同，从而 $\boldsymbol{A}$，$\boldsymbol{B}$ 的迹相同，且 $|\boldsymbol{A}|=|\boldsymbol{B}|$.

【证】若 $\boldsymbol{A}$，$\boldsymbol{B}$ 相似，则存在可逆矩阵 $\boldsymbol{P}$，使 $\boldsymbol{P}^{-1}\boldsymbol{A}\boldsymbol{P}=\boldsymbol{B}$. 于是

$$\begin{aligned}|\boldsymbol{B}-\lambda\boldsymbol{E}|&=|\boldsymbol{P}^{-1}\boldsymbol{A}\boldsymbol{P}-\lambda\boldsymbol{E}|=|\boldsymbol{P}^{-1}\boldsymbol{A}\boldsymbol{P}-\boldsymbol{P}^{-1}\lambda\boldsymbol{P}|=|\boldsymbol{P}^{-1}(\boldsymbol{A}-\lambda\boldsymbol{E})\boldsymbol{P}|\\&=|\boldsymbol{P}^{-1}||\boldsymbol{A}-\lambda\boldsymbol{E}||\boldsymbol{P}|=|\boldsymbol{P}|^{-1}|\boldsymbol{A}-\lambda\boldsymbol{E}||\boldsymbol{P}|=|\boldsymbol{A}-\lambda\boldsymbol{E}|,\end{aligned}$$

故 $\boldsymbol{A}$，$\boldsymbol{B}$ 的特征值相同.

【注】

(i) 值得注意的是，**$\boldsymbol{A}$，$\boldsymbol{B}$ 的特征值相同是 $\boldsymbol{A}$，$\boldsymbol{B}$ 相似的必要非充分条件.** 例如，方阵

$$\boldsymbol{A}=\begin{pmatrix}1&0\\0&1\end{pmatrix},\boldsymbol{B}=\begin{pmatrix}1&1\\0&1\end{pmatrix}$$

的特征值都为 1,1，但由于对于任意可逆矩阵 $\boldsymbol{P}$，都有 $\boldsymbol{P}^{-1}\boldsymbol{A}\boldsymbol{P}=\boldsymbol{E}$，故 $\boldsymbol{A}$ 只与自身相似，而与 $\boldsymbol{B}$ 不相似. 但是，实对称矩阵 $\boldsymbol{A}$，$\boldsymbol{B}$ 的特征值相同是 $\boldsymbol{A}$，$\boldsymbol{B}$ 相似的充分必要条件.

(ii) 相似矩阵的特征向量满足什么关系呢？若 $\boldsymbol{A}\boldsymbol{x}=\lambda\boldsymbol{x}\,(\boldsymbol{x}\neq\boldsymbol{0})$ 且 $\boldsymbol{P}^{-1}\boldsymbol{A}\boldsymbol{P}=\boldsymbol{B}$，则

$$\boldsymbol{B}(\boldsymbol{P}^{-1}\boldsymbol{x})=(\boldsymbol{P}^{-1}\boldsymbol{A}\boldsymbol{P})(\boldsymbol{P}^{-1}\boldsymbol{x})=\boldsymbol{P}^{-1}\boldsymbol{A}(\boldsymbol{P}\boldsymbol{P}^{-1})\boldsymbol{x}=\boldsymbol{P}^{-1}\boldsymbol{A}\boldsymbol{x}=\boldsymbol{P}^{-1}\lambda\boldsymbol{x}=\lambda(\boldsymbol{P}^{-1}\boldsymbol{x}).$$

因此，当 $\boldsymbol{A}$ 有特征向量 $\boldsymbol{x}$ 时，与 $\boldsymbol{A}$ 相似的矩阵 $\boldsymbol{B}=\boldsymbol{P}^{-1}\boldsymbol{A}\boldsymbol{P}$ 就有特征向量 $\boldsymbol{P}^{-1}\boldsymbol{x}$.

② 若方阵 $\boldsymbol{A}$ 与 $\boldsymbol{B}$ 相似，$\boldsymbol{B}$ 与 $\boldsymbol{C}$ 相似，则 $\boldsymbol{A}$ 与 $\boldsymbol{C}$ 相似.

【证】由于 $\boldsymbol{A}$ 与 $\boldsymbol{B}$ 相似，$\boldsymbol{B}$ 与 $\boldsymbol{C}$ 相似，故存在可逆矩阵 $\boldsymbol{P}_1$，$\boldsymbol{P}_2$，使

$$\boldsymbol{P}_1^{-1}\boldsymbol{A}\boldsymbol{P}_1=\boldsymbol{B},\boldsymbol{P}_2^{-1}\boldsymbol{B}\boldsymbol{P}_2=\boldsymbol{C}.$$

于是

$$C=P_2^{-1}BP_2=P_2^{-1}(P_1^{-1}AP_1)P_2=(P_2^{-1}P_1^{-1})A(P_1P_2)=(P_1P_2)^{-1}A(P_1P_2),$$

故存在可逆矩阵 $P=P_1P_2$，使 $P^{-1}AP=C$，从而 A 与 C 相似.

③ 若方阵 A 与 B 相似，则 A^T 与 B^T、kA 与 kB、$A+kE$ 与 $B+kE$、A^n 与 B^n、A^{-1} 与 B^{-1} (A,B 可逆)，以及 A^* 与 B^* 都相似(k 为常数，n 为正整数).

【注】 当 A 与 B 相似时，除了转置矩阵与伴随矩阵，各与 A 有关的矩阵的和仍然与相应的与 B 有关的矩阵的和相似. 例如，若 $P^{-1}AP=B$，则

$$P^{-1}(A^{-1}+A^2+2E)P=P^{-1}A^{-1}P+P^{-1}A^2P+2E=B^{-1}+B^2+2E,$$

其中 $B^{-1}=(P^{-1}AP)^{-1}=P^{-1}A^{-1}P$，$B^2=P^{-1}APP^{-1}AP=P^{-1}A^2P$，从而 $A^{-1}+A^2+2E$ 与 $B^{-1}+B^2+2E$ 相似.

问题研究

1. 方阵的相似对角化

题眼探索 为什么要将方阵相似对角化呢？一个重要的原因就是求对角矩阵的幂十分便捷：

$$\begin{pmatrix}\lambda_1 & & & \\ & \lambda_2 & & \\ & & \ddots & \\ & & & \lambda_n\end{pmatrix}^m=\begin{pmatrix}\lambda_1^m & & & \\ & \lambda_2^m & & \\ & & \ddots & \\ & & & \lambda_n^m\end{pmatrix}.$$

而所谓将方阵 A 相似对角化，就是**找可逆矩阵 P 和对角矩阵 Λ，使 A 与 Λ 相似，即**

$$P^{-1}AP=\Lambda.$$

那么，这样的 P 和 Λ 该如何去求呢？

由 $P^{-1}AP=\Lambda$ 得 $AP=P\Lambda$. 设

$$\Lambda=\begin{pmatrix}\lambda_1 & & & \\ & \lambda_2 & & \\ & & \ddots & \\ & & & \lambda_n\end{pmatrix}, P=(\alpha_1,\alpha_2,\cdots,\alpha_n)$$

(由于 P 可逆，故 $\alpha_1,\alpha_2,\cdots,\alpha_n$ 线性无关)，则

$$A(\alpha_1,\alpha_2,\cdots,\alpha_n)=(\alpha_1,\alpha_2,\cdots,\alpha_n)\begin{pmatrix}\lambda_1 & & & \\ & \lambda_2 & & \\ & & \ddots & \\ & & & \lambda_n\end{pmatrix},$$

从而

$$(A\alpha_1,A\alpha_2,\cdots,A\alpha_n)=(\lambda_1\alpha_1,\lambda_2\alpha_2,\cdots,\lambda_n\alpha_n),$$

即有

$$A\alpha_1=\lambda_1\alpha_1,A\alpha_2=\lambda_2\alpha_2,\cdots,A\alpha_n=\lambda_n\alpha_n.$$

哈！特征值和特征向量的定义式“浮出水面”.这意味着，**A 的特征值 $\lambda_1,\lambda_2,\cdots,\lambda_n$ 组成对角矩阵 Λ，而分别对应于 $\lambda_1,\lambda_2,\cdots,\lambda_n$ 的线性无关的特征向量 $\alpha_1,\alpha_2,\cdots,\alpha_n$ 组成可逆矩阵 P**.因此，方阵 A 的相似对角化问题也就转化为熟悉的问题——求 A 的特征值和特征向量.

特别地，对于实对称矩阵 A，必能**找到正交矩阵 Q 和对角矩阵 Λ，使 A 与 Λ 相似，即 $Q^TAQ=\Lambda$**（正交矩阵 Q 一定满足 $Q^{-1}=Q^T$）.由于 Q 为正交矩阵的充分必要条件是 Q 的列向量都是单位向量，且两两正交，所以组成 Q 的列向量应为 A 正交规范化后的特征向量，而第二章问题 8 中的“施密特方法”就有了“用武之地”.

如此看来，普通方阵和实对称矩阵的相似对角化过程有着不同之处.那么，其中的差别具体体现在哪里呢？请看例 9 和例 10.

（1）具体方阵

【例 9】 设矩阵 $A=\begin{pmatrix}1&0&1\\-1&2&-3\\0&0&0\end{pmatrix}$，求可逆矩阵 P 和对角矩阵 Λ，使 $P^{-1}AP=\Lambda$.

【解】 $|A-\lambda E|=\begin{vmatrix}1-\lambda&0&1\\-1&2-\lambda&-3\\0&0&-\lambda\end{vmatrix}=-\lambda\begin{vmatrix}1-\lambda&0\\-1&2-\lambda\end{vmatrix}=-\lambda(\lambda-1)(\lambda-2).$

由 $|A-\lambda E|=0$ 得，A 的特征值为 $\lambda_1=0,\lambda_2=1,\lambda_3=2$.

当 $\lambda_1=0$ 时，解方程组 $Ax=0$.由

$$A=\begin{pmatrix}1&0&1\\-1&2&-3\\0&0&0\end{pmatrix}\xrightarrow{r}\begin{pmatrix}1&0&1\\0&1&-1\\0&0&0\end{pmatrix}$$

得，A 对应于特征值 $\lambda_1=0$ 的线性无关的特征向量 $\alpha_1=(-1,1,1)^T$.

当 $\lambda_2=1$ 时，解方程组 $(A-E)x=0$.由

$$A-E=\begin{pmatrix}0&0&1\\-1&1&-3\\0&0&-1\end{pmatrix}\xrightarrow{r}\begin{pmatrix}1&-1&0\\0&0&1\\0&0&0\end{pmatrix}$$

得，A 对应于特征值 $\lambda_2=1$ 的线性无关的特征向量 $\alpha_2=(1,1,0)^T$.

当 $\lambda_3=2$ 时，解方程组 $(A-2E)x=0$.由

$$A-2E=\begin{pmatrix}-1&0&1\\-1&0&-3\\0&0&-2\end{pmatrix}\xrightarrow{r}\begin{pmatrix}1&0&0\\0&0&1\\0&0&0\end{pmatrix}$$

得，A 对应于特征值 $\lambda_3=2$ 的线性无关的特征向量 $\alpha_3=(0,1,0)^T$.

故令

$$\boldsymbol{\Lambda}=\begin{pmatrix}0&0&0\\0&1&0\\0&0&2\end{pmatrix},\boldsymbol{P}=(\boldsymbol{\alpha}_1,\boldsymbol{\alpha}_2,\boldsymbol{\alpha}_3)=\begin{pmatrix}-1&1&0\\1&1&1\\1&0&0\end{pmatrix},$$

则 $\boldsymbol{P}^{-1}\boldsymbol{AP}=\boldsymbol{\Lambda}$.

【题外话】

(i) **n 阶普通方阵$\boldsymbol{A}$ 的相似对角化可遵循如下程序:**

① 求 $\boldsymbol{A}$ 的特征值$\lambda_1,\lambda_2,\cdots,\lambda_n$;

② 求 $\boldsymbol{A}$ 分别对应于$\lambda_1,\lambda_2,\cdots,\lambda_n$ 的线性无关的特征向量$\boldsymbol{\alpha}_1,\boldsymbol{\alpha}_2,\cdots,\boldsymbol{\alpha}_n$(即方程组$(\boldsymbol{A}-\lambda_1\boldsymbol{E})\boldsymbol{x}=\boldsymbol{0},(\boldsymbol{A}-\lambda_2\boldsymbol{E})\boldsymbol{x}=\boldsymbol{0},\cdots,(\boldsymbol{A}-\lambda_n\boldsymbol{E})\boldsymbol{x}=\boldsymbol{0}$ 的基础解系中的向量);

③ 令 $\boldsymbol{\Lambda}=\begin{pmatrix}\lambda_1&&&\\&\lambda_2&&\\&&\ddots&\\&&&\lambda_n\end{pmatrix},\boldsymbol{P}=(\boldsymbol{\alpha}_1,\boldsymbol{\alpha}_2,\cdots,\boldsymbol{\alpha}_n)$,则 $\boldsymbol{P}^{-1}\boldsymbol{AP}=\boldsymbol{\Lambda}$.

(ii) 值得注意的是,**所求的对角矩阵$\boldsymbol{\Lambda}$ 和可逆矩阵$\boldsymbol{P}$ 答案不唯一,但是$\boldsymbol{A}$ 的各特征值与其所对应的特征向量应分别写在$\boldsymbol{\Lambda}$ 与$\boldsymbol{P}$ 的同序数的列**.就本例而言,若 $\boldsymbol{A}$ 的特征值 0,1,2 分别写在 $\boldsymbol{\Lambda}$ 的第 1,2,3 列,则其所对应的特征向量 $\boldsymbol{\alpha}_1=(-1,1,1)^{\mathrm{T}},\boldsymbol{\alpha}_2=(1,1,0)^{\mathrm{T}},\boldsymbol{\alpha}_3=(0,1,0)^{\mathrm{T}}$ 就应分别写在 $\boldsymbol{P}$ 的第 1,2,3 列.当然,

$$\boldsymbol{\Lambda}=\begin{pmatrix}0&0&0\\0&2&0\\0&0&1\end{pmatrix},\boldsymbol{P}=\begin{pmatrix}-1&0&1\\1&1&1\\1&0&0\end{pmatrix},$$

以及

$$\boldsymbol{\Lambda}=\begin{pmatrix}2&0&0\\0&1&0\\0&0&0\end{pmatrix},\boldsymbol{P}=\begin{pmatrix}0&1&-1\\1&1&1\\0&0&1\end{pmatrix},$$

等等,也可作为本例的答案.而对角矩阵 $\boldsymbol{\Lambda}$ 和可逆矩阵 $\boldsymbol{P}$ 往往"出双入对",一旦 $\boldsymbol{\Lambda}$ 发生变化,则其对应的 $\boldsymbol{P}$ 也会随之改变.

(iii) 本例中,在求 $\boldsymbol{A}$ 的特征值$\lambda_3=2$ 对应的特征向量时,应注意方程组$(\boldsymbol{A}-2\boldsymbol{E})\boldsymbol{x}=\boldsymbol{0}$ 的基础解系的求法.由 $\boldsymbol{A}-2\boldsymbol{E}$ 的行最简形矩阵

$$\begin{pmatrix}1&0&0\\0&0&1\\0&0&0\end{pmatrix}$$

得,$(\boldsymbol{A}-2\boldsymbol{E})\boldsymbol{x}=\boldsymbol{0}$ 的同解方程组

$$\begin{cases}x_1=0,\\x_3=0.\end{cases}$$

这时,应令被消去的 x_2 为 k,则该方程组的通解为

$$\begin{pmatrix}x_1\\x_2\\x_3\end{pmatrix}=k\begin{pmatrix}0\\1\\0\end{pmatrix},$$

k 为任意常数,从而其基础解系为$(0,1,0)^{\mathrm{T}}$.

【例 10】 设矩阵 $\boldsymbol{A}=\begin{pmatrix}2&1&-1\\1&2&-1\\-1&-1&2\end{pmatrix}$,求可逆矩阵 $\boldsymbol{Q}$ 和对角矩阵 $\boldsymbol{\Lambda}$,使 $\boldsymbol{Q}^{\mathrm{T}}\boldsymbol{A}\boldsymbol{Q}=\boldsymbol{\Lambda}$.

【解】 由例 1 可知,$\boldsymbol{A}$ 的特征值为 4,1,1,并且其所对应的线性无关的特征向量分别为

$$\boldsymbol{\alpha}_1=(-1,-1,1)^{\mathrm{T}},\boldsymbol{\alpha}_2=(-1,1,0)^{\mathrm{T}},\boldsymbol{\alpha}_3=(1,0,1)^{\mathrm{T}}.$$

将 $\boldsymbol{\alpha}_2,\boldsymbol{\alpha}_3$ 正交化:取

$$\boldsymbol{\beta}_2=\boldsymbol{\alpha}_2=(-1,1,0)^{\mathrm{T}},$$

$$\boldsymbol{\beta}_3=\boldsymbol{\alpha}_3-\frac{(\boldsymbol{\beta}_2,\boldsymbol{\alpha}_3)}{(\boldsymbol{\beta}_2,\boldsymbol{\beta}_2)}\boldsymbol{\beta}_2=(1,0,1)^{\mathrm{T}}+\frac{1}{2}(-1,1,0)^{\mathrm{T}}=\frac{1}{2}(1,1,2)^{\mathrm{T}}.$$

再将 $\boldsymbol{\alpha}_1,\boldsymbol{\beta}_2,\boldsymbol{\beta}_3$ 单位化:取

$$\boldsymbol{\gamma}_1=\frac{\boldsymbol{\alpha}_1}{\|\boldsymbol{\alpha}_1\|}=\frac{1}{\sqrt{3}}(-1,-1,1)^{\mathrm{T}},\boldsymbol{\gamma}_2=\frac{\boldsymbol{\beta}_2}{\|\boldsymbol{\beta}_2\|}=\frac{1}{\sqrt{2}}(-1,1,0)^{\mathrm{T}},$$

$$\boldsymbol{\gamma}_3=\frac{\boldsymbol{\beta}_3}{\|\boldsymbol{\beta}_3\|}=\frac{1}{\sqrt{6}}(1,1,2)^{\mathrm{T}}.$$

故令

$$\boldsymbol{\Lambda}=\begin{pmatrix}4&0&0\\0&1&0\\0&0&1\end{pmatrix},\boldsymbol{Q}=(\boldsymbol{\gamma}_1,\boldsymbol{\gamma}_2,\boldsymbol{\gamma}_3)=\begin{pmatrix}-\frac{1}{\sqrt{3}}&-\frac{1}{\sqrt{2}}&\frac{1}{\sqrt{6}}\\-\frac{1}{\sqrt{3}}&\frac{1}{\sqrt{2}}&\frac{1}{\sqrt{6}}\\\frac{1}{\sqrt{3}}&0&\frac{2}{\sqrt{6}}\end{pmatrix},$$

则 $\boldsymbol{Q}^{\mathrm{T}}\boldsymbol{A}\boldsymbol{Q}=\boldsymbol{\Lambda}$.

【题外话】

(i) **3 阶实对称矩阵$\boldsymbol{A}$ 的相似对角化可遵循如下程序:**

① 求 $\boldsymbol{A}$ 的特征值$\lambda_1,\lambda_2,\lambda_3$.

② 求 $\boldsymbol{A}$ 分别对应于$\lambda_1,\lambda_2,\lambda_3$ 的线性无关的特征向量 $\boldsymbol{\alpha}_1,\boldsymbol{\alpha}_2,\boldsymbol{\alpha}_3$.

③ 若 $\boldsymbol{A}$ 的特征值全不同,则直接进行④(此时 $\boldsymbol{\beta}_2=\boldsymbol{\alpha}_2,\boldsymbol{\beta}_3=\boldsymbol{\alpha}_3$).

若 $\boldsymbol{A}$ 有相同的特征值,则不妨设 $\lambda_1\neq\lambda_2,\lambda_2=\lambda_3$. 当 $\boldsymbol{A}$ 对应于相同特征值λ_2,λ_3 的特征向量 $\boldsymbol{\alpha}_2,\boldsymbol{\alpha}_3$ 恰好正交时,依然直接进行④(此时 $\boldsymbol{\beta}_2=\boldsymbol{\alpha}_2,\boldsymbol{\beta}_3=\boldsymbol{\alpha}_3$). 而当 $\boldsymbol{\alpha}_2,\boldsymbol{\alpha}_3$ 不正交时,将其正交化:取

$$\boldsymbol{\beta}_2=\boldsymbol{\alpha}_2,\boldsymbol{\beta}_3=\boldsymbol{\alpha}_3-\frac{(\boldsymbol{\beta}_2,\boldsymbol{\alpha}_3)}{(\boldsymbol{\beta}_2,\boldsymbol{\beta}_2)}\boldsymbol{\beta}_2.$$

(根据表 3-1,实对称矩阵不同特征值所对应的特征向量必然两两正交,故只需考虑将其相同特征值所对应的特征向量正交化.)

④ 将 $\boldsymbol{\alpha}_1,\boldsymbol{\beta}_2,\boldsymbol{\beta}_3$ 单位化:取

$$\boldsymbol{\gamma}_1=\frac{\boldsymbol{\alpha}_1}{\|\boldsymbol{\alpha}_1\|},\boldsymbol{\gamma}_2=\frac{\boldsymbol{\beta}_2}{\|\boldsymbol{\beta}_2\|},\boldsymbol{\gamma}_3=\frac{\boldsymbol{\beta}_3}{\|\boldsymbol{\beta}_3\|}.$$

⑤ 令 $\boldsymbol{\Lambda}=\begin{pmatrix}\lambda_1 & 0 & 0\\ 0 & \lambda_2 & 0\\ 0 & 0 & \lambda_3\end{pmatrix}$，$\boldsymbol{Q}=(\boldsymbol{\gamma}_1,\boldsymbol{\gamma}_2,\boldsymbol{\gamma}_3)$，则 $\boldsymbol{Q}^{\mathrm{T}}\boldsymbol{A}\boldsymbol{Q}=\boldsymbol{\Lambda}$.

(ii) 本例要求的虽然仅仅是可逆矩阵 $\boldsymbol{Q}$，但是由于它需要满足 $\boldsymbol{Q}^{\mathrm{T}}\boldsymbol{A}\boldsymbol{Q}=\boldsymbol{\Lambda}$，故所求的 $\boldsymbol{Q}$ 只能是正交矩阵，从而应遵循实对称矩阵相似对角化的程序，将 $\boldsymbol{A}$ 的特征向量正交规范化. 然而，若本例改写为“求可逆矩阵 $\boldsymbol{Q}$ 和对角矩阵 $\boldsymbol{\Lambda}$，使 $\boldsymbol{Q}^{-1}\boldsymbol{A}\boldsymbol{Q}=\boldsymbol{\Lambda}$”，则 $\boldsymbol{A}$ 虽为实对称矩阵，但也只需如例 9 般遵循普通方阵相似对角化的程序即可，故此时，

$$\boldsymbol{\Lambda}=\begin{pmatrix}4 & 0 & 0\\ 0 & 1 & 0\\ 0 & 0 & 1\end{pmatrix},\boldsymbol{Q}=\begin{pmatrix}-1 & -1 & 1\\ -1 & 1 & 0\\ 1 & 0 & 1\end{pmatrix}$$

也能作为答案.

由例 9 和本例可知，如果已知一个具体的方阵，则不论它是普通方阵还是实对称矩阵，将其相似对角化时都能够遵照程序、步步为营、按部就班. 那么，抽象方阵的相似对角化又该注意些什么呢？

(2) 抽象方阵

【例 11】 设 $\boldsymbol{A}$ 为 3 阶矩阵，$\boldsymbol{P}$ 为 3 阶可逆矩阵，$\boldsymbol{\alpha}_1,\boldsymbol{\alpha}_2,\boldsymbol{\alpha}_3$ 为 3 维非零向量，且

$$\boldsymbol{P}^{-1}\boldsymbol{A}\boldsymbol{P}=\begin{pmatrix}1 & 0 & 0\\ 0 & 1 & 0\\ 0 & 0 & 0\end{pmatrix}.$$

若 $\boldsymbol{A}\boldsymbol{\alpha}_1=\boldsymbol{\alpha}_1,\boldsymbol{A}\boldsymbol{\alpha}_2=\boldsymbol{\alpha}_2,\boldsymbol{A}\boldsymbol{\alpha}_3=\boldsymbol{0}$，且 $\boldsymbol{\alpha}_1,\boldsymbol{\alpha}_2$ 线性无关，则 $\boldsymbol{P}$ 可为(　　)

(A) $(\boldsymbol{\alpha}_2,\boldsymbol{\alpha}_3,\boldsymbol{\alpha}_1)$.　　(B) $(\boldsymbol{\alpha}_2,\boldsymbol{\alpha}_1,3\boldsymbol{\alpha}_3)$.

(C) $(\boldsymbol{\alpha}_1,\boldsymbol{\alpha}_2,\boldsymbol{\alpha}_1+\boldsymbol{\alpha}_3)$.　　(D) $(\boldsymbol{\alpha}_1+\boldsymbol{\alpha}_2,\boldsymbol{\alpha}_2+\boldsymbol{\alpha}_3,\boldsymbol{\alpha}_1+\boldsymbol{\alpha}_3)$.

【分析】 显然，所求的可逆矩阵 $\boldsymbol{P}$ 由矩阵 $\boldsymbol{A}$ 的线性无关的特征向量组成. 由

$$\boldsymbol{A}\boldsymbol{\alpha}_1=\boldsymbol{\alpha}_1,\boldsymbol{A}\boldsymbol{\alpha}_2=\boldsymbol{\alpha}_2,\boldsymbol{A}\boldsymbol{\alpha}_3=\boldsymbol{0}$$

可知，$\boldsymbol{\alpha}_1,\boldsymbol{\alpha}_2,\boldsymbol{\alpha}_3$ 分别为 $\boldsymbol{A}$ 的特征值 1,1,0 所对应的线性无关的特征向量. 而由

$$\boldsymbol{P}^{-1}\boldsymbol{A}\boldsymbol{P}=\begin{pmatrix}1 & 0 & 0\\ 0 & 1 & 0\\ 0 & 0 & 0\end{pmatrix}$$

则又可知，$\boldsymbol{A}$ 的特征值 1,1,0 所对应的特征向量应分别写在 $\boldsymbol{P}$ 的第 1,2,3 列.

因此，$\boldsymbol{P}$ 可为 $(\boldsymbol{\alpha}_1,\boldsymbol{\alpha}_2,\boldsymbol{\alpha}_3)$. 然而，4 个选项中却并没有这样的 $\boldsymbol{P}$.

其实，因为 $\boldsymbol{A}\boldsymbol{\alpha}_3=\boldsymbol{0}$，所以就有 $\boldsymbol{A}(3\boldsymbol{\alpha}_3)=\boldsymbol{0}$，这意味着 $3\boldsymbol{\alpha}_3$ 也是 $\boldsymbol{A}$ 的特征值 0 所对应的线性无关的特征向量. 而既然 $\boldsymbol{\alpha}_1$ 和 $\boldsymbol{\alpha}_2$ 都是 $\boldsymbol{A}$ 的 2 重特征值 1 所对应的特征向量，那么它们便可在 $\boldsymbol{P}$ 的第 1,2 列中“自由”地排列. 故本例选(B).

【题外话】

(i) 既然方阵 $\boldsymbol{A}$ 的特征值 λ 所对应的特征向量可通过解齐次线性方程组 $(\boldsymbol{A}-\lambda\boldsymbol{E})\boldsymbol{x}=\boldsymbol{0}$ 来求，那么根据齐次线性方程组的解的性质，**若 $\boldsymbol{\alpha}_1,\boldsymbol{\alpha}_2,\cdots,\boldsymbol{\alpha}_r$ 都为 $\boldsymbol{A}$ 对应于特征值 λ 的特征向量，则当 $k_1\boldsymbol{\alpha}_1+k_2\boldsymbol{\alpha}_2+\cdots+k_r\boldsymbol{\alpha}_r\neq\boldsymbol{0}$ 时，$k_1\boldsymbol{\alpha}_1+k_2\boldsymbol{\alpha}_2+\cdots+k_r\boldsymbol{\alpha}_r$ 仍然为 $\boldsymbol{A}$ 对应于特征值 λ 的特征向量**(然而，$\boldsymbol{A}$ 的不同特征值所对应的特征向量的线性组合却不再是 $\boldsymbol{A}$ 的特征向量，

故本例不选(C)和(D)).

正因为这样,所以在用施密特方法将实对称矩阵的特征向量正交规范化后,其特征向量的“身份”并不会改变.比如在例 10 中,$\boldsymbol{A}$ 的特征值 4,1,1 所对应的特征向量 $\boldsymbol{\alpha}_1,\boldsymbol{\alpha}_2,\boldsymbol{\alpha}_3$ 经正交规范化后,得到的向量 $\boldsymbol{\gamma}_1,\boldsymbol{\gamma}_2,\boldsymbol{\gamma}_3$ 仍然分别为特征值 4,1,1 所对应的特征向量.

此外,第一章例 32 也可从这个角度来解答:由于 $\boldsymbol{P}=(\boldsymbol{\alpha}_1,\boldsymbol{\alpha}_2,\boldsymbol{\alpha}_3)$,且

$$\boldsymbol{P}^{-1}\boldsymbol{AP}=\begin{pmatrix}1&0&0\\0&1&0\\0&0&2\end{pmatrix},$$

故 $\boldsymbol{\alpha}_1,\boldsymbol{\alpha}_2,\boldsymbol{\alpha}_3$ 分别为 $\boldsymbol{A}$ 的特征值 1,1,2 所对应的特征向量.又由于 $\boldsymbol{\alpha}_1+\boldsymbol{\alpha}_2$ 仍然为 $\boldsymbol{A}$ 的二重特征值 1 所对应的特征向量,即 $\boldsymbol{Q}$ 的第 1,2,3 列仍然分别为 $\boldsymbol{A}$ 的特征值 1,1,2 所对应的特征向量,故

$$\boldsymbol{Q}^{-1}\boldsymbol{AQ}=\begin{pmatrix}1&0&0\\0&1&0\\0&0&2\end{pmatrix}.$$

(ii) 由于本例的已知条件是特征值和特征向量的定义式

$$\boldsymbol{A\alpha}_1=\boldsymbol{\alpha}_1,\boldsymbol{A\alpha}_2=\boldsymbol{\alpha}_2,\boldsymbol{A\alpha}_3=\boldsymbol{0},$$

故 $\boldsymbol{A}$ 的特征值及其对应的特征向量便昭然若揭.然而,对于抽象方阵 $\boldsymbol{A}$,除了这种直截了当的方式之外,它的特征值和特征向量还能更为间接地告知,比如例 12.

【例 12】 设 $\boldsymbol{A}$ 为 3 阶矩阵,$\boldsymbol{\alpha}_1,\boldsymbol{\alpha}_2,\boldsymbol{\alpha}_3$ 是线性无关的向量组,且

$$\boldsymbol{A\alpha}_1=3\boldsymbol{\alpha}_1+\boldsymbol{\alpha}_2+\boldsymbol{\alpha}_3,\boldsymbol{A\alpha}_2=\boldsymbol{\alpha}_2-\boldsymbol{\alpha}_1-\boldsymbol{\alpha}_3,\boldsymbol{A\alpha}_3=\boldsymbol{\alpha}_3-\boldsymbol{\alpha}_1-\boldsymbol{\alpha}_2.$$

(1) 求 $\boldsymbol{A}$ 的特征值与特征向量;

(2) 问 $\boldsymbol{A}$ 能否相似对角化?若能,则求出可逆矩阵 $\boldsymbol{P}$ 与对角矩阵 $\boldsymbol{\Lambda}$,使 $\boldsymbol{P}^{-1}\boldsymbol{AP}=\boldsymbol{\Lambda}$;若不能,则说明理由.

【分析】 本例的关键是道破已知条件

$$\boldsymbol{A\alpha}_1=3\boldsymbol{\alpha}_1+\boldsymbol{\alpha}_2+\boldsymbol{\alpha}_3,\boldsymbol{A\alpha}_2=\boldsymbol{\alpha}_2-\boldsymbol{\alpha}_1-\boldsymbol{\alpha}_3,\boldsymbol{A\alpha}_3=\boldsymbol{\alpha}_3-\boldsymbol{\alpha}_1-\boldsymbol{\alpha}_2$$

中的玄机.由

$$(\boldsymbol{A\alpha}_1,\boldsymbol{A\alpha}_2,\boldsymbol{A\alpha}_3)=(3\boldsymbol{\alpha}_1+\boldsymbol{\alpha}_2+\boldsymbol{\alpha}_3,\boldsymbol{\alpha}_2-\boldsymbol{\alpha}_1-\boldsymbol{\alpha}_3,\boldsymbol{\alpha}_3-\boldsymbol{\alpha}_1-\boldsymbol{\alpha}_2)$$

可知

$$\boldsymbol{A}(\boldsymbol{\alpha}_1,\boldsymbol{\alpha}_2,\boldsymbol{\alpha}_3)=(\boldsymbol{\alpha}_1,\boldsymbol{\alpha}_2,\boldsymbol{\alpha}_3)\begin{pmatrix}3&-1&-1\\1&1&-1\\1&-1&1\end{pmatrix}.$$

因为 $\boldsymbol{\alpha}_1,\boldsymbol{\alpha}_2,\boldsymbol{\alpha}_3$ 线性无关,所以矩阵 $\boldsymbol{C}=(\boldsymbol{\alpha}_1,\boldsymbol{\alpha}_2,\boldsymbol{\alpha}_3)$ 可逆,于是便有

$$\boldsymbol{C}^{-1}\boldsymbol{AC}=\begin{pmatrix}3&-1&-1\\1&1&-1\\1&-1&1\end{pmatrix}.$$

原来已知的三个等式中竟然“隐藏”着一个与 $\boldsymbol{A}$ 相似的矩阵!既然如此,那么本例(1)便能转化为求矩阵

$$\boldsymbol{B}=\begin{pmatrix}3&-1&-1\\1&1&-1\\1&-1&1\end{pmatrix}$$

的特征值与特征向量.

【解】(1) 记

$$C=(\boldsymbol{\alpha}_1,\boldsymbol{\alpha}_2,\boldsymbol{\alpha}_3),B=\begin{pmatrix}3&-1&-1\\1&1&-1\\1&-1&1\end{pmatrix},$$

则由题意可知 $AC=CB$,从而 $C^{-1}AC=B$,即 A 与 B 相似.

$$|B-\lambda E|=\begin{vmatrix}3-\lambda&-1&-1\\1&1-\lambda&-1\\1&-1&1-\lambda\end{vmatrix}\xlongequal{r_2-r_3}\begin{vmatrix}3-\lambda&-1&-1\\0&2-\lambda&\lambda-2\\1&-1&1-\lambda\end{vmatrix}$$

$$\xlongequal{c_2+c_3}\begin{vmatrix}3-\lambda&-2&-1\\0&0&\lambda-2\\1&-\lambda&1-\lambda\end{vmatrix}=(2-\lambda)\begin{vmatrix}3-\lambda&-2\\1&-\lambda\end{vmatrix}$$

$$=(1-\lambda)(\lambda-2)^2.$$

由 $|B-\lambda E|=0$ 得,B 的特征值为 $\lambda_1=1,\lambda_2=\lambda_3=2$.

解方程组 $(B-E)x=0$ 得,B 对应于特征值 $\lambda_1=1$ 的线性无关的特征向量 $\boldsymbol{\beta}_1=(1,1,1)^{\mathrm T}$.

解方程组 $(B-2E)x=0$ 得,B 对应于特征值 $\lambda_2=\lambda_3=2$ 的线性无关的特征向量 $\boldsymbol{\beta}_2=(1,1,0)^{\mathrm T},\boldsymbol{\beta}_3=(1,0,1)^{\mathrm T}$.

设 $Bx=\lambda x(x\neq 0)$,则由 $C^{-1}AC=B$ 可知 $C^{-1}ACx=\lambda x$,从而 $A(Cx)=\lambda(Cx)$.

故 A 的特征值为 $\lambda_1=1,\lambda_2=\lambda_3=2$,且 A 对应于特征值 $\lambda_1=1$ 的全部特征向量为

$$kC\boldsymbol{\beta}_1=k(\boldsymbol{\alpha}_1,\boldsymbol{\alpha}_2,\boldsymbol{\alpha}_3)\begin{pmatrix}1\\1\\1\end{pmatrix}=k(\boldsymbol{\alpha}_1+\boldsymbol{\alpha}_2+\boldsymbol{\alpha}_3),$$

其中 $k\neq 0$;对应于特征值 $\lambda_2=\lambda_3=2$ 的全部特征向量为

$$k_1C\boldsymbol{\beta}_2+k_2C\boldsymbol{\beta}_3=k_1(\boldsymbol{\alpha}_1,\boldsymbol{\alpha}_2,\boldsymbol{\alpha}_3)\begin{pmatrix}1\\1\\0\end{pmatrix}+k_2(\boldsymbol{\alpha}_1,\boldsymbol{\alpha}_2,\boldsymbol{\alpha}_3)\begin{pmatrix}1\\0\\1\end{pmatrix}$$

$$=k_1(\boldsymbol{\alpha}_1+\boldsymbol{\alpha}_2)+k_2(\boldsymbol{\alpha}_1+\boldsymbol{\alpha}_3),$$

其中 k_1,k_2 不同时为零.

(2) A 能相似对角化. 令

$$\Lambda=\begin{pmatrix}1&0&0\\0&2&0\\0&0&2\end{pmatrix},P=(\boldsymbol{\alpha}_1+\boldsymbol{\alpha}_2+\boldsymbol{\alpha}_3,\boldsymbol{\alpha}_1+\boldsymbol{\alpha}_2,\boldsymbol{\alpha}_1+\boldsymbol{\alpha}_3),$$

则 $P^{-1}AP=\Lambda$.

【题外话】

(i) 本例告诉我们,**若已知向量组 $A\boldsymbol{\alpha}_1,A\boldsymbol{\alpha}_2,\cdots,A\boldsymbol{\alpha}_n$ 由线性无关的向量组 $\boldsymbol{\alpha}_1,\boldsymbol{\alpha}_2,\cdots,\boldsymbol{\alpha}_n$ 线性表示的表示式,则能得到一个与 n 阶矩阵 A 相似的矩阵. 而面对一个向量组由另一个向量组线性表示的表示式,常考虑先将其写成形如 $B=AX$ 的矩阵等式**,就好比本例中,先将

$$A\alpha_1=3\alpha_1+\alpha_2+\alpha_3, A\alpha_2=\alpha_2-\alpha_1-\alpha_3, A\alpha_3=\alpha_3-\alpha_1-\alpha_2$$

写成

$$A(\alpha_1,\alpha_2,\alpha_3)=(\alpha_1,\alpha_2,\alpha_3)\begin{pmatrix}3&-1&-1\\1&1&-1\\1&-1&1\end{pmatrix}.$$

(ii) 由本例可知，若方阵 B 有特征向量 x，且 $P^{-1}AP=B$，则方阵 A 就有特征向量 Px. 还有一个与之相对应的结论，切莫与其相混淆：若方阵 A 有特征向量 x，且 $P^{-1}AP=B$，则方阵 B 就有特征向量 $P^{-1}x$.

本例借助两个相似矩阵之间的特征值及特征向量的关系，就能根据 B 的特征值和特征向量，得到 A 的特征值和特征向量. 而只要将 A 的 3 个特征值 1,2,2 组成对角矩阵 Λ，并且将其对应的 3 个线性无关的特征向量 $C\beta_1, C\beta_2, C\beta_3$ 组成可逆矩阵 P，则就能将方阵 A 相似对角化. 那么，任何一个方阵都能相似对角化吗？能够相似对角化的方阵又满足什么条件呢？

2. 方阵能否相似对角化

题眼探索 如果 n 阶方阵 A 要能够相似对角化，那么就要存在 n 阶可逆矩阵 P，使 $P^{-1}AP$ 为对角矩阵. 而 P 由 A 的特征向量组成，这就意味着 A 要有 n 个线性无关的特征向量.

1°当 A 的 n 个特征值全不同时，由于不同特征值对应的特征向量线性无关（可参看表 3－1），故**特征值全不同的方阵必能相似对角化**（如例 9).

2°当 A 有相同的特征值时，若要使 A 有 n 个线性无关的特征向量，则 A 的每 k 重特征值 λ 就要恰好对应着 k 个线性无关的特征向量（$2\leqslant k\leqslant n$).

(i) 就实对称矩阵而言，由于它相同特征值对应的特征向量满足这一关系（可参看表 3－1），故**任何一个实对称矩阵都能相似对角化**（如例 10);

(ii) 就普通方阵而言，由于 A 的特征值 λ 所对应的特征向量可通过解齐次线性方程组 $(A-\lambda E)x=0$ 来求，故它对应着 k 个线性无关的特征向量，也就意味着 $(A-\lambda E)x=0$ 有 k 个线性无关的解（即 $(A-\lambda E)x=0$ 的基础解系中有 k 个向量). 又由于 $(A-\lambda E)x=0$ 的基础解系中向量的个数为 $n-r(A-\lambda E)$，故 $n-r(A-\lambda E)=k$，从而**相同特征值 λ 的重数为 k 的 n 阶方阵 A 能相似对角化的充分必要条件是**

$$r(A-\lambda E)=n-k$$

（如例 12 中的 3 阶方阵 B 有 2 重特征值 2，且满足 $r(B-2E)=3-2=1$).

【例 13】 若矩阵 $A=\begin{pmatrix}1&-1&a\\0&0&2\\0&-1&3\end{pmatrix}$ 能相似对角化，则 $a=$________.

【分析】 决定普通方阵 A 能否相似对角化的，是其相同的特征值，也就是特征方程的重根. 而要想知道特征方程的重根及其重数，那就要先求出 A 的全部特征值. 由于

$$|\boldsymbol{A}-\lambda\boldsymbol{E}|=\begin{vmatrix}1-\lambda & -1 & a\\ 0 & -\lambda & 2\\ 0 & -1 & 3-\lambda\end{vmatrix}=(1-\lambda)\begin{vmatrix}-\lambda & 2\\ -1 & 3-\lambda\end{vmatrix}=(2-\lambda)(\lambda-1)^2,$$

故由 $|\boldsymbol{A}-\lambda\boldsymbol{E}|=0$ 得，$\boldsymbol{A}$ 的特征值为 $\lambda_1=2,\lambda_2=\lambda_3=1$. 显然，$\boldsymbol{A}$ 有 2 重特征值 1.

既然如此，那么 $\boldsymbol{A}$ 能相似对角化的充分必要条件是 $\boldsymbol{A}-\boldsymbol{E}$ 的秩等于 $\boldsymbol{A}$ 的阶数 3 减去特征值 1 的重数 2，即 $r(\boldsymbol{A}-\boldsymbol{E})=1$. 故由

$$\boldsymbol{A}-\boldsymbol{E}=\begin{pmatrix}0 & -1 & a\\ 0 & -1 & 2\\ 0 & -1 & 2\end{pmatrix}\xrightarrow{r}\begin{pmatrix}0 & -1 & 2\\ 0 & 0 & 2-a\\ 0 & 0 & 0\end{pmatrix}$$

可知，$a=2$.

【题外话】既然能够判断方阵 $\boldsymbol{A}$ 是否与对角矩阵相似，那么又该如何判断两个普通方阵 $\boldsymbol{A}$ 与 $\boldsymbol{B}$ 是否相似呢？这时，经常选择对角矩阵作为它们的“中介”，请看例 14.

【例 14】

（1）证明矩阵 $\boldsymbol{A}=\begin{pmatrix}-2 & 1 & -1\\ 0 & -1 & 0\\ 2 & -2 & 1\end{pmatrix}$ 与 $\boldsymbol{B}=\begin{pmatrix}-1 & 0 & 1\\ 0 & -1 & 2\\ 0 & 0 & 0\end{pmatrix}$ 相似，并求可逆矩阵 $\boldsymbol{P}$，使 $\boldsymbol{P}^{-1}\boldsymbol{A}\boldsymbol{P}=\boldsymbol{B}$；

（2）证明矩阵 $\boldsymbol{A}=\begin{pmatrix}-2 & 1 & -1\\ 0 & -1 & 0\\ 2 & -2 & 1\end{pmatrix}$ 与 $\boldsymbol{C}=\begin{pmatrix}-1 & 1 & 1\\ 0 & -1 & 2\\ 0 & 0 & 0\end{pmatrix}$ 不相似.

【证】

（1）$|\boldsymbol{A}-\lambda\boldsymbol{E}|=\begin{vmatrix}-2-\lambda & 1 & -1\\ 0 & -1-\lambda & 0\\ 2 & -2 & 1-\lambda\end{vmatrix}=-(\lambda+1)\begin{vmatrix}-2-\lambda & -1\\ 2 & 1-\lambda\end{vmatrix}=-\lambda(\lambda+1)^2.$

由 $|\boldsymbol{A}-\lambda\boldsymbol{E}|=0$ 得，$\boldsymbol{A}$ 的特征值为 $\lambda_1=0,\lambda_2=\lambda_3=-1$.

显然，$\boldsymbol{B}$ 的特征值也为 $\lambda_1=0,\lambda_2=\lambda_3=-1$，故 $\boldsymbol{A},\boldsymbol{B}$ 的特征值相同.

由于

$$\boldsymbol{A}+\boldsymbol{E}=\begin{pmatrix}-1 & 1 & -1\\ 0 & 0 & 0\\ 2 & -2 & 2\end{pmatrix}\xrightarrow{r}\begin{pmatrix}-1 & 1 & -1\\ 0 & 0 & 0\\ 0 & 0 & 0\end{pmatrix},$$

故 $r(\boldsymbol{A}+\boldsymbol{E})=1$，从而 $\boldsymbol{A}$ 能相似对角化.

又由于

$$\boldsymbol{B}+\boldsymbol{E}=\begin{pmatrix}0 & 0 & 1\\ 0 & 0 & 2\\ 0 & 0 & 0\end{pmatrix}\xrightarrow{r}\begin{pmatrix}0 & 0 & 1\\ 0 & 0 & 0\\ 0 & 0 & 0\end{pmatrix},$$

故 $r(\boldsymbol{B}+\boldsymbol{E})=1$，从而 $\boldsymbol{B}$ 也能相似对角化.

因为 $\boldsymbol{A}$ 与 $\boldsymbol{B}$ 都相似于

$$\boldsymbol{\Lambda}=\begin{pmatrix}0 & 0 & 0\\ 0 & -1 & 0\\ 0 & 0 & -1\end{pmatrix},$$

所以 $\boldsymbol{A}$ 与 $\boldsymbol{B}$ 相似.

下面求可逆矩阵 $\boldsymbol{P}$.

解方程组 $\boldsymbol{Ax}=\boldsymbol{0}$ 得,$\boldsymbol{A}$ 对应于特征值 $\lambda_1=0$ 的线性无关的特征向量 $\boldsymbol{\alpha}_1=(1,0,-2)^{\mathrm{T}}$.

解方程组 $(\boldsymbol{A}+\boldsymbol{E})\boldsymbol{x}=\boldsymbol{0}$ 得,$\boldsymbol{A}$ 对应于特征值 $\lambda_2=\lambda_3=-1$ 的线性无关的特征向量 $\boldsymbol{\alpha}_2=(1,1,0)^{\mathrm{T}}$,$\boldsymbol{\alpha}_3=(-1,0,1)^{\mathrm{T}}$.

令 $\boldsymbol{P}_1=(\boldsymbol{\alpha}_1,\boldsymbol{\alpha}_2,\boldsymbol{\alpha}_3)$,则 $\boldsymbol{P}_1^{-1}\boldsymbol{AP}_1=\boldsymbol{\Lambda}$.

解方程组 $\boldsymbol{Bx}=\boldsymbol{0}$ 得,$\boldsymbol{B}$ 对应于特征值 $\lambda_1=0$ 的线性无关的特征向量 $\boldsymbol{\beta}_1=(1,2,1)^{\mathrm{T}}$.

解方程组 $(\boldsymbol{B}+\boldsymbol{E})\boldsymbol{x}=\boldsymbol{0}$ 得,$\boldsymbol{B}$ 对应于特征值 $\lambda_2=\lambda_3=-1$ 的线性无关的特征向量 $\boldsymbol{\beta}_2=(1,0,0)^{\mathrm{T}}$,$\boldsymbol{\beta}_3=(0,1,0)^{\mathrm{T}}$.

令 $\boldsymbol{P}_2=(\boldsymbol{\beta}_1,\boldsymbol{\beta}_2,\boldsymbol{\beta}_3)$,则 $\boldsymbol{P}_2^{-1}\boldsymbol{BP}_2=\boldsymbol{\Lambda}$.

由 $\boldsymbol{P}_1^{-1}\boldsymbol{AP}_1=\boldsymbol{P}_2^{-1}\boldsymbol{BP}_2$ 可知,$(\boldsymbol{P}_1\boldsymbol{P}_2^{-1})^{-1}\boldsymbol{A}(\boldsymbol{P}_1\boldsymbol{P}_2^{-1})=\boldsymbol{B}$.

由于

$$(\boldsymbol{P}_2,\boldsymbol{E})=\begin{pmatrix}1&1&0&1&0&0\\2&0&1&0&1&0\\1&0&0&0&0&1\end{pmatrix}\xrightarrow{r}\begin{pmatrix}1&0&0&0&0&1\\0&1&0&1&0&-1\\0&0&1&0&1&-2\end{pmatrix},$$

故 $\boldsymbol{P}_2^{-1}=\begin{pmatrix}0&0&1\\1&0&-1\\0&1&-2\end{pmatrix}$.

令

$$\boldsymbol{P}=\boldsymbol{P}_1\boldsymbol{P}_2^{-1}=\begin{pmatrix}1&1&-1\\0&1&0\\-2&0&1\end{pmatrix}\begin{pmatrix}0&0&1\\1&0&-1\\0&1&-2\end{pmatrix}=\begin{pmatrix}1&-1&2\\1&0&-1\\0&1&-4\end{pmatrix},$$

则 $\boldsymbol{P}^{-1}\boldsymbol{AP}=\boldsymbol{B}$.

(2) 显然,$\boldsymbol{C}$ 的特征值也为 $\lambda_1=0,\lambda_2=\lambda_3=-1$.

由于

$$\boldsymbol{C}+\boldsymbol{E}=\begin{pmatrix}0&1&1\\0&0&2\\0&0&1\end{pmatrix}\xrightarrow{r}\begin{pmatrix}0&1&1\\0&0&1\\0&0&0\end{pmatrix},$$

故 $r(\boldsymbol{C}+\boldsymbol{E})=2\neq 1$,从而 $\boldsymbol{C}$ 不能相似对角化.

又由(1)可知,$\boldsymbol{A}$ 相似于

$$\boldsymbol{\Lambda}=\begin{pmatrix}0&0&0\\0&-1&0\\0&0&-1\end{pmatrix}.$$

假设 $\boldsymbol{A}$ 与 $\boldsymbol{C}$ 相似,则 $\boldsymbol{C}$ 也与 $\boldsymbol{\Lambda}$ 相似,与 $\boldsymbol{C}$ 不能相似对角化矛盾,故 $\boldsymbol{A}$ 与 $\boldsymbol{C}$ 不相似.

【题外话】

(i) **证明方阵 $\boldsymbol{A},\boldsymbol{B}$ 相似的常用方法是证明 $\boldsymbol{A},\boldsymbol{B}$ 都相似于同一对角矩阵**.值得注意的是,切不可由 $\boldsymbol{A},\boldsymbol{B}$ 的特征值相同就直接得到 $\boldsymbol{A},\boldsymbol{B}$ 相似,比如本例(2)中的 $\boldsymbol{A},\boldsymbol{C}$ 虽特征值相同,但却不相似.

(ii) **证明方阵 $\boldsymbol{A},\boldsymbol{B}$ 不相似主要有以下两个思路:**

① 根据相似矩阵的性质①，证明的 $\boldsymbol{A}$，$\boldsymbol{B}$ 的特征值不同、迹不同或 $|\boldsymbol{A}|\neq|\boldsymbol{B}|$；

② 证明 $\boldsymbol{A}$ 与对角矩阵 $\boldsymbol{\Lambda}$ 相似，而 $\boldsymbol{B}$ 与 $\boldsymbol{\Lambda}$ 不相似，从而得到 $\boldsymbol{A}$，$\boldsymbol{B}$ 不相似.

(iii) 本例(1)告诉我们，对于普通方阵 $\boldsymbol{A}$，$\boldsymbol{B}$，如果存在可逆矩阵 $\boldsymbol{P}_1$，$\boldsymbol{P}_2$，使 $\boldsymbol{P}_1^{-1}\boldsymbol{A}\boldsymbol{P}_1=\boldsymbol{\Lambda}$，且 $\boldsymbol{P}_2^{-1}\boldsymbol{B}\boldsymbol{P}_2=\boldsymbol{\Lambda}$，那么就存在可逆矩阵 $\boldsymbol{P}=\boldsymbol{P}_1\boldsymbol{P}_2^{-1}$，使 $\boldsymbol{P}^{-1}\boldsymbol{A}\boldsymbol{P}=\boldsymbol{B}$. 相似对角化的作用在这里体现得淋漓尽致！而关于方阵的相似对角化问题，之前所探讨的都是在方阵 $\boldsymbol{A}$ 已知的前提下，求满足 $\boldsymbol{P}^{-1}\boldsymbol{A}\boldsymbol{P}=\boldsymbol{\Lambda}$ 的对角矩阵 $\boldsymbol{\Lambda}$ 和可逆矩阵 $\boldsymbol{P}$. 那么，它的逆问题又该如何解决呢？

3. 已知特征值、特征向量反求方阵

题眼探索 方阵的相似对角化的核心关系是方阵 $\boldsymbol{A}$、可逆矩阵 $\boldsymbol{P}$ 和对角矩阵 $\boldsymbol{\Lambda}$ 满足

$$\boldsymbol{P}^{-1}\boldsymbol{A}\boldsymbol{P}=\boldsymbol{\Lambda}.$$

只要把 $\boldsymbol{P}$ 和 $\boldsymbol{P}^{-1}$“搬家”到等式的另一边，那么就有

$$\boldsymbol{A}=\boldsymbol{P}\boldsymbol{\Lambda}\boldsymbol{P}^{-1}.$$

这意味着，**若已知 n 阶矩阵 $\boldsymbol{A}$ 的特征值 $\lambda_1,\lambda_2,\cdots,\lambda_n$，以及分别对应于 $\lambda_1,\lambda_2,\cdots,\lambda_n$ 的线性无关的特征向量 $\boldsymbol{\alpha}_1,\boldsymbol{\alpha}_2,\cdots,\boldsymbol{\alpha}_n$，则就能令**

$$\boldsymbol{\Lambda}=\begin{pmatrix}\lambda_1&&&\\&\lambda_2&&\\&&\ddots&\\&&&\lambda_n\end{pmatrix},\boldsymbol{P}=(\boldsymbol{\alpha}_1,\boldsymbol{\alpha}_2,\cdots,\boldsymbol{\alpha}_n),$$

从而通过 $\boldsymbol{A}=\boldsymbol{P}\boldsymbol{\Lambda}\boldsymbol{P}^{-1}$ 来求出矩阵 $\boldsymbol{A}$.

【例 15】

(1) 设 $\boldsymbol{A}$ 为 3 阶矩阵，$\boldsymbol{\alpha}_1=(1,-1,1)^{\mathrm{T}}$，$\boldsymbol{\alpha}_2=(1,1,0)^{\mathrm{T}}$，$\boldsymbol{\alpha}_3=(-1,0,1)^{\mathrm{T}}$，且

$$\boldsymbol{A}\boldsymbol{\alpha}_1=\boldsymbol{0},\boldsymbol{A}\boldsymbol{\alpha}_2=\boldsymbol{\alpha}_2,\boldsymbol{A}\boldsymbol{\alpha}_3=\boldsymbol{\alpha}_3,$$

求矩阵 $\boldsymbol{A}$；

(2) 设 3 阶实对称矩阵 $\boldsymbol{A}$ 的秩为 2，$\boldsymbol{A}^2=\boldsymbol{A}$，且 $\boldsymbol{A}(1,-1,1)^{\mathrm{T}}=\boldsymbol{0}$，求矩阵 $\boldsymbol{A}$.

【分析与解答】

(1) 本例(1)直接告诉了我们 $\boldsymbol{A}$ 的特征值为 0，1，1，其对应的线性无关的特征向量分别为 $\boldsymbol{\alpha}_1$，$\boldsymbol{\alpha}_2$，$\boldsymbol{\alpha}_3$. 既然特征值和特征向量都“悉数到场”，那么便可令

$$\boldsymbol{\Lambda}=\begin{pmatrix}0&0&0\\0&1&0\\0&0&1\end{pmatrix},\boldsymbol{P}=(\boldsymbol{\alpha}_1,\boldsymbol{\alpha}_2,\boldsymbol{\alpha}_3)=\begin{pmatrix}1&1&-1\\-1&1&0\\1&0&1\end{pmatrix}.$$

并且只要再由

$$(\boldsymbol{P},\boldsymbol{E})=\begin{pmatrix}1&1&-1&1&0&0\\-1&1&0&0&1&0\\1&0&1&0&0&1\end{pmatrix}\xrightarrow{r}\begin{pmatrix}1&0&0&\frac{1}{3}&-\frac{1}{3}&\frac{1}{3}\\0&1&0&\frac{1}{3}&\frac{2}{3}&\frac{1}{3}\\0&0&1&-\frac{1}{3}&\frac{1}{3}&\frac{2}{3}\end{pmatrix}$$

求得

$$P^{-1}=\frac{1}{3}\begin{pmatrix}1&-1&1\\1&2&1\\-1&1&2\end{pmatrix},$$

则就能得到

$$A=P\Lambda P^{-1}=\begin{pmatrix}1&1&-1\\-1&1&0\\1&0&1\end{pmatrix}\begin{pmatrix}0&0&0\\0&1&0\\0&0&1\end{pmatrix}\frac{1}{3}\begin{pmatrix}1&-1&1\\1&2&1\\-1&1&2\end{pmatrix}=\frac{1}{3}\begin{pmatrix}2&1&-1\\1&2&1\\-1&1&2\end{pmatrix}.$$

(2) 对于本例(2),$\boldsymbol{A}$ 的特征值和特征向量都“悉数到场”了吗?显然没有.由

$$\boldsymbol{A}(1,-1,1)^{\mathrm{T}}=\boldsymbol{0}$$

只能得到 $\boldsymbol{A}$ 的特征值 0 和它对应的特征向量 $\boldsymbol{\alpha}_1=(1,-1,1)^{\mathrm{T}}$,而在 $\boldsymbol{A}$ 的 3 个特征值和 3 个线性无关的特征向量中,还各有 2 个“缺席”.

能让其余特征值“现身”的是 $\boldsymbol{A}^2=\boldsymbol{A}$.由于 $\boldsymbol{A}$ 的特征值 λ 一定满足 $\lambda^2-\lambda=0$,故 $\boldsymbol{A}$ 的特征值只可能为 0,1.而由 $r(\boldsymbol{A})=2$,则又可知 0 是 $\boldsymbol{A}$ 的 1 重特征值,故 $\boldsymbol{A}$ 的全部特征值为 0,1,1(可借鉴例 3).

那么,如何让其余特征向量“现身”呢?不妨设 $(x_1,x_2,x_3)^{\mathrm{T}}$ 为 $\boldsymbol{A}$ 的特征值 1 所对应的特征向量,则由它与 $\boldsymbol{\alpha}_1=(1,-1,1)^{\mathrm{T}}$ 相互正交可知

$$x_1-x_2+x_3=0,$$

解之得 $(x_1,x_2,x_3)^{\mathrm{T}}=k_1(1,1,0)^{\mathrm{T}}+k_2(-1,0,1)^{\mathrm{T}}$($k_1,k_2$ 不同时为零),故 $\boldsymbol{A}$ 对应于特征值 1 的线性无关的特征向量为 $\boldsymbol{\alpha}_2=(1,1,0)^{\mathrm{T}},\boldsymbol{\alpha}_3=(-1,0,1)^{\mathrm{T}}$(可借鉴例 8).

当 $\boldsymbol{A}$ 全部的特征值和线性无关的特征向量都“悉数到场”后,便能如(1)那般求得矩阵 $\boldsymbol{A}$.

【题外话】

(i) 在本例(2)中,虽然 $\boldsymbol{A}$ 的 2 重特征值 1 对应着 2 个线性无关的特征向量,但是在求其特征向量时不必纠结于所设的 $(x_1,x_2,x_3)^{\mathrm{T}}$ 究竟代表了 $\boldsymbol{\alpha}_2$ 还是 $\boldsymbol{\alpha}_3$,只需根据 $(x_1,x_2,x_3)^{\mathrm{T}}$ 与 $\boldsymbol{\alpha}_1$ 的内积为零来列方程组即可.而所列方程组 $x_1-x_2+x_3=0$ 的基础解系中的 2 个向量,就能作为特征值 1 所对应 2 个线性无关的特征向量.这与例 8 中求 $\boldsymbol{A}$ 的特征值 2 所对应特征向量的方法完全相同,尽管它只对应着 1 个线性无关的特征向量,以及所列的方程组中有两个方程.

(ii) 就本例(2)而言,由于 $\boldsymbol{A}$ 为实对称矩阵,故也可先将其相同特征值对应的特征向量 $\boldsymbol{\alpha}_2,\boldsymbol{\alpha}_3$ 正交化:取

$$\boldsymbol{\beta}_2=\boldsymbol{\alpha}_2=(1,1,0)^{\mathrm{T}},\boldsymbol{\beta}_3=\boldsymbol{\alpha}_3-\frac{(\boldsymbol{\beta}_2,\boldsymbol{\alpha}_3)}{(\boldsymbol{\beta}_2,\boldsymbol{\beta}_2)}\boldsymbol{\beta}_2=\frac{1}{2}(-1,1,2)^{\mathrm{T}},$$

再将 $\boldsymbol{\alpha}_1,\boldsymbol{\beta}_2,\boldsymbol{\beta}_3$ 单位化:取

$$\boldsymbol{\gamma}_1=\frac{\boldsymbol{\alpha}_1}{\|\boldsymbol{\alpha}_1\|}=\frac{1}{\sqrt{3}}(1,-1,1)^{\mathrm{T}},\boldsymbol{\gamma}_2=\frac{\boldsymbol{\beta}_2}{\|\boldsymbol{\beta}_2\|}=\frac{1}{\sqrt{2}}(1,1,0)^{\mathrm{T}},\boldsymbol{\gamma}_3=\frac{\boldsymbol{\beta}_3}{\|\boldsymbol{\beta}_3\|}=\frac{1}{\sqrt{6}}(-1,1,2)^{\mathrm{T}},$$

从而得到正交矩阵

$$Q=(\gamma_1,\gamma_2,\gamma_3)=\begin{pmatrix}\frac{1}{\sqrt{3}} & \frac{1}{\sqrt{2}} & -\frac{1}{\sqrt{6}}\\ -\frac{1}{\sqrt{3}} & \frac{1}{\sqrt{2}} & \frac{1}{\sqrt{6}}\\ \frac{1}{\sqrt{3}} & 0 & \frac{2}{\sqrt{6}}\end{pmatrix}.$$

如此便能省去计算 Q^{-1} 的过程，直接得到相同的结果：

$$\begin{aligned}A&=Q\Lambda Q^{-1}=Q\Lambda Q^{\mathrm{T}}\\&=\begin{pmatrix}\frac{1}{\sqrt{3}} & \frac{1}{\sqrt{2}} & -\frac{1}{\sqrt{6}}\\ -\frac{1}{\sqrt{3}} & \frac{1}{\sqrt{2}} & \frac{1}{\sqrt{6}}\\ \frac{1}{\sqrt{3}} & 0 & \frac{2}{\sqrt{6}}\end{pmatrix}\begin{pmatrix}0&0&0\\0&1&0\\0&0&1\end{pmatrix}\begin{pmatrix}\frac{1}{\sqrt{3}} & -\frac{1}{\sqrt{3}} & \frac{1}{\sqrt{3}}\\ \frac{1}{\sqrt{2}} & \frac{1}{\sqrt{2}} & 0\\ -\frac{1}{\sqrt{6}} & \frac{1}{\sqrt{6}} & \frac{2}{\sqrt{6}}\end{pmatrix}=\frac{1}{3}\begin{pmatrix}2&1&-1\\1&2&1\\-1&1&2\end{pmatrix}.\end{aligned}$$

(iii) 不难发现，本例(1)和(2)中的矩阵 A 有着完全相同的特征值和特征向量，那么自然也就有相同的答案. 它们都是根据 A 的特征值和特征向量来反求 A，只不过(1)直截了当地通过定义，交待了 A 的全部特征值及其对应的线性无关的特征向量；而(2)却“含蓄”地多，从而把问题转化为了问题 1 中的“求抽象方阵的特征值”，以及问题 2 中的“已知实对称矩阵的部分特征向量，求其余特征向量”，题目的综合性也就大大加强！由此可见，**方阵的相似对角化问题的“根基”依然在于求特征值和特征向量.**

其实，一旦得到了方阵 A 的特征值和特征向量，那么只要 A 能相似对角化，那求 A^n 也就只有“一步之遥”了.

4. 通过相似对角化求方阵的幂

题眼探索 在 $A=P\Lambda P^{-1}$ 的基础上，要得到 A^n 简直就是“举手之劳”：

$$A^2=P\Lambda P^{-1}P\Lambda P^{-1}=P\Lambda^2P^{-1},$$
$$A^3=A^2A=P\Lambda^2P^{-1}P\Lambda P^{-1}=P\Lambda^3P^{-1},$$
$$\vdots$$
$$A^n=P\Lambda^nP^{-1}.$$

此外，由于

$$A+kE=P\Lambda P^{-1}+PkP^{-1}=P(\Lambda+kE)P^{-1},$$

故同理可得

$$(A+kE)^n=P(\Lambda+kE)^nP^{-1}.$$

由此可见，**根据 m 阶矩阵 A 的特征值 $\lambda_1,\lambda_2,\cdots,\lambda_m$，以及分别对应于 $\lambda_1,\lambda_2,\cdots,\lambda_m$ 的线性无关的特征向量 $\alpha_1,\alpha_2,\cdots,\alpha_m$，令**

$$A=\begin{bmatrix}\lambda_1 & & & \\ & \lambda_2 & & \\ & & \ddots & \\ & & & \lambda_m\end{bmatrix},P=(\alpha_1,\alpha_2,\cdots,\alpha_m),$$

则就能通过 $A^n=P\Lambda^nP^{-1}$ 和 $(A+kE)^n=P(\Lambda+kE)^nP^{-1}$ 来分别求出 A^n 和 $(A+kE)^n$.

(1) 具体方阵

【例 16】 设矩阵 $A=\begin{pmatrix}1 & 0 & 1\\ -1 & 2 & -3\\ 0 & 0 & 0\end{pmatrix}$.

(1) 求 A^{10};

(2) 设向量 $\beta=(1,2,1)^T$,求 $A^{10}\beta$.

【解】(1) 由例 9 可知 A 的特征值为 0,1,2,并且其对应的线性无关的特征向量分别为

$$\alpha_1=(-1,1,1)^T,\alpha_2=(1,1,0)^T,\alpha_3=(0,1,0)^T.$$

令 $\Lambda=\begin{pmatrix}0 & 0 & 0\\ 0 & 1 & 0\\ 0 & 0 & 2\end{pmatrix},P=(\alpha_1,\alpha_2,\alpha_3)=\begin{pmatrix}-1 & 1 & 0\\ 1 & 1 & 1\\ 1 & 0 & 0\end{pmatrix}$.

由于

$$(P,E)=\begin{pmatrix}-1 & 1 & 0 & 1 & 0 & 0\\ 1 & 1 & 1 & 0 & 1 & 0\\ 1 & 0 & 0 & 0 & 0 & 1\end{pmatrix}\xrightarrow{r}\begin{pmatrix}1 & 0 & 0 & 0 & 0 & 1\\ 0 & 1 & 0 & 1 & 0 & 1\\ 0 & 0 & 1 & -1 & 1 & -2\end{pmatrix},$$

故 $P^{-1}=\begin{pmatrix}0 & 0 & 1\\ 1 & 0 & 1\\ -1 & 1 & -2\end{pmatrix}$.

于是

$$A^{10}=P\Lambda^{10}P^{-1}=\begin{pmatrix}-1 & 1 & 0\\ 1 & 1 & 1\\ 1 & 0 & 0\end{pmatrix}\begin{pmatrix}0 & 0 & 0\\ 0 & 1 & 0\\ 0 & 0 & 2^{10}\end{pmatrix}\begin{pmatrix}0 & 0 & 1\\ 1 & 0 & 1\\ -1 & 1 & -2\end{pmatrix}=\begin{pmatrix}1 & 0 & 1\\ 1-2^{10} & 2^{10} & 1-2^{11}\\ 0 & 0 & 0\end{pmatrix}.$$

(2) **法一:** $A^{10}\beta=\begin{pmatrix}1 & 0 & 1\\ 1-2^{10} & 2^{10} & 1-2^{11}\\ 0 & 0 & 0\end{pmatrix}\begin{pmatrix}1\\ 2\\ 1\end{pmatrix}=\begin{pmatrix}2\\ 2-2^{10}\\ 0\end{pmatrix}$.

法二: 设 $\beta=x_1\alpha_1+x_2\alpha_2+x_3\alpha_3$,则由

$$(\alpha_1,\alpha_2,\alpha_2,\beta)=\begin{pmatrix}-1 & 1 & 0 & 1\\ 1 & 1 & 1 & 2\\ 1 & 0 & 0 & 1\end{pmatrix}\xrightarrow{r}\begin{pmatrix}1 & 0 & 0 & 1\\ 0 & 1 & 0 & 2\\ 0 & 0 & 1 & -1\end{pmatrix}$$

得,$x_1=1,x_2=2,x_3=-1$,故 $\beta=\alpha_1+2\alpha_2-\alpha_3$.

于是

$$A^{10}\beta = A^{10}(\alpha_1 + 2\alpha_2 - \alpha_3) = A^{10}\alpha_1 + 2A^{10}\alpha_2 - A^{10}\alpha_3$$

$$= 2\alpha_2 - 2^{10}\alpha_3 = 2\begin{pmatrix}1\\1\\0\end{pmatrix} - 2^{10}\begin{pmatrix}0\\1\\0\end{pmatrix} = \begin{pmatrix}2\\2-2^{10}\\0\end{pmatrix}.$$

【题外话】

(i) 本例若无第(1)问，直接求 $A^{10}\beta$，则在得到 A 的特征值和特征向量后，可如"法二"那般先将 β 由 A 的特征向量 $\alpha_1,\alpha_2,\alpha_3$ 线性表示，再根据 A 的特征值 λ 与其对应的特征向量 x 所满足的关系式 $A^n x = \lambda^n x$ 来求 $A^{10}\beta$，这会比先求出 A^{10} 更方便.

(ii) 由本例(1)可知，除了第一章问题 3 中的三种特殊的方阵之外，**对于任何一个具体的方阵，只要它能相似对角化，则就能通过相似对角化来求它的幂**. 那么，抽象方阵的幂又该如何通过相似对角化来求呢？其关键之处仍然在于要先求得它的特征值和特征向量，请看例 17.

(2) 抽象方阵

【例 17】 (2006 年考研题)设 3 阶实对称矩阵 A 的各行元素之和均为 3，向量 $\alpha_1 = (-1,2-1)^{\mathrm{T}}$，$\alpha_2 = (0,-1,1)^{\mathrm{T}}$ 是线性方程组 $Ax = 0$ 的两个解.

(1) 求 A 的特征值与特征向量；

(2) 求正交矩阵 Q 和对角矩阵 Λ，使得 $Q^{\mathrm{T}}AQ = \Lambda$；

(3) 求 A 及 $\left(A - \dfrac{3}{2}E\right)^6$，其中 E 为 3 阶单位矩阵.

【分析】本例中，A 的特征值与特征向量该如何求呢？

由 α_1,α_2 是 $Ax = 0$ 的解可知

$$A\alpha_1 = 0, A\alpha_2 = 0,$$

于是便能得到 A 的 2 重特征值 0 和它所对应的 2 个线性无关的特征向量 α_1,α_2.

这时，还剩下 1 个特征值及其对应的特征向量没有着落，而"A 的各行元素之和均为 3"这个条件又难免令人"一头雾水". 为了揭秘其中的奥妙，不妨设

$$A = \begin{pmatrix}a_{11} & a_{12} & a_{13}\\a_{21} & a_{22} & a_{23}\\a_{31} & a_{32} & a_{33}\end{pmatrix},$$

则就有

$$\begin{cases}a_{11} + a_{12} + a_{13} = 3,\\a_{21} + a_{22} + a_{23} = 3,\\a_{31} + a_{32} + a_{33} = 3.\end{cases}$$

如果能够从中发现 $(1,1,1)^{\mathrm{T}}$ 就是方程组 $Ax = (3,3,3)^{\mathrm{T}}$ 的解，那么 A 的特征值 3 和对应于它的特征向量 $\alpha_3 = (1,1,1)^{\mathrm{T}}$ 也就"水落石出"了.

【解】(1) 由于 $A\alpha_1 = 0$，$A\alpha_2 = 0$，故 $\lambda_1 = \lambda_2 = 0$ 是 A 的特征值，且 A 对应于它的全部特征向量为 $k_1\alpha_1 + k_2\alpha_2$($k_1,k_2$ 不同时为零).

又由于 A 的各行元素之和均为 3，故

$$A(1,1,1)^{T}=(3,3,3)^{T}=3(1,1,1)^{T},$$

从而$\lambda_3=3$是A的特征值，且A对应于它的全部特征向量为$k\alpha_3=k(1,1,1)^{T}(k\neq0)$.

（2）将α_1,α_2正交化：取

$$\beta_1=\alpha_1=(-1,2,-1)^{T},\beta_2=\alpha_2-\frac{(\beta_1,\alpha_2)}{(\beta_1,\beta_1)}\beta_1=\frac{1}{2}(-1,0,1)^{T}.$$

再将β_1,β_2,α_3单位化：取

$$\gamma_1=\frac{\beta_1}{\|\beta_1\|}=\frac{1}{\sqrt6}(-1,2,1)^{T},\gamma_2=\frac{\beta_2}{\|\beta_2\|}=\frac{1}{\sqrt2}(-1,0,1)^{T},\gamma_3=\frac{\alpha_3}{\|\alpha_3\|}=\frac{1}{\sqrt3}(1,1,1)^{T}.$$

故令

$$Q=(\gamma_1,\gamma_2,\gamma_3)=\begin{pmatrix}-\frac{1}{\sqrt6}&-\frac{1}{\sqrt2}&\frac{1}{\sqrt3}\\ \frac{2}{\sqrt6}&0&\frac{1}{\sqrt3}\\ \frac{1}{\sqrt6}&\frac{1}{\sqrt2}&\frac{1}{\sqrt3}\end{pmatrix},\Lambda=\begin{pmatrix}0&0&0\\0&0&0\\0&0&3\end{pmatrix},$$

则$Q^{T}AQ=\Lambda$.

（3）$A=Q\Lambda Q^{-1}=Q\Lambda Q^{T}$

$$=\begin{pmatrix}-\frac{1}{\sqrt6}&-\frac{1}{\sqrt2}&\frac{1}{\sqrt3}\\ \frac{2}{\sqrt6}&0&\frac{1}{\sqrt3}\\ \frac{1}{\sqrt6}&\frac{1}{\sqrt2}&\frac{1}{\sqrt3}\end{pmatrix}\begin{pmatrix}0&0&0\\0&0&0\\0&0&3\end{pmatrix}\begin{pmatrix}-\frac{1}{\sqrt6}&\frac{2}{\sqrt6}&\frac{1}{\sqrt6}\\ -\frac{1}{\sqrt2}&0&\frac{1}{\sqrt2}\\ \frac{1}{\sqrt3}&\frac{1}{\sqrt3}&\frac{1}{\sqrt3}\end{pmatrix}=\begin{pmatrix}1&1&1\\1&1&1\\1&1&1\end{pmatrix}.$$

$$\left(A-\frac{3}{2}E\right)^{6}=Q\left(\Lambda-\frac{3}{2}E\right)^{6}Q^{-1}=Q\begin{pmatrix}-\frac{3}{2}&0&0\\0&-\frac{3}{2}&0\\0&0&\frac{3}{2}\end{pmatrix}^{6}Q^{-1}=Q\left(\frac{3}{2}\right)^{6}EQ^{-1}=\left(\frac{3}{2}\right)^{6}E.$$

【题外话】

(i) 若方阵A的各行元素之和均为a，则A就有对应于特征值a的特征向量$(1,1,1)^{T}$.

(ii) 本例若无第(2)问，直接求矩阵A，则也可先令

$$P=(\alpha_1,\alpha_2,\alpha_3)=\begin{pmatrix}-1&0&1\\2&-1&1\\-1&1&1\end{pmatrix},\Lambda=\begin{pmatrix}0&0&0\\0&0&0\\0&0&3\end{pmatrix},$$

并求出P^{-1}，再通过$A=P\Lambda P^{-1}$来求A. 当然，既然在第(2)问中已经得到正交矩阵Q，那么通过$A=Q\Lambda Q^{T}$来求A便可省去求Q^{-1}，从而简化解题过程. 但是，如果再通过

$$\left(A-\frac{3}{2}E\right)^{6}=Q\left(\Lambda-\frac{3}{2}E\right)^{6}Q^{T}$$

来求$\left(\boldsymbol{A}-\frac{3}{2}\boldsymbol{E}\right)^6$，那么就很难发现$\boldsymbol{Q}$和$\boldsymbol{Q}^{-1}$在本例中其实能够相互抵消，从而严重地加大了计算量.

(iii) 请回看例 8. 话至此处，就能进一步地求矩阵$\boldsymbol{B}$和$\boldsymbol{B}^n$了：将$\boldsymbol{\alpha}_1,\boldsymbol{\alpha}_2,\boldsymbol{\alpha}_3$正交规范化，得

$$\boldsymbol{\gamma}_1=\frac{1}{\sqrt{2}}(-1,1,0)^{\mathrm{T}},\boldsymbol{\gamma}_2=\frac{1}{\sqrt{6}}(1,1,2)^{\mathrm{T}},\boldsymbol{\gamma}_3=\frac{\boldsymbol{\alpha}_3}{\|\boldsymbol{\alpha}_3\|}=\frac{1}{\sqrt{3}}(1,1,-1)^{\mathrm{T}}$$

(可参看第二章例 34). 令

$$\boldsymbol{Q}=(\boldsymbol{\gamma}_1,\boldsymbol{\gamma}_2,\boldsymbol{\gamma}_3)=\begin{pmatrix}-\frac{1}{\sqrt{2}} & \frac{1}{\sqrt{6}} & \frac{1}{\sqrt{3}}\\ \frac{1}{\sqrt{2}} & \frac{1}{\sqrt{6}} & \frac{1}{\sqrt{3}}\\ 0 & \frac{2}{\sqrt{6}} & -\frac{1}{\sqrt{3}}\end{pmatrix},\boldsymbol{\Lambda}=\begin{pmatrix}0&0&0\\0&0&0\\0&0&6\end{pmatrix},$$

则

$$\boldsymbol{B}=\boldsymbol{Q\Lambda Q}^{\mathrm{T}}=\begin{pmatrix}2&2&-2\\2&2&-2\\-2&-2&2\end{pmatrix},$$

$$\boldsymbol{B}^n=\boldsymbol{Q\Lambda}^n\boldsymbol{Q}^{\mathrm{T}}=\frac{6^n}{3}\begin{pmatrix}1&1&-1\\1&1&-1\\-1&-1&1\end{pmatrix}.$$

(iv) 方阵的相似对角化是本章的核心内容，而它所立足于的，是两个方阵之间的相似关系. 不知道读者是否思考过这样一个问题：为什么要把满足$\boldsymbol{P}^{-1}\boldsymbol{AP}=\boldsymbol{B}$的方阵$\boldsymbol{A}$与$\boldsymbol{B}$称为"相似"呢？

深度聚焦

相似矩阵为什么"相似"呢

以矩阵

$$\boldsymbol{A}=\begin{pmatrix}3&1\\1&3\end{pmatrix},\boldsymbol{B}=\begin{pmatrix}4&0\\0&2\end{pmatrix}$$

为例，由于存在可逆矩阵

$$\boldsymbol{P}=\begin{pmatrix}\frac{\sqrt{2}}{2} & -\frac{\sqrt{2}}{2}\\ \frac{\sqrt{2}}{2} & \frac{\sqrt{2}}{2}\end{pmatrix},$$

使$\boldsymbol{P}^{-1}\boldsymbol{AP}=\boldsymbol{B}$，所以$\boldsymbol{B}$是$\boldsymbol{A}$的相似矩阵. 那么，$\boldsymbol{A}$与$\boldsymbol{B}$究竟"相似"在哪里，或者说它们之间"隐藏"着什么共同之处呢？

（一）

这还要从坐标变换说起.

就我们所熟悉的平面直角坐标系 xOy 而言，向量组

$$\boldsymbol{i}=\begin{pmatrix}1\\0\end{pmatrix},\boldsymbol{j}=\begin{pmatrix}0\\1\end{pmatrix}$$

是它所对应的基. 若向量 $\boldsymbol{\alpha}$ 能由 $\boldsymbol{i},\boldsymbol{j}$ 线性表示为

$$\boldsymbol{\alpha}=\boldsymbol{i}+\boldsymbol{j},$$

则 $(1,1)^{\mathrm{T}}$ 就是 $\boldsymbol{\alpha}$ 在基 $\boldsymbol{i},\boldsymbol{j}$ 下的坐标. 于是便习以为常地记作

$$\boldsymbol{\alpha}=\begin{pmatrix}1\\1\end{pmatrix}.$$

如图 3－4 所示，如果让 x 轴和 y 轴"动起来"，即分别逆时针旋转 $\frac{\pi}{4}$ 而变为 x' 轴和 y' 轴，那么就产生新的平面直角坐标系 $x'Oy'$. 对于 $x'Oy'$，向量组

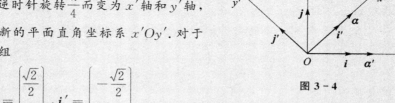

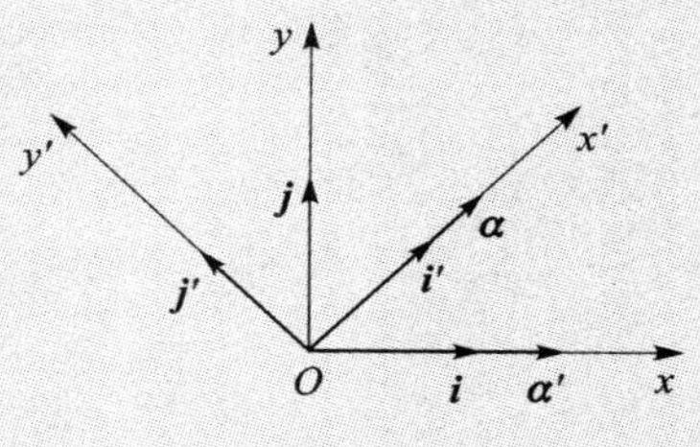

图 3－4

$$\boldsymbol{i}'=\begin{pmatrix}\frac{\sqrt{2}}{2}\\\frac{\sqrt{2}}{2}\end{pmatrix},\boldsymbol{j}'=\begin{pmatrix}-\frac{\sqrt{2}}{2}\\\frac{\sqrt{2}}{2}\end{pmatrix}$$

是它所对应的新基. 而 $\left(\frac{\sqrt{2}}{2},\frac{\sqrt{2}}{2}\right)^{\mathrm{T}}$ 和 $\left(-\frac{\sqrt{2}}{2},\frac{\sqrt{2}}{2}\right)^{\mathrm{T}}$ 分别为新基 $\boldsymbol{i}',\boldsymbol{j}'$ 在旧基 $\boldsymbol{i},\boldsymbol{j}$（即坐标系 xOy）下的坐标，并满足

$$(\boldsymbol{i}',\boldsymbol{j}')=(\boldsymbol{i},\boldsymbol{j})\begin{pmatrix}\frac{\sqrt{2}}{2}&-\frac{\sqrt{2}}{2}\\\frac{\sqrt{2}}{2}&\frac{\sqrt{2}}{2}\end{pmatrix},$$

其中

$$\boldsymbol{P}=\begin{pmatrix}\frac{\sqrt{2}}{2}&-\frac{\sqrt{2}}{2}\\\frac{\sqrt{2}}{2}&\frac{\sqrt{2}}{2}\end{pmatrix}$$

为从基 $\boldsymbol{i},\boldsymbol{j}$ 到基 $\boldsymbol{i}',\boldsymbol{j}'$ 的过渡矩阵，而它在此处还满足

$$\boldsymbol{P}=(\boldsymbol{i}',\boldsymbol{j}').$$

一旦经历了"改朝换代"，那么向量 $\boldsymbol{\alpha}$ 的"处境"也就随之改变了. 由于

$$\boldsymbol{\alpha}=\begin{pmatrix}1\\1\end{pmatrix}=\sqrt{2}\begin{pmatrix}\frac{\sqrt{2}}{2}\\\frac{\sqrt{2}}{2}\end{pmatrix}+0\begin{pmatrix}-\frac{\sqrt{2}}{2}\\\frac{\sqrt{2}}{2}\end{pmatrix}=\sqrt{2}\boldsymbol{i}'+0\boldsymbol{j}',$$

故 $\boldsymbol{\alpha}$ 在新基 $\boldsymbol{i}',\boldsymbol{j}'$（即坐标系 $x'Oy'$）下的坐标变为 $(\sqrt{2},0)^{\mathrm{T}}$. 如果将 $(\sqrt{2},0)^{\mathrm{T}}$ 作为向量 $\boldsymbol{\alpha}'$ 在旧基 $\boldsymbol{i},\boldsymbol{j}$（即坐标系 xOy）下的坐标（可参看图 3－4），那么 $\boldsymbol{\alpha}$ 与 $\boldsymbol{\alpha}'$ 之间就会满足

$$\boldsymbol{\alpha}=\sqrt{2}\boldsymbol{i}'+0\boldsymbol{j}'=(\boldsymbol{i}',\boldsymbol{j}')\begin{pmatrix}\sqrt{2}\\0\end{pmatrix}=\boldsymbol{P}\boldsymbol{\alpha}'.$$

而事实上，**$\boldsymbol{\alpha}$ 与 $\boldsymbol{\alpha}'$ 则分别代表在两个不同的基 i,j 与 i',j'（即两个不同的坐标系 xOy 与 $x'Oy'$）下的同一个向量**.

总而言之，**坐标系的改变其实就是它所对应的基的改变，并且同一个向量的坐标也会随着基的改变而改变**.

矩阵的相似关系正是在这个背景下应运而生的.

（二）

之前讲过，矩阵的一个重要"使命"就是作线性变换（详见问题 1 的"深度聚焦"）.

如果在坐标系 xOy 下的向量 $\boldsymbol{\alpha}=(1,1)^{\mathrm{T}}$，左乘矩阵

$$\boldsymbol{A}=\begin{pmatrix}3&1\\1&3\end{pmatrix},$$

那么就会变为向量

$$\boldsymbol{A\alpha}=\begin{pmatrix}3&1\\1&3\end{pmatrix}\begin{pmatrix}1\\1\end{pmatrix}=\begin{pmatrix}4\\4\end{pmatrix}=4\begin{pmatrix}1\\1\end{pmatrix}=4\boldsymbol{\alpha},$$

这相当于对 $\boldsymbol{\alpha}$ 作了一次将其长度扩大至 4 倍的线性变换. 而若对在坐标系 $x'Oy'$ 下的向量 $\boldsymbol{\alpha}'=(\sqrt{2},0)^{\mathrm{T}}$，作与 $\boldsymbol{A}$ 相似的矩阵

$$\boldsymbol{B}=\begin{pmatrix}4&0\\0&2\end{pmatrix}$$

所对应的线性变换，则变为向量

$$\boldsymbol{B\alpha}'=\begin{pmatrix}4&0\\0&2\end{pmatrix}\begin{pmatrix}\sqrt{2}\\0\end{pmatrix}=\begin{pmatrix}4\sqrt{2}\\0\end{pmatrix}=4\begin{pmatrix}\sqrt{2}\\0\end{pmatrix}=4\boldsymbol{\alpha}'.$$

显然，矩阵 $\boldsymbol{B}$ 也将 $\boldsymbol{\alpha}'$ 的长度扩大至它的 4 倍.

参看图 3－5 便能清晰地发现，$\boldsymbol{\alpha}$ 所作的对应于矩阵 $\boldsymbol{A}$ 的线性变换，和 $\boldsymbol{\alpha}'$ 所作的对应于矩阵 $\boldsymbol{B}$ 的线性变换竟然完全一致！

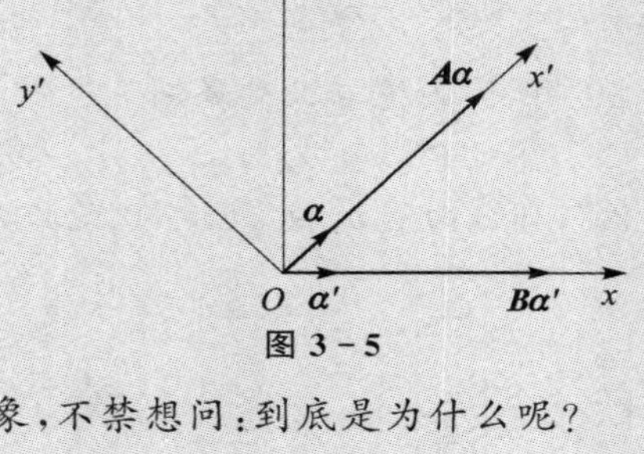

图 3－5

面对这一神奇的现象，不禁想问：到底是为什么呢？

由于相似矩阵 $\boldsymbol{A}$，$\boldsymbol{B}$ 满足 $\boldsymbol{P}^{-1}\boldsymbol{AP}=\boldsymbol{B}$，故 $\boldsymbol{AP}=\boldsymbol{PB}$，从而 $\boldsymbol{AP\alpha}'=\boldsymbol{PB\alpha}'$. 因此，由

$$\boldsymbol{\alpha}=\boldsymbol{P\alpha}' \tag{3-3}$$

可知

$$\boldsymbol{A\alpha}=\boldsymbol{P}(\boldsymbol{B\alpha}'). \tag{3-4}$$

既然由式(3－3)**可知向量α 与α'分别代表了在坐标系xOy 与$x'Oy'$(即基i，j与i'，j')下的同一个向量，那么根据式**(3－4)，**向量$A\alpha$ 与$B\alpha'$则也代表着在这两个坐标系下的同一个向量**. 而这意味着，由 $\boldsymbol{\alpha}$ 到 $\boldsymbol{A\alpha}$ 与由 $\boldsymbol{\alpha}'$ 到 $\boldsymbol{B\alpha}'$，它们各自所发生的改变是完全相同的.

此外，作为从基 $\boldsymbol{i}$，$\boldsymbol{j}$ 到基 $\boldsymbol{i}'$，$\boldsymbol{j}'$ 的过渡矩阵，

$$\boldsymbol{P}=\begin{pmatrix}\frac{\sqrt{2}}{2} & -\frac{\sqrt{2}}{2}\\ \frac{\sqrt{2}}{2} & \frac{\sqrt{2}}{2}\end{pmatrix}$$

所对应的线性变换是逆时针旋转$\frac{\pi}{4}$的旋转变换(可参看图 3－1(b)). 也正是它能起到“切换”坐标系的作用：将在坐标系 $x'Oy'$(即基 $\boldsymbol{i}'$，$\boldsymbol{j}'$)下的向量 $\boldsymbol{\alpha}'$和 $\boldsymbol{B\alpha}'$逆时针旋转$\frac{\pi}{4}$，从而分别变为在坐标系 xOy(即基 $\boldsymbol{i}$，$\boldsymbol{j}$)下的向量 $\boldsymbol{\alpha}=\boldsymbol{P\alpha}'$和 $\boldsymbol{A\alpha}=\boldsymbol{P}(\boldsymbol{B\alpha}')$(可参看图 3－5).

话至此处，则就能揭晓相似矩阵的本质了：**两个相似的矩阵，代表了在同一向量空间内，两个不同基下的相同的线性变换**. 经历了“改朝换代”(基变了)，虽然向量的“处境”发生变化(坐标变了)，但是满足相似关系的矩阵却依然“扮演着相同的角色”(对向量所作的线性变换没有变).

这就好比在唐朝，首席宰相叫做“中书令”，而到了宋朝，首席宰相改叫做了“同中书门下平章事”. 然而，在唐朝做中书令的张九龄，与在宋朝做同中书门下平章事的王安石，却可以看作是“相似”的，这是因为在当时的中国，他们都各自起着首席宰相的作用.

(三)

既然相似矩阵 $\boldsymbol{A}$，$\boldsymbol{B}$ 代表着不同坐标系下的相同线性变换，那么便可通过“切换”坐标系(即坐标变换)，来将较复杂的矩阵 $\boldsymbol{A}$ 转化为较简单的矩阵 $\boldsymbol{B}$. 而在一些几何问题中，这一思想有时会更有“用武之地”.

若实对称矩阵

$$\boldsymbol{A}=\begin{pmatrix}3 & 1\\ 1 & 3\end{pmatrix}$$

左乘行向量(x,y)，并右乘列向量$\begin{pmatrix}x\\ y\end{pmatrix}$，则变为

$$(x,y)\begin{pmatrix}3 & 1\\ 1 & 3\end{pmatrix}\begin{pmatrix}x\\ y\end{pmatrix}=3x^2+2xy+3y^2.$$

令

$$3x^2+2xy+3y^2=1, \tag{3-5}$$

则作为在坐标系 xOy 下的方程，式(3-5)所表示的图形如图 3-6(a)所示. 而面对这条"歪着"的封闭曲线，似乎很难确定它是否为一个椭圆，并且无法直接得到它的几何性质.

如图 3-6(b)所示，如果把 x 轴和 y 轴分别逆时针旋转$\frac{\pi}{4}$，那么在新的坐标系 $x'Oy'$ 下，方程(3-5)就会变为

$$4x'^2+2y'^2=1. \tag{3-6}$$

若再将其写为更标准的形式，则有

$$\frac{y'^2}{\left(\frac{\sqrt{2}}{2}\right)^2}+\frac{x'^2}{\left(\frac{1}{2}\right)^2}=1.$$

于是便能揭开这条"歪着"的封闭曲线的"真面目"：它表示长轴的长为$\sqrt{2}$、短轴的长 1 为的椭圆.

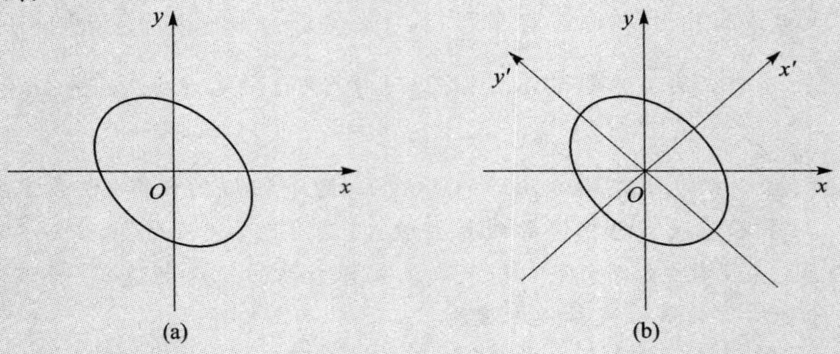

图 3-6

其实，方程(3-5)左边的二元二次齐次函数

$$3x^2+2xy+3y^2 \tag{3-7}$$

是一个二元二次型，而方程(3-6)左边的二元二次齐次函数

$$4x'^2+2y'^2 \tag{3-8}$$

则是它的标准形. 如果能把既含有平方项、又含有混合项的二次型(3-7)，变为它只含有平方项的标准形(3-8)，那么较复杂的方程(3-5)就会随之变为较简单的方程(3-6)，而图形的"真面目"也就能被一览无余了.

请再看二次型(3-8). 事实上，它就是由与实对称矩阵 $\boldsymbol{A}$ 相似的对角矩阵

$$\boldsymbol{B}=\begin{pmatrix}4 & 0\\ 0 & 2\end{pmatrix}$$

左乘行向量(x',y')，并右乘列向量$\begin{pmatrix}x'\\ y'\end{pmatrix}$而得，即

$$(x',y')\begin{pmatrix}4 & 0\\0 & 2\end{pmatrix}\begin{pmatrix}x'\\y'\end{pmatrix}=4x'^2+2y'^2.$$

那么，究竟该如何把二次型化为标准形？二次型的标准化与实对称矩阵的相似对角化之间又有什么联系呢？

问题4 二次型的标准化问题

知识储备

1. 二次型及其矩阵表示

含有 n 个变量 $x_1,x_2,\cdots,x_n$ 的二次齐次函数

$$f(x_1,x_2,\cdots,x_n)=a_{11}x_1^2+a_{22}x_2^2+\cdots+a_{nn}x_n^2+2a_{12}x_1x_2+2a_{13}x_1x_3+\cdots+2a_{n-1,n}x_{n-1}x_n \quad (3-9)$$

叫做 n 元二次型.

取 $a_{ji}=a_{ij}$，则二次型(3-9)可以写成如下形式：

$$f=(x_1,x_2,\cdots,x_n)\begin{pmatrix}a_{11} & a_{12} & \cdots & a_{1n}\\a_{21} & a_{22} & \cdots & a_{2n}\\\vdots & \vdots & & \vdots\\a_{n1} & a_{n2} & \cdots & a_{nn}\end{pmatrix}\begin{pmatrix}x_1\\x_2\\\vdots\\x_n\end{pmatrix}=\boldsymbol{x}^{\mathrm{T}}\boldsymbol{A}\boldsymbol{x}.$$

其中对称矩阵 $\boldsymbol{A}$ 叫做 f 的矩阵，与 f 一一对应. 二次型的矩阵的秩就叫做二次型的秩.

【注】只有对称矩阵才能作为二次型的矩阵. 例如，

$$f(x_1,x_2,x_3)=5x_1^2-x_2^2+3x_3^2+2x_1x_2-4x_1x_3+8x_2x_3$$

$$=(x_1,x_2,x_3)\begin{pmatrix}5 & 1 & -2\\1 & -1 & 4\\-2 & 4 & 3\end{pmatrix}\begin{pmatrix}x_1\\x_2\\x_3\end{pmatrix}.$$

请注意三元二次型的矩阵的写法：

① 将 x_1^2,x_2^2,x_3^2 的系数分别写在主对角线上的第1行第1列、第2行第2列和第3行第3列；

② 将 x_1x_2 的系数的二分之一同时写在第1行第2列和第2行第1列；

③ 将 x_1x_3 的系数的二分之一同时写在第1行第3列和第3行第1列；

④ 将 x_2x_3 的系数的二分之一同时写在第2行第3列和第3行第2列.

2. 二次型的标准形与规范形

只含有变量的平方项，且所有混合项的系数全为零的二次型

$$f=k_1y_1^2+k_2y_2^2+\cdots+k_ny_n^2$$

叫做标准形.若 $k_1,k_2,\cdots,k_n$ 只在 $1,-1,0$ 中取值,则该标准形叫做规范形.二次型的标准形中正系数的个数叫做正惯性指数,负系数的个数叫做负惯性指数.

【注】 例如,二次型

$$f(x_1,x_2,x_3)=x_1^2-2x_2^2+3x_3^2$$
$$=(x_1,x_2,x_3)\begin{pmatrix}1&0&0\\0&-2&0\\0&0&3\end{pmatrix}\begin{pmatrix}x_1\\x_2\\x_3\end{pmatrix}$$

是一个标准形,并且它的正惯性指数为 2,负惯性指数为 1.显然,标准形的矩阵为对角矩阵.

再例如,二次型

$$f(x_1,x_2,x_3)=x_1^2+x_2^2+x_3^2,f(x_1,x_2,x_3)=x_1^2-x_2^2,f(x_1,x_2,x_3)=-x_3^2$$

都是规范形,并且它们的正惯性指数分别为 3,1,0,负惯性指数分别为 0,1,1.

问题研究

1. 正交变换法

题眼探索 如果要把二次型化成标准形,那么就需要作坐标变换.换言之,若记

$$\boldsymbol{x}=\begin{bmatrix}x_1\\x_2\\\vdots\\x_n\end{bmatrix},\boldsymbol{y}=\begin{bmatrix}y_1\\y_2\\\vdots\\y_n\end{bmatrix},\boldsymbol{C}=\begin{bmatrix}c_{11}&c_{12}&\cdots&c_{1n}\\c_{21}&c_{22}&\cdots&c_{2n}\\\vdots&\vdots&&\vdots\\c_{n1}&c_{n2}&\cdots&c_{nn}\end{bmatrix}$$

(矩阵 $\boldsymbol{C}$ 可逆),则可以考虑作可逆的线性变换

$$\begin{cases}x_1=c_{11}y_1+c_{12}y_2+\cdots+c_{1n}y_n,\\x_2=c_{21}y_1+c_{22}y_2+\cdots+c_{2n}y_n,\\\cdots\cdots\cdots\cdots\\x_n=c_{n1}y_1+c_{n2}y_2+\cdots+c_{nn}y_n,\end{cases}$$

即

$$\boldsymbol{x}=\boldsymbol{C}\boldsymbol{y},$$

从而把一个以 $x_1,x_2,\cdots,x_n$ 为变量的二次型

$$f(\boldsymbol{x})=\boldsymbol{x}^{\mathrm{T}}\boldsymbol{A}\boldsymbol{x},$$

变成以 $y_1,y_2,\cdots,y_n$ 为新变量的标准形

$$f(\boldsymbol{x})=f(\boldsymbol{C}\boldsymbol{y})=\boldsymbol{y}^{\mathrm{T}}\boldsymbol{\Lambda}\boldsymbol{y}.$$

那么,这样的可逆变换该如何寻找呢?二次型的标准化就是围绕着这个问题而展开的.

正交变换一定能完成这一"使命".设 $\boldsymbol{Q}$ 为正交矩阵,则

$$f=\boldsymbol{x}^{\mathrm{T}}\boldsymbol{A}\boldsymbol{x}\xlongequal{令\ \boldsymbol{x}=\boldsymbol{Q}\boldsymbol{y}}(\boldsymbol{Q}\boldsymbol{y})^{\mathrm{T}}\boldsymbol{A}(\boldsymbol{Q}\boldsymbol{y})=\boldsymbol{y}^{\mathrm{T}}(\boldsymbol{Q}^{\mathrm{T}}\boldsymbol{A}\boldsymbol{Q})\boldsymbol{y}.$$

由此可见，正交变换 $\boldsymbol{x}=\boldsymbol{Q}\boldsymbol{y}$ 把二次型 $\boldsymbol{x}^{\mathrm{T}}\boldsymbol{A}\boldsymbol{x}$ 变成了 $\boldsymbol{y}^{\mathrm{T}}(\boldsymbol{Q}^{\mathrm{T}}\boldsymbol{A}\boldsymbol{Q})\boldsymbol{y}$. 与此同时，二次型的矩阵也由实对称矩阵 $\boldsymbol{A}$ 变成了 $\boldsymbol{Q}^{\mathrm{T}}\boldsymbol{A}\boldsymbol{Q}$. 而若二次型 $\boldsymbol{y}^{\mathrm{T}}(\boldsymbol{Q}^{\mathrm{T}}\boldsymbol{A}\boldsymbol{Q})\boldsymbol{y}$ 要成为标准形，则它的矩阵 $\boldsymbol{Q}^{\mathrm{T}}\boldsymbol{A}\boldsymbol{Q}$ 就要是对角矩阵. 这意味着，**寻找正交变换 $\boldsymbol{x}=\boldsymbol{Q}\boldsymbol{y}$ 和标准形 $\boldsymbol{y}^{\mathrm{T}}\boldsymbol{\Lambda}\boldsymbol{y}$，使 $\boldsymbol{x}^{\mathrm{T}}\boldsymbol{A}\boldsymbol{x}=\boldsymbol{y}^{\mathrm{T}}\boldsymbol{\Lambda}\boldsymbol{y}$，其实无异于寻找正交矩阵 $\boldsymbol{Q}$ 和对角矩阵 $\boldsymbol{\Lambda}$，使 $\boldsymbol{Q}^{\mathrm{T}}\boldsymbol{A}\boldsymbol{Q}=\boldsymbol{\Lambda}$.**

哈！用正交变换法化二次型为标准形，与之前所探讨的实对称矩阵的相似对角化，原来是同一个问题. 又因为任何一个实对称矩阵都能通过正交矩阵来相似对角化，所以**任何一个二次型也都能通过正交变换法化成标准形**.

【例 18】（2005 年考研题）已知二次型

$$f(x_1,x_2,x_3)=(1-a)x_1^2+(1-a)x_2^2+2x_3^2+2(1+a)x_1x_2$$

的秩为 2.

(1) 求 a 的值；

(2) 求正交变换 $\boldsymbol{x}=\boldsymbol{Q}\boldsymbol{y}$，把 $f(x_1,x_2,x_3)$ 化成标准形；

(3) 求方程 $f(x_1,x_2,x_3)=0$ 的解.

【解】(1) 二次型 f 的矩阵为 $\boldsymbol{A}=\begin{pmatrix}1-a & 1+a & 0\\ 1+a & 1-a & 0\\ 0 & 0 & 2\end{pmatrix}$.

$$|\boldsymbol{A}|=\begin{vmatrix}1-a & 1+a & 0\\ 1+a & 1-a & 0\\ 0 & 0 & 2\end{vmatrix}=2\begin{vmatrix}1-a & 1+a\\ 1+a & 1-a\end{vmatrix}=-8a.$$

由 $r(\boldsymbol{A})=2$ 可知，$|\boldsymbol{A}|=0$，即 $a=0$.

(2) 当 $a=0$ 时，$\boldsymbol{A}=\begin{pmatrix}1 & 1 & 0\\ 1 & 1 & 0\\ 0 & 0 & 2\end{pmatrix}$.

$$|\boldsymbol{A}-\lambda\boldsymbol{E}|=\begin{vmatrix}1-\lambda & 1 & 0\\ 1 & 1-\lambda & 0\\ 0 & 0 & 2-\lambda\end{vmatrix}=(2-\lambda)\begin{vmatrix}1-\lambda & 1\\ 1 & 1-\lambda\end{vmatrix}=-\lambda(\lambda-2)^2.$$

由 $|\boldsymbol{A}-\lambda\boldsymbol{E}|=0$ 得，$\boldsymbol{A}$ 的特征值为 $\lambda_1=0,\lambda_2=\lambda_3=2$.

解方程组 $\boldsymbol{A}\boldsymbol{x}=\boldsymbol{0}$，得 $\boldsymbol{A}$ 对应于特征值 $\lambda_1=0$ 的线性无关的特征向量 $\boldsymbol{\alpha}_1=(-1,1,0)^{\mathrm{T}}$.

解方程组 $(\boldsymbol{A}-2\boldsymbol{E})\boldsymbol{x}=\boldsymbol{0}$，得 $\boldsymbol{A}$ 对应于特征值 $\lambda_2=\lambda_3=2$ 的线性无关的特征向量 $\boldsymbol{\alpha}_2=(1,1,0)^{\mathrm{T}}$，$\boldsymbol{\alpha}_3=(0,0,1)^{\mathrm{T}}$.

由于 $\boldsymbol{\alpha}_1,\boldsymbol{\alpha}_2,\boldsymbol{\alpha}_3$ 两两正交，故只需将其单位化：取

$$\boldsymbol{\gamma}_1=\frac{1}{\sqrt{2}}(-1,1,0)^{\mathrm{T}},\boldsymbol{\gamma}_2=\frac{1}{\sqrt{2}}(1,1,0)^{\mathrm{T}},\boldsymbol{\gamma}_3=(0,0,1)^{\mathrm{T}}.$$

令

$$Q=(\boldsymbol{\gamma}_1,\boldsymbol{\gamma}_2,\boldsymbol{\gamma}_3)=\begin{pmatrix}-\frac{1}{\sqrt{2}} & \frac{1}{\sqrt{2}} & 0\\ \frac{1}{\sqrt{2}} & \frac{1}{\sqrt{2}} & 0\\ 0 & 0 & 1\end{pmatrix},$$

则二次型 f 在正交变换 $\boldsymbol{x}=\boldsymbol{Q}\boldsymbol{y}$ 下的标准形为

$$f=2y_2^2+2y_3^2.$$

(3) 由 $f(x_1,x_2,x_3)=0$ 可知 $2y_2^2+2y_3^2=0$,得 $y_2=y_3=0$(y_1 为任意常数).

于是

$$\boldsymbol{x}=\boldsymbol{Q}\begin{pmatrix}y_1\\0\\0\end{pmatrix}=(\boldsymbol{\gamma}_1,\boldsymbol{\gamma}_2,\boldsymbol{\gamma}_3)\begin{pmatrix}y_1\\0\\0\end{pmatrix}=y_1\boldsymbol{\gamma}_1=k(-1,1,0)^{\mathrm{T}},$$

其中 k 为任意常数.

【题外话】

(i) **若已知一个具体的二次型,则一般情况下都要先正确地写出它的矩阵**.就本例而言,在写二次型

$$f(x_1,x_2,x_3)=(1-a)x_1^2+(1-a)x_2^2+2x_3^2+2(1+a)x_1x_2$$

的矩阵时,应先将 x_1^2,x_2^2,x_3^2 的系数 $1-a,1-a,2$ 分别写在主对角线上的第1行第1列、第2行第2列和第3行第3列;再将 x_1x_2 的系数的二分之一 $1+a$ 同时写在第1行第2列和第2行第1列;最后,由于 x_1x_3 和 x_2x_3 的系数都为零,故第1行第3列和第3行第1列的元素,以及第2行第3列和第3行第2列的元素都为零.一旦得到二次型的矩阵

$$\boldsymbol{A}=\begin{pmatrix}1-a & 1+a & 0\\ 1+a & 1-a & 0\\ 0 & 0 & 2\end{pmatrix},$$

那么就能把二次型的问题转化为矩阵的问题,即把本例(1)和(2)分别转化为了讨论含参数的矩阵的秩,和实对称矩阵的相似对角化.

(ii) **用正交变换法把三元二次型 f 化成标准形可遵循如下程序:**

① 写出 f 的矩阵 $\boldsymbol{A}$(3阶实对称矩阵);

② 遵循"3阶实对称矩阵 $\boldsymbol{A}$ 的相似对角化"的程序中的①至④(可参看例10的"题外话"),得到 $\boldsymbol{A}$ 的特征值 $\lambda_1,\lambda_2,\lambda_3$,以及分别对应于 $\lambda_1,\lambda_2,\lambda_3$ 的两两正交的单位特征向量 $\boldsymbol{\gamma}_1,\boldsymbol{\gamma}_2,\boldsymbol{\gamma}_3$;

③ 令 $\boldsymbol{Q}=(\boldsymbol{\gamma}_1,\boldsymbol{\gamma}_2,\boldsymbol{\gamma}_3)$,则二次型 f 在正交变换 $\boldsymbol{x}=\boldsymbol{Q}\boldsymbol{y}$ 下的标准形为 $f=\lambda_1y_1^2+\lambda_2y_2^2+\lambda_3y_3^2$.

(iii) 值得注意的是,**所求的二次型 $f=\boldsymbol{x}^{\mathrm{T}}\boldsymbol{A}\boldsymbol{x}$ 的标准形和正交矩阵 Q 答案不唯一,但是矩阵 $\boldsymbol{A}$ 的各特征值在标准形中的排列次序,应与其对应的特征向量在 Q 中的排列次序保持一致**.就本例而言,若 $\boldsymbol{A}$ 的特征值 0,2,2 分别写作了 f 的标准形中 y_1^2,y_2^2,y_3^2 的系数,则其对应的特征向量 $\boldsymbol{\gamma}_1,\boldsymbol{\gamma}_2,\boldsymbol{\gamma}_3$ 就应分别写在 $\boldsymbol{Q}$ 的第1,2,3列.当然,

$$f=2y_1^2+2y_3^2,\boldsymbol{Q}=\begin{pmatrix}\frac{1}{\sqrt{2}} & -\frac{1}{\sqrt{2}} & 0\\ \frac{1}{\sqrt{2}} & \frac{1}{\sqrt{2}} & 0\\ 0 & 0 & 1\end{pmatrix},$$

以及

$$f=2y_1^2+2y_2^2,\boldsymbol{Q}=\begin{pmatrix}\frac{1}{\sqrt{2}} & 0 & -\frac{1}{\sqrt{2}}\\ \frac{1}{\sqrt{2}} & 0 & \frac{1}{\sqrt{2}}\\ 0 & 1 & 0\end{pmatrix},$$

等等也可作为本例的答案.

(iv) 对于本例,在 f 的标准形

$$f=2y_2^2+2y_3^2$$

的基础上,只需令

$$\begin{cases}y_1=z_1,\\ y_2=\dfrac{1}{\sqrt{2}}z_2,\\ y_3=\dfrac{1}{\sqrt{2}}z_3,\end{cases}$$

就能将 f 化成规范形

$$f=z_2^2+z_3^2.$$

【例 19】 设 $\boldsymbol{\alpha}$ 为 3 维列向量,则二次型 $f(x_1,x_2,x_3)=\boldsymbol{x}^{\mathrm{T}}\boldsymbol{\alpha}\boldsymbol{\alpha}^{\mathrm{T}}\boldsymbol{x}+\boldsymbol{x}^{\mathrm{T}}\boldsymbol{x}$ 的正惯性指数为________.

【解】 由 $f=\boldsymbol{x}^{\mathrm{T}}\boldsymbol{\alpha}\boldsymbol{\alpha}^{\mathrm{T}}\boldsymbol{x}+\boldsymbol{x}^{\mathrm{T}}\boldsymbol{x}=\boldsymbol{x}^{\mathrm{T}}(\boldsymbol{\alpha}\boldsymbol{\alpha}^{\mathrm{T}}+\boldsymbol{E})\boldsymbol{x}$ 可知 f 的矩阵为 $\boldsymbol{\alpha}\boldsymbol{\alpha}^{\mathrm{T}}+\boldsymbol{E}$.

由于 $\boldsymbol{\alpha}\boldsymbol{\alpha}^{\mathrm{T}}$ 的特征值为 0,0,$\boldsymbol{\alpha}^{\mathrm{T}}\boldsymbol{\alpha}$(可参看例 4),故 $\boldsymbol{\alpha}\boldsymbol{\alpha}^{\mathrm{T}}+\boldsymbol{E}$ 的特征值为 1,1,$\boldsymbol{\alpha}^{\mathrm{T}}\boldsymbol{\alpha}+1$,其中 $\boldsymbol{\alpha}^{\mathrm{T}}\boldsymbol{\alpha}+1=\|\boldsymbol{\alpha}\|^2+1>0$.

因此,f 在正交变换下的标准形为 $f=y_1^2+y_2^2+(\|\boldsymbol{\alpha}\|^2+1)y_3^2$,从而其正惯性指数为 3.

【例 20】 二次型 $f(x_1,x_2,x_3)=(x_1-x_2)^2+(x_2-x_3)^2+(x_3-x_1)^2$ 的规范形为________.

【解】 $f(x_1,x_2,x_3)=2x_1^2+2x_2^2+2x_3^2-2x_1x_2-2x_1x_3-2x_2x_3$.

二次型 f 的矩阵为

$$\boldsymbol{A}=\begin{pmatrix}2 & -1 & -1\\ -1 & 2 & -1\\ -1 & -1 & 2\end{pmatrix}.$$

$$|\boldsymbol{A}-\lambda\boldsymbol{E}|=\begin{vmatrix}2-\lambda & -1 & -1\\ -1 & 2-\lambda & -1\\ -1 & -1 & 2-\lambda\end{vmatrix}\xlongequal[r_1+r_3]{r_1+r_2}\begin{vmatrix}-\lambda & -\lambda & -\lambda\\ -1 & 2-\lambda & -1\\ -1 & -1 & 2-\lambda\end{vmatrix}$$

$$=-\lambda\begin{vmatrix}1 & 1 & 1\\ -1 & 2-\lambda & -1\\ -1 & -1 & 2-\lambda\end{vmatrix}\xlongequal[r_3+r_1]{r_2+r_1}-\lambda\begin{vmatrix}1 & 1 & 1\\ 0 & 3-\lambda & 0\\ 0 & 0 & 3-\lambda\end{vmatrix}$$

$$=-\lambda(\lambda-3)^2.$$

由 $|\boldsymbol{A}-\lambda\boldsymbol{E}|=0$ 得 $\boldsymbol{A}$ 的特征值为 $\lambda_1=0,\lambda_2=\lambda_3=3$，故 f 在正交变换下的标准形为

$$f=3y_2^2+3y_3^2.$$

令

$$\begin{cases}y_1= & z_1,\\ y_2= & \dfrac{1}{\sqrt{3}}z_2,\\ y_3= & \dfrac{1}{\sqrt{3}}z_3,\end{cases}$$

则得 f 的规范形

$$f=z_2^2+z_3^2.$$

【题外话】

(i) **与标准形一样，二次型的规范形答案也可能不唯一.** 就本例而言，$f=z_1^2+z_2^2$ 和 $f=z_1^2+z_3^2$ 也可作为答案.

(ii) 本例所已知的是一个配方之后的二次型. 如果轻率地令

$$\begin{cases}y_1= & x_1-x_2 & ,\\ y_2= & \qquad x_2-x_3, \\ y_3= & -x_1+\qquad x_3,\end{cases}\tag{3-10}$$

即

$$\begin{pmatrix}y_1\\ y_2\\ y_3\end{pmatrix}=\begin{pmatrix}1 & -1 & 0\\ 0 & 1 & -1\\ -1 & 0 & 1\end{pmatrix}\begin{pmatrix}x_1\\ x_2\\ x_3\end{pmatrix},$$

那么就会得到错误的规范形

$$f=y_1^2+y_2^2+y_3^2.$$

而值得注意的是，由于

$$\begin{vmatrix}1 & -1 & 0\\ 0 & 1 & -1\\ -1 & 0 & 1\end{vmatrix}=0,$$

故线性变换(3—10)并非可逆变换. 由此可见，**用配方法化二次型为标准形(或规范形)的关键在于要保证配方之后所作的线性变换是可逆的.**

2. 配方法

题眼探索　如果要通过配方法来把二次型

$$f(x_1,x_2,\cdots,x_n)=a_{11}x_1^2+a_{22}x_2^2+\cdots+a_{nn}x_n^2+2a_{12}x_1x_2+2a_{13}x_1x_3+\cdots+2a_{n-1,n}x_{n-1}x_n$$

化成标准形，那么该如何确保配方之后所作的线性变换是可逆变换呢？

若二次型中至少有一个平方项，不妨设 $a_{11}\neq 0$，则先对全部含有 x_1 的项配完全平方，使得第一个完全平方配成后，所余各项中不再含有 x_1. 然后再依次分别对全部含有 $x_2,x_3,\cdots,x_{n-1}$ 的项配完全平方. 如此每配成一个完全平方，就"消灭"一个变量，则就能保证所配完全平方的总个数少于变量的总个数，并且之后所作的线性变换一定是可逆的.

若二次型中没有平方项，则又该如何呢？此时，不妨设 $a_{12}\neq 0$，则可令

$$x_1=y_1+y_2,x_2=y_1-y_2,x_3=y_3,\cdots,x_n=y_n.$$

于是，便能出现 $a_{12}y_1^2-a_{12}y_2^2$. 既然出现了平方项，那么就只需"依葫芦画瓢"，按上述方法进行配方即可.

【例 21】　设二次型 $f(x_1,x_2,x_3)=x_1^2-x_2^2-2x_1x_3+2ax_2x_3$ 的负惯性指数是 2，则 a 的取值范围是________.

【分析】本例若写出二次型 f 的矩阵

$$\boldsymbol{A}=\begin{pmatrix}1&0&-1\\0&-1&a\\-1&a&0\end{pmatrix},$$

就会发现，参数 a"阻挡"了根据

$$|\boldsymbol{A}-\lambda\boldsymbol{E}|=\begin{vmatrix}1-\lambda&0&-1\\0&-1-\lambda&a\\-1&a&-\lambda\end{vmatrix}=0$$

来求出 $\boldsymbol{A}$ 的特征值的"道路". 如此一来，则通过正交变换法来化 f 为标准形的希望破灭了！于是，配方法的作用便在此处彰显了.

【解】

$$\begin{aligned}f(x_1,x_2,x_3)&=x_1^2-2x_1x_3-x_2^2+2ax_2x_3\\&=(x_1^2-2x_1x_3+x_3^2)-x_3^2-x_2^2+2ax_2x_3\\&=(x_1-x_3)^2-x_2^2+2ax_2x_3-x_3^2\\&=(x_1-x_3)^2-(x_2^2-2ax_2x_3+a^2x_3^2)+a^2x_3^2-x_3^2\\&=(x_1-x_3)^2-(x_2-ax_3)^2+(a^2-1)x_3^2.\end{aligned}$$

令 $\begin{cases}y_1=x_1-x_3,\\y_2=x_2-ax_3,\\y_3=x_3,\end{cases}$ 即 $\begin{cases}x_1=y_1+y_3,\\x_2=y_2+ay_3,\\x_3=y_3,\end{cases}$ 则把 f 化成标准形

$$f=y_1^2-y_2^2+(a^2-1)y_3^2. \tag{3-11}$$

由于 f 的负惯性指数是 2，故 $a^2-1<0$，从而 $-1<a<1$.

【题外话】

(i) 本例先对全部含有 x_1 的项 x_1^2 和 $-2x_1x_3$ 配完全平方,并且使得配成第一个完全平方后,所余各项中不再含有 x_1,而仅含有 x_2 和 x_3;再对全部含有 x_2 的项 $-x_2^2$ 和 $2ax_2x_3$ 配完全平方,并且使得配成第二个完全平方后,所余各项中不再含有 x_1 和 x_2,而仅含有 x_3 的平方项.此时,便可作线性变换

$$\begin{cases} y_1 = x_1 - x_3, \\ y_2 = x_2 - ax_3, \\ y_3 = x_3, \end{cases}$$

即

$$\begin{pmatrix} y_1 \\ y_2 \\ y_3 \end{pmatrix} = \begin{pmatrix} 1 & 0 & -1 \\ 0 & 1 & -a \\ 0 & 0 & 1 \end{pmatrix} \begin{pmatrix} x_1 \\ x_2 \\ x_3 \end{pmatrix},$$

把 f 化为标准形.而由

$$\begin{vmatrix} 1 & 0 & -1 \\ 0 & 1 & -a \\ 0 & 0 & 1 \end{vmatrix} = 1 \neq 0$$

可知这样配方一定能保证配方之后所作的线性变换是可逆的.

(ii) **在用配方法化二次型为标准形时,答案也不唯一.**就本例而言,若令

$$\begin{cases} y_1 = 2x_3, \\ y_2 = x_2 - ax_3, \\ y_3 = x_1 - x_3, \end{cases}$$

则就会得到标准形

$$f = \frac{1}{4}(a^2-1)y_1^2 - y_2^2 + y_3^2. \tag{3-12}$$

(iii) 其实,例 20 中的二次型也可用配方法来化成规范形:

$$\begin{aligned} f(x_1,x_2,x_3) &= 2x_1^2 + 2x_2^2 + 2x_3^2 - 2x_1x_2 - 2x_1x_3 - 2x_2x_3 \\ &= 2x_1^2 - 2x_1x_2 - 2x_1x_3 + 2x_2^2 + 2x_3^2 - 2x_2x_3 \\ &= 2[x_1^2 - x_1(x_2+x_3)] + 2x_2^2 + 2x_3^2 - 2x_2x_3 \\ &= 2\left[x_1^2 - x_1(x_2+x_3) + \frac{1}{4}(x_2+x_3)^2\right] - \\ &\quad \frac{1}{2}(x_2+x_3)^2 + 2x_2^2 + 2x_3^2 - 2x_2x_3 \\ &= 2\left[x_1 - \frac{1}{2}(x_2+x_3)\right]^2 - \frac{1}{2}x_2^2 - \frac{1}{2}x_3^2 - x_2x_3 + 2x_2^2 + 2x_3^2 - 2x_2x_3 \\ &= 2\left(x_1 - \frac{1}{2}x_2 - \frac{1}{2}x_3\right)^2 + \frac{3}{2}x_2^2 - 3x_2x_3 + \frac{3}{2}x_3^2 \\ &= 2\left(x_1 - \frac{1}{2}x_2 - \frac{1}{2}x_3\right)^2 + \frac{3}{2}(x_2-x_3)^2. \end{aligned}$$

令$\begin{cases} y_1=\sqrt{2}\left(x_1-\dfrac{1}{2}x_2-\dfrac{1}{2}x_3\right), \\ y_2=\dfrac{\sqrt{6}}{2}(x_2-x_3), \\ y_3=x_3, \end{cases}$ 即$\begin{cases} x_1=\dfrac{1}{\sqrt{2}}y_1+\dfrac{1}{\sqrt{6}}y_2+y_3, \\ x_2=\dfrac{2}{\sqrt{6}}y_2+y_3, \\ x_3=y_3, \end{cases}$ 则把 f 化成规范形 $f=y_1^2+y_2^2$.

此外，例 18(3)也可利用配方法：由于

$f(x_1,x_2,x_3)=x_1^2+x_2^2+2x_3^2+2x_1x_2=x_1^2+2x_1x_2+x_2^2+2x_3^2=(x_1+x_2)^2+2x_3^2$,
故由 $f(x_1,x_2,x_3)=0$ 得方程组

$$\begin{cases} x_1+x_2 \quad =0, \\ \qquad\quad x_3=0, \end{cases}$$

解得 $\boldsymbol{x}=k(-1,1,0)^{\mathrm{T}}$($k$ 为任意常数).

【例 22】 设二次型

$$f(x_1,x_2,x_3)=2x_1x_2-2x_1x_3+6x_2x_3,$$

则 $f(x_1,x_2,x_3)=1$ 在空间直角坐标下表示的二次曲面为

(A)椭球面.　　(B) 单叶双曲面.　　(C) 双叶双曲面.　　(D) 柱面.

【解】法一(配方法)：令$\begin{cases} x_1=y_1+y_2, \\ x_2=y_1-y_2, \\ x_3=y_3, \end{cases}$则

$$\begin{aligned} f&=2y_1^2-2y_2^2+4y_1y_3-8y_2y_3 \\ &=2y_1^2+4y_1y_3-2y_2^2-8y_2y_3 \\ &=2(y_1^2+2y_1y_3+y_3^2)-2y_3^2-2y_2^2-8y_2y_3 \\ &=2(y_1+y_3)^2-2y_2^2-8y_2y_3-2y_3^2 \\ &=2(y_1+y_3)^2-2(y_2^2+4y_2y_3+4y_3^2)+8y_3^2-2y_3^2 \\ &=2(y_1+y_3)^2-2(y_2+2y_3)^2+6y_3^2. \end{aligned}$$

令$\begin{cases} z_1=y_1 \qquad +y_3, \\ z_2= \qquad y_2+2y_3, \\ z_3= \qquad\qquad y_3, \end{cases}$ 即$\begin{cases} y_1=z_1 \qquad -z_3, \\ y_2= \qquad z_2-2z_3, \\ y_3= \qquad\qquad z_3, \end{cases}$ 则经坐标变换

$$\begin{cases} x_1=z_1+z_2-3z_3, \\ x_2=z_1-z_2+z_3, \\ x_3=\qquad\qquad z_3, \end{cases}$$

把 f 化成标准形

$$f=2z_1^2-2z_2^2+6z_3^2,$$

从而 $f=2z_1^2-2z_2^2+6z_3^2=1$ 表示单叶双曲面，选(B).

法二(正交变换法)：二次型 f 的矩阵为$\boldsymbol{A}=\begin{pmatrix} 0 & 1 & -1 \\ 1 & 0 & 3 \\ -1 & 3 & 0 \end{pmatrix}$.

$$|\boldsymbol{A}-\lambda\boldsymbol{E}|=\begin{vmatrix} -\lambda & 1 & -1 \\ 1 & -\lambda & 3 \\ -1 & 3 & -\lambda \end{vmatrix} \xlongequal{r_3+r_2} \begin{vmatrix} -\lambda & 1 & -1 \\ 1 & -\lambda & 3 \\ 0 & 3-\lambda & 3-\lambda \end{vmatrix} \xlongequal{c_2-c_3} \begin{vmatrix} -\lambda & 2 & -1 \\ 1 & -\lambda-3 & 3 \\ 0 & 0 & 3-\lambda \end{vmatrix}$$

$$=(3-\lambda)\begin{vmatrix}-\lambda & 2 \\ 1 & -\lambda-3\end{vmatrix}=(3-\lambda)(\lambda^2+3\lambda-2).$$

由$|\boldsymbol{A}-\lambda\boldsymbol{E}|=0$得，$\boldsymbol{A}$的特征值为$\lambda_1=3,\lambda_2=\dfrac{\sqrt{17}-3}{2},\lambda_3=-\dfrac{\sqrt{17}+3}{2}$，故$f$在正交变换下的标准形为

$$f=3y_1^2+\frac{\sqrt{17}-3}{2}y_2^2-\frac{\sqrt{17}+3}{2}y_3^2,$$

从而$f=3y_1^2+\dfrac{\sqrt{17}-3}{2}y_2^2-\dfrac{\sqrt{17}+3}{2}y_3^2=1$表示单叶双曲面，选(B).

【题外话】

(i) 本例告诉我们，**为了判断方程**$f(x_1,x_2,x_3)=\boldsymbol{x}^{\mathrm{T}}\boldsymbol{A}\boldsymbol{x}=C$(**$C$为常数**)**所表示的二次曲面的几何形状，可以把三元二次型**$f(x_1,x_2,x_3)=\boldsymbol{x}^{\mathrm{T}}\boldsymbol{A}\boldsymbol{x}$**化为标准形**. 常见二次曲面的标准方程及图形如表 3-3 所列.

表 3-3

名称	椭球面	单叶双曲面	双叶双曲面	椭圆柱面	双曲柱面
标准方程	$\frac{x^2}{a^2}+\frac{y^2}{b^2}+\frac{z^2}{c^2}=1$	$\frac{x^2}{a^2}+\frac{y^2}{b^2}-\frac{z^2}{c^2}=1$	$-\frac{x^2}{a^2}-\frac{y^2}{b^2}+\frac{z^2}{c^2}=1$	$\frac{x^2}{a^2}+\frac{y^2}{b^2}=1$	$-\frac{x^2}{a^2}+\frac{y^2}{b^2}=1$
图形	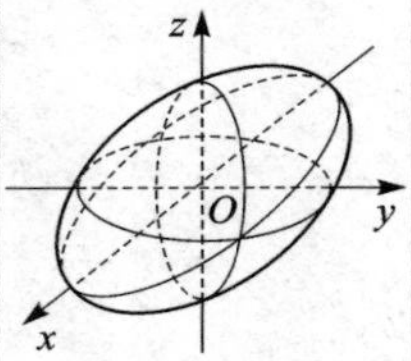	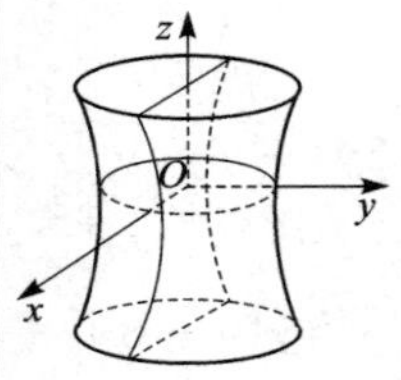	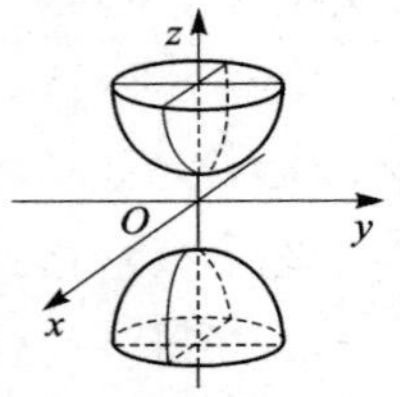	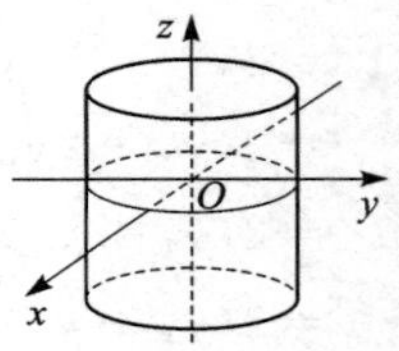	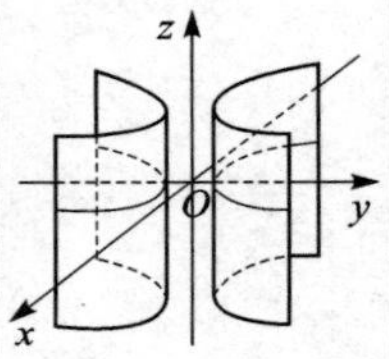

(ii) 本例分别用配方法和正交变换法把二次型f化成了标准形

$$f=2z_1^2-2z_2^2+6z_3^2 \tag{3-13}$$

和

$$f=3y_1^2+\frac{\sqrt{17}-3}{2}y_2^2-\frac{\sqrt{17}+3}{2}y_3^2. \tag{3-14}$$

而标准形(3-13)与标准形(3-14)的形式有着天壤之别，并且它们的矩阵分别为

$$\boldsymbol{\Lambda}_1=\begin{pmatrix}2&0&0\\0&-2&0\\0&0&6\end{pmatrix},\boldsymbol{\Lambda}_2=\begin{pmatrix}3&0&0\\0&\frac{\sqrt{17}-3}{2}&0\\0&0&-\frac{\sqrt{17}+3}{2}\end{pmatrix}.$$

由于标准形(3-14)是二次型f经正交变换而得，故它的矩阵$\boldsymbol{\Lambda}_2$与f的矩阵

$$\boldsymbol{A}=\begin{pmatrix}0&1&-1\\1&0&3\\-1&3&0\end{pmatrix}$$

相似. 那么,标准形(3-13)的矩阵 $\boldsymbol{\Lambda}_1$ 与 f 的矩阵 $\boldsymbol{A}$ 之间又是什么关系呢? $\boldsymbol{\Lambda}_1$ 是 $\boldsymbol{A}$ 的合同矩阵.

问题 5 合同矩阵的判定

知识储备

1. 合同矩阵的概念

对于方阵 $\boldsymbol{A},\boldsymbol{B}$,若存在可逆矩阵 $\boldsymbol{C}$,使

$$\boldsymbol{C}^{\mathrm{T}}\boldsymbol{A}\boldsymbol{C}=\boldsymbol{B},$$

则 $\boldsymbol{B}$ 叫做 $\boldsymbol{A}$ 的合同矩阵.

【注】

(i) 根据矩阵的秩的性质⑥,若 $\boldsymbol{A},\boldsymbol{B}$ 合同,则 $r(\boldsymbol{A})=r(\boldsymbol{B})$.

(ii) 与相似矩阵一样,合同矩阵也具有传递性:若方阵 $\boldsymbol{A}$ 与 $\boldsymbol{B}$ 合同,$\boldsymbol{B}$ 与 $\boldsymbol{C}$ 合同,则 $\boldsymbol{A}$ 与 $\boldsymbol{C}$ 合同.

(iii) 若 $\boldsymbol{A},\boldsymbol{B}$ 合同(存在可逆矩阵 $\boldsymbol{C}$,使 $\boldsymbol{C}^{\mathrm{T}}\boldsymbol{A}\boldsymbol{C}=\boldsymbol{B}$),且 $\boldsymbol{A}$ 为对称矩阵,则由

$$\boldsymbol{B}^{\mathrm{T}}=(\boldsymbol{C}^{\mathrm{T}}\boldsymbol{A}\boldsymbol{C})^{\mathrm{T}}=\boldsymbol{C}^{\mathrm{T}}\boldsymbol{A}^{\mathrm{T}}\boldsymbol{C}=\boldsymbol{C}^{\mathrm{T}}\boldsymbol{A}\boldsymbol{C}=\boldsymbol{B}$$

可知 $\boldsymbol{B}$ 也是对称矩阵.

关于合同矩阵,在这里主要探讨实对称矩阵的合同. 设 $\boldsymbol{A}$ 为实对称矩阵,若对二次型 $f=\boldsymbol{x}^{\mathrm{T}}\boldsymbol{A}\boldsymbol{x}$ 作可逆变换 $\boldsymbol{x}=\boldsymbol{C}\boldsymbol{y}$,则

$$f=\boldsymbol{x}^{\mathrm{T}}\boldsymbol{A}\boldsymbol{x}\xlongequal{\text{令 }\boldsymbol{x}=\boldsymbol{C}\boldsymbol{y}}(\boldsymbol{C}\boldsymbol{y})^{\mathrm{T}}\boldsymbol{A}(\boldsymbol{C}\boldsymbol{y})=\boldsymbol{y}^{\mathrm{T}}(\boldsymbol{C}^{\mathrm{T}}\boldsymbol{A}\boldsymbol{C})\boldsymbol{y}.$$

由此可见,以 $\boldsymbol{A}$ 为矩阵的二次型,经对应于可逆矩阵 $\boldsymbol{C}$ 的坐标变换,所变成的二次型的矩阵必为与 $\boldsymbol{A}$ 合同的矩阵 $\boldsymbol{B}=\boldsymbol{C}^{\mathrm{T}}\boldsymbol{A}\boldsymbol{C}$. 换言之,**两个合同的实对称矩阵,代表了坐标变换前后的(即不同坐标系下的)两个相同的二次型.**

例如,以

$$\boldsymbol{A}=\begin{pmatrix}1&1\\1&1\end{pmatrix}$$

为矩阵的二次型

$$f=x_1^2+x_2^2+2x_1x_2,\tag{3-15}$$

经对应于可逆矩阵

$$\boldsymbol{C}_1=\begin{pmatrix}1&2\\0&3\end{pmatrix}$$

的坐标变换 $\boldsymbol{x}=\boldsymbol{C}_1\boldsymbol{y}$,变成以

$$\boldsymbol{B}=\boldsymbol{C}_1^{\mathrm{T}}\boldsymbol{A}\boldsymbol{C}_1=\begin{pmatrix}1&0\\2&3\end{pmatrix}\begin{pmatrix}1&1\\1&1\end{pmatrix}\begin{pmatrix}1&2\\0&3\end{pmatrix}=\begin{pmatrix}1&5\\5&25\end{pmatrix}$$

为矩阵的二次型

$$f=y_1^2+25y_2^2+10y_1y_2,$$

而矩阵 $\boldsymbol{A}$ 与 $\boldsymbol{B}$ 合同.

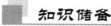

再例如，以 $\boldsymbol{A}$ 为矩阵的二次型(3－15)，分别经对应于可逆矩阵

$$\boldsymbol{C}_2=\begin{pmatrix}1 & -1\\ 0 & 1\end{pmatrix}$$

和

$$\boldsymbol{C}_3=\begin{pmatrix}\frac{\sqrt{2}}{2} & -\frac{\sqrt{2}}{2}\\ \frac{\sqrt{2}}{2} & \frac{\sqrt{2}}{2}\end{pmatrix}$$

的坐标变换 $\boldsymbol{x}=\boldsymbol{C}_2\boldsymbol{y}$ 和 $\boldsymbol{x}=\boldsymbol{C}_3\boldsymbol{z}$，变成以

$$\boldsymbol{\Lambda}_1=\boldsymbol{C}_2^{\mathrm{T}}\boldsymbol{A}\boldsymbol{C}_2=\begin{pmatrix}1 & 0\\ -1 & 1\end{pmatrix}\begin{pmatrix}1 & 1\\ 1 & 1\end{pmatrix}\begin{pmatrix}1 & -1\\ 0 & 1\end{pmatrix}=\begin{pmatrix}1 & 0\\ 0 & 0\end{pmatrix}$$

和

$$\boldsymbol{\Lambda}_2=\boldsymbol{C}_3^{\mathrm{T}}\boldsymbol{A}\boldsymbol{C}_3=\begin{pmatrix}\frac{\sqrt{2}}{2} & \frac{\sqrt{2}}{2}\\ -\frac{\sqrt{2}}{2} & \frac{\sqrt{2}}{2}\end{pmatrix}\begin{pmatrix}1 & 1\\ 1 & 1\end{pmatrix}\begin{pmatrix}\frac{\sqrt{2}}{2} & -\frac{\sqrt{2}}{2}\\ \frac{\sqrt{2}}{2} & \frac{\sqrt{2}}{2}\end{pmatrix}=\begin{pmatrix}2 & 0\\ 0 & 0\end{pmatrix}$$

为矩阵的标准形

$$f=y_1^2 \tag{3-16}$$

和

$$f=2z_1^2, \tag{3-17}$$

而矩阵 $\boldsymbol{A}$ 与对角矩阵 $\boldsymbol{\Lambda}_1$，$\boldsymbol{\Lambda}_2$ 都合同. 此外，由于 $\boldsymbol{C}_3$ 不但是可逆矩阵，而且还是正交矩阵，故 $\boldsymbol{\Lambda}_2=\boldsymbol{C}_3^{\mathrm{T}}\boldsymbol{A}\boldsymbol{C}_3=\boldsymbol{C}_3^{-1}\boldsymbol{A}\boldsymbol{C}_3$，从而 $\boldsymbol{A}$ 与 $\boldsymbol{\Lambda}_2$ 既合同又相似. 其实，因为任何一个二次型都能通过正交变换法化成标准形，所以**任何一个实对称矩阵必合同于对角矩阵**.

2. 惯性定理

对于一个二次型，不论选取怎样的坐标变换将它化为仅含有平方项的标准形，其正平方项的个数和负平方项的个数都是由所给的二次型唯一确定的.

【注】

(i) 例如，二次型(3－15)虽然有不同的标准形(3－16)和标准形(3－17)，但是它们正平方项的个数都为 1，负平方项的个数都为 0. 再例如，例 22 中的二次型虽然也有不同的标准形(3－13)和标准形(3－14)，但是它们正、负平方项的个数也都分别为 2 和 1.

由此可见，**虽然二次型的标准形不唯一，但是其正、负惯性指数却是各标准形中的不变量**. 具体地说，若用正交变换法化二次型为标准形，则其标准形的系数是唯一的(一定是该二次型的矩阵的特征值)；若用配方法化二次型为标准形，则其标准形的系数不唯一(可参看例 21 中的标准形(3－11)和标准形(3－12)). 而二次型的规范形的系数则是由其正、负惯性指数唯一确定的.

(ii) 由于合同矩阵有相同的秩，故二次型与其标准形的秩相同，且都等于该二次型的正、负惯性指数之和.

3. 实对称矩阵合同的充分必要条件

实对称矩阵 $\boldsymbol{A}$ 与 $\boldsymbol{B}$ 合同的充分必要条件是二次型 $\boldsymbol{x}^{\mathrm{T}}\boldsymbol{A}\boldsymbol{x}$ 与 $\boldsymbol{x}^{\mathrm{T}}\boldsymbol{B}\boldsymbol{x}$ 有相同的正、负惯性指数.

【注】

(i) 根据合同矩阵的传递性,合同的实对称矩阵 $\boldsymbol{A},\boldsymbol{B}$ 必与同一个对角矩阵合同,故实对称矩阵 $\boldsymbol{A}$ 与 $\boldsymbol{B}$ 合同的充分必要条件是二次型 $\boldsymbol{x}^{\mathrm{T}}\boldsymbol{A}\boldsymbol{x}$ 与 $\boldsymbol{x}^{\mathrm{T}}\boldsymbol{B}\boldsymbol{x}$ 有相同的规范形,且根据惯性定理,其规范形的系数是唯一确定的,即 $\boldsymbol{x}^{\mathrm{T}}\boldsymbol{A}\boldsymbol{x}$ 与 $\boldsymbol{x}^{\mathrm{T}}\boldsymbol{B}\boldsymbol{x}$ 有相同的正、负惯性指数.

(ii) 由于二次型 $\boldsymbol{x}^{\mathrm{T}}\boldsymbol{A}\boldsymbol{x}$ 与 $\boldsymbol{x}^{\mathrm{T}}\boldsymbol{B}\boldsymbol{x}$ 在正交变换下的标准形的系数分别为矩阵 $\boldsymbol{A}$ 与 $\boldsymbol{B}$ 的特征值,故它们的正、负惯性指数分别为 $\boldsymbol{A}$ 与 $\boldsymbol{B}$ 的正、负特征值的个数. 因此,**实对称矩阵 $\boldsymbol{A}$ 与 $\boldsymbol{B}$ 合同的充分必要条件是 $\boldsymbol{A}$ 与 $\boldsymbol{B}$ 的正、负特征值个数相同**.

问题研究

【例 23】 设矩阵 $\boldsymbol{A}=\begin{pmatrix}2&1&-1\\1&2&-1\\-1&-1&2\end{pmatrix},\boldsymbol{B}=\begin{pmatrix}1&0&0\\0&1&0\\0&0&1\end{pmatrix}$,则 $\boldsymbol{A}$ 与 $\boldsymbol{B}$(　　)

(A) 合同且相似.　　(B) 合同,但不相似.

(C) 不合同,但相似.　　(D) 既不合同,也不相似.

【解】由例 1 可知 $\boldsymbol{A}$ 的特征值为 4,1,1. 显然,$\boldsymbol{B}$ 的特征值为 1,1,1.

由于实对称矩阵 $\boldsymbol{A}$ 与 $\boldsymbol{B}$ 的正、负特征值个数相同,故 $\boldsymbol{A}$ 与 $\boldsymbol{B}$ 合同. 又由于 $\boldsymbol{A}$ 与 $\boldsymbol{B}$ 的特征值不同,故 $\boldsymbol{A}$ 与 $\boldsymbol{B}$ 不相似. 选(B).

【题外话】本例告诉我们,合同的实对称矩阵不一定相似. 而由相似矩阵的特征值相同可知,其正、负特征值的个数必相同,故相似的实对称矩阵一定合同.

此外,由合同矩阵有相同的秩则又可知合同的实对称矩阵一定等价. 那么,等价的实对称矩阵一定合同吗? 不一定. 比如,矩阵

$$\boldsymbol{A}=\begin{pmatrix}1&0\\0&1\end{pmatrix},\boldsymbol{B}=\begin{pmatrix}0&1\\1&0\end{pmatrix}$$

虽然等价,但是由于 $\boldsymbol{A}$ 的特征值为 1,1,而 $\boldsymbol{B}$ 的特征值为 1,−1,故其正、负特征值的个数不同,从而不合同.

由此可见,若 $\boldsymbol{A},\boldsymbol{B}$ 为实对称矩阵,则

$$\boldsymbol{A},\boldsymbol{B}\text{ 相似}\underset{\not\Leftarrow}{\overset{\Rightarrow}{}}\boldsymbol{A},\boldsymbol{B}\text{ 合同}\underset{\not\Leftarrow}{\overset{\Rightarrow}{}}\boldsymbol{A},\boldsymbol{B}\text{ 等价}.$$

参看图 3-7,便能在两个矩阵都是实对称矩阵的前提下,对它们之间的三种关系有一个更为深刻的认识.

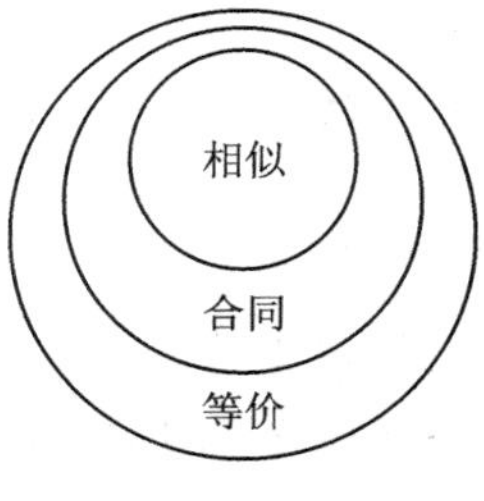

图 3-7

其实,由于本例中实对称矩阵 $\boldsymbol{A},\boldsymbol{B}$ 的特征值全为正数,所以它们都是一种特殊的矩阵——正定矩阵. 那么,在线性代数的探索之旅的最后,关于正定矩阵,又有哪些值得探讨的话题呢?

问题6　正定二次型和正定矩阵的相关问题

问题研究

题眼探索　什么是正定矩阵呢？若任取 $\boldsymbol{x} \neq \boldsymbol{0}$，恒有二次型

$$f = \boldsymbol{x}^{\mathrm{T}}\boldsymbol{A}\boldsymbol{x} > 0,$$

则称 f 为正定二次型，并称对称矩阵 $\boldsymbol{A}$ 为正定矩阵. 而值得注意的是，作为二次型的矩阵，**正定矩阵必为对称矩阵**.

根据正定矩阵的定义，n 阶对称矩阵 $\boldsymbol{A}$ 为正定矩阵的充分必要条件是二次型 $\boldsymbol{x}^{\mathrm{T}}\boldsymbol{A}\boldsymbol{x}$ 的标准形的系数全为正数，换言之，它的规范形的系数全为1，即正惯性指数为 n. 于是，便能得到 $\boldsymbol{A}$ 为正定矩阵的另外两个更管用的充分必要条件：

1°$\boldsymbol{A}$ 的特征值全为正数；

2°$\boldsymbol{A}$ 的各阶顺序主子式全大于零，即

$$a_{11}>0,\begin{vmatrix} a_{11} & a_{12} \\ a_{21} & a_{22} \end{vmatrix}>0,\cdots,\begin{vmatrix} a_{11} & \cdots & a_{1n} \\ \vdots & & \vdots \\ a_{n1} & \cdots & a_{nn} \end{vmatrix}>0.$$

如此看来，**解决正定二次型和正定矩阵的相关问题有三种方法：定义法、特征值法和顺序主子式法**. 那么，该如何选择合适的方法呢？

1. 判断问题

【例 24】　下列矩阵是正定矩阵的是

(A) $\begin{pmatrix} 1 & 4 & 0 \\ 0 & 2 & 5 \\ 0 & 0 & 3 \end{pmatrix}$.　　(B) $\begin{pmatrix} 1 & 1 & 1 \\ 1 & 1 & 1 \\ 1 & 1 & 1 \end{pmatrix}$.

(C) $\begin{pmatrix} 1 & 1 & 2 \\ 1 & -1 & 0 \\ 2 & 0 & 2 \end{pmatrix}$.　　(D) $\begin{pmatrix} 1 & -1 & 0 \\ -1 & 4 & 0 \\ 0 & 0 & 5 \end{pmatrix}$.

【解】对于(A)中的矩阵，由于它不是对称矩阵，故不是正定矩阵.

对于(B)中的矩阵，由于它的秩为1，故它的特征值显然为0，0，3，从而不是正定矩阵.

对于(C)中的矩阵，由于它的2阶顺序主子式

$$\begin{vmatrix} 1 & 1 \\ 1 & -1 \end{vmatrix} = -2 < 0,$$

故不是正定矩阵.

对于(D)中的矩阵，由于它的各阶顺序主子式全大于零，即

$$1>0,\begin{vmatrix}1&-1\\-1&4\end{vmatrix}=3>0,\begin{vmatrix}1&-1&0\\-1&4&0\\0&0&5\end{vmatrix}=5\begin{vmatrix}1&-1\\-1&4\end{vmatrix}=15>0,$$

故是正定矩阵.选(D).

【题外话】由于正定二次型 $\boldsymbol{x}^{\mathrm{T}}\boldsymbol{A}\boldsymbol{x}$ 的标准形的系数为正数,故 $\boldsymbol{x}^{\mathrm{T}}\boldsymbol{A}\boldsymbol{x}$ 的平方项的系数全为正数.所以,$\boldsymbol{A}$ 为正定矩阵的必要条件是 $\boldsymbol{A}$ 的主对角线元素全为正数.以此便能直接排除本例中的(C)选项.

2. 求参问题

【例 25】 若二次型 $f(x_1,x_2,x_3)=ax_1^2+ax_2^2+2x_3^2+2x_1x_2+2\sqrt{3}x_2x_3$ 是正定的,则 a 的范围是________.

【解】二次型 f 的矩阵为

$$\boldsymbol{A}=\begin{pmatrix}a&1&0\\1&a&\sqrt{3}\\0&\sqrt{3}&2\end{pmatrix}.$$

由于 f 为正定二次型,故 $\boldsymbol{A}$ 的各阶顺序主子式全大于零,即

$$a>0,\begin{vmatrix}a&1\\1&a\end{vmatrix}=a^2-1>0,|\boldsymbol{A}|=\begin{vmatrix}a&1&0\\1&a&\sqrt{3}\\0&\sqrt{3}&2\end{vmatrix}=2a^2-3a-2>0,$$

从而 $a>2$.

【题外话】对于具体二次型(或矩阵)的正定问题,利用顺序主子式法往往会较为便捷.那么,若已知一个配方之后的二次型是正定的,则又该如何确定其中的参数的范围呢?请看例 26.

【例 26】 (2000 年考研题)设有 n 元实二次型

$f(x_1,x_2,\cdots,x_n)=(x_1+a_1x_2)^2+(x_2+a_2x_3)^2+\cdots+(x_{n-1}+a_{n-1}x_n)^2+(x_n+a_nx_1)^2$,其中 $a_i(i=1,2,\cdots,n)$ 为实数.试问:当 $a_1,a_2,\cdots,a_n$ 满足何种条件时,二次型 $f(x_1,x_2,\cdots,x_n)$ 为正定二次型.

【分析】为了不破坏配方的"成果",本例只能请定义法"出马".

根据正定二次型的定义,任取 $(x_1,x_2,\cdots,x_n)^{\mathrm{T}}\neq\boldsymbol{0}$,恒有 $f>0$.又由于此处 $f\geqslant0$,故"对于任意的非零向量 $(x_1,x_2,\cdots,x_n)^{\mathrm{T}}$,都满足 $f\neq0$".那么,它的言外之意是什么呢?这意味着,只有当 $(x_1,x_2,\cdots,x_n)^{\mathrm{T}}$ 为零向量时,才有 $f=0$.

对于本例中配方之后的二次型 f,它等于零的充分必要条件是

$$\begin{cases}x_1+a_1x_2=0,\\x_2+a_2x_3=0,\\\cdots\cdots\cdots\cdots\\x_{n-1}+a_{n-1}x_n=0,\\x_n+a_nx_1=0.\end{cases}\tag{3-18}$$

哈！一个线性方程组“现身”了，而“只有当$(x_1,x_2,\cdots,x_n)^{\mathrm{T}}$为零向量时，才有$f=0$”，则无异于“方程组(3-18)只有零解”. 这是一个多么熟悉的问题啊！

【解】f为正定二次型$\Leftrightarrow$任取$(x_1,x_2,\cdots,x_n)^{\mathrm{T}}\neq\mathbf{0}$，恒有$f>0$

$\Leftrightarrow$当且仅当$(x_1,x_2,\cdots,x_n)^{\mathrm{T}}=\mathbf{0}$时，$f=0$

$\Leftrightarrow$方程组(3-18)只有零解

$$\Leftrightarrow\begin{vmatrix}1 & a_1 & 0 & \cdots & 0 & 0\\ 0 & 1 & a_2 & \cdots & 0 & 0\\ \vdots & \vdots & \vdots & & \vdots & \vdots\\ 0 & 0 & 0 & \cdots & 1 & a_{n-1}\\ a_n & 0 & 0 & \cdots & 0 & 1\end{vmatrix}\neq 0$$

$\Leftrightarrow 1+(-1)^{n+1}a_1a_2\cdots a_n\neq 0$

$\Leftrightarrow a_1a_2\cdots a_n\neq(-1)^n$.

【题外话】

(i) 方程组(3-18)的系数行列式是“双对角线+左下元”形行列式，按第1列展开便能计算出它的值(可参看第一章例2).

(ii) 定义法不但可用于正定二次型与正定矩阵的求参问题，而且还可用于证明问题，比如例27(1).

3. 证明问题

【例27】

(1) 已知n阶矩阵$\mathbf{A}$的秩为n，证明$\mathbf{A}^{\mathrm{T}}\mathbf{A}$是正定矩阵；

(2) 设$\mathbf{A}$为n阶实对称矩阵，$\mathbf{A}^*$为$\mathbf{A}$的伴随矩阵，已知方程组$\mathbf{A}^*\boldsymbol{x}=\mathbf{0}$只有零解，证明$\mathbf{A}^2$是正定矩阵.

【证】

(1) 由$(\mathbf{A}^{\mathrm{T}}\mathbf{A})^{\mathrm{T}}=\mathbf{A}^{\mathrm{T}}\mathbf{A}$可知，$\mathbf{A}^{\mathrm{T}}\mathbf{A}$为对称矩阵.

由于$r(\mathbf{A})=n$，故方程组$\mathbf{A}\boldsymbol{x}=\mathbf{0}$只有零解. 于是任取$\boldsymbol{x}\neq\mathbf{0}$，恒有$\mathbf{A}\boldsymbol{x}\neq\mathbf{0}$，即有

$$\boldsymbol{x}^{\mathrm{T}}(\mathbf{A}^{\mathrm{T}}\mathbf{A})\boldsymbol{x}=(\mathbf{A}\boldsymbol{x})^{\mathrm{T}}(\mathbf{A}\boldsymbol{x})=\|\mathbf{A}\boldsymbol{x}\|^2>0,$$

故$\mathbf{A}^{\mathrm{T}}\mathbf{A}$为正定矩阵.

(2) 由$(\mathbf{A}^2)^{\mathrm{T}}=(\mathbf{A}^{\mathrm{T}})^2=\mathbf{A}^2$可知，$\mathbf{A}^2$为对称矩阵.

方程组$\mathbf{A}^*\boldsymbol{x}=\mathbf{0}$只有零解$\Leftrightarrow|\mathbf{A}^*|\neq 0$

$\Leftrightarrow|\mathbf{A}|\neq 0$

$\Leftrightarrow$0不是$\mathbf{A}$的特征值

$\Leftrightarrow\mathbf{A}^2$的特征值全为正数

$\Leftrightarrow\mathbf{A}^2$为正定矩阵.

【题外话】

(i) **在证明$\mathbf{A}$为正定矩阵之前，必须先证明$\mathbf{A}$为对称矩阵.**

(ii) 本例(1)的关键在于要发现$\mathbf{A}\boldsymbol{x}$是一个列向量，于是便有$(\mathbf{A}\boldsymbol{x})^{\mathrm{T}}(\mathbf{A}\boldsymbol{x})=\|\mathbf{A}\boldsymbol{x}\|^2$. 而这是一个“老生常谈”的话题，在第二章例20，以及本章例5和例19中都有所涉及.

事实上，若 n 阶矩阵 $\boldsymbol{B}$ 为正定矩阵，则由二次型 $\boldsymbol{x}^{\mathrm{T}}\boldsymbol{B}\boldsymbol{x}$ 的规范形的系数全为 1 可知，$\boldsymbol{B}$ 与 n 阶单位矩阵 $\boldsymbol{E}$ 合同，从而根据合同矩阵的定义，有 $\boldsymbol{B}=\boldsymbol{A}^{\mathrm{T}}\boldsymbol{A}$（$n$ 阶矩阵 $\boldsymbol{A}$ 的秩为 n）. 因此，$\boldsymbol{B}$ 为正定矩阵的充分必要条件是存在可逆矩阵 $\boldsymbol{A}$，使 $\boldsymbol{B}=\boldsymbol{A}^{\mathrm{T}}\boldsymbol{A}$.

(iii) 在本例(1)和(2)中，行列式、矩阵的秩、向量、线性方程组等“老朋友”悉数“亮相”. 这再次表明，**线性代数是一个整体，各个概念之间往往会有紧密的联系**. 而伴随着它们与特征值和二次型的“同台表演”，线性代数的探索之旅画上了一个圆满的句号.

实战演练

一、选择题

1. 设 $\boldsymbol{A}$ 为 n 阶非零矩阵，$\boldsymbol{E}$ 为 n 阶单位矩阵. 若 $\boldsymbol{A}^3=\boldsymbol{O}$，则(　　)

(A) $\boldsymbol{E}-\boldsymbol{A}$ 不可逆，$\boldsymbol{E}+\boldsymbol{A}$ 不可逆.　　(B) $\boldsymbol{E}-\boldsymbol{A}$ 不可逆，$\boldsymbol{E}+\boldsymbol{A}$ 可逆.

(C) $\boldsymbol{E}-\boldsymbol{A}$ 可逆，$\boldsymbol{E}+\boldsymbol{A}$ 可逆.　　(D) $\boldsymbol{E}-\boldsymbol{A}$ 可逆，$\boldsymbol{E}+\boldsymbol{A}$ 不可逆.

2. 设 λ_1,λ_2 是矩阵 $\boldsymbol{A}$ 的两个不同的特征值，对应的特征向量分别为 $\boldsymbol{\alpha}_1,\boldsymbol{\alpha}_2$，则 $\boldsymbol{\alpha}_1$，$\boldsymbol{A}(\boldsymbol{\alpha}_1+\boldsymbol{\alpha}_2)$ 线性无关的充分必要条件是(　　)

(A) $\lambda_1\neq 0$.　　(B) $\lambda_2\neq 0$.　　(C) $\lambda_1=0$.　　(D) $\lambda_2=0$.

3. 已知矩阵 $\boldsymbol{A}=\begin{pmatrix}2&0&0\\0&2&1\\0&0&1\end{pmatrix}$，$\boldsymbol{B}=\begin{pmatrix}2&1&0\\0&2&0\\0&0&1\end{pmatrix}$，$\boldsymbol{C}=\begin{pmatrix}1&0&0\\0&2&0\\0&0&2\end{pmatrix}$，则(　　)

(A) $\boldsymbol{A}$ 与 $\boldsymbol{C}$ 相似，$\boldsymbol{B}$ 与 $\boldsymbol{C}$ 相似.　　(B) $\boldsymbol{A}$ 与 $\boldsymbol{C}$ 相似，$\boldsymbol{B}$ 与 $\boldsymbol{C}$ 不相似.

(C) $\boldsymbol{A}$ 与 $\boldsymbol{C}$ 不相似，$\boldsymbol{B}$ 与 $\boldsymbol{C}$ 相似.　　(D) $\boldsymbol{A}$ 与 $\boldsymbol{C}$ 不相似，$\boldsymbol{B}$ 与 $\boldsymbol{C}$ 不相似.

4. 设二次型 $f(x_1,x_2,x_3)$ 在正交变换 $\boldsymbol{x}=\boldsymbol{P}\boldsymbol{y}$ 下的标准形为 $2y_1^2+y_2^2-y_3^2$，其中 $\boldsymbol{P}=(\boldsymbol{e}_1,\boldsymbol{e}_2,\boldsymbol{e}_3)$，若 $\boldsymbol{Q}=(\boldsymbol{e}_1,-\boldsymbol{e}_3,\boldsymbol{e}_2)$，则 $f(x_1,x_2,x_3)$ 在 $\boldsymbol{x}=\boldsymbol{Q}\boldsymbol{y}$ 下的标准形为(　　)

(A) $2y_1^2-y_2^2+y_3^2$.　　(B) $2y_1^2+y_2^2-y_3^2$.

(C) $2y_1^2-y_2^2-y_3^2$.　　(D) $2y_1^2+y_2^2+y_3^2$.

5. 设 $\boldsymbol{A}$ 为 4 阶实对称矩阵，且 $\boldsymbol{A}^2+2\boldsymbol{A}=\boldsymbol{O}$. 若 $\boldsymbol{A}$ 的秩为 3，则 $\boldsymbol{A}$ 合同于(　　)

(A) $\begin{pmatrix}1&&&\\&1&&\\&&1&\\&&&0\end{pmatrix}$.　　(B) $\begin{pmatrix}-1&&&\\&-1&&\\&&0&\\&&&0\end{pmatrix}$.

(C) $\begin{pmatrix}-1&&&\\&0&&\\&&0&\\&&&0\end{pmatrix}$.　　(D) $\begin{pmatrix}-1&&&\\&-1&&\\&&-1&\\&&&0\end{pmatrix}$.

二、填空题

6. 设 $\boldsymbol{A},\boldsymbol{B}$ 为 3 阶矩阵，$\boldsymbol{A}$ 相似于 $\boldsymbol{B}$，$\lambda_1=1$，$\lambda_2=-1$ 为 $\boldsymbol{A}$ 的两个特征值，又 $|\boldsymbol{B}|=3$，则

$\begin{vmatrix} (A-3E)^{-1} & O \\ O & B^* \end{vmatrix}=$________.

7. 设 $\boldsymbol{A}$ 为 2 阶矩阵，$\boldsymbol{\alpha}_1,\boldsymbol{\alpha}_2$ 为线性无关的 2 维列向量，$\boldsymbol{A\alpha}_1=\boldsymbol{0}$，$\boldsymbol{A\alpha}_2=2\boldsymbol{\alpha}_1+\boldsymbol{\alpha}_2$，则 $\boldsymbol{A}$ 的非零特征值为________.

8. 设二次型 $f(x_1,x_2,x_3)=\boldsymbol{x}^{\mathrm{T}}\boldsymbol{Ax}$ 的秩为 1，$\boldsymbol{A}$ 的各行元素之和为 3，则 f 在正交变换 $\boldsymbol{x}=\boldsymbol{Qy}$ 下的标准形为________.

9. 设二次型 $f(x_1,x_2,x_3)=x_1^2+ax_2^2+x_3^2+2x_1x_2-2x_2x_3-2ax_1x_3$ 的正、负惯性指数都为 1，则 $a=$________.

10. 若二次型 $f(x_1,x_2,x_3)=2x_1^2+x_2^2+x_3^2+2x_1x_2+tx_2x_3$ 是正定的，则 t 的范围是________.

三、解答题

11. 设 3 阶矩阵 $\boldsymbol{A}=(\boldsymbol{\alpha}_1,\boldsymbol{\alpha}_2,\boldsymbol{\alpha}_3)$ 有 3 个不同的特征值，且 $\boldsymbol{\alpha}_3=\boldsymbol{\alpha}_1+2\boldsymbol{\alpha}_2$.

(1) 证明 $r(\boldsymbol{A})=2$；

(2) 若 $\boldsymbol{\beta}=\boldsymbol{\alpha}_1+\boldsymbol{\alpha}_2+\boldsymbol{\alpha}_3$，求方程组 $\boldsymbol{Ax}=\boldsymbol{\beta}$ 的通解.

12. 设矩阵 $\boldsymbol{A}=\begin{pmatrix} 0 & 2 & -3 \\ -1 & 3 & -3 \\ 1 & -2 & a \end{pmatrix}$ 相似于矩阵 $\boldsymbol{B}=\begin{pmatrix} 1 & -2 & 0 \\ 0 & b & 0 \\ 0 & 3 & 1 \end{pmatrix}$.

(1) 求 a,b 的值；

(2) 求可逆矩阵 $\boldsymbol{P}$，使 $\boldsymbol{P}^{-1}\boldsymbol{AP}$ 为对角矩阵.

13. 设矩阵 $\boldsymbol{A}=\begin{pmatrix} 1 & 2 & -3 \\ -1 & 4 & -3 \\ 1 & a & 5 \end{pmatrix}$ 的特征方程有一个二重根，求 a 的值，并讨论 $\boldsymbol{A}$ 是否可相似对角化.

14. 设 $\boldsymbol{A}$ 为 3 阶矩阵，$\boldsymbol{\alpha}_1,\boldsymbol{\alpha}_2$ 为 $\boldsymbol{A}$ 的分别属于特征值 $-1,1$ 的特征向量，向量 $\boldsymbol{\alpha}_3$ 满足 $\boldsymbol{A\alpha}_3=\boldsymbol{\alpha}_2+\boldsymbol{\alpha}_3$.

(1) 证明 $\boldsymbol{\alpha}_1,\boldsymbol{\alpha}_2,\boldsymbol{\alpha}_3$ 线性无关；

(2) 令 $\boldsymbol{P}=(\boldsymbol{\alpha}_1,\boldsymbol{\alpha}_2,\boldsymbol{\alpha}_3)$，求 $\boldsymbol{P}^{-1}\boldsymbol{AP}$.

15. 设 $\boldsymbol{A}$ 为 3 阶实对称矩阵，$\boldsymbol{A}$ 的秩为 2，且

$$\boldsymbol{A}\begin{pmatrix} 1 & 1 \\ 0 & 0 \\ -1 & 1 \end{pmatrix}=\begin{pmatrix} -1 & 1 \\ 0 & 0 \\ 1 & 1 \end{pmatrix}.$$

(1) 求 $\boldsymbol{A}$ 的所有特征值与特征向量；

(2) 求矩阵 $\boldsymbol{A}$.

16. 设二次型 $f(x_1,x_2,x_3)=2x_1^2-x_2^2+ax_3^2+2x_1x_2-8x_1x_3+2x_2x_3$ 在正交变换 $\boldsymbol{x}=\boldsymbol{Qy}$ 下的标准形为 $\lambda_1y_1^2+\lambda_2y_2^2$，求 a 的值及一个正交矩阵 $\boldsymbol{Q}$.

17. 设二次型 $f(x_1,x_2,x_3)=2(a_1x_1+a_2x_2+a_3x_3)^2+(b_1x_1+b_2x_2+b_3x_3)^2$，记

$$\boldsymbol{\alpha}=\begin{pmatrix}a_1\\a_2\\a_3\end{pmatrix},\boldsymbol{\beta}=\begin{pmatrix}b_1\\b_2\\b_3\end{pmatrix}.$$

(1) 证明二次型 f 对应的矩阵为 $2\boldsymbol{\alpha}\boldsymbol{\alpha}^{\mathrm{T}}+\boldsymbol{\beta}\boldsymbol{\beta}^{\mathrm{T}}$；

(2) 若 $\boldsymbol{\alpha},\boldsymbol{\beta}$ 正交且均为单位向量，证明二次型 f 在正交变化下的标准形为 $2y_1^2+y_2^2$.

18. 设 $\boldsymbol{A}$ 为 $m\times n$ 实矩阵，$\boldsymbol{E}$ 为 n 阶单位矩阵，已知矩阵 $\boldsymbol{B}=\lambda\boldsymbol{E}+\boldsymbol{A}^{\mathrm{T}}\boldsymbol{A}$，试证：当 $\lambda>0$ 时，矩阵 $\boldsymbol{B}$ 为正定矩阵.

习题答案与解析

第一章

一、选择题

1.【答案】(B).

【解】原式$\xlongequal{r_2\leftrightarrow r_3}-\begin{vmatrix}0&a&b&0\\0&c&d&0\\a&0&0&b\\c&0&0&d\end{vmatrix}\xlongequal{c_1\leftrightarrow c_3}\begin{vmatrix}b&a&0&0\\d&c&0&0\\0&0&a&b\\0&0&c&d\end{vmatrix}$

$$=\begin{vmatrix}b&a\\d&c\end{vmatrix}\begin{vmatrix}a&b\\c&d\end{vmatrix}=-(ad-bc)^2.$$

2.【答案】(D).

【解】由题意 $\boldsymbol{B}=\boldsymbol{A}\boldsymbol{P}_1,\boldsymbol{E}=\boldsymbol{P}_2\boldsymbol{B}$，从而 $\boldsymbol{E}=\boldsymbol{P}_2\boldsymbol{A}\boldsymbol{P}_1$，即 $\boldsymbol{A}=\boldsymbol{P}_2{}^{-1}\boldsymbol{P}_1{}^{-1}$.

又因为

$$\boldsymbol{P}_1^{-1}=\begin{pmatrix}1&0&0\\-1&1&0\\0&0&1\end{pmatrix},\boldsymbol{P}_2^{-1}=\boldsymbol{P}_2,$$

故 $\boldsymbol{A}=\boldsymbol{P}_2\boldsymbol{P}_1{}^{-1}$.

二、填空题

3.【答案】202.

【解】原式$\xlongequal{r_1-r_2}\begin{vmatrix}1&-1&1&2\\2&5&4&9\\5&3&2&12\\14&-11&21&29\end{vmatrix}\xlongequal[r_4-14r_1]{r_2-2r_1\\r_3-5r_1}\begin{vmatrix}1&-1&1&2\\0&7&2&5\\0&8&-3&2\\0&3&7&1\end{vmatrix}$

$$\xlongequal{r_2-r_3}\begin{vmatrix}1&-1&1&2\\0&-1&5&3\\0&8&-3&2\\0&3&7&1\end{vmatrix}\xlongequal[r_4+3r_2]{r_3+8r_2}\begin{vmatrix}1&-1&1&2\\0&-1&5&3\\0&0&37&26\\0&0&22&10\end{vmatrix}$$

$$\xlongequal{按 c_1 展开}\begin{vmatrix}-1&5&3\\0&37&26\\0&22&10\end{vmatrix}\xlongequal{按 c_1 展开}-\begin{vmatrix}37&26\\22&10\end{vmatrix}=202.$$

4.【答案】13.

【解】原式$\xlongequal{r_4-r_1}\begin{vmatrix}1&0&0&1\\0&2&0&1\\0&0&3&1\\0&1&1&3\end{vmatrix}\xlongequal{r_4-\frac{1}{2}r_2}\begin{vmatrix}1&0&0&1\\0&2&0&1\\0&0&3&1\\0&0&1&\frac{5}{2}\end{vmatrix}$

$$\xlongequal{r_4-\frac{1}{3}r_3}\begin{vmatrix}1&0&0&1\\0&2&0&1\\0&0&3&1\\0&0&0&\frac{13}{6}\end{vmatrix}=13.$$

5.【答案】x^4.

【解】当 $x\neq0$ 时,

$$原式\xlongequal[c_1+c_4]{\substack{c_1+c_2\\c_1+c_3}}\begin{vmatrix}x&-1&1&x-1\\x&-1&x+1&-1\\x&x-1&1&-1\\x&-1&1&-1\end{vmatrix}\xlongequal{c_1\times\frac{1}{x}}x\begin{vmatrix}1&-1&1&x-1\\1&-1&x+1&-1\\1&x-1&1&-1\\1&-1&1&-1\end{vmatrix}$$

$$\xlongequal[c_4+c_1]{\substack{c_2+c_1\\c_3-c_1}}x\begin{vmatrix}1&0&0&x\\1&0&x&0\\1&x&0&0\\1&0&0&0\end{vmatrix}=x\cdot(-1)^{\frac{4\times3}{2}}x^3=x^4.$$

当 $x=0$ 时亦成立.

6.【答案】$-(4\lambda^3+3\lambda^2+2\lambda+1)$.

【解】当 $\lambda\neq0$ 时,

$$原式\xlongequal{c_2+\frac{1}{\lambda}c_1}\begin{vmatrix}1&2+\frac{1}{\lambda}&3&4\\\lambda&0&0&0\\0&\lambda&-1&0\\0&0&\lambda&-1\end{vmatrix}\xlongequal{c_3+\frac{1}{\lambda}c_2}\begin{vmatrix}1&2+\frac{1}{\lambda}&3+\frac{2}{\lambda}+\frac{1}{\lambda^2}&4\\\lambda&0&0&0\\0&\lambda&0&0\\0&0&\lambda&-1\end{vmatrix}$$

$$\xlongequal{c_4+\frac{1}{\lambda}c_3}\begin{vmatrix}1&2+\frac{1}{\lambda}&3+\frac{2}{\lambda}+\frac{1}{\lambda^2}&4+\frac{3}{\lambda}+\frac{2}{\lambda^2}+\frac{1}{\lambda^3}\\\lambda&0&0&0\\0&\lambda&0&0\\0&0&\lambda&0\end{vmatrix}$$

$$\xlongequal{按 c_4 展开}-\left(4+\frac{3}{\lambda}+\frac{2}{\lambda^2}+\frac{1}{\lambda^3}\right)\begin{vmatrix}\lambda&0&0\\0&\lambda&0\\0&0&\lambda\end{vmatrix}=-(4\lambda^3+3\lambda^2+2\lambda+1).$$

当 $\lambda=0$ 时亦成立.

7.【答案】-27.

【解】由于矩阵 $\boldsymbol{B}$ 由交换 $\boldsymbol{A}$ 的第 1 行与第 2 行得到,故 $|\boldsymbol{B}|=-|\boldsymbol{A}|=-3$.

又由于$|\boldsymbol{A}^*|=|\boldsymbol{A}|^2=9$,故$|\boldsymbol{BA}^*|=|\boldsymbol{B}|\cdot|\boldsymbol{A}^*|=-27$.

8.【答案】2.

【解】由$\boldsymbol{BA}=\boldsymbol{B}+2\boldsymbol{E}$可知$\boldsymbol{B}(\boldsymbol{A}-\boldsymbol{E})=2\boldsymbol{E}$,故

$$|\boldsymbol{B}(\boldsymbol{A}-\boldsymbol{E})|=|2\boldsymbol{E}|,$$

从而

$$|\boldsymbol{B}|\cdot|\boldsymbol{A}-\boldsymbol{E}|=2^2|\boldsymbol{E}|.$$

由于$|\boldsymbol{A}-\boldsymbol{E}|=\begin{vmatrix}1&1\\-1&1\end{vmatrix}=2$,故$|\boldsymbol{B}|=\dfrac{4}{|\boldsymbol{A}-\boldsymbol{E}|}=2$.

【注】值得注意的是,$|\lambda\boldsymbol{A}|=\lambda^n|\boldsymbol{A}|\neq\lambda|\boldsymbol{A}|$($\boldsymbol{A}$为$n$阶方阵),故$|2\boldsymbol{E}|\neq2$.否则,就会得到典型错解"1".

9.【答案】2.

【解】由题意,

$$\boldsymbol{B}=(\boldsymbol{\alpha}_1+\boldsymbol{\alpha}_2+\boldsymbol{\alpha}_3,\boldsymbol{\alpha}_1+2\boldsymbol{\alpha}_2+4\boldsymbol{\alpha}_3,\boldsymbol{\alpha}_1+3\boldsymbol{\alpha}_2+9\boldsymbol{\alpha}_3)=(\boldsymbol{\alpha}_1,\boldsymbol{\alpha}_2,\boldsymbol{\alpha}_3)\begin{pmatrix}1&1&1\\1&2&3\\1&4&9\end{pmatrix},$$

故

$$|\boldsymbol{B}|=|\boldsymbol{A}|\begin{vmatrix}1&1&1\\1&2&3\\1&4&9\end{vmatrix}=2.$$

10.【答案】-1.

【解】由$A_{ij}+a_{ij}=0$可知,$\boldsymbol{A}^*=-\boldsymbol{A}^{\mathrm{T}}$.

由$\boldsymbol{A}^*=-\boldsymbol{A}^{\mathrm{T}}\Rightarrow|\boldsymbol{A}^*|=|-\boldsymbol{A}^{\mathrm{T}}|\Rightarrow|\boldsymbol{A}^*|=(-1)^3|\boldsymbol{A}^{\mathrm{T}}|\Rightarrow|\boldsymbol{A}|^2=-|\boldsymbol{A}|$.

由于$3|\boldsymbol{A}|=\sum\limits_{i=1}^{3}(a_{i1}A_{i1}+a_{i2}A_{i2}+a_{i3}A_{i3})=\sum\limits_{i=1}^{3}(a_{i1}^2+a_{i2}^2+a_{i3}^2)\neq0$,故$|\boldsymbol{A}|\neq0$,从而$|\boldsymbol{A}|=-1$.

11.【答案】$3^{n-1}\begin{pmatrix}1&\frac{1}{2}&\frac{1}{3}\\2&1&\frac{2}{3}\\3&\frac{3}{2}&1\end{pmatrix}$.

【解】
$$\begin{aligned}\boldsymbol{A}^n&=\overbrace{(\boldsymbol{\alpha\beta}^{\mathrm{T}})(\boldsymbol{\alpha\beta}^{\mathrm{T}})\cdots(\boldsymbol{\alpha\beta}^{\mathrm{T}})}^{n\text{个}}=\boldsymbol{\alpha}\overbrace{(\boldsymbol{\beta}^{\mathrm{T}}\boldsymbol{\alpha})(\boldsymbol{\beta}^{\mathrm{T}}\boldsymbol{\alpha})\cdots(\boldsymbol{\beta}^{\mathrm{T}}\boldsymbol{\alpha})}^{n-1\text{个}}\boldsymbol{\beta}^{\mathrm{T}}\\&=3^{n-1}\boldsymbol{\alpha\beta}^{\mathrm{T}}=3^{n-1}\begin{pmatrix}1&\frac{1}{2}&\frac{1}{3}\\2&1&\frac{2}{3}\\3&\frac{3}{2}&1\end{pmatrix}.\end{aligned}$$

12.【答案】$\begin{pmatrix}2\cdot4^{n-1}&-4^n&0&0\\-4^{n-1}&2\cdot4^{n-1}&0&0\\0&0&1&n\\0&0&0&1\end{pmatrix}$.

【解】记$A_1=\begin{pmatrix}2&-4\\-1&2\end{pmatrix}$,$A_2=\begin{pmatrix}1&1\\0&1\end{pmatrix}$,则$A=\begin{pmatrix}A_1&O\\O&A_2\end{pmatrix}$. 又

$$A_1^n=\overbrace{\left(\begin{pmatrix}2\\-1\end{pmatrix}(1,-2)\right)\left(\begin{pmatrix}2\\-1\end{pmatrix}(1,-2)\right)\cdots\left(\begin{pmatrix}2\\-1\end{pmatrix}(1,-2)\right)}^{n个}$$

$$=\begin{pmatrix}2\\-1\end{pmatrix}\overbrace{\left((1,-2)\begin{pmatrix}2\\-1\end{pmatrix}\right)\left((1,-2)\begin{pmatrix}2\\-1\end{pmatrix}\right)\cdots\left((1,-2)\begin{pmatrix}2\\-1\end{pmatrix}\right)}^{n-1个}(1,-2)$$

$$=4^{n-1}\begin{pmatrix}2\\-1\end{pmatrix}(1,-2)=\begin{pmatrix}2\cdot 4^{n-1}&-4^n\\-4^{n-1}&2\cdot 4^{n-1}\end{pmatrix},$$

$$A_2=\begin{pmatrix}0&1\\0&0\end{pmatrix}+\begin{pmatrix}1&0\\0&1\end{pmatrix}\xlongequal{记}B+E,且B^2=B^3=\cdots=O,$$

于是
$$A_2^n=(B+E)^n=E+C_n^1B=\begin{pmatrix}1&0\\0&1\end{pmatrix}+n\begin{pmatrix}0&1\\0&0\end{pmatrix}=\begin{pmatrix}1&n\\0&1\end{pmatrix}.$$

故
$$A^n=\begin{pmatrix}A_1^n&O\\O&A_2^n\end{pmatrix}=\begin{bmatrix}2\cdot 4^{n-1}&-4^n&0&0\\-4^{n-1}&2\cdot 4^{n-1}&0&0\\0&0&1&n\\0&0&0&1\end{bmatrix}.$$

13.【答案】$\begin{bmatrix}1&-2&0&0\\-2&5&0&0\\0&0&\frac{1}{3}&\frac{2}{3}\\0&0&-\frac{1}{3}&\frac{1}{3}\end{bmatrix}$.

【解】记$A_1=\begin{pmatrix}5&2\\2&1\end{pmatrix}$,$A_2=\begin{pmatrix}1&-2\\1&1\end{pmatrix}$,则$A=\begin{pmatrix}A_1&O\\O&A_2\end{pmatrix}$.

$$A_1^{-1}=\frac{A_1^*}{|A_1|}=\begin{pmatrix}1&-2\\-2&5\end{pmatrix},A_2^{-1}=\frac{A_2^*}{|A_2|}=\frac{1}{3}\begin{pmatrix}1&2\\-1&1\end{pmatrix}.$$

故
$$A^{-1}=\begin{pmatrix}A_1^{-1}&O\\O&A_2^{-1}\end{pmatrix}=\begin{bmatrix}1&-2&0&0\\-2&5&0&0\\0&0&\frac{1}{3}&\frac{2}{3}\\0&0&-\frac{1}{3}&\frac{1}{3}\end{bmatrix}.$$

14.【答案】$\begin{pmatrix}3&0&0\\0&2&0\\0&0&1\end{pmatrix}$.

【解】对$A^{-1}BA=6A+BA$两边右乘A^{-1},则

$$A^{-1}B=6E+B,$$

从而
$$(A^{-1}-E)B=6E,$$

故 $$B=6(A^{-1}-E)^{-1}=6\begin{pmatrix}2&0&0\\0&3&0\\0&0&6\end{pmatrix}^{-1}=\begin{pmatrix}3&0&0\\0&2&0\\0&0&1\end{pmatrix}.$$

15.【答案】$-\frac{1}{2}(\boldsymbol{A}+3\boldsymbol{E})$.

【解】设$(\boldsymbol{A}-2\boldsymbol{E})(\boldsymbol{A}+\lambda\boldsymbol{E})=\mu\boldsymbol{E}$,则

$$\boldsymbol{A}^2+(\lambda-2)\boldsymbol{A}-(2\lambda+\mu)\boldsymbol{E}=\boldsymbol{O}.$$

列方程组$\begin{cases}\lambda-2=1,\\-(2\lambda+\mu)=-4,\end{cases}$解得$\begin{cases}\lambda=3,\\\mu=-2,\end{cases}$故

$$(\boldsymbol{A}-2\boldsymbol{E})(\boldsymbol{A}+3\boldsymbol{E})=-2\boldsymbol{E},$$

从而 $$(\boldsymbol{A}-2\boldsymbol{E})\frac{\boldsymbol{A}+3\boldsymbol{E}}{-2}=\boldsymbol{E}.$$

因此,$\boldsymbol{A}-2\boldsymbol{E}$ 可逆,且$(\boldsymbol{A}-2\boldsymbol{E})^{-1}=-\frac{1}{2}(\boldsymbol{A}+3\boldsymbol{E})$.

三、解答题

16.【证】记$|\boldsymbol{A}|=D_n$.

当 $n=1$ 时,$D_1=4$,结论正确;

当 $n=2$ 时,$D_2=\begin{vmatrix}4&3\\1&4\end{vmatrix}=13$,结论正确.

假设当 $n<k$ 时,结论正确,则当 $n=k-1$ 时,$D_{k-1}=\frac{1}{2}(3^k-1)$;当 $n=k-2$ 时,$D_{k-2}=\frac{1}{2}(3^{k-1}-1)$.

于是当 $n=k$ 时,若按第 1 行展开,则

$$D_k=4\begin{vmatrix}4&3&&&&\\1&4&3&&&\\&1&4&3&&\\&&\ddots&\ddots&\ddots&\\&&&1&4&3\\&&&&1&4\end{vmatrix}_{(k-1)\times(k-1)}-3\begin{vmatrix}1&3&&&&\\&4&3&&&\\&1&4&3&&\\&&\ddots&\ddots&\ddots&\\&&&1&4&3\\&&&&1&4\end{vmatrix}_{(k-1)\times(k-1)}$$

$$=4D_{k-1}-3\begin{vmatrix}4&3&&&\\1&4&3&&\\&\ddots&\ddots&\ddots&\\&&1&4&3\\&&&1&4\end{vmatrix}_{(k-2)\times(k-2)}=4D_{k-1}-3D_{k-2}$$

$$=4\cdot\frac{1}{2}(3^k-1)-3\cdot\frac{1}{2}(3^{k-1}-1)=\frac{1}{2}(3^{k+1}-1),$$

即 $$D_n=\frac{1}{2}(3^{n+1}-1).$$

【注】该行列式所对应的低阶行列式可通过转化为三角行列式来计算,比如

$$\begin{vmatrix}4&3&0&0\\1&4&3&0\\0&1&4&3\\0&0&1&4\end{vmatrix}\xlongequal{r_2-\frac{1}{4}r_1}\begin{vmatrix}4&3&0&0\\0&\frac{13}{4}&3&0\\0&1&4&3\\0&0&1&4\end{vmatrix}\xlongequal{r_3-\frac{4}{13}r_2}\begin{vmatrix}4&3&0&0\\0&\frac{13}{4}&3&0\\0&0&\frac{40}{13}&3\\0&0&1&4\end{vmatrix}$$

$$\xlongequal{r_4-\frac{13}{40}r_3}\begin{vmatrix}4&3&0&0\\0&\frac{13}{4}&3&0\\0&0&\frac{40}{13}&3\\0&0&0&\frac{121}{40}\end{vmatrix}=121.$$

但当阶数为 n 时,显然就不适合再如此计算了.

17.【证】$|\boldsymbol{A}^{-1}+\boldsymbol{B}^{-1}|=|\boldsymbol{E}\boldsymbol{A}^{-1}+\boldsymbol{B}^{-1}|=|\boldsymbol{B}^{-1}\boldsymbol{B}\boldsymbol{A}^{-1}+\boldsymbol{B}^{-1}|=|\boldsymbol{B}^{-1}(\boldsymbol{B}\boldsymbol{A}^{-1}+\boldsymbol{E})|$

$$=|\boldsymbol{B}^{-1}(\boldsymbol{B}\boldsymbol{A}^{-1}+\boldsymbol{A}\boldsymbol{A}^{-1})|=|\boldsymbol{B}^{-1}(\boldsymbol{B}+\boldsymbol{A})\boldsymbol{A}^{-1}|$$

$$=|\boldsymbol{B}^{-1}||\boldsymbol{B}+\boldsymbol{A}||\boldsymbol{A}^{-1}|=|\boldsymbol{B}|^{-1}|\boldsymbol{B}+\boldsymbol{A}||\boldsymbol{A}|^{-1}.$$

由于 $\boldsymbol{A}+\boldsymbol{B}$ 可逆,故 $|\boldsymbol{A}+\boldsymbol{B}|\neq 0$,即 $|\boldsymbol{A}^{-1}+\boldsymbol{B}^{-1}|\neq 0$,从而 $\boldsymbol{A}^{-1}+\boldsymbol{B}^{-1}$ 可逆,并且 $(\boldsymbol{A}^{-1}+\boldsymbol{B}^{-1})^{-1}=(\boldsymbol{B}^{-1}(\boldsymbol{B}+\boldsymbol{A})\boldsymbol{A}^{-1})^{-1}=((\boldsymbol{B}+\boldsymbol{A})\boldsymbol{A}^{-1})^{-1}(\boldsymbol{B}^{-1})^{-1}=\boldsymbol{A}(\boldsymbol{A}+\boldsymbol{B})^{-1}\boldsymbol{B}$.

18.【解】由 $\boldsymbol{AXA}+\boldsymbol{BXB}=\boldsymbol{AXB}+\boldsymbol{BXA}+\boldsymbol{E}$ 可知

$$\boldsymbol{AX}(\boldsymbol{A}-\boldsymbol{B})+\boldsymbol{BX}(\boldsymbol{B}-\boldsymbol{A})=\boldsymbol{E},$$

即

$$(\boldsymbol{A}-\boldsymbol{B})\boldsymbol{X}(\boldsymbol{A}-\boldsymbol{B})=\boldsymbol{E}.$$

由于 $|\boldsymbol{A}-\boldsymbol{B}|=\begin{vmatrix}1&-1&-1\\0&1&-1\\0&0&1\end{vmatrix}=1\neq 0$,故 $\boldsymbol{A}-\boldsymbol{B}$ 可逆,从而 $\boldsymbol{X}=[(\boldsymbol{A}-\boldsymbol{B})^{-1}]^2$.

$$(\boldsymbol{A}-\boldsymbol{B},\boldsymbol{E})=\begin{pmatrix}1&-1&-1&1&0&0\\0&1&-1&0&1&0\\0&0&1&0&0&1\end{pmatrix}$$

$$\xrightarrow{r_1+r_2}\begin{pmatrix}1&0&-2&1&1&0\\0&1&-1&0&1&0\\0&0&1&0&0&1\end{pmatrix}\xrightarrow[r_2+r_3]{r_1+2r_3}\begin{pmatrix}1&0&0&1&1&2\\0&1&0&0&1&1\\0&0&1&0&0&1\end{pmatrix},$$

故 $(\boldsymbol{A}-\boldsymbol{B})^{-1}=\begin{pmatrix}1&1&2\\0&1&1\\0&0&1\end{pmatrix}$,从而 $\boldsymbol{X}=\begin{pmatrix}1&1&2\\0&1&1\\0&0&1\end{pmatrix}^2=\begin{pmatrix}1&2&5\\0&1&2\\0&0&1\end{pmatrix}$.

第二章

一、选择题

1.【答案】(C).

【解】$Q \xrightarrow{r} \begin{pmatrix} 1 & 2 & 3 \\ 0 & 0 & t-6 \\ 0 & 0 & 0 \end{pmatrix}$.

当 $t=6$ 时,$r(\boldsymbol{Q})=1$. 由 $r(\boldsymbol{P})+r(\boldsymbol{Q})\leqslant 3$ 可知 $r(\boldsymbol{P})\leqslant 3-r(\boldsymbol{Q})=2$. 又因为 $\boldsymbol{P}\neq\boldsymbol{O}$,故 $r(\boldsymbol{P})\geqslant 1$,从而 $r(\boldsymbol{P})=1$ 或 $r(\boldsymbol{P})=2$,则选项(A)和(B)错误.

当 $t\neq 6$ 时,$r(\boldsymbol{Q})=2$. 由 $r(\boldsymbol{P})+r(\boldsymbol{Q})\leqslant 3$ 可知,$r(\boldsymbol{P})\leqslant 3-r(\boldsymbol{Q})=1$. 又因为 $\boldsymbol{P}\neq\boldsymbol{O}$,故 $r(\boldsymbol{P})\geqslant 1$,从而 $r(\boldsymbol{P})=1$,则选项(C)正确,选项(D)错误.

2.【答案】(D).

【解】若 $\boldsymbol{Ax}=\boldsymbol{\beta}$ 有无穷多解,则 $r(\boldsymbol{A},\boldsymbol{\beta})=r(\boldsymbol{A})<n$,从而 $\boldsymbol{Ax}=\boldsymbol{0}$ 有非零解,即选项(D)正确,选项(C)错误.

由于$\begin{cases} x_1+2x_2=0, \\ 2x_1+4x_2=0 \end{cases}$有非零解,而$\begin{cases} x_1+2x_2=3, \\ 2x_1+4x_2=5 \end{cases}$无解,故选项(B)错误.

由于$\begin{cases} x_1+x_2=0, \\ x_1-x_2=0, \\ x_1+2x_2=0 \end{cases}$只有零解,而$\begin{cases} x_1+x_2=2, \\ x_1-x_2=0, \\ x_1+2x_2=4 \end{cases}$无解,故选项(A)错误.

【注】因为选项(A)和(B)都无法确保 $r(\boldsymbol{A},\boldsymbol{\beta})=r(\boldsymbol{A})$,故 $\boldsymbol{Ax}=\boldsymbol{\beta}$ 可能无解.

3.【答案】(A).

【解】由于系数矩阵 $\boldsymbol{A}$ 的秩等于各平面的法向量所组成的向量组的秩,故 $r(\boldsymbol{A})=2$. 又由于 3 张平面没有公共的交点,即方程组无解,故 $r(\bar{\boldsymbol{A}})=r(\boldsymbol{A})+1=3$.

4.【答案】(D).

【解】由于 $\boldsymbol{A}$ 是 n 阶矩阵,而$\begin{pmatrix} \boldsymbol{A} & \boldsymbol{\alpha} \\ \boldsymbol{\alpha}^{\mathrm{T}} & 0 \end{pmatrix}$是 $n+1$ 阶矩阵,故

$$r\begin{pmatrix} \boldsymbol{A} & \boldsymbol{\alpha} \\ \boldsymbol{\alpha}^{\mathrm{T}} & 0 \end{pmatrix}=r(\boldsymbol{A})\leqslant n<n+1,$$

从而选项(D)正确.

【注】由于

$$r(\boldsymbol{A})\leqslant r(\boldsymbol{A},\boldsymbol{\alpha})\leqslant r\begin{pmatrix} \boldsymbol{A} & \boldsymbol{\alpha} \\ \boldsymbol{\alpha}^{\mathrm{T}} & 0 \end{pmatrix}=r(\boldsymbol{A}),$$

故 $r(\boldsymbol{A},\boldsymbol{\alpha})=r(\boldsymbol{A})$,从而可知 $\boldsymbol{Ax}=\boldsymbol{\alpha}$ 有解,但无法确定其是有唯一解还是有无穷多解.

5.【答案】(D).

【解】显然,四个选项的向量组中的向量都为 $\boldsymbol{Ax}=\boldsymbol{0}$ 的解,并且向量的个数都为 3. 因此,只需找出其中线性无关的向量组即可.

对于选项(D),

$$(\xi_1+\xi_2,\xi_2+\xi_3,\xi_3+\xi_1)=(\xi_1,\xi_2,\xi_3)\begin{pmatrix}1&0&1\\1&1&0\\0&1&1\end{pmatrix}.$$

记 $A=(\xi_1,\xi_2,\xi_3)$, $B=(\xi_1+\xi_2,\xi_2+\xi_3,\xi_3+\xi_1)$, $Q=\begin{pmatrix}1&0&1\\1&1&0\\0&1&1\end{pmatrix}$,则 $B=AQ$. 由于 $|Q|=2\neq0$,故 Q 可逆,从而由 $r(B)=r(AQ)=r(A)=3$ 可知 $\xi_1+\xi_2,\xi_2+\xi_3,\xi_3+\xi_1$ 线性无关,即它是 $Ax=0$ 的一个基础解系.

【注】本题也可以利用观察法. 由

$$(\xi_1-\xi_2)+(\xi_2-\xi_3)+(\xi_3-\xi_1)=0,$$
$$(\xi_1+\xi_2)-(\xi_2-\xi_3)-(\xi_3+\xi_1)=0,$$
$$(\xi_1+\xi_2-\xi_3)+(\xi_1+2\xi_2+\xi_3)-(2\xi_1+3\xi_2)=0$$

得知,选项(A)、(B)、(C)的向量组都线性相关,从而将其排除.

6. **【答案】**(B).

【解】由 $A^*\neq O$ 可知 A 有 $n-1$ 阶子式不为零,故 $r(A)\geqslant n-1$. 又由 $Ax=b$ 有无穷多解可知,$r(A)\leqslant n-1$,故 $r(A)=n-1$,从而 $Ax=0$ 的基础解系中含有 $n-r(A)=1$ 个向量.

7. **【答案】**(A).

【解】若 $\alpha_1,\alpha_2,\cdots,\alpha_s$ 线性相关,则存在不全为零的数 $x_1,x_2,\cdots,x_s$,使得

$$x_1\alpha_1+x_2\alpha_2+\cdots+x_s\alpha_s=0.$$

两边同时左乘 A,则

$$x_1A\alpha_1+x_2A\alpha_2+\cdots+x_sA\alpha_s=0,$$

从而 $A\alpha_1,A\alpha_2,\cdots,A\alpha_s$ 线性相关.

【注】本题若取 $A=O$,则排除选项(B)和(D);若取 $A=E$,则排除选项(C).

8. **【答案】**(B).

【解】法一(利用秩):由题意,

$$r(\alpha_1,\alpha_2,\cdots,\alpha_m,\beta)=r(\alpha_1,\alpha_2,\cdots,\alpha_m),$$
$$r(\alpha_1,\alpha_2,\cdots,\alpha_{m-1},\beta)=r(\alpha_1,\alpha_2,\cdots,\alpha_{m-1})+1.$$

于是

$$\begin{aligned}r(\alpha_1,\alpha_2,\cdots,\alpha_m)&\leqslant r(\alpha_1,\alpha_2,\cdots,\alpha_{m-1})+1\\&=r(\alpha_1,\alpha_2,\cdots,\alpha_{m-1},\beta)\\&\leqslant r(\alpha_1,\alpha_2,\cdots,\alpha_{m-1},\alpha_m,\beta)\\&=r(\alpha_1,\alpha_2,\cdots,\alpha_m),\end{aligned}$$

故 $r(\alpha_1,\alpha_2,\cdots,\alpha_m)=r(\alpha_1,\alpha_2,\cdots,\alpha_{m-1})+1$,从而 α_m 不能由(Ⅰ)线性表示. 又由于

$$r(\alpha_1,\alpha_2,\cdots,\alpha_{m-1},\beta,\alpha_m)=r(\alpha_1,\alpha_2,\cdots,\alpha_{m-1},\alpha_m,\beta)=r(\alpha_1,\alpha_2,\cdots,\alpha_{m-1},\beta),$$

故 α_m 可由(Ⅱ)线性表示.

法二(定义法):由于 β 可由 $\alpha_1,\alpha_2,\cdots,\alpha_m$ 线性表示,故存在 $x_1,x_2,\cdots,x_m$,使得

$$\beta=x_1\alpha_1+x_2\alpha_2+\cdots+x_m\alpha_m.$$

当 $x_m=0$ 时,$\beta=x_1\alpha_1+x_2\alpha_2+\cdots+x_{m-1}\alpha_{m-1}$,与 β 不能由 $\alpha_1,\alpha_2,\cdots,\alpha_{m-1}$ 线性表示

矛盾. 所以,$x_m \neq 0$.

当 $x_m \neq 0$ 时,$\boldsymbol{\alpha}_m = \frac{1}{x_m}(\boldsymbol{\beta} - x_1\boldsymbol{\alpha}_1 - x_2\boldsymbol{\alpha}_2 - \cdots - x_{m-1}\boldsymbol{\alpha}_{m-1})$,故 $\boldsymbol{\alpha}_m$ 可由(Ⅱ)线性表示.

假设 $\boldsymbol{\alpha}_m$ 可由(I)线性表示,则存在 $y_1, y_2, \cdots, y_{m-1}$,使得

$$\boldsymbol{\alpha}_m = y_1\boldsymbol{\alpha}_1 + y_2\boldsymbol{\alpha}_2 + \cdots + y_{m-1}\boldsymbol{\alpha}_{m-1}.$$

于是

$$\begin{aligned}\boldsymbol{\beta} &= x_1\boldsymbol{\alpha}_1 + x_2\boldsymbol{\alpha}_2 + \cdots + x_{m-1}\boldsymbol{\alpha}_{m-1} + x_m(y_1\boldsymbol{\alpha}_1 + y_2\boldsymbol{\alpha}_2 + \cdots + y_{m-1}\boldsymbol{\alpha}_{m-1}) \\ &= (x_1 + x_m y_1)\boldsymbol{\alpha}_1 + (x_2 + x_m y_2)\boldsymbol{\alpha}_2 + \cdots + (x_{m-1} + x_m y_{m-1})\boldsymbol{\alpha}_{m-1},\end{aligned}$$

与 $\boldsymbol{\beta}$ 不能由(I)线性表示矛盾,故 $\boldsymbol{\alpha}_m$ 不能由(I)线性表示.

9.**【答案】**(A).

【解】由于

$$(\boldsymbol{\alpha}_1 + \boldsymbol{\alpha}_2, \boldsymbol{\alpha}_2 + \boldsymbol{\alpha}_3, \boldsymbol{\alpha}_3 + \boldsymbol{\alpha}_1) = (\boldsymbol{\alpha}_1, \boldsymbol{\alpha}_2, \boldsymbol{\alpha}_3)\begin{pmatrix}1 & 0 & 1\\ 1 & 1 & 0\\ 0 & 1 & 1\end{pmatrix},$$

$$\left(\boldsymbol{\alpha}_1, \frac{1}{2}\boldsymbol{\alpha}_2, \frac{1}{3}\boldsymbol{\alpha}_3\right) = (\boldsymbol{\alpha}_1, \boldsymbol{\alpha}_2, \boldsymbol{\alpha}_3)\begin{pmatrix}1 & 0 & 0\\ 0 & \frac{1}{2} & 0\\ 0 & 0 & \frac{1}{3}\end{pmatrix},$$

故

$$(\boldsymbol{\alpha}_1 + \boldsymbol{\alpha}_2, \boldsymbol{\alpha}_2 + \boldsymbol{\alpha}_3, \boldsymbol{\alpha}_3 + \boldsymbol{\alpha}_1) = \left(\boldsymbol{\alpha}_1, \frac{1}{2}\boldsymbol{\alpha}_2, \frac{1}{3}\boldsymbol{\alpha}_3\right)\begin{pmatrix}1 & 0 & 0\\ 0 & \frac{1}{2} & 0\\ 0 & 0 & \frac{1}{3}\end{pmatrix}^{-1}\begin{pmatrix}1 & 0 & 1\\ 1 & 1 & 0\\ 0 & 1 & 1\end{pmatrix},$$

从而所求过渡矩阵

$$\boldsymbol{P} = \begin{pmatrix}1 & 0 & 0\\ 0 & \frac{1}{2} & 0\\ 0 & 0 & \frac{1}{3}\end{pmatrix}^{-1}\begin{pmatrix}1 & 0 & 1\\ 1 & 1 & 0\\ 0 & 1 & 1\end{pmatrix} = \begin{pmatrix}1 & 0 & 0\\ 0 & 2 & 0\\ 0 & 0 & 3\end{pmatrix}\begin{pmatrix}1 & 0 & 1\\ 1 & 1 & 0\\ 0 & 1 & 1\end{pmatrix} = \begin{pmatrix}1 & 0 & 1\\ 2 & 2 & 0\\ 0 & 3 & 3\end{pmatrix}.$$

二、填空题

10.**【答案】**2.

【解】由于 $|\boldsymbol{B}| = 10 \neq 0$,故 $\boldsymbol{B}$ 可逆,从而 $r(\boldsymbol{AB}) = r(\boldsymbol{A}) = 2$.

11.**【答案】**-3.

【解】法一:由 $\boldsymbol{AB} = \boldsymbol{O}$ 可知,$\boldsymbol{B}$ 的列向量都是 $\boldsymbol{Ax} = \boldsymbol{0}$ 的解,又 $\boldsymbol{B} \neq \boldsymbol{O}$,故 $\boldsymbol{Ax} = \boldsymbol{0}$ 有非零解. 于是由 $|\boldsymbol{A}| = 0$ 得 $t = -3$.

法二:由 $\boldsymbol{AB} = \boldsymbol{O}$ 可知,$r(\boldsymbol{A}) + r(\boldsymbol{B}) \leqslant 3$,又由 $\boldsymbol{B} \neq \boldsymbol{O}$ 可知 $r(\boldsymbol{B}) \geqslant 1$,故 $r(\boldsymbol{A}) \leqslant 3 - r(\boldsymbol{B}) \leqslant 2$,从而由 $|\boldsymbol{A}| = 0$ 得 $t = -3$.

12.【答案】$\frac{1}{2}$.

【解】$|\boldsymbol{A}|=\begin{vmatrix}2&2&3&4\\1&1&2&3\\1&a&1&2\\1&a&a&1\end{vmatrix}=(a-1)(2a-1).$

由 $|\boldsymbol{A}|=0$ 得,$a=\frac{1}{2}$或 $a=1$(舍去).

三、解答题

13.【解】记 $\boldsymbol{A}=(\boldsymbol{\alpha}_1,\boldsymbol{\alpha}_2,\boldsymbol{\alpha}_3,\boldsymbol{\alpha}_4)$.

$$|\boldsymbol{A}|=\begin{vmatrix}1+a&2&3&4\\1&2+a&3&4\\1&2&3+a&4\\1&2&3&4+a\end{vmatrix}=\begin{vmatrix}10+a&2&3&4\\10+a&2+a&3&4\\10+a&2&3+a&4\\10+a&2&3&4+a\end{vmatrix}$$

$$=(10+a)\begin{vmatrix}1&2&3&4\\1&2+a&3&4\\1&2&3+a&4\\1&2&3&4+a\end{vmatrix}=(10+a)\begin{vmatrix}1&0&0&0\\1&a&0&0\\1&0&a&0\\1&0&0&a\end{vmatrix}=a^3(10+a).$$

由 $|\boldsymbol{A}|=0$ 得,$a=0$ 或 $a=-10$.

1°当 $a=0$ 时,

$$\boldsymbol{A}=\begin{pmatrix}1&2&3&4\\1&2&3&4\\1&2&3&4\\1&2&3&4\end{pmatrix}\xrightarrow{r}\begin{pmatrix}1&2&3&4\\0&0&0&0\\0&0&0&0\\0&0&0&0\end{pmatrix},$$

故 $\boldsymbol{\alpha}_1$ 是向量组的一个极大无关组,且 $\boldsymbol{\alpha}_2=2\boldsymbol{\alpha}_1,\boldsymbol{\alpha}_3=3\boldsymbol{\alpha}_1,\boldsymbol{\alpha}_4=4\boldsymbol{\alpha}_1$.

2°当 $a=-10$ 时,

$$\boldsymbol{A}=\begin{pmatrix}-9&2&3&4\\1&-8&3&4\\1&2&-7&4\\1&2&3&-6\end{pmatrix}\xrightarrow{r}\begin{pmatrix}1&0&0&-1\\0&1&0&-1\\0&0&1&-1\\0&0&0&0\end{pmatrix},$$

故 $\boldsymbol{\alpha}_1,\boldsymbol{\alpha}_2,\boldsymbol{\alpha}_3$ 是向量组的一个极大无关组,且 $\boldsymbol{\alpha}_4=-\boldsymbol{\alpha}_1-\boldsymbol{\alpha}_2-\boldsymbol{\alpha}_3$.

14.【解】(1) $(\boldsymbol{A},\boldsymbol{b})=\begin{pmatrix}\lambda&1&1&a\\0&\lambda-1&0&1\\1&1&\lambda&1\end{pmatrix}\xrightarrow{r}\begin{pmatrix}1&1&\lambda&1\\0&\lambda-1&0&1\\0&0&1-\lambda^2&a-\lambda+1\end{pmatrix}$.

由$\begin{cases}1-\lambda^2=0,\\a-\lambda+1=0\end{cases}$得,$\begin{cases}\lambda=1,\\a=0\end{cases}$或$\begin{cases}\lambda=-1,\\a=-2.\end{cases}$

当 $\lambda=1,a=0$ 时,

$$(\boldsymbol{A},\boldsymbol{b})\xrightarrow{r}\begin{pmatrix}1&1&1&1\\0&0&0&1\\0&0&0&0\end{pmatrix}.$$

由于 $r(\boldsymbol{A},\boldsymbol{b})=r(\boldsymbol{A})+1$,故方程组无解,舍去.

当 $\lambda=-1,a=-2$ 时,

$$(\boldsymbol{A},\boldsymbol{b})\xrightarrow{r}\begin{pmatrix}1&1&-1&1\\0&-2&0&1\\0&0&0&0\end{pmatrix}.$$

由于 $r(\boldsymbol{A},\boldsymbol{b})=r(\boldsymbol{A})=2<3$,故符合题意.

综上所述,$\lambda=-1,a=-2$.

(2) 当 $\lambda=-1,a=-2$ 时,由于

$$(\boldsymbol{A},\boldsymbol{b})\xrightarrow{r}\begin{bmatrix}1&0&-1&\frac{3}{2}\\0&1&0&-\frac{1}{2}\\0&0&0&0\end{bmatrix},$$

故 $\boldsymbol{Ax}=\boldsymbol{b}$ 的通解为

$$k(1,0,1)^{\mathrm{T}}+\left(\frac{3}{2},-\frac{1}{2},0\right)^{\mathrm{T}},$$

其中 k 为任意常数.

15.【解】$(\boldsymbol{A},\boldsymbol{b})=\begin{pmatrix}1&1&k&4\\-1&k&1&k^2\\1&-1&2&-4\end{pmatrix}\xrightarrow{r}\begin{bmatrix}1&1&k&4\\0&1&\frac{1}{2}(k-2)&4\\0&0&\frac{1}{2}(k+1)(4-k)&k(k-4)\end{bmatrix}.$

1°当 $k=-1$ 时,由于

$$(\boldsymbol{A},\boldsymbol{b})\xrightarrow{r}\begin{bmatrix}1&1&-1&4\\0&1&-\frac{3}{2}&4\\0&0&0&5\end{bmatrix},$$

故 $r(\boldsymbol{A},\boldsymbol{b})=r(\boldsymbol{A})+1$,从而 $\boldsymbol{Ax}=\boldsymbol{b}$ 无解.

2°当 $k=4$ 时,由于

$$(\boldsymbol{A},\boldsymbol{b})\xrightarrow{r}\begin{pmatrix}1&0&3&0\\0&1&1&4\\0&0&0&0\end{pmatrix},$$

故 $r(\boldsymbol{A},\boldsymbol{b})=r(\boldsymbol{A})=2<3$,从而 $\boldsymbol{Ax}=\boldsymbol{b}$ 有无穷多解,并且通解为

$$c(-3,-1,1)^{\mathrm{T}}+(0,4,0)^{\mathrm{T}},$$

其中 c 为任意常数.

3°当 $k\neq-1$ 且 $k\neq4$ 时,由于

$$(\boldsymbol{A},\boldsymbol{b}) \xrightarrow{r} \begin{pmatrix} 1 & 0 & 0 & \dfrac{k(k+2)}{k+1} \\ 0 & 1 & 0 & \dfrac{k^2+2k+4}{k+1} \\ 0 & 0 & 1 & \dfrac{-2k}{k+1} \end{pmatrix},$$

故 $r(\boldsymbol{A},\boldsymbol{b})=r(\boldsymbol{A})=3$，从而 $\boldsymbol{Ax}=\boldsymbol{b}$ 有唯一解

$$\left(\frac{k(k+2)}{k+1},\frac{k^2+2k+4}{k+1},\frac{-2k}{k+1}\right)^{\mathrm{T}}.$$

16.【解】记 $\boldsymbol{A}=(\boldsymbol{\alpha}_1,\boldsymbol{\alpha}_2,\boldsymbol{\alpha}_3)$，则

$$(\boldsymbol{A},\boldsymbol{\beta})=\begin{pmatrix} a & -2 & -1 & 1 \\ 2 & 1 & 1 & b \\ 10 & 5 & 4 & c \end{pmatrix} \xrightarrow{r} \begin{pmatrix} 2 & 1 & 1 & b \\ 0 & a+4 & a+2 & ab-2 \\ 0 & 0 & -1 & c-5b \end{pmatrix}.$$

(1) 当 $a\neq -4$ 时，由于 $r(\boldsymbol{A},\boldsymbol{\beta})=r(\boldsymbol{A})=3$，故 $\boldsymbol{\beta}$ 可由 $\boldsymbol{\alpha}_1,\boldsymbol{\alpha}_2,\boldsymbol{\alpha}_3$ 线性表示，且表示式唯一.

(2) 当 $a=-4$ 时，由

$$(\boldsymbol{A},\boldsymbol{\beta}) \xrightarrow{r} \begin{pmatrix} 2 & 1 & 1 & b \\ 0 & 0 & 1 & 2b+1 \\ 0 & 0 & 0 & c-3b+1 \end{pmatrix}$$

可知，当 $a=-4$ 且 $c-3b+1\neq 0$ 时，$r(\boldsymbol{A},\boldsymbol{\beta})=r(\boldsymbol{A})+1$，故 $\boldsymbol{\beta}$ 不能由 $\boldsymbol{\alpha}_1,\boldsymbol{\alpha}_2,\boldsymbol{\alpha}_3$ 线性表示.

(3) 当 $a=-4$ 且 $c-3b+1=0$ 时，由

$$(\boldsymbol{A},\boldsymbol{\beta}) \xrightarrow{r} \begin{pmatrix} 2 & 1 & 0 & -b-1 \\ 0 & 0 & 1 & 2b+1 \\ 0 & 0 & 0 & 0 \end{pmatrix}$$

可知，$r(\boldsymbol{A},\boldsymbol{\beta})=r(\boldsymbol{A})=2<3$，故 $\boldsymbol{\beta}$ 可由 $\boldsymbol{\alpha}_1,\boldsymbol{\alpha}_2,\boldsymbol{\alpha}_3$ 线性表示，且表示式不唯一，并且 $\boldsymbol{Ax}=\boldsymbol{\beta}$ 的通解为

$$k(1,-2,0)^{\mathrm{T}}+(0,-b-1,2b+1)^{\mathrm{T}},$$

即

$$\boldsymbol{\beta}=k\boldsymbol{\alpha}_1+(-2k-b-1)\boldsymbol{\alpha}_2+(2b+1)\boldsymbol{\alpha}_3,$$

其中 k 为任意常数.

17.【解】(1) 由于

$$(\boldsymbol{\beta}_1,\boldsymbol{\beta}_2,\boldsymbol{\beta}_3,\boldsymbol{\alpha}_1,\boldsymbol{\alpha}_2,\boldsymbol{\alpha}_3)=\begin{pmatrix} 1 & 1 & 3 & 1 & 0 & 1 \\ 1 & 2 & 4 & 0 & 1 & 3 \\ 1 & 3 & a & 1 & 1 & 5 \end{pmatrix} \xrightarrow{r} \begin{pmatrix} 1 & 1 & 3 & 1 & 0 & 1 \\ 0 & 1 & 1 & -1 & 1 & 2 \\ 0 & 0 & a-5 & 2 & -1 & 0 \end{pmatrix},$$

故由 $r(\boldsymbol{\beta}_1,\boldsymbol{\beta}_2,\boldsymbol{\beta}_3)<r(\boldsymbol{\beta}_1,\boldsymbol{\beta}_2,\boldsymbol{\beta}_3,\boldsymbol{\alpha}_1,\boldsymbol{\alpha}_2,\boldsymbol{\alpha}_3)$ 可知 $a=5$.

(2) 由

$$(\boldsymbol{\alpha}_1,\boldsymbol{\alpha}_2,\boldsymbol{\alpha}_3,\boldsymbol{\beta}_1,\boldsymbol{\beta}_2,\boldsymbol{\beta}_3)=\begin{pmatrix} 1 & 0 & 1 & 1 & 1 & 3 \\ 0 & 1 & 3 & 1 & 2 & 4 \\ 1 & 1 & 5 & 1 & 3 & 5 \end{pmatrix} \xrightarrow{r} \begin{pmatrix} 1 & 0 & 0 & 2 & 1 & 5 \\ 0 & 1 & 0 & 4 & 2 & 10 \\ 0 & 0 & 1 & -1 & 0 & -2 \end{pmatrix}$$

可知，$\boldsymbol{\beta}_1=2\boldsymbol{\alpha}_1+4\boldsymbol{\alpha}_2-\boldsymbol{\alpha}_3$，$\boldsymbol{\beta}_2=\boldsymbol{\alpha}_1+2\boldsymbol{\alpha}_2$，$\boldsymbol{\beta}_3=5\boldsymbol{\alpha}_1+10\boldsymbol{\alpha}_2-2\boldsymbol{\alpha}_3$.

18.【解】(1) 由于

$$A\xrightarrow{r}\begin{pmatrix}1&2&a\\0&1&-a\\0&0&0\end{pmatrix},B\xrightarrow{r}\begin{pmatrix}1&a&2\\0&1&1\\0&0&2-a\end{pmatrix},$$

故由 $r(\boldsymbol{A})=r(\boldsymbol{B})$ 可知 $a=2$.

(2) 记 $\boldsymbol{\beta}_1=(1,0,-1)^{\mathrm{T}},\boldsymbol{\beta}_2=\boldsymbol{\beta}_3=(2,1,1)^{\mathrm{T}}$，并且设 $\boldsymbol{P}=(\boldsymbol{x}_1,\boldsymbol{x}_2,\boldsymbol{x}_3)$，则由 $\boldsymbol{AP}=\boldsymbol{B}$ 可知

$$\boldsymbol{A}(\boldsymbol{x}_1,\boldsymbol{x}_2,\boldsymbol{x}_3)=(\boldsymbol{\beta}_1,\boldsymbol{\beta}_2,\boldsymbol{\beta}_3),$$

即得到方程组

$$\boldsymbol{Ax}_1=\boldsymbol{\beta}_1,\boldsymbol{Ax}_2=\boldsymbol{\beta}_2,\boldsymbol{Ax}_3=\boldsymbol{\beta}_3.$$

由

$$(\boldsymbol{A},\boldsymbol{B})=\begin{pmatrix}1&2&2&1&2&2\\1&3&0&0&1&1\\2&7&-2&-1&1&1\end{pmatrix}\xrightarrow{r}\begin{pmatrix}1&0&6&3&4&4\\0&1&-2&-1&-1&-1\\0&0&0&0&0&0\end{pmatrix}$$

可知，$\boldsymbol{Ax}_1=\boldsymbol{\beta}_1,\boldsymbol{Ax}_2=\boldsymbol{\beta}_2,\boldsymbol{Ax}_3=\boldsymbol{\beta}_3$ 的通解分别为

$$\boldsymbol{x}_1=k_1(-6,2,1)^{\mathrm{T}}+(3,-1,0)^{\mathrm{T}},$$
$$\boldsymbol{x}_2=k_2(-6,2,1)^{\mathrm{T}}+(4,-1,0)^{\mathrm{T}},$$
$$\boldsymbol{x}_3=k_3(-6,2,1)^{\mathrm{T}}+(4,-1,0)^{\mathrm{T}},$$

从而
$$\boldsymbol{P}=(\boldsymbol{x}_1,\boldsymbol{x}_2,\boldsymbol{x}_3)=\begin{pmatrix}-6k_1&-6k_2&-6k_3\\2k_1&2k_2&2k_3\\k_1&k_2&k_3\end{pmatrix}+\begin{pmatrix}3&4&4\\-1&-1&-1\\0&0&0\end{pmatrix},$$

其中 $k_2\neq k_3$.

【注】由于 $|\boldsymbol{P}|=k_3-k_2$，故只有当 $k_2\neq k_3$ 时才能保证 $\boldsymbol{P}$ 可逆.

19.【解】设 $\boldsymbol{B}=\begin{pmatrix}x_1&x_2\\x_3&x_4\end{pmatrix}$，则由 $\boldsymbol{AB}=\boldsymbol{BA}$ 可知

$$\begin{pmatrix}1&-1\\1&2\end{pmatrix}\begin{pmatrix}x_1&x_2\\x_3&x_4\end{pmatrix}=\begin{pmatrix}x_1&x_2\\x_3&x_4\end{pmatrix}\begin{pmatrix}1&-1\\1&2\end{pmatrix},$$

故

$$\begin{pmatrix}x_1-x_3&x_2-x_4\\x_1+2x_3&x_2+2x_4\end{pmatrix}=\begin{pmatrix}x_1+x_2&-x_1+2x_2\\x_3+x_4&-x_3+2x_4\end{pmatrix},$$

从而

$$\begin{cases}x_1-x_3=x_1+x_2,\\x_2-x_4=-x_1+2x_2,\\x_1+2x_3=x_3+x_4,\\x_2+2x_4=-x_3+2x_4,\end{cases}$$

即

$$\begin{cases}x_2+x_3=0,\\x_1-x_2-x_4=0,\\x_1+x_3-x_4=0.\end{cases}$$

由

$$\begin{pmatrix}0 & 1 & 1 & 0\\ 1 & -1 & 0 & -1\\ 1 & 0 & 1 & -1\end{pmatrix}\xrightarrow{r}\begin{pmatrix}1 & 0 & 1 & -1\\ 0 & 1 & 1 & 0\\ 0 & 0 & 0 & 0\end{pmatrix}$$

得

$$(x_1,x_2,x_3,x_4)^{\mathrm{T}}=k_1(-1,-1,1,0)^{\mathrm{T}}+k_2(1,0,0,1)^{\mathrm{T}},$$

故所有与 $\boldsymbol{A}$ 可交换的矩阵为

$$\boldsymbol{B}=\begin{pmatrix}-k_1+k_2 & -k_1\\ k_1 & k_2\end{pmatrix},$$

其中 k_1,k_2 为任意常数.

20.【解】$\boldsymbol{B}\xrightarrow{r}\begin{pmatrix}1 & 2 & 3\\ 0 & 0 & k-9\\ 0 & 0 & 0\end{pmatrix}$.

1°当 $k\neq 9$ 时,$r(\boldsymbol{B})=2$.由 $\boldsymbol{AB}=\boldsymbol{O}$ 可知 $r(\boldsymbol{A})+r(\boldsymbol{B})\leqslant 3$,即 $r(\boldsymbol{A})\leqslant 3-r(\boldsymbol{B})=1$.又由 $\boldsymbol{A}\neq\boldsymbol{O}$ 可知 $r(\boldsymbol{A})\geqslant 1$,故 $r(\boldsymbol{A})=1$,从而 $\boldsymbol{Ax}=\boldsymbol{0}$ 的基础解系中有 $3-r(\boldsymbol{A})=2$ 个向量.

由 $\boldsymbol{AB}=\boldsymbol{O}$ 又可知,$\boldsymbol{B}$ 的列向量都是 $\boldsymbol{Ax}=\boldsymbol{0}$ 的解,而$(1,2,3)^{\mathrm{T}}$,$(3,6,k)^{\mathrm{T}}$ 线性无关,故它是 $\boldsymbol{Ax}=\boldsymbol{0}$ 的一个基础解系,从而其通解为

$$c_1(1,2,3)^{\mathrm{T}}+c_2(3,6,k)^{\mathrm{T}},$$

其中 c_1,c_2 为任意常数.

2°当 $k=9$ 时,$r(\boldsymbol{B})=1$.由 $\boldsymbol{AB}=\boldsymbol{O}$ 可知 $r(\boldsymbol{A})+r(\boldsymbol{B})\leqslant 3$,即 $r(\boldsymbol{A})\leqslant 3-r(\boldsymbol{B})=2$.又由 $\boldsymbol{A}\neq\boldsymbol{O}$ 可知 $r(\boldsymbol{A})\geqslant 1$,故 $r(\boldsymbol{A})=1$ 或 $r(\boldsymbol{A})=2$.

① 当 $r(\boldsymbol{A})=2$ 时,$\boldsymbol{Ax}=\boldsymbol{0}$ 的基础解系中有 $3-r(\boldsymbol{A})=1$ 个向量,故其通解为

$$c_3(1,2,3)^{\mathrm{T}},$$

其中 c_3 为任意常数.

② 当 $r(\boldsymbol{A})=1$ 时,$\boldsymbol{Ax}=\boldsymbol{0}$ 的基础解系中有 $3-r(\boldsymbol{A})=2$ 个向量.由于 $\boldsymbol{A}$ 的第一行是(a,b,c),故 $\boldsymbol{Ax}=\boldsymbol{0}$ 与 $ax_1+bx_2+cx_3=0$ 同解.又由于 a,b,c 不全为零,故不妨设 $a\neq 0$,从而 $\boldsymbol{Ax}=\boldsymbol{0}$ 的通解为

$$c_4\left(-\frac{b}{a},1,0\right)^{\mathrm{T}}+c_5\left(-\frac{c}{a},0,1\right)^{\mathrm{T}},$$

其中 c_4,c_5 为任意常数.

21.【解】由 $\boldsymbol{\beta}=\boldsymbol{\alpha}_1+\boldsymbol{\alpha}_2+\boldsymbol{\alpha}_3+\boldsymbol{\alpha}_4$ 可知,$\boldsymbol{Ax}=\boldsymbol{\beta}$ 有解$(1,1,1,1)^{\mathrm{T}}$.

由 $\boldsymbol{\alpha}_1=2\boldsymbol{\alpha}_2-\boldsymbol{\alpha}_3$ 得,$\boldsymbol{\alpha}_1-2\boldsymbol{\alpha}_2+\boldsymbol{\alpha}_3=\boldsymbol{0}$,故 $\boldsymbol{Ax}=\boldsymbol{0}$ 有解$(1,-2,1,0)^{\mathrm{T}}$.

由于 $\boldsymbol{\alpha}_2,\boldsymbol{\alpha}_3,\boldsymbol{\alpha}_4$ 线性无关,故 $r(\boldsymbol{A})\geqslant 3$.又由 $\boldsymbol{\alpha}_1=2\boldsymbol{\alpha}_2-\boldsymbol{\alpha}_3$ 可知,$\boldsymbol{\alpha}_1,\boldsymbol{\alpha}_2,\boldsymbol{\alpha}_3,\boldsymbol{\alpha}_4$ 线性相关,故 $r(\boldsymbol{A})<4$.因此,$r(\boldsymbol{A})=3$,从而 $\boldsymbol{Ax}=\boldsymbol{0}$ 的基础解系中有 $4-r(\boldsymbol{A})=1$ 个向量,即$(1,-2,1,0)^{\mathrm{T}}$ 是 $\boldsymbol{Ax}=\boldsymbol{0}$ 的一个基础解系.

所以,$\boldsymbol{Ax}=\boldsymbol{\beta}$ 的通解为

$$k(1,-2,1,0)^{\mathrm{T}}+(1,1,1,1)^{\mathrm{T}},$$

其中 k 为任意常数.

22.【解】(1) 由于

$$\begin{pmatrix}2&3&-1&0\\1&2&1&-1\end{pmatrix}\xrightarrow{r}\begin{pmatrix}1&0&-5&3\\0&1&3&-2\end{pmatrix},$$

故方程组(I)的一个基础解系为

$$\boldsymbol{\beta}_1=(5,-3,1,0)^{\mathrm{T}},\boldsymbol{\beta}_2=(-3,2,0,1)^{\mathrm{T}}.$$

(2) 设方程组(Ⅰ)与(Ⅱ)的公共解

$$\boldsymbol{\gamma}=y_1\boldsymbol{\beta}_1+y_2\boldsymbol{\beta}_2,$$

且

$$\boldsymbol{\gamma}=-z_1\boldsymbol{\alpha}_1-z_2\boldsymbol{\alpha}_2.$$

两式相减,得

$$y_1\boldsymbol{\beta}_1+y_2\boldsymbol{\beta}_2+z_1\boldsymbol{\alpha}_1+z_2\boldsymbol{\alpha}_2=\mathbf{0},$$

即得方程组

$$(\boldsymbol{\beta}_1,\boldsymbol{\beta}_2,\boldsymbol{\alpha}_1,\boldsymbol{\alpha}_2)\begin{pmatrix}y_1\\y_2\\z_1\\z_2\end{pmatrix}=\mathbf{0}.$$

由

$$(\boldsymbol{\beta}_1,\boldsymbol{\beta}_2,\boldsymbol{\alpha}_1,\boldsymbol{\alpha}_2)=\begin{pmatrix}5&-3&2&-1\\-3&2&-1&2\\1&0&a+2&4\\0&1&1&a+8\end{pmatrix}\xrightarrow{r}\begin{pmatrix}1&0&a+2&4\\0&1&1&a+8\\0&0&3a+3&-2a-2\\0&0&0&a+1\end{pmatrix}$$

可知,当 $a=-1$ 时,方程组(Ⅰ)与(Ⅱ)有非零公共解.此时,由于

$$(\boldsymbol{\beta}_1,\boldsymbol{\beta}_2,\boldsymbol{\alpha}_1,\boldsymbol{\alpha}_2)\xrightarrow{r}\begin{pmatrix}1&0&1&4\\0&1&1&7\\0&0&0&0\\0&0&0&0\end{pmatrix},$$

故

$$(y_1,y_2,z_1,z_2)^{\mathrm{T}}=k_1(-1,-1,1,0)^{\mathrm{T}}+k_2(-4,-7,0,1)^{\mathrm{T}},$$

从而全部的非零公共解

$$\begin{aligned}\boldsymbol{\gamma}&=y_1\boldsymbol{\beta}_1+y_2\boldsymbol{\beta}_2\\&=(-k_1-4k_2)(5,-3,1,0)^{\mathrm{T}}+(-k_1-7k_2)(-3,2,0,1)^{\mathrm{T}}\\&=k_1(-2,1,-1,-1)^{\mathrm{T}}+k_2(1,-2,-4,-7)^{\mathrm{T}},\end{aligned}$$

其中 k_1,k_2 不同时为零.

第三章

一、选择题

1.【答案】(C).

【解】由 $\boldsymbol{A}^3=\boldsymbol{O}$ 可知,$\boldsymbol{A}$ 的特征值 λ 满足 $\lambda^3=0$,故 $\boldsymbol{A}$ 的特征值全为零,从而 $\boldsymbol{E}-\boldsymbol{A}$ 和

$\boldsymbol{E}+\boldsymbol{A}$ 的特征值都全为 1. 于是 $|\boldsymbol{E}-\boldsymbol{A}|=|\boldsymbol{E}+\boldsymbol{A}|=1\neq 0$,即 $\boldsymbol{E}-\boldsymbol{A}$ 和 $\boldsymbol{E}+\boldsymbol{A}$ 都可逆.

2.**【答案】**(B).

【解】设 $x_1\boldsymbol{\alpha}_1+x_2\boldsymbol{A}(\boldsymbol{\alpha}_1+\boldsymbol{\alpha}_2)=\boldsymbol{0}$,则由 $\boldsymbol{A\alpha}_1=\lambda_1\boldsymbol{\alpha}_1,\boldsymbol{A\alpha}_2=\lambda_2\boldsymbol{\alpha}_2$ 可知,

$$(x_1+\lambda_1x_2)\boldsymbol{\alpha}_1+\lambda_2x_2\boldsymbol{\alpha}_2=\boldsymbol{0}.$$

根据表 3-1,由于 $\boldsymbol{A}$ 的不同特征值所对应的特征向量 $\boldsymbol{\alpha}_1,\boldsymbol{\alpha}_2$ 线性无关,故

$$\begin{cases}x_1+\lambda_1x_2=0,\\ \qquad\lambda_2x_2=0.\end{cases}$$

于是 $\boldsymbol{\alpha}_1,\boldsymbol{A}(\boldsymbol{\alpha}_1+\boldsymbol{\alpha}_2)$ 线性无关的充分必要条件是,方程组 $\begin{cases}x_1+\lambda_1x_2=0,\\ \qquad\lambda_2x_2=0\end{cases}$ 只有零解,从而 $\begin{vmatrix}1&\lambda_1\\0&\lambda_2\end{vmatrix}\neq 0$,即 $\lambda_2\neq 0$.

3.**【答案】**(B).

【解】显然,$\boldsymbol{A},\boldsymbol{B},\boldsymbol{C}$ 的特征值都为 2,2,1.

由于

$$\boldsymbol{A}-2\boldsymbol{E}=\begin{pmatrix}0&0&0\\0&0&1\\0&0&-1\end{pmatrix}\xrightarrow{r}\begin{pmatrix}0&0&1\\0&0&0\\0&0&0\end{pmatrix},$$

故 $r(\boldsymbol{A}-2\boldsymbol{E})=1$,从而 $\boldsymbol{A}$ 能相似对角化,即与 $\boldsymbol{C}$ 相似.

又由于

$$\boldsymbol{B}-2\boldsymbol{E}=\begin{pmatrix}0&1&0\\0&0&0\\0&0&-1\end{pmatrix}\xrightarrow{r}\begin{pmatrix}0&1&0\\0&0&-1\\0&0&0\end{pmatrix},$$

故 $r(\boldsymbol{B}-2\boldsymbol{E})=2\neq 1$,从而 $\boldsymbol{B}$ 不能相似对角化,即与 $\boldsymbol{C}$ 不相似.

4.**【答案】**(A).

【解】由题意,二次型 f 的矩阵的特征值为 2,1,−1,且其所对应的两两正交的单位特征向量分别为 $\boldsymbol{e}_1,\boldsymbol{e}_2,\boldsymbol{e}_3$. 由于 $-\boldsymbol{e}_3$ 仍为 f 的矩阵对应于特征值 −1 的特征向量,故 f 在 $\boldsymbol{x}=\boldsymbol{Qy}$ 下的标准形为 $2y_1^2-y_2^2+y_3^2$.

5.**【答案】**(D).

【解】由 $\boldsymbol{A}^2+2\boldsymbol{A}=\boldsymbol{O}$ 可知,$\boldsymbol{A}$ 的特征值 λ 满足 $\lambda^2+2\lambda=0$,故 $\boldsymbol{A}$ 的特征值只能为 0,−2. 又由 $r(\boldsymbol{A})=3$ 可知,方程组 $\boldsymbol{Ax}=\boldsymbol{0}$ 的基础解系中有 $4-r(\boldsymbol{A})=1$ 个向量,即 $\boldsymbol{A}$ 的特征值 0 对应 1 个线性无关的特征向量,从而 0 是 $\boldsymbol{A}$ 的 1 重特征值,且 $\boldsymbol{A}$ 的全部特征值为 0,−2,−2,−2. 由于与 $\boldsymbol{A}$ 合同的矩阵的正、负特征值个数与 $\boldsymbol{A}$ 相同,故选(D).

二、填空题

6.**【答案】**$-\dfrac{3}{16}$.

【解】由于 $\boldsymbol{A}$ 相似于 $\boldsymbol{B}$,故 $|\boldsymbol{A}|=|\boldsymbol{B}|=3$,从而 $\boldsymbol{A}$ 的全部特征值为 1,−1,−3. 又由于 $\boldsymbol{A}-3\boldsymbol{E}$ 的特征值为 −2,−4,−6,故 $|\boldsymbol{A}-3\boldsymbol{E}|=(-2)\times(-4)\times(-6)=-48$. 于是,

$$\begin{vmatrix} (\boldsymbol{A}-3\boldsymbol{E})^{-1} & \boldsymbol{O} \\ \boldsymbol{O} & \boldsymbol{B}^* \end{vmatrix} = |(\boldsymbol{A}-3\boldsymbol{E})^{-1}| \cdot |\boldsymbol{B}^*| = |\boldsymbol{A}-3\boldsymbol{E}|^{-1} \cdot |\boldsymbol{B}|^2 = -\frac{3}{16}.$$

7.【答案】1.

【解】由 $\boldsymbol{A\alpha}_1=\boldsymbol{0},\boldsymbol{A\alpha}_2=2\boldsymbol{\alpha}_1+\boldsymbol{\alpha}_2$ 可知，

$$(\boldsymbol{A\alpha}_1,\boldsymbol{A\alpha}_2)=(\boldsymbol{0},2\boldsymbol{\alpha}_1+\boldsymbol{\alpha}_2),$$

从而

$$\boldsymbol{A}(\boldsymbol{\alpha}_1,\boldsymbol{\alpha}_2)=(\boldsymbol{\alpha}_1,\boldsymbol{\alpha}_2)\begin{pmatrix}0&2\\0&1\end{pmatrix}.$$

记 $\boldsymbol{P}=(\boldsymbol{\alpha}_1,\boldsymbol{\alpha}_2),\boldsymbol{B}=\begin{pmatrix}0&2\\0&1\end{pmatrix}$，则由 $\boldsymbol{\alpha}_1,\boldsymbol{\alpha}_2$ 线性无关可知 $\boldsymbol{P}$ 可逆，于是 $\boldsymbol{P}^{-1}\boldsymbol{AP}=\boldsymbol{B}$，即 $\boldsymbol{A}$ 与 $\boldsymbol{B}$ 相似，从而 $\boldsymbol{A}$ 与 $\boldsymbol{B}$ 的特征值相同，且 $\boldsymbol{A}$ 的非零特征值为 1.

8.【答案】$3y_1^2$.

【解】由于 $\boldsymbol{A}$ 的各行元素之和为 3，故

$$\boldsymbol{A}(1,1,1)^{\mathrm{T}}=(3,3,3)^{\mathrm{T}}=3(1,1,1)^{\mathrm{T}}.$$

又由于二次型 f 的秩为 1，即 $r(\boldsymbol{A})=1$，故 A 的特征值为 0,0,3，从而 f 在正交变换 $\boldsymbol{x}=\boldsymbol{Qy}$ 下的标准形为 $3y_1^2$.

9.【答案】-2.

【解】**法一:**二次型 f 的矩阵为

$$\boldsymbol{A}=\begin{pmatrix}1&1&-a\\1&a&-1\\-a&-1&1\end{pmatrix}.$$

$$|\boldsymbol{A}-\lambda\boldsymbol{E}|=\begin{vmatrix}1-\lambda&1&-a\\1&a-\lambda&-1\\-a&-1&1-\lambda\end{vmatrix}\xlongequal{r_1+r_3}\begin{vmatrix}1-a-\lambda&0&1-a-\lambda\\1&a-\lambda&-1\\-a&-1&1-\lambda\end{vmatrix}$$

$$\xlongequal{c_3-c_1}\begin{vmatrix}1-a-\lambda&0&0\\1&a-\lambda&-2\\-a&-1&1+a-\lambda\end{vmatrix}=(1-a-\lambda)\begin{vmatrix}a-\lambda&-2\\-1&1+a-\lambda\end{vmatrix}$$

$$=-[\lambda-(1-a)][\lambda-(a-1)][\lambda-(a+2)].$$

由 $|\boldsymbol{A}-\lambda\boldsymbol{E}|=0$ 得，$\boldsymbol{A}$ 的特征值为 $\lambda_1=1-a,\lambda_2=a-1,\lambda_3=a+2$.

由于已知二次型的正、负惯性指数都为 1，故 $\boldsymbol{A}$ 的三个特征值中一个为正数、一个为负数，另一个为零. 显然，λ_1,λ_2 只可能异号或同时为零，故 $\lambda_3=0$，即 $a=-2$.

法二:二次型 f 的矩阵为

$$\boldsymbol{A}=\begin{pmatrix}1&1&-a\\1&a&-1\\-a&-1&1\end{pmatrix}.$$

由于已知二次型的正、负惯性指数都为 1，故 $\boldsymbol{A}$ 只有一个特征值为零，从而方程组 $\boldsymbol{Ax}=\boldsymbol{0}$ 只有一个线性无关的解，即 $r(\boldsymbol{A})=2$.

对 $\boldsymbol{A}$ 作初等行变换：

$$\boldsymbol{A}=\begin{pmatrix}1&1&-a\\1&a&-1\\-a&-1&1\end{pmatrix}\to\begin{pmatrix}1&1&-a\\0&a-1&a-1\\0&a-1&1-a^2\end{pmatrix}\to\begin{pmatrix}1&1&-a\\0&a-1&a-1\\0&0&(a+2)(a-1)\end{pmatrix},$$

所以 $a=-2$.

10.【答案】$(-\sqrt{2},\sqrt{2})$.

【解】二次型 f 的矩阵为

$$\boldsymbol{A}=\begin{pmatrix}2&1&0\\1&1&\frac{t}{2}\\0&\frac{t}{2}&1\end{pmatrix}.$$

由于 f 为正定二次型,故 $\boldsymbol{A}$ 的各阶顺序主子式全大于零,即

$$|\boldsymbol{A}|=\begin{vmatrix}2&1&0\\1&1&\frac{t}{2}\\0&\frac{t}{2}&1\end{vmatrix}=-\begin{vmatrix}1&1&\frac{t}{2}\\2&1&0\\0&\frac{t}{2}&1\end{vmatrix}=-\begin{vmatrix}1&1&\frac{t}{2}\\0&-1&-t\\0&\frac{t}{2}&1\end{vmatrix}=-\begin{vmatrix}-1&-t\\\frac{t}{2}&1\end{vmatrix}=1-\frac{1}{2}t^2>0,$$

从而 $t\in(-\sqrt{2},\sqrt{2})$.

三、解答题

11.【解】(1) 由于 $\boldsymbol{\alpha}_3=\boldsymbol{\alpha}_1+2\boldsymbol{\alpha}_2$,故 $\boldsymbol{\alpha}_1,\boldsymbol{\alpha}_2,\boldsymbol{\alpha}_3$ 线性相关,从而 $r(\boldsymbol{A})\leqslant 2$.

又由于 $|\boldsymbol{A}|=0$,且 $\boldsymbol{A}$ 有 3 个不同的特征值,故 0 是 $\boldsymbol{A}$ 的 1 重特征值. 因此,方程组 $\boldsymbol{Ax}=\boldsymbol{0}$ 至多有 1 个线性无关的解,即 $3-r(\boldsymbol{A})\leqslant 1$,从而 $r(\boldsymbol{A})\geqslant 2$.

综上所述,$r(\boldsymbol{A})=2$.

(2) 由于 $\boldsymbol{\alpha}_3=\boldsymbol{\alpha}_1+2\boldsymbol{\alpha}_2$,即 $\boldsymbol{\alpha}_1+2\boldsymbol{\alpha}_2-\boldsymbol{\alpha}_3=\boldsymbol{0}$,故$(1,2,-1)^{\mathrm{T}}$ 是 $\boldsymbol{Ax}=\boldsymbol{0}$ 的解. 由 $r(\boldsymbol{A})=2$ 又可知,$\boldsymbol{Ax}=\boldsymbol{0}$ 的基础解系中有 $3-r(\boldsymbol{A})=1$ 个向量,从而$(1,2,-1)^{\mathrm{T}}$ 是 $\boldsymbol{Ax}=\boldsymbol{0}$ 的一个基础解系.

又由于 $\boldsymbol{\beta}=\boldsymbol{\alpha}_1+\boldsymbol{\alpha}_2+\boldsymbol{\alpha}_3$,故$(1,1,1)^{\mathrm{T}}$ 是 $\boldsymbol{Ax}=\boldsymbol{\beta}$ 的解,从而 $\boldsymbol{Ax}=\boldsymbol{\beta}$ 的通解为

$$k(1,2,-1)^{\mathrm{T}}+(1,1,1)^{\mathrm{T}},$$

其中 k 为任意常数.

12.【解】(1) 由于 $\boldsymbol{A},\boldsymbol{B}$ 相似,故 $\boldsymbol{A},\boldsymbol{B}$ 的特征值相同,从而根据特征值的性质,

$$\begin{cases}0+3+a=1+b+1,\\|\boldsymbol{A}|=|\boldsymbol{B}|.\end{cases}$$

又由

$$|\boldsymbol{A}|=\begin{vmatrix}0&2&-3\\-1&3&-3\\1&-2&a\end{vmatrix}=-\begin{vmatrix}1&-2&a\\-1&3&-3\\0&2&-3\end{vmatrix}=-\begin{vmatrix}1&-2&a\\0&1&a-3\\0&2&-3\end{vmatrix}=2a-3,$$

$$|\boldsymbol{B}|=\begin{vmatrix}1&-2&0\\0&b&0\\0&3&1\end{vmatrix}=b$$

可知，$\begin{cases}a+3=b+2,\\2a-3=b,\end{cases}$ 解得 $\begin{cases}a=4,\\b=5.\end{cases}$

(2) 当 $a=4$ 时，$\boldsymbol{A}=\begin{pmatrix}0&2&-3\\-1&3&-3\\1&-2&4\end{pmatrix}$.

$$|\boldsymbol{A}-\lambda\boldsymbol{E}|=\begin{vmatrix}-\lambda&2&-3\\-1&3-\lambda&-3\\1&-2&4-\lambda\end{vmatrix}\xlongequal{r_1+r_3}\begin{vmatrix}1-\lambda&0&1-\lambda\\-1&3-\lambda&-3\\1&-2&4-\lambda\end{vmatrix}$$

$$\xlongequal{c_3-c_1}\begin{vmatrix}1-\lambda&0&0\\-1&3-\lambda&-2\\1&-2&3-\lambda\end{vmatrix}=(1-\lambda)\begin{vmatrix}3-\lambda&-2\\-2&3-\lambda\end{vmatrix}$$

$$=(5-\lambda)(\lambda-1)^2.$$

由 $|\boldsymbol{A}-\lambda\boldsymbol{E}|=0$ 得，$\boldsymbol{A}$ 的特征值为 $\lambda_1=5,\lambda_2=\lambda_3=1$.

解方程组 $(\boldsymbol{A}-5\boldsymbol{E})\boldsymbol{x}=\boldsymbol{0}$，得 $\boldsymbol{A}$ 对应于特征值 $\lambda_1=5$ 的线性无关的特征向量 $\boldsymbol{\alpha}_1=(1,1,-1)^{\mathrm{T}}$.

解方程组 $(\boldsymbol{A}-\boldsymbol{E})\boldsymbol{x}=\boldsymbol{0}$，得 $\boldsymbol{A}$ 对应于特征值 $\lambda_2=\lambda_3=1$ 的线性无关的特征向量 $\boldsymbol{\alpha}_2=(2,1,0)^{\mathrm{T}},\boldsymbol{\alpha}_3=(-3,0,1)^{\mathrm{T}}$.

故令

$$\boldsymbol{\Lambda}=\begin{pmatrix}5&0&0\\0&1&0\\0&0&1\end{pmatrix},\boldsymbol{P}=(\boldsymbol{\alpha}_1,\boldsymbol{\alpha}_2,\boldsymbol{\alpha}_3)=\begin{pmatrix}1&2&-3\\1&1&1\\-1&0&0\end{pmatrix},$$

则 $\boldsymbol{P}^{-1}\boldsymbol{A}\boldsymbol{P}=\boldsymbol{\Lambda}$.

13.【解】$|\boldsymbol{A}-\lambda\boldsymbol{E}|=\begin{vmatrix}1-\lambda&2&-3\\-1&4-\lambda&-3\\1&a&5-\lambda\end{vmatrix}\xlongequal{r_1-r_2}\begin{vmatrix}2-\lambda&\lambda-2&0\\-1&4-\lambda&-3\\1&a&5-\lambda\end{vmatrix}$

$$\xlongequal{c_2+c_1}\begin{vmatrix}2-\lambda&0&0\\-1&3-\lambda&-3\\1&a+1&5-\lambda\end{vmatrix}=(2-\lambda)\begin{vmatrix}3-\lambda&-3\\a+1&5-\lambda\end{vmatrix}$$

$$=(2-\lambda)(\lambda^2-8\lambda+18+3a).$$

1°若 $\lambda=2$ 是二重根，则由 $2^2-8\times2+18+3a=0$ 得 $a=-2$. 由于

$$\boldsymbol{A}-2\boldsymbol{E}=\begin{pmatrix}-1&2&-3\\-1&2&-3\\1&-2&3\end{pmatrix}\xrightarrow{r}\begin{pmatrix}-1&2&-3\\0&0&0\\0&0&0\end{pmatrix},$$

故 $r(\boldsymbol{A}-2\boldsymbol{E})=1$，从而 $\boldsymbol{A}$ 可相似对角化.

2°若 $\lambda=2$ 不是二重根，则由 $18+3a=16$ 得 $a=-\dfrac{2}{3}$. 此时，$\boldsymbol{A}$ 的特征值为 2,4,4. 由于

$$\boldsymbol{A}-4\boldsymbol{E}=\begin{pmatrix}-3&2&-3\\-1&0&-3\\1&-\dfrac{2}{3}&1\end{pmatrix}\xrightarrow{r}\begin{pmatrix}-1&0&-3\\0&2&6\\0&0&0\end{pmatrix},$$

故 $r(\boldsymbol{A}-4\boldsymbol{E})=2\neq 1$,从而 $\boldsymbol{A}$ 不可相似对角化.

14.【解】(1) 设

$$x_1\boldsymbol{\alpha}_1+x_2\boldsymbol{\alpha}_2+x_3\boldsymbol{\alpha}_3=\boldsymbol{0}.$$

两边同时左乘 $\boldsymbol{A}$,则

$$x_1\boldsymbol{A}\boldsymbol{\alpha}_1+x_2\boldsymbol{A}\boldsymbol{\alpha}_2+x_3\boldsymbol{A}\boldsymbol{\alpha}_3=\boldsymbol{0}.$$

由于 $\boldsymbol{\alpha}_1,\boldsymbol{\alpha}_2$ 为 $\boldsymbol{A}$ 的分别属于特征值$-1,1$ 的特征向量,故 $\boldsymbol{A}\boldsymbol{\alpha}_1=-\boldsymbol{\alpha}_1,\boldsymbol{A}\boldsymbol{\alpha}_2=\boldsymbol{\alpha}_2$,从而

$$-x_1\boldsymbol{\alpha}_1+x_2\boldsymbol{\alpha}_2+x_3(\boldsymbol{\alpha}_2+\boldsymbol{\alpha}_3)=\boldsymbol{0},$$

即由 $x_1\boldsymbol{\alpha}_1+x_2\boldsymbol{\alpha}_2+x_3\boldsymbol{\alpha}_3=\boldsymbol{0}$ 得

$$2x_1\boldsymbol{\alpha}_1-x_3\boldsymbol{\alpha}_2=\boldsymbol{0}.$$

根据表 3-1,由于 $\boldsymbol{A}$ 的不同特征值所对应的特征向量 $\boldsymbol{\alpha}_1,\boldsymbol{\alpha}_2$ 线性无关,故 $x_1=x_3=0$,即 $x_2\boldsymbol{\alpha}_2=\boldsymbol{0}$. 又由于 $\boldsymbol{\alpha}_2$ 是 $\boldsymbol{A}$ 的特征向量,故 $\boldsymbol{\alpha}_2\neq\boldsymbol{0}$,从而 $x_2=0$. 因此,$\boldsymbol{\alpha}_1,\boldsymbol{\alpha}_2,\boldsymbol{\alpha}_3$ 线性无关.

(2) 由于 $\boldsymbol{A}\boldsymbol{\alpha}_1=-\boldsymbol{\alpha}_1,\boldsymbol{A}\boldsymbol{\alpha}_2=\boldsymbol{\alpha}_2,\boldsymbol{A}\boldsymbol{\alpha}_3=\boldsymbol{\alpha}_2+\boldsymbol{\alpha}_3$,故

$$\begin{aligned}\boldsymbol{AP}&=\boldsymbol{A}(\boldsymbol{\alpha}_1,\boldsymbol{\alpha}_2,\boldsymbol{\alpha}_3)=(\boldsymbol{A}\boldsymbol{\alpha}_1,\boldsymbol{A}\boldsymbol{\alpha}_2,\boldsymbol{A}\boldsymbol{\alpha}_3)=(-\boldsymbol{\alpha}_1,\boldsymbol{\alpha}_2,\boldsymbol{\alpha}_2+\boldsymbol{\alpha}_3)\\&=(\boldsymbol{\alpha}_1,\boldsymbol{\alpha}_2,\boldsymbol{\alpha}_3)\begin{pmatrix}-1&0&0\\0&1&1\\0&0&1\end{pmatrix}=\boldsymbol{P}\begin{pmatrix}-1&0&0\\0&1&1\\0&0&1\end{pmatrix}.\end{aligned}$$

由(1)可知 $\boldsymbol{P}$ 可逆,于是

$$\boldsymbol{P}^{-1}\boldsymbol{AP}=\begin{pmatrix}-1&0&0\\0&1&1\\0&0&1\end{pmatrix}.$$

15.【解】(1) 由题意,

$$\boldsymbol{A}(1,0,-1)^{\mathrm{T}}=-(1,0,-1)^{\mathrm{T}},\boldsymbol{A}(1,0,1)^{\mathrm{T}}=(1,0,1)^{\mathrm{T}},$$

故-1 是 $\boldsymbol{A}$ 的特征值,且 $\boldsymbol{A}$ 对应于它的全部特征向量为 $k_1\boldsymbol{\alpha}_1=k_1(1,0,-1)^{\mathrm{T}}(k_1\neq 0)$;1 也是 $\boldsymbol{A}$ 的特征值,且 $\boldsymbol{A}$ 对应于它的全部特征向量为 $k_2\boldsymbol{\alpha}_2=k_2(1,0,1)^{\mathrm{T}}(k_2\neq 0)$.

由于 $r(\boldsymbol{A})=2<3$,故 0 是 $\boldsymbol{A}$ 的特征值. 设$(x_1,x_2,x_3)^{\mathrm{T}}$ 是 $\boldsymbol{A}$ 对应于特征值 0 的特征向量,则根据它与 $\boldsymbol{\alpha}_1,\boldsymbol{\alpha}_2$ 都正交,列方程组

$$\begin{cases}x_1-x_3=0,\\x_1+x_3=0,\end{cases}$$

解得,$\boldsymbol{A}$ 对应于特征值 0 的全部特征向量为 $k_3\boldsymbol{\alpha}_3=k_3(0,1,0)^{\mathrm{T}}(k_3\neq 0)$.

(2) 将 $\boldsymbol{\alpha}_1,\boldsymbol{\alpha}_2,\boldsymbol{\alpha}_3$ 单位化:取

$$\boldsymbol{\gamma}_1=\frac{1}{\sqrt{2}}(1,0,-1)^{\mathrm{T}},\boldsymbol{\gamma}_2=\frac{1}{\sqrt{2}}(1,0,1)^{\mathrm{T}},\boldsymbol{\gamma}_3=(0,1,0)^{\mathrm{T}}.$$

令

$$\boldsymbol{\Lambda}=\begin{pmatrix}-1&0&0\\0&1&0\\0&0&0\end{pmatrix},\boldsymbol{Q}=(\boldsymbol{\gamma}_1,\boldsymbol{\gamma}_2,\boldsymbol{\gamma}_3)=\begin{bmatrix}\frac{1}{\sqrt{2}}&\frac{1}{\sqrt{2}}&0\\0&0&1\\-\frac{1}{\sqrt{2}}&\frac{1}{\sqrt{2}}&0\end{bmatrix},$$

则

$$A=Q\Lambda Q^{\mathrm{T}}=\begin{pmatrix}\frac{1}{\sqrt{2}}&\frac{1}{\sqrt{2}}&0\\0&0&1\\-\frac{1}{\sqrt{2}}&\frac{1}{\sqrt{2}}&0\end{pmatrix}\begin{pmatrix}-1&0&0\\0&1&0\\0&0&0\end{pmatrix}\begin{pmatrix}\frac{1}{\sqrt{2}}&0&-\frac{1}{\sqrt{2}}\\\frac{1}{\sqrt{2}}&0&\frac{1}{\sqrt{2}}\\0&1&0\end{pmatrix}=\begin{pmatrix}0&0&1\\0&0&0\\1&0&0\end{pmatrix}.$$

【注】本题也可令 $P=(\boldsymbol{\alpha}_1,\boldsymbol{\alpha}_2,\boldsymbol{\alpha}_3)=\begin{pmatrix}1&1&0\\0&0&1\\-1&1&0\end{pmatrix}$，并求出 P^{-1}，再根据 $A=P\Lambda P^{-1}$ 来求矩阵 A.

16.**【解】**二次型 f 的矩阵为

$$A=\begin{pmatrix}2&1&-4\\1&-1&1\\-4&1&a\end{pmatrix}.$$

$$|A|=\begin{vmatrix}2&1&-4\\1&-1&1\\-4&1&a\end{vmatrix}=-\begin{vmatrix}1&-1&1\\2&1&-4\\-4&1&a\end{vmatrix}$$

$$=-\begin{vmatrix}1&-1&1\\0&3&-6\\0&-3&a+4\end{vmatrix}=-\begin{vmatrix}3&-6\\-3&a+4\end{vmatrix}=-3(a-2).$$

由题意，0 是 A 的特征值，故由 $|A|=0$ 得 $a=2$.

$$|A-\lambda E|=\begin{vmatrix}2-\lambda&1&-4\\1&-1-\lambda&1\\-4&1&2-\lambda\end{vmatrix}\xlongequal{r_1-r_3}\begin{vmatrix}6-\lambda&0&\lambda-6\\1&-1-\lambda&1\\-4&1&2-\lambda\end{vmatrix}$$

$$\xlongequal{c_3+c_1}\begin{vmatrix}6-\lambda&0&0\\1&-1-\lambda&2\\-4&1&-2-\lambda\end{vmatrix}=(6-\lambda)\begin{vmatrix}-1-\lambda&2\\1&-2-\lambda\end{vmatrix}$$

$$=-\lambda(\lambda+3)(\lambda-6).$$

由 $|A-\lambda E|=0$ 得，A 的特征值 $\lambda_1=-3,\lambda_2=6,\lambda_3=0$.

解方程组 $(A+3E)x=0$，得 A 对应于特征值 $\lambda_1=-3$ 的线性无关的特征向量 $\boldsymbol{\alpha}_1=(1,-1,1)^{\mathrm{T}}$.

解方程组 $(A-6E)x=0$，得 A 对应于特征值 $\lambda_2=6$ 的线性无关的特征向量 $\boldsymbol{\alpha}_2=(-1,0,1)^{\mathrm{T}}$.

解方程组 $Ax=0$，得 A 对应于特征值 $\lambda_3=0$ 的线性无关的特征向量 $\boldsymbol{\alpha}_3=(1,2,1)^{\mathrm{T}}$.

将 $\boldsymbol{\alpha}_1,\boldsymbol{\alpha}_2,\boldsymbol{\alpha}_3$ 单位化：取

$$\boldsymbol{\gamma}_1=\frac{1}{\sqrt{3}}(1,-1,1)^{\mathrm{T}},\boldsymbol{\gamma}_2=\frac{1}{\sqrt{2}}(-1,0,1)^{\mathrm{T}},\boldsymbol{\gamma}_3=\frac{1}{\sqrt{6}}(1,2,1)^{\mathrm{T}}.$$

令